Svante Pääbo

Die Neandertaler und wir

Svante Pääbo

Die Neandertaler und wir

Meine Suche nach den Urzeit-Genen

Aus dem Amerikanischen
von Sebastian Vogel

Deutsche Verlags-Anstalt

Die Originalausgabe dieses Buches erschien 2014 unter dem Titel
Neanderthal Man. In Search of Lost Genomes bei Basic Books, New York.
Eine erste deutschsprachige Ausgabe erschien 2014.

MIX
Papier | Fördert gute Waldnutzung
FSC® C014496

Penguin Random House Verlagsgruppe FSC® N001967

2. Auflage

Deutsche Verlags-Anstalt, München,
in der Verlagsgruppe Penguin Random House GmbH,
Neumarkter Straße 28, 81673 München
Umschlaggestaltung: Büro Jorge Schmidt, München
Umschlagmotiv: Picture Alliance / dpa /
Max-Planck-Institut / Frank Vinken
Bildbearbeitung: Lorenz+Zeller GmbH, Inning a. Ammersee
Satz, Druck und Bindung: GGP Media GmbH, Pößneck
Printed in Germany
ISBN 978-3-421-07020-3

www.dva.de

Für Linda, Rune und Freja

Inhalt

Vorwort zur Neuausgabe

Seit ich dieses Buch geschrieben habe, haben wir viel gelernt und gleichzeitig sehr wenig.

Wir besitzen jetzt einige zusätzliche Neandertalergenome von hoher Qualität. Aus diesen und einer größeren Anzahl von Genomen von bescheidenerer Qualität haben wir gelernt, dass Neandertaler in kleinen Gruppen lebten, dass ihre Frauen mehr als ihre Männer zwischen den Gruppen wechselten und dass die Neandertaler im Osten irgendwann vor mehr als 60 000 Jahren durch Neandertaler aus dem Westen ersetzt wurden.

Wir haben immer noch nur ein Denisova-Genom von hoher Qualität aus der Denisova-Höhle, aber mindestens ein weiteres wird gerade sequenziert. Der erste direkte Beleg für Denisova-Menschen außerhalb der Denisova-Höhle wurde in Form von DNA in Höhlensedimenten an einem Ort in Tibet gefunden. Ein über 160 000 Jahre alter Unterkiefer, der in derselben Höhle gefunden wurde, stammt sehr wahrscheinlich von einem Denisova-Menschen. Es ist erstaunlich, dass Denisova-Menschen wahrscheinlich über Tausende von Jahren auf einer Höhe von über 3000 Metern lebten. Einige von ihnen haben sich anscheinend an das Leben in großen Höhen angepasst und den Vorfahren der heutigen Tibeter eine genetische Variante beigesteuert, die für das Leben in Gebieten mit weniger Sauerstoff in der Atmosphäre hilfreich ist.

Wir haben einiges auch über genetische Beiträge von Neandertalern gelernt, die die Menschen heute beeinflussen. Einige erhöhen die Schmerzempfindlichkeit, andere verringern das Risiko von Fehlgeburten, und wieder andere beeinflussen die Anfälligkeit für Infektionskrankheiten. Zu Beginn der COVID-Pandemie war ich erstaunt, als Hugo Zeberg, ein brillanter Mediziner, der auch ein begnadeter Bioinformatiker ist, entdeckte, dass ein DNA-Segment, welches das Risiko, bei einer Infektion mit dem SARS-CoV-2-Virus schwer zu erkranken, deutlich erhöht, von Neandertalern stammt. Dieser Beitrag der Neandertaler ist für über eine Million »zusätzliche« Todesfälle in der Pandemie verantwortlich. Wir und andere tun jetzt, was wir können, um herauszufinden, warum er das Risiko erhöht, schwer zu erkranken. Wenn wir das verstehen würden, könnte man vielleicht schweres COVID besser behandeln.

Hugo, der mittlerweile ein enger Freund der Familie geworden ist, stellte auch fest, dass diese Neandertaler-Variante paradoxerweise das Risiko einer HIV-Infektion senkt. Dies zeigt, dass die meisten genetischen Varianten nicht nur gut oder nur schlecht sind. Wie sie sich auf uns auswirken, hängt von der Umgebung ab, in diesem Fall, welchem Virus wir ausgesetzt sind. Dies ist nur eines von vielen Beispielen, die die Sinnlosigkeit aller fantastischen Pläne zur »Verbesserung« von Menschen durch Veränderungen in ihren Genomen verdeutlichen.

Wir wissen noch immer so gut wie nichts darüber, was den modernen Menschen von seinen archaischen Verwandten unterscheidet. Wir haben einige Veränderungen gefunden, die die Neigung zu entzündlichen Erkrankungen beim modernen Menschen verringern, und andere, die beeinflussen, wie sich Stammzellen früh in der Gehirnentwicklung teilen. Aber wir wissen noch nicht, ob diese Veränderungen die Funktionsweise des erwachsenen Gehirns beeinflussen.

Es wird aber zunehmend klar, da Hunderttausende Genome

von heutigen Menschen verfügbar werden, dass die meisten der genetischen Veränderungen, von denen wir dachten, dass sie heute bei allen Menschen vorhanden sind, bei einigen wenigen Individuen fehlen, oft als Folge des Genflusses von Neandertalern. Manchmal haben sogar solche »archaischen« Genvarianten in einigen kleinen Populationen, wahrscheinlich zufällig, sogar erhebliche Häufigkeiten erreicht. Wir beginnen einzusehen, dass wir alle »moderne« Menschen sind, obwohl viele oder die meisten von uns einige »archaische« genetische Varianten als Erinnerung an unsere tiefen evolutionären Wurzeln tragen. Ich hoffe jedoch immer noch, dass wir zumindest einige Aspekte davon verstehen werden, wie der »Cocktail« moderner genetischer Varianten dazu geführt hat, dass moderne Menschen und nicht Neandertaler oder Denisova-Menschen auf ihre außergewöhnliche historische Reise gegangen sind, deren Ende noch nicht in Sicht ist.

Kapitel 1

Neandertaler *ex machina*

An einem späten Abend im Jahr 1996 – ich lag im Bett und war gerade eingeschlafen – klingelte das Telefon. Am anderen Ende der Leitung war Matthias Krings, ein Doktorand in meinem Labor am Zoologischen Institut der Universität München. Er sagte nur: »Es ist kein Mensch.«

»Ich komme«, murmelte ich, zog mir ein paar Kleidungsstücke an und fuhr quer durch die Stadt zum Institut. Am Nachmittag hatte Matthias unsere DNA-Sequenzierautomaten in Gang gesetzt und sie mit DNA-Bruchstücken gefüttert, die er aus einem kleinen Stück eines Neandertaler-Armknochens aus dem Rheinischen Landesmuseum in Bonn gewonnen und vervielfältigt hatte. Nach jahrelangen, meist enttäuschenden Befunden hatte ich gelernt, meine Erwartungen nicht zu hoch zu schrauben. Bei dem Material, das wir gewonnen hatten, handelte es sich höchstwahrscheinlich um bakterielle oder menschliche DNA, die irgendwann in den 140 Jahren, seit man den Knochen ausgegraben hatte, in ihn eingedrungen war. Aber Matthias hatte am Telefon aufgeregt geklungen. Hatte er möglicherweise doch genetisches Material eines Neandertalers gefunden? Darauf zu hoffen, wagte ich nicht.

Im Labor traf ich neben Matthias auch Ralf Schmitz, einen jungen Archäologen, mit dessen Hilfe wir die Genehmigung erhalten hatten, dem Neandertalerfossil aus dem Bonner Museum ein kleines Stück des Armknochens zu entnehmen. Als die beiden mir die Reihen von As, Cs, Gs und Ts zeigten, die aus dem Sequenzierapparat kamen, konnten sie ihre Begeisterung kaum verbergen. So etwas hatten weder sie noch ich schon einmal gesehen.

Was für den Uneingeweihten wie eine Zufallsfolge aus vier Buchstaben aussieht, ist in Wirklichkeit eine Kurzschreibweise für die chemische Struktur der DNA, des genetischen Materials, das in nahezu jeder Körperzelle gespeichert ist. Die beiden Stränge der berühmten DNA-Doppelhelix bestehen aus Bausteinen, in denen die Nucleotide Adenin, Thymin, Guanin und Cytosin enthalten sind, abgekürzt A, T, G und C. Die Reihenfolge dieser Nucleotide bildet die genetische Information, die notwendig ist, damit unser Körper entstehen und seine Funktionen ausführen kann. Bei dem DNA-Abschnitt, den wir hier vor uns hatten, handelte es sich um einen Teil des Mitochondriengenoms – der mitochondrialen DNA oder kurz mtDNA –, das mit den Eizellen aller Mütter auf ihre Kinder weitergegeben wird. Mehrere Hundert Kopien davon liegen in den Mitochondrien, winzigen Strukturen im Inneren der Zelle, und beinhalten die Information, die diese Strukturen brauchen, um ihre Funktion – die Energieproduktion – zu erfüllen. Jeder von uns trägt in seinem Organismus nur einen Typ der mtDNA; sie macht nicht mehr als 0,0005 Prozent unseres Genoms aus. Da wir in jeder unserer Zellen viele Tausend Kopien dieses einen DNA-Typs enthalten, lässt sie sich besonders einfach untersuchen – im Gegensatz zum Rest unserer DNA, von der in jedem Zellkern nur zwei Kopien vorhanden sind, wobei eine von der Mutter und eine vom Vater stammt. Im Jahr 1996 hatte man bereits die Sequenzen der mtDNA einiger Tausend Menschen aus der ganzen Welt analysiert. Die so gewonnenen Sequenzen verglich man in der Regel mit der ersten menschlichen mtDNA-Sequenz, die man ermittelt hatte, und anhand dieser gemeinsamen Referenzsequenz konnte man in einer Liste aufführen, welche Abweichungen sich an welchen Positionen befanden. Wir waren so aufgeregt, weil die Sequenz aus dem Neandertalerknochen einige Abweichungen enthielt, die man unter Tausenden von Menschen noch nie beobachtet hatte. Ich mochte kaum glauben, dass das, was wir hier sahen, echt war.

Wie immer, wenn ich es mit einem spannenden oder unerwarteten Befund zu tun habe, quälten mich schon wenig später die Zweifel. Ich suchte nach irgendeinem Grund, warum unser Ergebnis falsch sein konnte. Vielleicht hatte jemand die Knochen irgendwann einmal mit einem Leim aus Kuhhaut behandelt, und wir sahen jetzt die mtDNA einer Kuh. Nein: Sofort überprüften wir die Rinder-mtDNA (die andere bereits sequenziert hatten) und sahen, dass sie anders war. Die neue mtDNA-Sequenz war eindeutig mit den menschlichen Sequenzen verwandt, unterschied sich aber geringfügig von ihnen allen. Allmählich glaubte ich, dass wir hier tatsächlich zum ersten Mal einen DNA-Abschnitt einer ausgestorbenen Form der Menschen gewonnen und sequenziert hatten.

Wir öffneten eine Flasche Sekt, die wir im Frühstücksraum des Labors im Kühlschrank hatten. Eines wussten wir genau: Wenn wir es hier tatsächlich mit Neandertaler-DNA zu tun hatten, eröffneten sich gewaltige Möglichkeiten. Vielleicht würde man eines Tages ganze Gene oder irgendein bestimmtes Gen der Neandertaler mit den entsprechenden Genen heute lebender Menschen vergleichen können. Als ich zu Fuß durch das nächtliche, stille München nach Hause ging (ich hatte so viel Sekt getrunken, dass ich nicht mehr fahren konnte), mochte ich immer noch kaum glauben, was geschehen war. Ich ging zu Bett, konnte aber nicht schlafen. Immer noch musste ich an die Neandertaler und an die Probe denken, deren mtDNA wir anscheinend gerade dingfest gemacht hatten.

Im Jahr 1856, drei Jahre bevor Darwins *Die Entstehung der Arten* erschien, räumten Arbeiter im Neandertal, ungefähr zwölf Kilometer östlich von Düsseldorf, in einem Steinbruch eine kleine Höhle aus. Dabei entdeckten sie eine Schädeldecke und einige Knochen, von denen sie glaubten, sie stammten von einem Bären. Wenige Jahre später jedoch wurde klar, dass die Überreste zu einer ausgestorbenen Form von Menschen gehörten, die vielleicht unsere Vorfahren waren. Die Entdeckung erschütterte das Weltbild der Naturforscher, denn es war das erste Mal, dass man solche Hinterlassenschaften beschrieben hatte. Seither beschäftigt sich die Wissenschaft mit diesen Knochen und vielen anderen, die ihnen ähneln und seither gefunden wurden; man will wissen, wer die Neandertaler waren, wie sie lebten, warum sie vor rund 30 000 Jahren verschwanden und in welcher Beziehung unsere modernen Vorfahren, mit denen sie in Europa jahrtausendelang zusammenlebten, zu ihnen standen: Waren sie Freund oder Feind, unsere Vorfahren oder einfach längst verschwundene Vettern? (Abb. 1.1) Faszinierende Anhaltspunkte für Verhaltensweisen, die auch uns vertraut sind – Versorgung von Verletzten, rituelle Bestattungen und vielleicht auch das Musizieren –, kristallisierten sich aus den archäologischen Fundstätten heraus und machten deutlich, dass die Neandertaler uns viel stärker ähnelten als alle heutigen Menschenaffen. Aber wie ähnlich waren sie? Ob sie sprechen konnten, ob sie einen abgestorbenen Ast im Stammbaum der Homininen darstellten oder ob einige ihrer Gene sich noch heute in uns verbergen – all diese Fragen sind zu einem unverzichtbaren Teil der Paläoanthropologie geworden, jenes Fachgebiets, von dem man mit Fug und Recht behaupten kann, es habe mit der Entdeckung der Knochen im Neandertal begonnen. Und jetzt waren wir offensichtlich in der Lage, aus ihnen genetische Information zu gewinnen.

So interessant diese Fragen für sich genommen schon waren, so hatte ich doch den Eindruck, dass der Neandertalerknochen

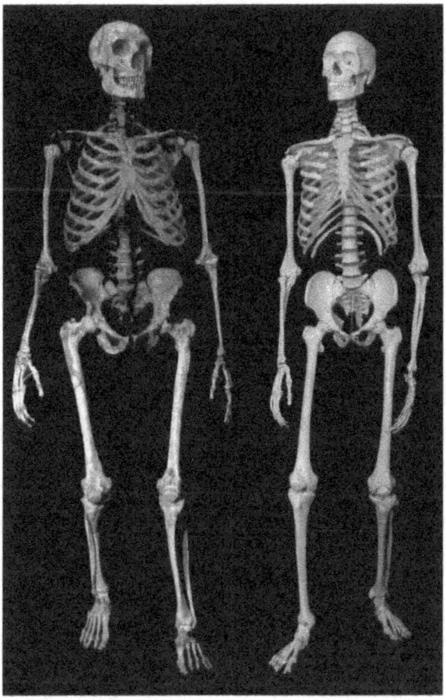

Abb. 1.1: Das rekonstruierte Skelett eines Neandertalers (links) und eines heutigen Menschen (rechts). Bildnachweis: Ken Mowbray, Blaine Maley, Ian Tattersall, Gary Sawyer, American Museum of Natural History.

eine noch größere Überraschung bereithielt. Die Neandertaler sind die engsten ausgestorbenen Verwandten der heutigen Menschen. Wenn wir ihre DNA analysieren konnten, würden wir zweifellos feststellen, dass ihre Gene den unseren sehr ähnlich waren. Einige Jahre zuvor hatte meine Arbeitsgruppe zahlreiche DNA-Fragmente aus dem Schimpansengenom sequenziert und damit nachgewiesen, dass sich in den DNA-Sequenzen, die wir mit den Schimpansen gemeinsam haben, nur etwas mehr als ein Prozent der Nucleotide unterscheiden. Die Neandertaler mussten uns natürlich noch viel näher stehen. Aber – und das war ungeheuer spannend – unter den wenigen Abweichungen, mit denen wir im Neandertalergenom rechneten, mussten genau jene sein, durch die wir uns von allen früheren Menschenvorläufern unterscheiden: nicht nur von den Neandertalern, sondern auch vom Jungen von Turkana, der vor rund 1,6 Millionen Jahren lebte, von Lucy vor 3,2 Millionen Jahren, vom Pekingmenschen vor mehr als einer halben Million Jahre. Diese wenigen Unterschiede mussten die biologische Basis für die vollkommen neue Entwicklungsrichtung bilden, die unsere Abstammungslinie mit der Entstehung der Jetztmenschen einschlug: für das Aufkommen einer Technologie, die sich schnell weiterentwickelte, für Kunst in der Form, die wir heute sofort als solche erkennen, und vielleicht auch für Sprache und Kultur, wie sie uns heute vertraut sind. Wenn wir die Neandertaler-DNA analysieren konnten, lagen alle solche Erkenntnisse in Reichweite. Versunken in derartige Träume (oder im Größenwahn), schlief ich bei Sonnenaufgang schließlich ein.

Am nächsten Tag kamen Matthias und ich erst spät ins Labor. Wir überprüften noch einmal die DNA-Sequenz vom Abend vorher, um sicherzugehen, dass wir keine Fehler gemacht hatten; dann setzten wir uns zusammen und überlegten, was als Nächstes zu tun war. Die Sequenz aus einem kleinen Stück der mtDNA zu gewinnen, die interessant aussah und aus einem Neandertalerfossil stammte, war das eine; ganz etwas anderes war die Aufgabe, uns selbst – vom Rest der Welt ganz zu schweigen – davon zu überzeugen, dass es sich um die mtDNA eines Individuums handelte, das (in diesem besonderen Fall) vor rund 40 000 Jahren gelebt hatte. Wie der nächste Schritt aussehen musste, war mir aufgrund meiner Arbeiten der letzten zwölf Jahre ziemlich klar. Zuerst mussten wir das Experiment wiederholen – und zwar nicht nur den letzten Schritt, sondern alle Schritte, ausgehend von einem neuen Knochenstück; nur so konnten wir nachweisen, dass die von uns ermittelte Sequenz kein Zufallstreffer war, der auf ein übel beschädigtes und abgewandeltes modernes mtDNA-Molekül in dem Knochen zurückging. Und zweitens mussten wir die mtDNA-Sequenz erweitern, indem wir aus dem Knochenextrakt überlappende DNA-Fragmente gewannen. Dies würde uns in die Lage versetzen, eine längere mtDNA-Sequenz zu rekonstruieren, und dann konnten wir erste Schätzungen darüber anstellen, wie stark sich die mtDNA von Neandertalern und heutigen Menschen unterscheidet. Anschließend musste ein dritter Schritt folgen. Ich selbst hatte oft erklärt, dass außergewöhnliche Behauptungen über DNA-Sequenzen aus alten Knochen auch außergewöhnliche Belege erforderten – die Ergebnisse mussten in einem anderen Institut nachvollzogen werden, ein ungewöhnlicher Schritt in einem so stark von Konkurrenz geprägten Fachgebiet der Wissenschaft. Die Behauptung, wir hätten Neandertaler-DNA gewonnen, würde sicher als außergewöhnlich gelten. Um eine unbekannte Fehlerquelle in unserem Institut auszuschließen, mussten wir einen Teil des kostbaren Knochenmaterials an ein Labor weitergeben, das von unserem unabhängig war, und dann darauf hoffen, dass man dort unsere Befunde reproduzieren konnte. Über all das sprach ich mit Matthias und Ralf. Wir schmiedeten Pläne für die weitere Arbeit und schworen uns auf absolute Geheimhaltung außerhalb unserer Arbeitsgruppe ein. Wir wollten keinerlei Aufmerksamkeit erregen, bevor wir ganz sicher waren, dass wir gefunden hatten, was wir behaupteten.

Matthias machte sich sofort an die Arbeit. Nachdem er fast drei Jahre vergeblich versucht hatte, DNA aus ägyptischen Mumien zu gewinnen, war er jetzt angesichts der Erfolgsaussichten voller Energie. Ralf wirkte frustriert: Er musste zurück nach Bonn und konnte nichts anderes tun, als auf Nachrichten über unsere Befunde zu warten. Ich versuchte, mich auf meine anderen Projekte zu konzentrieren, aber meine Gedanken von dem abzuwenden, was Matthias tat, fiel mir schwer.

Matthias' Aufgabe war jetzt alles andere als einfach. Schließlich hatten wir es nicht mit der intakten, jungfräulichen DNA zu tun, die man aus der Blutprobe eines lebenden Menschen gewinnen kann. Das ordentliche, säuberliche doppelsträngige DNA-Helixmolekül aus den Lehrbüchern, in dem die Nucleotide A, T, G und C in Form komplementärer Paare (Adenin mit Thymin, Guanin mit Cytosin) an die beiden Zucker-Phosphat-Ketten gebunden sind, wird nicht als unveränderliche chemische Struktur in den Zellkernen und Mitochondrien unserer Zellen gespeichert. Die DNA erleidet vielmehr ständige chemische Schädigungen, die von raffinierten Mechanismen erkannt und repariert werden. Außerdem sind DNA-Moleküle sehr lang. Jedes Chromosom der 23 Paare im Zellkern besteht aus einem ungeheuer großen DNA-Molekül; die Gesamtlänge eines Satzes von 23 Chromosomen addiert sich auf ungefähr 3,2 Milliarden Nucleotidpaare. Da der Zellkern zwei Kopien des Genoms besitzt – jede davon ist in einem der beiden Sätze aus 23 Chromosomen gespeichert, von denen wir den einen von unserer Mutter, den anderen vom Vater erben –, enthält er insgesamt ungefähr 6,4 Milliarden Nucleotidpaare. Im Vergleich dazu ist die mitochondriale DNA mit etwas mehr als 16 500 Nucleotidpaaren winzig klein. Da wir es jedoch mit sehr alter mtDNA zu tun hatten, war die Sequenzierung dennoch eine große Herausforderung.

Die Schädigung, die in DNA-Molekülen des Zellkerns oder der Mitochondrien am häufigsten auftritt, ist der Verlust einer chemischen Komponente – einer Aminogruppe – aus dem Cytosin-Nucleotid (C), das sich dadurch in das unnatürliche Nucleotid Uracil (abgekürzt U) verwandelt. In den Zellen gibt es Enzymsysteme, die solche Us entfernen und wieder durch das richtige Nucleotid C ersetzen. Die beseitigten U-Moleküle enden als Abfallstoffe der Zelle, und durch die Analyse geschädigter, mit dem Urin ausgeschiedener Nucleotide konnte man berechnen, dass sich in jeder Zelle an jedem Tag ungefähr 10 000 Cs in Us verwandeln, die dann entfernt und ausgetauscht werden. Und das ist nur eine von mehreren Formen chemischer Angriffe, denen unser Genom ausgesetzt ist. Unter anderem gehen auch Nucleotide verloren, so dass Leerstellen entstehen, die sehr schnell zu Brüchen in den DNA-Molekülsträngen führen. Bekämpft werden sie von Enzymen, die solche fehlenden Nucleotide wieder einsetzen, bevor es zum Bruch kommt. Ist der Bruch bereits vorhanden, stellen andere Enzyme neue Verbindungen zwischen den DNA-Molekülen her. Würde das Genom in unseren Zellen nicht von solchen Reparatursystemen instand gehalten, es würde nicht einmal eine Stunde lang unversehrt bleiben.

Die Reparatursysteme brauchen natürlich Energie für ihre Tätigkeit. Wenn wir sterben, atmen wir nicht mehr; den Zellen in unserem Körper geht der Sauerstoff aus, und entsprechend geht auch ihre Energie zur Neige. Damit kommt die DNA-Reparatur zum Stillstand, und nun häufen sich schnell verschiedenartige Schäden an. Neben den spontanen chemischen Schädigungen, die auch in lebenden Zellen ständig stattfinden, kommen nach dem Tod, wenn die Zersetzung der Zellen beginnt, noch andere Schäden hinzu. Lebende Zellen haben unter anderem die entscheidende Aufgabe, in ihrem Inneren verschiedene Reaktionsräume (Kompartimente) aufrechtzuerhalten, in denen Enzyme und andere Substanzen voneinander getrennt werden. Manche derartigen Kompartimente enthalten Enzyme, die DNA-Stränge schneiden können und für bestimmte Reparaturvorgänge notwendig sind. In anderen liegen Enzyme, die DNA verschiedener Mikroorganismen abbauen können, nachdem die Zelle in Kontakt mit ihnen gekommen ist und sie in sich aufgenommen hat. Wenn ein Organismus stirbt und keine Energie mehr erzeugt, zerfallen die Membranen der Kompartimente, so dass die Enzyme austreten und die DNA unkontrolliert abbauen. Innerhalb der ersten Stunden oder Tage nach dem Tod werden die DNA-Stränge in unserem Körper in immer kleinere Stücke zerlegt, und gleichzeitig häufen sich auch andere Schäden an. Gleichzeitig können Bakterien, die in unserem Darm und in der Lunge leben, sich unkontrolliert vermehren, weil der Körper nicht mehr die Schranken aufrechterhält, durch die sie normalerweise im Zaum gehalten werden. Gemeinsam sorgen alle diese Prozesse dafür, dass die in unserer DNA gespeicherte genetische Information sich auflöst – jene Information, die dafür gesorgt hat, dass unser Körper entstehen konnte, instand gehalten wurde und funktioniert hat. Am Ende dieses Prozesses sind die letzten Spuren unserer biologischen Einzigartigkeit verschwunden. In gewisser Weise ist unser körperlicher Tod erst dann vollendet.

Andererseits enthält aber fast jede der vielen Billionen Zellen unseres Körpers unsere gesamte DNA-Ausstattung. Wenn also die DNA einiger Zellen in irgendeiner abgelegenen Ecke unseres Körpers der vollständigen Zersetzung entgeht, überlebt eine Spur unserer genetischen Information. Die enzymatischen Prozesse, die für den Abbau und die Abwandlung der DNA sorgen, funktionieren beispielsweise nur mit Wasser. Trocknen einige Teile unseres Körpers aus, bevor der DNA-Abbau abgelaufen ist, kommen die Prozesse zum Stillstand, und dann können einzelne Stücke unserer DNA auch länger erhalten bleiben. Das geschieht beispielsweise, wenn der Körper an einen trockenen Ort gelangt und zur Mumie wird. Eine solche Ganzkörper-Austrocknung kann zufällig stattfinden, weil der Körper in eine geeignete Umgebung gelangt ist, oder man kann sie auch gezielt herbeiführen. Am berühmtesten war die rituelle Mumifizierung von Toten im alten Ägypten: Dort wurden in der Zeit vor 5000 bis 1500 Jahren mehrere Hunderttausend Leichen einbalsamiert, damit ihre Seelen nach dem Tod in den Mumien noch eine Heimstatt finden konnten.

Aber auch wenn es nicht zur Mumifizierung kommt, können manche Körperteile, beispielsweise Knochen und Zähne, nach der Bestattung noch lange erhalten bleiben. Dieses harte Gewebe enthält Zellen, die beispielsweise nach einem Knochenbruch für das Wachstum neuer Knochensubstanz sorgen und in mikroskopisch kleine Löcher eingebettet sind. Sterben solche Knochenzellen ab, tritt ihre DNA unter Umständen aus und wird an die mineralischen Bestandteile des Knochens gebunden, wo sie dann vor weiteren enzymatischen Angriffen geschützt ist. Mit ein wenig Glück überlebt also eine gewisse DNA-Menge das Gemetzel von Abbau und Schädigung, das unmittelbar nach unserem Tod stattfindet.

Aber selbst wenn es so kommt, werden andere Prozesse weiterhin für den Abbau unserer genetischen Information sorgen, allerdings langsamer. Unter anderem trifft ständig Hintergrundstrahlung aus dem Weltraum auf die Erde, und die schafft reaktionsfähige Moleküle, die DNA verändern und zerstören. Und auch Prozesse, die Wasser erfordern – beispielsweise der Verlust von Aminogruppen aus dem Nucleotid C, der U-Nucleotide entstehen lässt –, setzen sich selbst dann fort, wenn die DNA unter relativ trockenen Bedingungen konserviert wird. DNA hat nämlich eine so große Affinität zu Wasser, dass Wassermoleküle selbst in einer trockenen Umgebung fast immer an die Furchen zwischen den beiden DNA-Strängen binden und damit einige spontane wasserabhängige Reaktionen möglich machen. Der schnellste derartige Prozess ist der Verlust der Aminogruppe – die Desaminierung – der C-Nucleotide, und durch ihn wird die DNA so stark destabilisiert, dass ihre Stränge am Ende brechen. Diese und andere Prozesse, von denen die meisten noch nicht aufgeklärt sind, zerstückeln unsere DNA auch dann weiter, wenn sie das Chaos, das der Tod als solcher in unseren Zellen anrichtet, überstanden hat. Die Geschwindigkeit des Abbaus hängt dabei zwar von vielen Faktoren ab, so von Temperatur, Säuregehalt und anderen, eines aber ist klar: Selbst unter günstigen Bedingungen werden irgendwann noch die letzten Informationsbruchstücke aus dem genetischen Programm, das einst einen Menschen möglich gemacht hat, zerstört. In dem von uns analysierten Neandertalerknochen hatten alle diese Prozesse ihre Zerstörungswirkung offenbar selbst nach 40 000 Jahren noch nicht vollständig ausgeübt.

Matthias hatte die Sequenz eines mtDNA-Abschnitts ermittelt, der 61 Nucleotide lang war. Zu diesem Zweck musste er mit einem Verfahren namens Polymerase-Kettenreaktion (*polymerase chain reaction*, PCR) zahlreiche Kopien des ursprünglichen DNA-Stücks herstellen. Als er daranging, unsere ersten Befunde zu bestätigen, wiederholte er zunächst das PCR-Experiment genauso, wie er es beim ersten Mal gemacht hatte. Dazu braucht man zwei Primer, kurze, synthetische DNA-Stücke, die an zwei Stellen im Abstand von 61 Nucleotidpaaren an die mtDNA binden sollten. Die Primer werden mit einer winzigen Menge der aus dem Knochen gewonnenen DNA vermischt, und nun kann ein Enzym namens DNA-Polymerase neue DNA-Stränge aufbauen, die an den Primern beginnen und enden. Die Mischung wird erwärmt, so dass die DNA-Stränge sich trennen; beim Abkühlen können die Primer dann ihre zugehörigen Sequenzen finden und durch Paarung von A mit T und G mit C an sie binden. Anschließend nutzt das Enzym die an die DNA-Stränge gebundenen Primer als Ausgangspunkte für die Synthese zweier neuer Stränge; damit sind die beiden ursprünglichen Stränge aus dem Knochen verdoppelt, und die Mischung enthält nun vier Stränge. Man wiederholt den Vermehrungsprozess, so dass acht Stränge entstehen, dann 16, dann 32 und so weiter – insgesamt läuft die Verdoppelung über 30 oder 40 Runden.

Das einfache, elegante Verfahren der PCR wurde 1983 von dem wissenschaftlichen Querdenker Kary Mullis erfunden und ist äußerst leistungsfähig. Im Prinzip kann man aus einem einzigen DNA-Fragment nach 40 Vermehrungszyklen ungefähr eine Billion Kopien herstellen. Dies machte unsere Arbeit erst möglich, und deshalb hatte Mullis mit Sicherheit den Nobelpreis für

Chemie verdient, den er 1993 erhielt. Die ungeheure Empfindlichkeit der PCR machte unsere Arbeit aber auch schwieriger. Ein Extrakt aus sehr altem Knochenmaterial – entweder mit überhaupt keinem oder nur sehr wenigen noch erhaltenen alten DNA-Molekülen – kann immer durch ein DNA-Molekül oder auch mehrere von modernen Menschen verunreinigt sein. Solche Moleküle können aus den verwendeten Chemikalien stammen, aus den Kunststoffgefäßen im Labor oder aus dem Staub in der Luft. In Räumen, in denen Menschen leben oder arbeiten, handelt es sich bei einem erheblichen Teil der Staubteilchen um Hautschuppen von Menschen, und die enthalten Zellen voller DNA. Außerdem konnte menschliche DNA die Probe verunreinigt haben, als ein Mensch sie – beispielsweise in einem Museum oder bei Ausgrabungen – in der Hand hatte. Aus diesem Grund hatten wir uns entschlossen, die Sequenz des variabelsten Teils der Neandertaler-mtDNA zu analysieren. Da viele Menschen sich gerade in diesem Abschnitt voneinander unterscheiden, konnten wir dann wenigstens etwas darüber sagen, ob ein oder mehrere Menschen ihre DNA zu unserem Experiment beigetragen hatten, und dann waren wir gewarnt, dass etwas nicht stimmte. Deshalb waren wir so aufgeregt, als wir eine DNA-Sequenz fanden, deren Abweichungen man bei Menschen nie zuvor beobachtet hatte; hätte sie wie die Sequenz eines lebenden Menschen ausgesehen, wir hätten nicht wissen können, was es bedeutete: Besaßen die Neandertaler tatsächlich die gleiche mtDNA wie manche heutigen Menschen, oder hatten wir es einfach mit einem modernen mtDNA-Fragment zu tun, das aus irgendeiner heimtückischen Quelle, beispielsweise einem Staubteilchen, seinen Weg in unsere Experimente gefunden hatte?

Zu jener Zeit war mir das Problem der Verunreinigungen nur allzu vertraut. Seit mehr als zwölf Jahren hatte ich an der Gewinnung und Analyse alter DNA gearbeitet, darunter solche von ausgestorbenen Säugetieren wie Höhlenbären, Wollhaarmammuts und Riesenfaultieren. Nach einer Reihe frustrierender Ergebnisse – in fast allen Tierknochen, die ich mit der PCR analysiert hatte, hatten wir vorwiegend menschliche mtDNA nachgewiesen – war mir häufig die Frage durch den Kopf gegangen, wie man die Verunreinigungen auf ein Minimum beschränken kann. Deshalb hatte Matthias alle Gewinnungsprozesse und andere Experimente bis zum ersten Temperaturzyklus der PCR in einem kleinen Labor durchgeführt, das peinlich sauber gehalten wurde und von unseren übrigen Laborräumen völlig getrennt war. Als die alte DNA, die Primer und alle anderen erforderlichen Komponenten für die PCR sich in einem Röhrchen befanden, wurde dieses luftdicht verschlossen; die Temperaturzyklen und alle weiteren Experimente fanden dann in unserem normalen Labor statt. In dem Reinraum wurden alle Oberflächen einmal in der Woche mit Chlorbleiche abgewaschen, und jede Nacht wurde der Raum mit UV-Licht bestrahlt, das alle im Staub enthaltene DNA zerstörte. Matthias betrat das Reinlabor durch einen Vorraum, in dem er und andere, die dort arbeiten, Schutzanzüge, Gesichtsvisiere, Haarnetze und sterile Gummihandschuhe anlegten. Alle Reagenzien und Instrumente wurden unmittelbar in das Reinlabor geliefert; aus anderen Teilen des Instituts durfte nichts dorthin mitgenommen werden. Matthias und seine Kollegen mussten ihren Arbeitstag im Reinraum beginnen, weil in den anderen Laborteilen unseres Instituts große DNA-Mengen analysiert wurden. Nachdem sie ein solches Labor betreten hatten, durften sie das Reinlabor an diesem Tag nicht mehr aufsuchen. Ich litt, um es vorsichtig auszudrücken, im Hinblick auf DNA-Verunreinigungen unter Verfolgungswahn, und nach meinem eigenen Eindruck hatte ich dazu auch allen Grund.

Trotz allem hatten wir in Matthias' ersten Experimenten einige Indizien für Verunreinigungen der Knochen mit menschlicher DNA gefunden. Er hatte ein Stück der mtDNA aus dem Knochen mit der PCR vervielfältigt und anschließend die so entstandenen, angeblich identischen DNA-Kopien in Bakterien kloniert. Damit wollte er herausfinden, ob es unter den exponierten Molekülen mehrere verschiedene mtDNA-Sequenzen gab. Jedes Bakterium nimmt nämlich nur ein Molekül von 61 Nucleotiden auf und wächst dann zu einem Klon heran, der Kopien dieses Moleküls in sich trägt; wir brauchten also nur eine gewisse Anzahl von Klonen zu sequenzieren und konnten uns so einen Überblick darüber verschaffen, was für verschiedene DNA-Sequenzen in der Molekülpopulation vorhanden waren. In Matthias' ersten Experimenten fanden wir 17 Moleküle, die ähnlich oder genau gleich waren, sich aber von den mehr als 2000 mtDNAs moderner Menschen unterschieden, die wir zu Vergleichszwecken herangezogen hatten; außerdem sahen wir aber auch eine, die mit einer Sequenz mancher heutiger Menschen identisch war. Damit war eindeutig eine Verunreinigung nachgewiesen; sie stammte möglicherweise von Museumskuratoren oder anderen, die den Knochen in den 140 Jahren seit seiner Entdeckung in der Hand gehabt hatten.

Um unseren ursprünglichen Befund zu reproduzieren, wiederholte Matthias also als Erstes die PCR und die Klonierung. Dieses Mal fand er zehn Klone mit der einzigartigen Sequenz, die uns am Anfang so spannend erschienen war, und zwei weitere, die von beliebigen Jetztmenschen stammen konnten. Dann griff er erneut auf den Knochen zurück, stellte wiederum einen Extrakt her, ließ nochmals PCR und Klonierung laufen, und erhielt nun zehn Klone des interessanten Typs sowie vier, die nach mtDNA heutiger Menschen aussahen. Jetzt waren wir zufrieden: Unser ursprünglicher Befund hatte seine erste Prüfung bestanden: Wir konnten ihn wiederholen und fanden jedes Mal dieselbe ungewöhnliche DNA-Sequenz.

Als Nächstes »wanderte« Matthias an der mtDNA entlang; die Primer, die er dazu benutzte, waren so gestaltet, dass man mit ihnen Fragmente vervielfältigen konnte, die sich mit einem Teil des ersten Fragments überlappten, sich aber auch weiter in andere Abschnitte der mtDNA erstreckten (siehe Abb. 1.2). Auch hier stellten wir fest, dass man manche Nucleotidabweichungen in den Sequenzen dieser Fragmente bei modernen Menschen noch nie beobachtet hatte. Im Laufe der nächsten Monate vervielfältigte Matthias 13 verschiedene DNA-Fragmente unterschiedlicher Größe jeweils mindestens zweimal. Die Interpretation der Sequenzen wurde dadurch erschwert, dass jedes DNA-Molekül Mutationen tragen kann, die auf die unterschiedlichsten Ursachen zurückgehen: auf chemische Abwandlungen in früherer Zeit, auf Fehler bei der Sequenzierung oder auch auf die seltene, aber natürliche Variation, die es innerhalb der vielen Hundert mtDNA-Moleküle eines Menschen gibt. Deshalb bedienten wir uns einer Strategie, die ich zuvor für sehr alte DNA von Tieren entwickelt hatte (siehe wiederum Abb. 1.2). In jedem Experiment betrachteten wir an jeder einzelnen Position in der DNA das sogenannte Consensus-Nucleotid als typisch, jenes Nucleotid (A, T, G oder C) also, das in dieser Position in den von uns untersuchten Molekülen am häufigsten vorkam. Außerdem machten wir es zur Bedingung, dass an jeder Position in mindestens zwei unabhängigen Experimenten das gleiche Nucleotid stehen musste, denn im Extremfall könnte die PCR von einem einzigen DNA-Strang ausgegangen sein, so dass alle Klone aufgrund eines Fehlers im ersten PCR-Zyklus oder wegen einer chemischen Abwandlung in diesem besonderen DNA-Strang das gleiche Nucleotid in der gleichen Position trugen. Wenn zwei PCR-Produkte sich auch nur in einer einzigen Position unterschieden, wiederholten wir die PCR ein drittes Mal und stellten so fest, welches der beiden Nucleotide sich reproduzieren ließ. Am Ende setzte Matthias aus 123 klonierten DNA-Molekülen eine Sequenz von 379 Nucleotiden aus dem variabelsten Abschnitt der mtDNA zusammen. Nach den Kriterien, auf die wir uns geeinigt hatten, war dies die DNA-Sequenz, die der Neandertaler (oder die Neander-

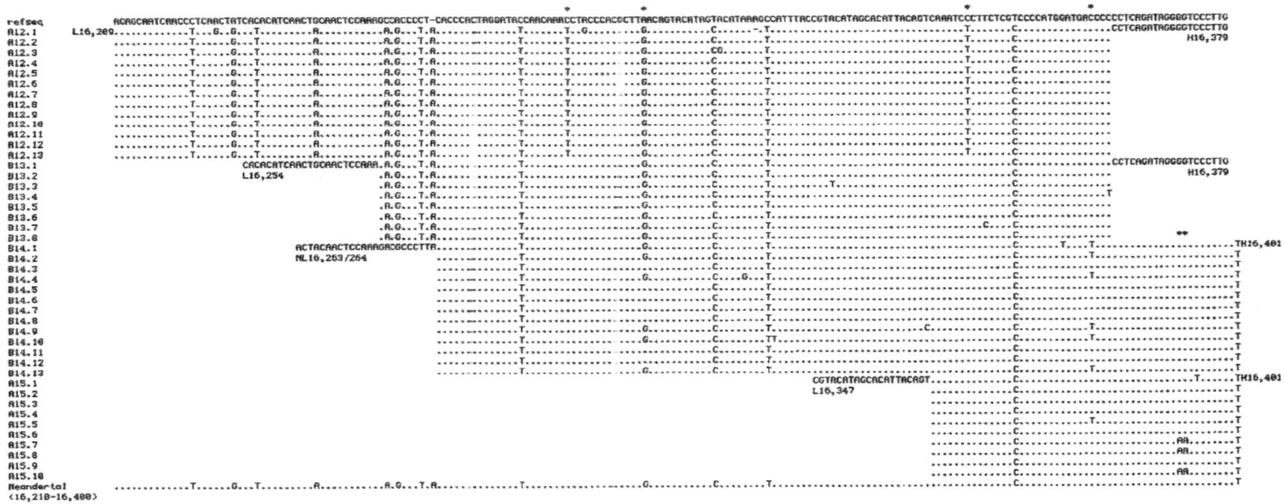

Abb. 1.2: Rekonstruktion eines Abschnitts aus der mtDNA des Neandertalers aus dem Neandertal. Oben ist eine moderne Referenzsequenz zu sehen. Jede Zeile darunter entspricht einem klonierten, vervielfältigten Molekül aus dem Typusexemplar. Wo diese Sequenzen mit der Referenzsequenz identisch sind, habe ich einen Punkt eingezeichnet; unterschiedliche Nucleotide sind mit ihren Buchstaben gekennzeichnet. Die unterste Zeile zeigt die rekonstruierte Neandertaler-Sequenz. Wir fordern an jeder Position eine Abweichung von der Referenzsequenz in der Mehrzahl der Klone und in mindestens zwei unabhängigen PCR-Experimenten (entweder die hier gezeigten oder andere). Aus Matthias Krings et al., »Neandertal DNA sequences and the origin of modern humans«, *Cell* 90, S. 19–30 (1997).

talerin) zu Lebzeiten getragen hatte. Als wir diese längere Sequenz einmal kannten, konnten wir uns an die spannende Arbeit machen, sie mit den Abweichungen bei heutigen Menschen zu vergleichen.

Wir stellten unsere 379 Nucleotide lange Sequenz aus der Neandertaler-mtDNA den entsprechenden mtDNA-Sequenzen von 2051 heutigen Menschen aus allen Teilen der Welt gegenüber. Im Durchschnitt fanden wir an 28 Positionen Unterschiede zwischen dem Neandertaler und einem Jetztmenschen, die Sequenzen heutiger Menschen dagegen unterscheiden sich im Durchschnitt nur in sieben Positionen voneinander. Die Neandertaler-mtDNA wich also viermal stärker ab.

Dann suchten wir nach Indizien, dass die Neandertaler-mtDNA der mtDNA moderner Europäer stärker ähnelte. Damit würde man rechnen, denn die Neandertaler entwickelten sich in Europa und Westasien und lebten auch dort; manche Paläontologen glauben sogar, sie könnten die Vorfahren der heutigen Europäer sein. Also verglichen wir die Neandertaler-mtDNA mit den entsprechenden Molekülen von 510 Europäern; dabei stellte sich heraus, dass sie im Durchschnitt 28 Abweichungen trug. Als Nächstes verglichen wir sie mit der mtDNA von 478 Afrikanern und 494 Asiaten. Hier lag die durchschnittliche Zahl der Unterschiede ebenfalls bei 28. Im Durchschnitt hatte also die mtDNA der Europäer mit den entsprechenden Molekülen der Neandertaler keine größere Ähnlichkeit als die mtDNA heutiger Afrikaner und Asiaten. Vielleicht war die Neandertaler-mtDNA aber nur der mtDNA mancher Europäer näher, was man erwarten würde, wenn die Neandertaler einen gewissen Teil der mtDNA zum Bestand der heutigen Europäer beigetragen hatten. Auch dieser Frage gingen wir nach und stellten dabei fest, dass die Europäer in unserer Stichprobe, deren mtDNA der des Neandertalers am stärksten ähnelte, 23 Unterschiede aufwiesen; die Afrikaner und Asiaten, die dem Neandertaler am nächsten standen, trugen ebenfalls 22 beziehungsweise 23 Abweichungen. Die Neandertaler-mtDNA war also anscheinend der von modernen Menschen aus der ganzen Welt gleichermaßen unähnlich, und nichts wies darauf hin, dass zwischen ihr und der mtDNA einer Untergruppe der heutigen Europäer eine besondere Beziehung besteht.

Wenn man die Evolutionsvergangenheit eines DNA-Abschnitts rekonstruieren will, reicht es aber nicht aus, nur die Unterschiede zu zählen. Abweichungen zwischen DNA-Sequenzen sind das Spiegelbild von Mutationen, die sich in der Vergangenheit ereignet haben. Manche Mutationstypen kommen aber häufiger vor als andere, und manche Positionen in DNA-Sequenzen neigen stärker zu Veränderungen. An solchen Positionen könnten sich in der Vergangenheit einer DNA-Sequenz mehrere Mutationen abgespielt haben, insbesondere die Typen, die häufiger stattfinden. Um die Vergangenheit des von uns untersuchten mtDNA-Abschnitts beurteilen zu können, mussten wir also Modelle für den mutmaßlichen Ablauf seiner Mutationen und Evolution anwenden; dabei mussten wir berücksichtigen, dass bestimmte Positionen mehrmals mutiert waren, so dass frühere Mutationen verwischt wurden. Das Ergebnis einer solchen Rekonstruktion wird als Baum dargestellt: Darin lässt sich die DNA-Sequenz an der Spitze eines Zweiges bis auf eine gemeinsame Vorläufersequenz zurückführen. Diese uralten Sequenzen entsprechen den Verbindungsstellen der Äste in dem Baum (siehe Abb. 1.3). Als wir eine solche baumförmige Rekonstruktion erstellten, konnten wir beobachten, dass die mtDNA aller heute lebenden Menschen sich auf einen gemeinsamen Vorfahren zurückführen lässt.

Dies wusste man bereits aus den Arbeiten, die Allan Wilson in den 1980er-Jahren geleistet hatte,[1] und bei der mtDNA rechnet man auch mit nichts anderem, denn jeder von uns trägt nur mtDNA-Moleküle eines einzigen Typs und kann keine Stücke mit anderen Molekülen in der Population austauschen. Da die

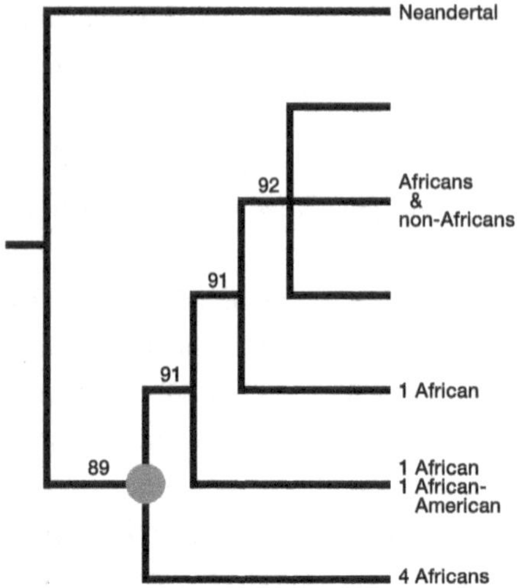

Abb. 1.3: Ein mtDNA-Stammbaum. Man erkennt, wie die mtDNAs heute lebender Menschen sich auf einen gemeinsamen Vorfahren zurückführen lassen; diese »Eva der Mitochondrien« (grauer Kreis) lebte später als der gemeinsame Vorfahre mit den Neandertalern. Die Reihenfolge der Verzweigungen wird aus den Nucleotidunterschieden abgeleitet; Zahlen geben die statistische Unterstützung für die gezeigte Reihenfolge an. Verändert nach Matthias Krings et al., »Neandertal DNA sequences and the origin of modern humans«, *Cell* 90, S. 19–30 (1997).

mtDNA ausschließlich über die Mutter weitergegeben wird, stirbt die mtDNA-Abstammungslinie einer Frau aus, wenn sie keine weiblichen Nachkommen hat; deshalb verschwinden in jeder Generation einige solche Linien. Es muss also irgendwann eine Frau – die sogenannte Eva der Mitochondrien – gegeben haben, deren mtDNA-Abstammungslinie der Ausgangspunkt für die mtDNA aller heutigen Menschen war, einfach weil alle anderen Abstammungslinien seit jener Zeit ausschließlich durch Zufall verloren gegangen sind.

Die mtDNA des Neandertalers geht nach unseren Modellen jedoch nicht auf die Eva der Mitochondrien zurück, sondern ihr gemeinsamer Vorfahre mit der mtDNA der heutigen Menschen liegt viel weiter in der Vergangenheit. Das war ein ungeheuer spannender Befund. Er bewies zweifelsfrei, dass wir ein Stück Neandertaler-DNA gefunden hatten. Außerdem war damit gezeigt, dass die Neandertaler sich zumindest im Hinblick auf ihre mtDNA tiefgreifend von uns unterscheiden.

Mit unseren Modellen schätzten wir auch ab, wie lange es her ist, seit die Neandertaler-mtDNA ihren gemeinsamen Vorfahren mit der mtDNA der Jetztmenschen hatte. Die Zahl der Unterschiede ist ein Hinweis, wie lange beide unabhängig voneinander von Generation zu Generation weitergegeben wurden. Die Mutationsrate ist bei weit voneinander entfernten biologischen Arten – beispielsweise Mäusen und Affen – unterschiedlich, unter eng verwandten Arten jedoch, so auch unter Menschen, Neandertalern und Menschenaffen, war sie immerhin so konstant, dass man anhand der beobachteten Unterschiede einen ungefähren Zeitpunkt für den gemeinsamen Vorfahren der beiden DNA-Sequenzen angeben kann. Aufgrund unserer Modelle für die Häufigkeit der unterschiedlichen Mutationstypen in der mtDNA schätzten wir, dass die gemeinsame mtDNA-Vorfahrin aller heutigen Menschen, also die Eva der Mitochondrien, vor 100 000 bis 200 000 Jahren lebte; dasselbe hatten auch Allan Wilson und seine Arbeitsgruppe festgestellt. Die gemeinsame Vorfahrin von Neandertaler- und Jetztmenschen-mtDNA lebte aber vor rund 500 000 Jahren – das heißt, diese Frau war drei- bis viermal älter als die Eva der Mitochondrien, von der alle mtDNAs der heutigen Menschen abstammen.

Das waren faszinierende Befunde. Ich war jetzt vollständig überzeugt, dass wir tatsächlich Neandertaler-DNA gefunden hatten und dass sie sich stark vom genetischen Material moderner Menschen unterscheidet. Bevor wir aber unsere Erkenntnisse veröffentlichen konnten, mussten wir noch eine letzte Hürde überwinden: Wir mussten ein unabhängiges Labor finden, das unsere Arbeiten wiederholen konnte. Ein solches Labor würde nicht die gesamte mtDNA-Sequenz von 379 Nucleotiden analysieren müssen, aber es musste einen der Sequenzabschnitte bestätigen, durch deren Abweichungen sich die Neandertaler von uns unterscheiden. Damit wäre gezeigt, dass die von uns ermittelte DNA-Sequenz in dem Knochen tatsächlich vorhanden war und dass es sich nicht um irgendeine fremde, unbekannte Sequenz handelte, die vielleicht in unserem Labor herumschwirrte. Aber an wen konnten wir uns wenden? Das war eine heikle Frage.

An einem derart hochkarätigen Projekt hätten sich zweifellos viele Institute gern beteiligt, aber dabei bestand eine Gefahr: Wenn wir uns ein Labor aussuchten, das nicht so intensiv wie wir daran gearbeitet hatte, Verunreinigungen möglichst gering zu halten, und auch mit allen anderen Problemen im Zusammenhang mit alter DNA nicht so vertraut war, würde es dort vielleicht nicht gelingen, eine aussagekräftige Sequenz zu gewinnen und zu vervielfältigen. Wenn das geschah, würde man unsere Ergebnisse für nicht reproduzierbar halten, und dann konnten wir sie nicht veröffentlichen. Ich wusste, dass niemand anderes so viel Zeit und Mühe auf derartige Arbeiten verwendet hatte wie wir, aber schließlich einigten wir uns auf das Labor des Populationsgenetikers Mark Stoneking an der Pennsylvania State University. Mark hatte als Doktorand und später als Postdoc bei Allan Wilson in Berkeley gearbeitet, und ich kannte ihn seit Ende der 1980er-Jahre, als ich dort ebenfalls Postdoc gewesen war. Er war einer der Wissenschaftler, die hinter der Entdeckung der Mitochondrien-Eva standen, und gehörte zu den Architekten der Out-of-Africa-Hypothese über die Ursprünge der Jetztmenschen; nach dieser Vorstellung entstanden die modernen Menschen vor rund 100 000 bis 200 000 Jahren in Afrika, verbreiteten sich dann über die ganze Welt und verdrängten alle früheren Menschenformen, darunter auch die Neandertaler in Europa, ohne sich mit ihnen zu vermischen. Ich hatte Hochachtung vor Marks Urteilsvermögen und seiner Aufrichtigkeit, außerdem kannte ich ihn als gelassenen Zeitgenossen. Und Anne Stone, eine seiner Doktorandinnen, hatte das Studienjahr 1992/93 in unserem Institut verbracht. Anne war eine ernsthafte und ehrgeizige Wissenschaftlerin; sie hatte mit uns an der Gewinnung von mtDNA aus Skelettresten amerikanischer Ureinwohner gearbeitet und war mit unseren Methoden vertraut. Mein Eindruck: Wenn irgendjemand unsere Befunde reproduzieren konnte, dann sie.

Ich nahm Kontakt mit Mark auf. Wie erwartet, waren er und Anne ganz wild darauf, es zu probieren; also machten wir uns mit einem der letzten Knochenstücke, die Ralf uns gegeben hatte, an die Arbeit. Wir sagten Anne und Mark, welchen Teil der mtDNA sie vervielfältigen sollten, damit sie mit der größten Wahrscheinlichkeit auf eine der Stellen in der Sequenz trafen, die eine der typischen Mutationen unserer Neandertaler-Sequenz trug. Wir schickten ihnen aber weder Primer noch andere Reagenzien, sondern nur ein Stück Knochen, das seit der Ankunft aus Bonn in einem luftdicht verschlossenen Röhrchen gelegen hatte. Damit war die Chance, dass eine Verunreinigung von unserem Labor in ihres gelangte, auf ein Minimum reduziert. Wir sagten ihnen auch nicht, welche Positionen für die Neandertaler-mtDNA typisch waren – nicht weil ich ihnen nicht vertraut hätte, sondern weil ich später sagen wollte, dass wir alles Menschenmögliche getan hatten, um jede unbewusste Voreingenommenheit zu vermeiden. Kurzum, Anne musste selbst die Primer synthetisieren und auch alle anderen experimentellen Schritte unabhängig von uns vollziehen, ohne zu wissen, mit welchem Ergebnis wir im Einzelnen rechneten. Nachdem wir den Knochen mit FedEx abgeschickt hatten, mussten wir einfach abwarten.

In der Regel dauern solche Experimente länger als ursprünglich angenommen: Eine Firma liefert die Primer nicht zum versprochenen Zeitpunkt; in einem Reagenzglas, das man auf Verunreinigungen testet, findet sich menschliche DNA; eine technische Assistentin meldet sich an dem Tag, an dem sie die entscheidende Probe mit der Sequenzierapparatur laufen lassen soll, krank. Wir warteten, so schien uns, fast eine Ewigkeit darauf, dass Anne aus Pennsylvania anrief. Eines Abends war es dann so weit. An ihrer Stimme hörte ich sofort, dass sie alles andere als glücklich war. Sie hatte 15 vervielfältigte DNA-Moleküle aus der fraglichen Region kloniert, und alle sahen so aus wie von einem beliebigen heutigen Menschen – wie meine eigene mtDNA oder die von Anne. Das war eine krachende Niederlage. Was hatte es zu bedeuten? Hatten wir irgendeine seltsame mtDNA vervielfältigt? Dass es so war, mochte ich nicht glauben. Wenn sie von irgendeinem unbekannten Tier stammte, wäre sie der menschlichen mtDNA nicht so ähnlich gewesen, andererseits konnte es sich aber auch kaum um die mtDNA eines ungewöhnlichen Menschen handeln, denn die Unterschiede waren ungefähr viermal so groß wie die zwischen allen bisher analysierten mtDNAs von Jetztmenschen. Es bestand immer die Möglichkeit, dass die von uns gefundene Sequenz durch irgendeine chemische Abwandlung der alten DNA entstanden war, die sich immer wieder auf die gleichen Positionen in der Sequenz auswirkte, aber dann müsste man damit rechnen, dass eine solche abgewandelte Sequenz aussah wie die eines Menschen, in die der unbekannte chemische Prozess zusätzliche Abweichungen eingebracht hatte; in Wirklichkeit schien es sich aber um eine Sequenz zu handeln, die sich in der Vergangenheit von der Abstammungslinie der Menschen abgespalten hatte. Außerdem stellte sich die Frage: Warum fand Anne nicht die gleiche Sequenz wie wir? Es schien nur eine plausible Erklärung zu geben: Anne hatte in ihren Versuchsansätzen mehr Verunreinigungen – und zwar so viele, dass sie gegenüber den seltenen Neandertaler-Molekülen in der Überzahl waren. Was konnten wir tun? Wir konnten uns wohl kaum noch einmal an Ralf wenden und ihn um ein weiteres Stück des kostbaren Fossils bitten, nur weil die vage Chance bestand, dass das nächste Experiment besser verlaufen würde als das erste.

Aber selbst wenn Anne mit mehr Verunreinigungen zu kämpfen hatte als wir: Konnte sie dann nicht aus ihrem Knochenstück Tausende von mtDNA-Molekülen sequenzieren und so die seltenen Exemplare finden, die wie unseres aussahen? In der Zwischenzeit hatten wir mit neuen Experimenten abgeschätzt, wie viele mtDNA-Moleküle vom Neandertaler wohl in den Knochenextrakten enthalten waren, von denen wir bei unserer PCR ausgegangen waren. Wie sich herausstellte, waren es ungefähr 50. Eine Verunreinigung dagegen, beispielsweise ein Staubteilchen, kann Zehntausende oder sogar Hunderttausende von mtDNA-Molekülen enthalten. Jeder derartige Versuch, nach den richtigen Molekülen zu angeln, war also wahrscheinlich zum Scheitern verurteilt.

Ich führte ausführliche Gespräche über das Dilemma, und zwar nicht nur mit Matthias, sondern während unserer wöchentlichen Laborseminare auch mit der Gruppe meiner Mitarbeiter, die an alter DNA arbeitete. Ich habe während meiner Berufslaufbahn immer wieder festgestellt, dass solche eingehenden Diskussionen mit den Wissenschaftlern, die in meinem Labor arbeiten, äußerst nützlich sind; nach meiner Überzeugung haben sie zu allen unseren Erfolgen entscheidend beigetragen. In solchen Gesprächen werden häufig Ideen geboren, die den Leuten nie kämen, wenn sie sich nur auf ihre eigene Arbeit konzentrieren würden. Außerdem können Wissenschaftler, für die persönlich in einem Projekt nichts auf dem Spiel steht, häufig zu Augenöffnern werden: Sie leiden nicht unter dem Wunschdenken, das sich nur allzu häufig einstellt, wenn man an einem Projekt arbeitet, an dem einem nicht nur etwas liegt, sondern von dem unter Umständen auch die eigene wissenschaftliche Zukunft abhängt. Ich selbst habe in solchen Diskussionen häufig die Aufgabe, zu moderieren und die Ideen herauszupicken, die vielversprechend sind und weiterverfolgt werden sollten.

Auch dieses Mal trug die Besprechung Früchte, und am Ende hatten wir einen Plan. Wir würden Anne um die Herstellung von

Primern bitten, die nicht genau zu der modernen DNA passten. Das letzte Nucleotid an ihrer Spitze sollte vielmehr einem Nucleotid entsprechen, das wir nur in unserer mutmaßlichen Neandertaler-Sequenz gefunden hatten. Solche Primer würden die Vervielfältigung der mtDNA heutiger Menschen nicht oder nur in geringem Umfang in Gang setzen, das heißt, die Vervielfältigung Neandertaler-ähnlicher mtDNA würde begünstigt. Über diesen Ansatz diskutierten wir hin und her; entscheidend war insbesondere die Frage, ob man Annes Arbeiten noch als unabhängige Reproduktion unserer Befunde ansehen konnte, wenn sie Informationen über unsere Sequenz zur Herstellung der Primer nutzte. Ästhetisch wäre es natürlich erfreulicher gewesen, wenn Anne zu der gleichen Sequenz gelangt wäre wie wir, ohne vorher irgendetwas darüber zu wissen. Wir konnten ihr aber sagen, sie solle auch Neandertaler-spezifische Primer erzeugen, die rechts und links von zwei anderen Positionen mit ebenfalls einzigartigen Nucleotiden standen. Außerdem würden wir ihr nicht sagen, wo diese Positionen waren oder wie viele es von ihnen gab. Wenn sie dennoch die gleichen einzigartigen Nucleotidabweichungen fand wie wir, würden alle überzeugt sein, dass solche Moleküle tatsächlich ursprünglich zu den Knochen selbst gehörten. Nach vielen Diskussionen einigten wir uns darauf, dass dies eine legitime Vorgehensweise war.

Wir übermittelten die notwendigen Informationen an Anne; sie bestellte die neuen Primer; wir warteten. Es war jetzt Mitte Dezember, und Anne hatte uns zuvor bereits gesagt, sie wolle über Weihnachten nach North Carolina fliegen und ihre Eltern besuchen. Ich konnte ihr natürlich nicht sagen, sie solle die Reise absagen, sosehr ich es mir auch wünschte. Schließlich, nach fast zwei Wochen, klingelte das Telefon. Anne hatte fünf Moleküle von ihren neuen PCR-Produkten sequenziert. Alle enthielten die beiden Abweichungen, die wir in unserer Neandertaler-Sequenz gefunden hatten – Abweichungen, die bei modernen Menschen nur sehr selten oder gar nicht vorkommen. Das war eine ungeheure Erleichterung. Nach meiner Ansicht hatten wir alle eine Weihnachtspause verdient. Wir riefen Ralf in Bonn an, um ihm die gute Nachricht zu übermitteln. Wie so oft während der Jahre, in denen ich in München wohnte, feierte ich das neue Jahr auch dieses Mal im Skiurlaub, den ich mit einigen Freilandbiologen in abgelegenen Alpentälern nicht weit von der österreichischen Grenze verbrachte. Dieses Mal konnte ich mich nicht zurückhalten und formulierte bereits den Artikel, in dem wir die erste DNA-Sequenz eines Neandertalers beschreiben würden. Was wir zu berichten hatten, war für mich noch spektakulärer als die schneebedeckte Gebirgslandschaft um mich herum.

Nach Weihnachten setzten Matthias und ich uns im Labor zusammen und schrieben unseren Artikel. Wichtig war die Frage, wohin wir ihn schicken sollten. Die britische Fachzeitschrift *Nature* und ihr amerikanisches Gegenstück *Science* genießen das höchste Ansehen und werden sowohl in der Wissenschaftlergemeinde als auch in der Publikumspresse am besten wahrgenommen; beide wären eine naheliegende Wahl gewesen. Andererseits erlegen beide ihren Manuskripten aber auch strenge Längenbeschränkungen auf, und ich wollte unsere Arbeiten in allen Einzelheiten erläutern – nicht nur um die Welt zu überzeugen, dass wir wirklich gefunden hatten, was wir behaupteten, sondern auch um Werbung für unsere peinlich genauen Methoden zur Gewinnung und Analyse uralter DNA zu machen. Außerdem hatten beide Zeitschriften mich auch enttäuscht, weil sie dazu neigten, Aufsehen erregende Befunde über alte DNA zu veröffentlichen, obwohl sie nicht den wissenschaftlichen Kriterien genügten, die unsere Gruppe für notwendig hielt. An der Veröffentlichung von Artikeln, die ihnen eine Berichterstattung in der *New York Times* und anderen wichtigen Presseorganen sichern würden, waren ihre Redaktionen anscheinend oftmals mehr interessiert als daran, dass die Befunde stichhaltig waren und Bestand haben würden.

Über all das sprach ich mit Tomas Lindahl, einem schwedischstämmigen Wissenschaftler des Imperial Cancer Research Fund Laboratory in London. Tomas, ein führender Experte für DNA-Schäden, ist ein zurückhaltender Mensch, der aber Kontroversen nicht ausweicht, wenn er weiß, dass er recht hat. Er war für mich seit 1985, als ich sechs Wochen lang in seinem Labor die chemische Schädigung uralter DNA untersuchte, eine Art Mentor. Tomas schlug vor, wir sollten den Artikel an *Cell* schicken, ein höchst angesehenes, einflussreiches Fachblatt, das auf Molekular- und Zellbiologie spezialisiert ist. Die Veröffentlichung in dieser Zeitschrift wäre für die Wissenschaftlergemeinde ein Signal, dass die Sequenzierung alter DNA handfeste Molekularbiologie ist und nicht nur der Produktion aufsehenerregender, aber fragwürdiger Befunde dient; außerdem ließ *Cell* auch lange Artikel zu. Tomas rief Benjamin Lewin an, den höchst angesehenen Herausgeber des Blattes, und erkundigte sich nach dessen Interesse – eigentlich lag ein solches Manuskript etwas außerhalb des üblichen Zuständigkeitsbereichs von *Cell*. Lewin sagte, wir sollten das Manuskript einreichen, und er werde es dann nach dem üblichen Verfahren zur Begutachtung verschicken. Das war eine großartige Nachricht. Jetzt hatten wir genügend Platz, um alle unsere Experimente zu beschreiben und alle Argumente darzulegen, deretwegen wir überzeugt waren, dass wir es mit echter Neandertaler-DNA zu tun hatten.

Noch heute halte ich diesen Artikel für einen meiner besten. Er beschreibt nicht nur, wie wir peinlich genau die mtDNA-Sequenz rekonstruiert hatten und warum wir sie für echt hielten, sondern er nennt auch Belege dafür, dass unsere mtDNA-Sequenz außerhalb der Variationsbreite liegt, die wir heute beobachten, und folgert daraus, dass die Neandertaler keine mtDNA zu den Jetztmenschen beigetragen haben. Diese Schlussfolgerungen vertrugen sich mit dem Out-of-Africa-Modell für die Evolution des Menschen, das Allan Wilson, Mark Stoneking und andere formuliert hatten. In dem Aufsatz hatten wir geschrieben: »Die Neandertaler-mtDNA-Sequenz spricht also für ein Szenario, in dem die modernen Menschen erst in jüngerer Zeit als eigenständige Spezies in Afrika entstanden und dann die Neandertaler verdrängten, wobei es kaum oder gar nicht zur Vermischung kam.«

Wir bemühten uns aber auch, alle Vorbehalte anzusprechen, die uns einfielen. Insbesondere wiesen wir darauf hin, dass die mtDNA nur einen eingeschränkten Blick auf die genetische Vergangenheit einer Spezies erlaubt. Da sie ausschließlich von den Müttern an die Nachkommen weitergegeben wird, spiegelt sich in ihr nur die weibliche Seite der Geschichte wider. Wenn Neandertaler sich mit modernen Menschen gekreuzt hätten, würden wir das also nur dann bemerken, wenn Frauen zwischen beiden Gruppen hin und her gewechselt sind. So muss es aber nicht unbedingt gewesen sein. Wenn in der jüngeren Menschheitsgeschichte verschiedene Gruppen mit unterschiedlicher sozialer Stellung aufeinandertrafen und in Wechselbeziehung traten, verkehrten sie fast immer auch sexuell miteinander und hatten Nachkommen. Solche Beziehungen waren aber, was das Verhalten von Männern und Frauen anging, fast immer einseitig. Meist stammte der Mann aus der gesellschaftlich höherstehenden Gruppe, und die Nachkommen aus solchen Verbindungen blieben in der Gruppe der Mutter. Ob eine solche Verteilung auch für die Jetztmenschen typisch war, die vor rund 35 000 Jahren nach Europa kamen und auf die Neandertaler trafen, wissen wir natürlich nicht. Ebenso wenig wissen wir, ob die Jetztmenschen in einer Art und Weise, die sich mit den Verhältnissen in heutigen Menschengruppen vergleichen lässt, sozial höhergestellt waren. Eines aber ist klar: Wenn man ausschließlich die weibliche Seite der Vererbung betrachtet, erfährt man nur die halbe Wahrheit.

Eine weitere, noch wichtigere Einschränkung des mtDNA-Verfahrens ergibt sich aus dem Weg ihrer Vererbung. Wie bereits erwähnt, tauscht die mtDNA eines Individuums keine Abschnitte mit der eines anderen aus. Und wenn eine Frau nur Söhne hat, stirbt ihre mtDNA aus. Da der Zufall in der Geschichte der mtDNA eine so große Rolle spielt, könnte sie selbst dann verschwunden sein, wenn eine gewisse Menge von ihr vor 35 000 bis 30 000 Jahren in Europa von den Neandertalern auf die frühen Jetztmenschen übergegangen wäre. Mit den Chromosomen im Zellkern verhält es sich anders: Wie bereits erwähnt, liegen sie in jedem Menschen paarweise vor, wobei jeweils ein Chromosom von der Mutter und das andere vom Vater stammt. Wenn sich in einem Menschen die Samen- oder Eizellen bilden, brechen die Chromosomen und verbinden sich neu – ein komplizierter Tanz, der dazu führt, dass Stücke zwischen ihnen ausgetauscht werden. Wenn wir also mehrere Abschnitte aus dem Genom in den Zellkernen eines Menschen untersuchen können, gewinnen wir Aufschlüsse über mehrere Versionen der genetischen Vergangenheit einer Gruppe. Selbst wenn dann in einigen Abschnitten die von den Neandertalern beigetragenen Varianten verloren gegangen sind, würde dies wahrscheinlich nicht für alle Teile gelten. Wenn man also viele Bereiche des Genoms im Zellkern studiert, kann man ein Bild unserer Vergangenheit zeichnen, das viel weniger vom Zufall beeinflusst wurde. Deshalb gelangten wir in unserem Artikel zu dem Schluss: »Unsere Ergebnisse schließen die Möglichkeit, dass die Neandertaler andere Gene zu den Jetztmenschen beigetragen haben, nicht aus.« Angesichts der vorhandenen Befunde neigten wir allerdings eindeutig zu der Out-of-Africa-Hypothese.

Unser Artikel wurde begutachtet und mit geringfügigen Veränderungen zur Veröffentlichung in *Cell* angenommen. Wie es für alle führenden Fachzeitschriften typisch ist, so bestand auch *Cell* eisern darauf, dass wir über unsere Befunde nicht sprachen, bevor sie in der Ausgabe vom 11. Juli erschienen.[2] Die Redaktion bereitete eine Pressemitteilung vor, und ich flog zu der Pressekonferenz, die sie am Tag der Veröffentlichung in London organisiert hatte. Es war meine erste Pressekonferenz, und zum ersten Mal stand ich im Mittelpunkt eines solchen Medieninteresses. Zu meiner eigenen Überraschung machte es mir Spaß, das Wesentliche an unseren Arbeiten verständlich darzustellen; ich gab mir alle Mühe, sowohl unsere Schlussfolgerungen als auch die Vorbehalte zu beschreiben. Leicht war das nicht, denn aus unseren Daten ergaben sich unmittelbare Auswirkungen für eine hitzige Kontroverse, die im Fachgebiet der Anthropologie schon seit über zehn Jahren tobte.

Ausgegangen war die Auseinandersetzung von der Out-of-Africa-Hypothese, die Wilson und seine Kollegen vorwiegend aufgrund der Verteilung von Variationen in der mtDNA heutiger Menschen formuliert hatten. Die Gemeinde der Paläontologen hatte die Idee anfangs mit Spott und Feindseligkeit aufgenommen. Zu jener Zeit vertraten fast alle Paläontologen das sogenannte multiregionale Modell für die Entstehung der modernen Menschen: Danach haben sich die Jetztmenschen auf mehreren Kontinenten mehr oder weniger unabhängig voneinander aus dem *Homo erectus* entwickelt. Nach dieser Vorstellung bestehen zwischen den heutigen Menschengruppen tiefe historische Gräben: Man hielt beispielsweise die Neandertaler für Vorfahren der heutigen Europäer und vielleicht auch früherer europäischer Homininen; als Vorfahren der Asiaten galten andere archaische Formen aus Asien, die auf den Pekingmenschen zurückgingen. Eine wachsende Zahl angesehener Paläontologen, an vorderster Front unter ihnen Chris Stringer vom Natural History Museum in London, vertrat allerdings mittlerweile die Ansicht, dass das Out-of-Africa-Modell am besten sowohl zu den Fossilien als auch zu den archäologischen Funden passte. Chris war zu der *Cell*-Pressekonferenz eingeladen und erklärte dort, unsere Analyse der Neandertaler-DNA sei für die Paläontologie das, was die Mondlandung für die Raumfahrt gewesen war. Ich freute mich natürlich über das Lob, aber überrascht war ich nicht. Noch erfreuter war ich, als Vertreter der »anderen Seite«, die Multiregionalisten, zumindest über die technischen Aspekte unserer Arbeit Gutes zu sagen hatten; insbesondere der Lautstärkste und Kampflustigste von ihnen, Milford Wolpoff von der University of Michigan, erklärte in einem Kommentar in *Science*: »Wenn irgendjemand dazu in der Lage war, dann Svante.«

Alles in allem war ich verblüfft darüber, welche Aufmerksamkeit unser Artikel erregte. Berichte über ihn fanden sich auf den Titelseiten vieler wichtiger Zeitungen sowie in den Fernseh- und Radionachrichten auf der ganzen Welt. In der Woche nachdem der Aufsatz erschienen war, verbrachte ich den größten Teil meiner Zeit mit Journalisten am Telefon. Ich arbeitete schon seit 1984 mit alter DNA, und im Laufe der Zeit war mir klar geworden, dass es im Prinzip möglich sein müsste, die DNA von Neandertalern zu gewinnen. Neun Monate waren jetzt vergangen, seit Matthias angerufen und mich geweckt hatte, um mir zu sagen, dass aus einem unserer Sequenzierapparate eine DNA-Sequenz gekommen war, die nicht nach einem Menschen aussah. Ich hatte also Zeit gehabt, mich an den Gedanken zu gewöhnen, und war im Gegensatz zum Rest der Welt nicht allzu erschüttert über unsere Leistung. Aber nachdem der Medienrummel nachgelassen hatte, spürte ich das Bedürfnis nach einer größeren Perspektive. Ich wollte über die Jahre nachdenken, die uns bis hierhergeführt hatten, und überlegen, was als Nächstes kommen sollte.

Kapitel 2

Mumien und Moleküle

Es begann nicht mit den Neandertalern, sondern mit altägyptischen Mumien. Als ich 13 war, hatte meine Mutter mich mit nach Ägypten genommen, und seitdem hatte die Frühgeschichte des Landes mich immer fasziniert. Als ich aber an der Universität Uppsala in meinem Heimatland Schweden daranging, das Thema ernsthaft zu studieren, wurde mir zunehmend klar, dass mein Interesse an Pharaonen, Pyramiden und Mumien der romantische Traum eines Heranwachsenden war. Ich machte meine Hausaufgaben; ich lernte Hieroglyphen und historische Tatsachen auswendig; in zwei aufeinanderfolgenden Jahren arbeitete ich sogar während der Sommerferien am Stockholmer Mittelmeermuseum daran mit, Keramikscherben und andere Funde zu katalogisieren. Wenn ich in Schweden zum Ägyptologen geworden wäre, hätte das Museum durchaus mein zukünftiger Arbeitsplatz sein können. Wie ich feststellte, taten dieselben Menschen im zweiten Sommer mehr oder weniger dasselbe wie im ersten. Außerdem gingen sie zur selben Zeit in dasselbe Restaurant zum Mittagessen, bestellten dieselben Gerichte, diskutierten dieselben ungelösten Fragen aus der Ägyptologie oder tauschten Akademikertratsch aus. Letztlich wurde mir klar, dass es im Fachgebiet der Ägyptologie für meinen Geschmack zu langsam voranging. Ein solches Berufsleben konnte ich mir für mich selbst nicht vorstellen. Ich wünschte mir mehr Spannung und mehr Bedeutung für die Welt um mich herum.

Diese Entzauberung stürzte mich in eine Art Krise. Deshalb und auf Anregung meines Vaters, der Arzt war und später Biochemiker wurde, entschloss ich mich zu einem Medizinstudium mit der Perspektive, Grundlagenforschung zu betreiben. Ich immatrikulierte mich an der medizinischen Fakultät der Universität Uppsala, und nach ein paar Jahren war ich selbst überrascht darüber, welchen Spaß mir der Umgang mit Patienten machte. Es schien mir einer der wenigen Berufe zu sein, in denen man nicht nur alle möglichen unterschiedlichen Menschen kennenlernt, sondern in ihrem Leben auch eine positive Rolle spielen kann. Diese Fähigkeit, mit Menschen umzugehen, war eine unerwartete Begabung, und nach vierjährigem Medizinstudium kam die nächste kleine Krise: Sollte ich Arzt werden oder in die Grundlagenforschung wechseln, wie ich es ursprünglich vorgehabt hatte? Ich entschied mich für die zweite Möglichkeit, dachte aber, dass ich nach der Promotion an die Klinik zurückkehren könnte und höchstwahrscheinlich auch würde. Vorerst ging ich an das Institut von Per Pettersson, damals einer der angesagtesten Wissenschaftler in Uppsala. Seine Arbeitsgruppe hatte nicht lange zuvor erstmals die genetische Sequenz für eine wichtige Klasse von Transplantationsantigenen kloniert, Proteinmoleküle, die auf der Oberfläche von Immunzellen liegen und dafür sorgen, dass sie Virus- und Bakterienproteine erkennen. Pettersson hatte nicht nur spannende biologische Erkenntnisse gewonnen, die auch für die praktische Medizin von Bedeutung waren, sondern sein Labor war auch eines der wenigen in Uppsala, die schon damals die ganz neuen Methoden der Klonierung und Manipulation von DNA durch ihr Einschleusen in Bakterien beherrschten.

Pettersson forderte mich auf, mich an den Untersuchungen eines Proteins zu beteiligen, das von einem Adenovirus codiert wird; diese Viren verursachen Durchfall, erkältungsähnliche

Symptome und andere Unannehmlichkeiten. Man glaubte, das Virusprotein hefte sich in der Zelle an die Transplantationsantigene, so dass es nach dem Transport an die Zelloberfläche von Zellen des Immunsystems erkannt werden kann, die dann aktiv werden und andere infizierte Zellen im Körper abtöten. Als ich während der nächsten drei Jahre mit den Kollegen an diesem Protein arbeitete, wurde uns klar, dass unsere Vorstellungen von seiner Wirkungsweise völlig falsch waren. Wie wir feststellten, wird das Virusprotein nicht zum unglückseligen Ziel des Immunsystems, sondern es sucht sich die Transplantationsantigene in der Zelle, bindet an sie und blockiert ihren Transport zur Zelloberfläche. Da eine derart infizierte Zelle an ihrer Oberfläche keine Transplantationsantigene trägt, kann auch das Immunsystem nicht erkennen, dass sie infiziert ist. Das Protein tarnt also sozusagen das Adenovirus. Letztlich entsteht dabei eine Zelle, in der das Adenovirus vermutlich sehr lange überleben kann, möglicherweise ebenso lange wie der infizierte Mensch. Dass Viren das Immunsystem ihres Wirtes auf diese Weise hinters Licht führen können, war zu jener Zeit eine ganz neue Erkenntnis, und unsere Arbeiten führten zu mehreren hochkarätigen Artikeln in den besten Fachzeitschriften. Wie sich seither herausgestellt hat, bedienen sich auch andere Viren ähnlicher Mechanismen, um dem Immunsystem zu entgehen.

Ich hatte nun zum ersten Mal einen Eindruck von der vordersten Front der Wissenschaft, und der war faszinierend. Gleichzeitig erlebte ich auch zum ersten (aber nicht zum letzten) Mal, dass Fortschritt in der Wissenschaft häufig mit einem schmerzhaften Prozess verbunden ist, in dem man erkennen muss, dass die eigenen Ideen und die der Kollegen falsch sind, und mit einem noch längeren Kampf, bis man die engsten Mitarbeiter und dann die ganze Welt von einer neuen Idee überzeugt hat.

Irgendwie konnte ich aber inmitten aller biologischen Aufregung mein romantisches Interesse am alten Ägypten nicht abschütteln. Wenn ich Zeit hatte, besuchte ich Vorlesungen am Institut für Ägyptologie, und ich belegte weiterhin Kurse für Koptisch, die Sprache des Ägyptens der Pharaonen, die während der christlichen Ära gesprochen wurde. Ich freundete mich mit Rostislav Holthoer an, einem fröhlichen finnischen Ägyptologen, der eine ungeheure Fähigkeit besaß, über gesellschaftliche, politische und kulturelle Grenzen hinweg Freundschaften zu schließen. Ende der 1970er- und Anfang der 1980er-Jahre klagte ich während langer Essens- und Abendeinladungen in Rostis Wohnung in Uppsala häufig, dass ich die Ägyptologie liebte, in ihr aber keine Zukunft sah; gleichzeitig liebte ich auch die Molekularbiologie mit ihren scheinbar grenzenlosen Aussichten, zum Wohlergehen der Menschheit beizutragen. Ich war zwischen zwei gleichermaßen verlockenden Berufswegen hin- und hergerissen – ein Dilemma, das auch dadurch nicht weniger unangenehm wurde, dass viele es zweifellos ohne viel Mitgefühl als Sorge eines jungen Mannes betrachteten, der nur gute Alternativen hatte.

Aber Rosti hatte Geduld mit mir. Er hörte zu, wenn ich ihm erklärte, wie wir heute die DNA eines beliebigen Organismus – Pilz, Virus, Pflanze, Tier oder Mensch – mit einem Plasmid (einem Trägermolekül aus der DNA eines Bakterienvirus) verknüpfen können, das wir dann in Bakterien einschleusen; dort vermehrt es sich zusammen mit der Wirtszelle, so dass Hunderttausende von Kopien der fremden DNA entstehen. Ich erklärte, wie wir dann die Sequenz der vier Nucleotide in dieser fremden DNA aufklären und Sequenzunterschiede in der DNA zweier Individuen oder biologischer Arten finden können. Je ähnlicher zwei Sequenzen sind – das heißt, je weniger Unterschiede zwischen ihnen bestehen –, desto enger sind sie verwandt. Anhand der Zahl gemeinsamer Mutationen können wir nicht nur rekonstruieren, wie die einzelnen Sequenzen in der Evolution im Laufe der Jahrtausende oder Jahrmillionen aus gemeinsamen Vorläufersequenzen entstanden sind, sondern wir können auch ungefähr abschätzen, wann diese Vorläufer-DNA existiert hat. Der britische Molekularbiologe Alec Jeffreys analysierte beispielsweise 1981 die DNA-Sequenzen eines Gens, das ein Protein im roten Blutfarbstoff von Menschen und Menschenaffen codiert; daraus leitete er ab, seit wann die Evolution dieser Gene bei Menschen und Menschenaffen unabhängig voneinander verlaufen ist. Das Gleiche, so erklärte ich, würde man schon bald mit vielen Genen von vielen Individuen einer beliebigen Spezies machen können. Auf diese Weise kann man herausfinden, wie verschiedene Arten in der Vergangenheit miteinander verwandt sind und seit wann sie sich getrennt weiterentwickelt haben – und das alles viel genauer, als es mit morphologischen Studien oder der Untersuchung von Fossilien möglich ist.

Als ich das alles Rosti erklärte, kristallisierte sich in meinem Kopf nach und nach eine Frage heraus. Mussten sich solche Untersuchungen unbedingt auf DNA aus Blut- oder Gewebeproben von heute lebenden Menschen und Tieren beschränken? Wie stand es mit den ägyptischen Mumien? Hatten in ihnen vielleicht DNA-Moleküle überlebt – und konnte man vielleicht auch diese Moleküle in Plasmide einbauen und in Bakterien zur Vermehrung anregen? War es möglich, sehr alte DNA-Sequenzen zu analysieren und damit die Frage zu klären, wie die alten Ägypter untereinander und mit den heutigen Menschen verwandt waren? Wenn das gelang, könnten wir Lösungen für Fragen finden, die mit den herkömmlichen Mitteln der Ägyptologie nicht zu beantworten waren. Eine solche Frage lautete: Wie sind die heutigen Ägypter mit den Menschen verwandt, die unter der Herrschaft der Pharaonen vor 2000 bis 5000 Jahren in dem Land lebten? Hatten große politische und kulturelle Veränderungen wie die Eroberung durch Alexander den Großen im 4. Jahrhundert v. u. Z. oder durch die Araber im 7. Jahrhundert zur Folge, dass ein großer Teil der ägyptischen Bevölkerung verdrängt wurde? Oder handelte es sich nur um militärische und politische Ereignisse, die dazu führten, dass die einheimische Bevölkerung neue Sprachen, neue Religionen und eine neue Lebensweise übernahm? Sind also die Menschen, die heute in Ägypten leben, die gleiche Gruppe, die auch die Pyramiden baute, oder hatten ihre Vorfahren sich so mit den Invasoren vermischt, dass die modernen Ägypter ganz anders sind als die Bevölkerung des Landes in der Antike? Es war ein atemberaubender Gedanke. Er musste doch sicher auch schon jemand anderem gekommen sein.

Ich ging in die Universitätsbibliothek und stöberte in Fachzeitschriften und Büchern, aber nirgendwo fand ich einen Bericht über die Gewinnung von DNA aus sehr altem Material. Anscheinend hat es noch nie jemand versucht. Oder wenn es jemand versucht hatte, war es nicht gelungen, denn sonst wären die Befunde sicher veröffentlicht worden. Ich unterhielt mich mit den erfahreneren Doktoranden und Postdocs in Petterssons Labor. Ihre Argumentation: DNA ist empfindlich, warum sollte man also damit rechnen, dass sie Jahrtausende übersteht? Die Gespräche waren entmutigend, aber noch gab ich die Hoffnung nicht auf. Bei meinen Literaturrecherchen war ich auf Artikel gestoßen, deren Autoren behaupteten, sie hätten in 100 Jahre alten Tierhäuten aus Museen Proteine nachgewiesen – Proteine, die noch von Antikörpern erkannt werden. Außerdem hatte ich Studien gefunden, in denen behauptet wurde, man habe in altägyptischen Mumien unter dem Mikroskop die Umrisse von Zellen gesehen. Irgendetwas blieb also offenbar zumindest manchmal erhalten. Ich entschloss mich, ein kleines Experiment anzustellen.

Die erste Frage lautete offenbar: Kann DNA im Gewebe nach dem Tod längere Zeit erhalten bleiben? Wenn das Gewebe austrocknet, beispielsweise wenn eine Mumie im alten Ägypten von den Einbalsamierern präpariert wurde, dann, so meine Spekulation, könnte die DNA durchaus längere Zeit überleben, denn die Enzyme, von denen sie abgebaut wird, sind nur in Gegenwart von Wasser aktiv. Dies musste als Erstes überprüft werden. Also ging ich im Sommer 1981, als sich nicht allzu viele Menschen im Labor herumtrieben, in den Supermarkt und kaufte ein Stück Kalbsleber. Die Quittung aus dem Laden klebte ich auf die erste Seite eines neuen Labortagebuchs, in dem ich diese Experimente festhalten wollte. Ich beschriftete das Buch mit meinem Namen und nichts anderem, denn ich hatte beschlossen, meine Experimente so geheim wie möglich zu halten. Pettersson würde mir vielleicht verbieten, sie weiterzuverfolgen, weil sie mich unnötig von meiner eigentlichen Arbeit ablenkten, der Erforschung der molekularen Funktionsweise des Immunsystems – ein Gebiet, auf dem starke Konkurrenz herrschte. Ich wollte aber auch deshalb alles unter der Decke halten, weil ich mir für den sehr wahrscheinlichen Fall, dass ich scheiterte, das Gespött meiner Institutskollegen ersparen wollte.

Um die altägyptische Mumifizierung annähernd nachzuahmen, entschloss ich mich, die Kalbsleber künstlich zur Mumie zu machen. Dazu legte ich sie in einen Laborofen, den ich auf 50 °C aufgeheizt hatte. Dies hatte zunächst einmal zur Folge, dass es mit der Geheimhaltung meines Projekts vorbei war. Am zweiten Tag gab der widerliche Geruch den Anlass zu deftigen Kommentaren, und ich musste mein Projekt bekannt machen, bevor jemand die Leber fand und wegwarf. Glücklicherweise ließ der Geruch mit fortschreitender Austrocknung nach, und weder er noch eine Nachricht darüber, was da im Labor vor sich hin faulte, fand den Weg zu meinem Professor.

Nach ein paar Tagen war die Leber hart, schwarzbraun und trocken – genau wie eine ägyptische Mumie. Als Nächstes präparierte ich DNA aus dem Material, und dabei hatte ich sofort Erfolg. Die DNA lag in kleinen Stücken von wenigen Hundert Nucleotidpaaren vor; wenn man sie aus frischem Gewebe gewinnt, ist sie in der Regel viele Tausend Nucleotidpaare lang. Aber es war immer noch eine Menge. Ich fühlte mich bestätigt.

Der Gedanke, dass DNA in abgestorbenem Gewebe zumindest einige Tage oder Wochen lang erhalten bleiben kann, war nicht völlig lächerlich. Aber wie steht es mit Jahrtausenden? Der naheliegende nächste Schritt bestand darin, das gleiche Kunststück mit einer ägyptischen Mumie zu vollbringen. Da kam mir meine Freundschaft mit Rosti sehr gelegen.

Rosti war durch meine Sorgen um Ägyptologie und Molekularbiologie schon richtig eingestimmt und nur allzu gern bereit, meine Bemühungen, die Ägyptologie in das molekulare Zeitalter zu führen, zu unterstützen. Das kleine Universitätsmuseum, dessen Kurator er war, besaß einige Mumien, und er gestattete mir, daraus Proben zu entnehmen. Natürlich ließ er nicht zu, dass ich die Mumien aufschnitt und die Leber entnahm. Aber wenn eine Mumie bereits ausgepackt war und die Extremitäten abgebrochen waren, durfte ich kleine Stücke des Haut- oder Muskelgewebes aus den Bereichen entnehmen, an denen die Mumie ohnehin bereits beschädigt war, und dann meine DNA-Gewinnung ausprobieren. Drei solche Mumien standen zur Verfügung. Sobald ich das Skalpell an das ansetzte, was vor rund 3000 Jahren die Haut und die Muskeln eines Menschen gewesen waren, bemerkte ich, dass dieses Gewebe eine ganz andere Konsistenz hatte als meine im Ofen gebackene Kalbsleber. Die Leber war hart gewesen, und es war gar nicht einfach, sie in Scheiben zu schneiden. Die Mumien waren spröde, und ihr Gewebe zerkrümelte beim Schneiden schnell zu braunem Pulver. Ich ließ mich aber nicht abschrecken und unterwarf das Material dem gleichen Extraktionsverfahren, das ich auch bei der Leber angewandt hatte. Im Gegensatz zu den Leberextrakten waren diese hier braun wie die Mumien selbst, der Leberextrakt war wasserklar gewesen. Dann suchte ich in den Mumienextrakten nach DNA, indem ich sie im elektrischen Feld durch ein Gel wandern ließ und mit einem Farbstoff färbte, der im Ultraviolettlicht rosa aufleuchten würde, wenn er an DNA gebunden hatte; ich sah aber nichts als das braune Zeug: Es fluoreszierte zwar im Ultraviolettlicht tatsächlich, aber nicht rosa, sondern blau – das erwartet man nicht, wenn es sich um DNA handelt. Ich wiederholte die gleiche Prozedur an den beiden anderen Mumien. Auch hier fand ich keine DNA – in den Extrakten, von denen ich gehofft hatte, ich würde darin DNA finden, befand sich nichts als eine undefinierbare braune Substanz. Anscheinend hatten meine Kollegen aus dem Labor recht gehabt: Wie sollten die zerbrechlichen DNA-Moleküle Jahrtausende überleben, wenn sie in einer Zelle ständig repariert werden mussten, um nicht zu zerfallen?

Ich versteckte mein geheimes Labortagebuch ganz unten in meiner Schreibtischschublade und kehrte zu den Viren zurück, die das Immunsystem mit ihren schlauen kleinen Proteinen hinters Licht führen. Ganz vergessen konnte ich die Mumien aber nicht. Wie konnte es sein, dass andere anscheinend in manchen Mumien die Überreste von Zellen gefunden hatten? Vielleicht handelte es sich bei dem braunen Material in Wirklichkeit um DNA, die aber chemisch so abgewandelt war, dass sie braun aussah und im UV-Licht blau fluoreszierte. Vielleicht war es eine naive Erwartung, dass die DNA in jeder Mumie erhalten blieb. Vielleicht musste man viele Mumien analysieren, um die wenigen guten auszumachen. Um das herauszufinden, gab es nur einen Weg: Ich musste Museumskuratoren davon überzeugen, dass sie Stücke vieler Mumien opferten in der vielleicht vergeblichen Hoffnung, dass eine davon alte DNA enthielt; und eigentlich hatte ich keine Ahnung, wie ich ihre Genehmigung bekommen sollte. Offensichtlich brauchte ich eine Methode, um schnell und mit möglichst geringen Zerstörungen zahlreiche Mumien zu analysieren. Einen Anhaltspunkt lieferte mir meine medizinische Ausbildung. Sehr kleine Gewebestücke, wie man sie beispielsweise mit einer Biopsienadel aus einem mutmaßlichen Tumor entnimmt, kann man fixieren, färben und dann unter dem Mikroskop studieren. Dabei lassen sich Details hervorragend unterscheiden, und ein geübter Pathologe kann normale Zellen – beispielsweise aus der Darmschleimhaut, der Prostata oder einer Brustdrüse – von solchen unterscheiden, die sich bereits verändert haben und das Frühstadium eines Tumors bilden. Außerdem gibt es DNA-spezifische Farbstoffe, mit denen man mikroskopische Präparate behandeln und so die DNA nachweisen kann. Ich musste also kleine Proben von zahlreichen Mumien sammeln und mikroskopisch sowie durch Färbung der DNA analysieren. Die größte Zahl von Mumien war natürlich in den größten Museen vorhanden. Aber man konnte damit rechnen, dass die Kuratoren skeptisch waren, wenn sie einem leicht überaktiven Studenten aus Schweden erlauben sollten, auch nur winzige Stücke für ein mutmaßliches Luftschlossprojekt zu entnehmen.

Wieder erwies sich Rosti als mitfühlend: Er machte mich darauf aufmerksam, dass es ein großes Museum gab, das eine riesige Mumiensammlung besaß und möglicherweise zur Zusammenarbeit bereit war. Er meinte die »Staatlichen Museen zu Berlin«, einen Komplex aus großen Museen in Ostberlin, der Hauptstadt der Deutschen Demokratischen Republik. Rosti hatte dort selbst schon wochenlang in der altägyptischen Keramiksammlung gearbeitet. Dass er als Professor aus Schweden nach Ostdeutschland kam, also aus einem Land, das zu jener Zeit in dem Ruf stand, einen »dritten Weg« zwischen Kapitalismus und Kommunismus finden zu wollen, half ihm vermutlich, die Genehmigung zum Arbeiten in dem Museum zu bekommen. Aber erst seine Fähigkeit, warmherzige Freundschaften über Grenzen hinweg aufzubauen, verschaffte ihm enge Beziehungen zu mehreren Kuratoren des Museums. So saß ich im Sommer 1983 in einem Zug, der mit einer Fähre in Südschweden ablegte und am nächsten Morgen im kommunistischen Ostdeutschland ankam.

Ich blieb zwei Wochen in Berlin. Jeden Morgen musste ich mehrere Sicherheitskontrollen passieren, bevor ich das Magazin des Bode-Museums betreten durfte, das auf der Museumsinsel in der Spree im Herzen Berlins lag. Auch 40 Jahre nach dem Krieg trug das Museum noch dessen deutliche Spuren. An mehreren Fassaden sah man Einschusslöcher in den Mauern rund um die Fenster, die bei der Eroberung Berlins durch die Rote Armee zum Ziel sowjetischer Maschinengewehre geworden waren. Am ersten Tag zeigte man mir die ägyptologische Ausstellung aus der Vorkriegszeit; dazu mussten wir Schutzhelme aufsetzen, wie sie von Bauarbeitern getragen werden. Der Grund wurde schon bald klar. Im Dach des Ausstellungssaales befanden sich große Löcher von Artilleriegranaten und Bomben. Vögel flogen hinein und hinaus, und manche nisteten in den Sarkophagen aus der Pharaonenzeit. Alles, was nicht aus widerstandsfähigem Material bestand, war jetzt vernünftigerweise woanders untergebracht.

An den folgenden Tagen zeigte mir der für die ägyptische Sammlung zuständige Kurator alle seine Mumien. Vor dem Mittagessen durfte ich einige Stunden lang in seinem staubigen, heruntergekommenen Büro kleine Gewebestücke aus Mumien entnehmen, die ausgepackt und zerbrochen waren. Das Mittagessen war eine langwierige Angelegenheit: Wir mussten dazu durch alle Sicherheitskontrollen nach draußen in ein Restaurant auf der anderen Seite des Flusses gehen, und dort aßen wir fettige Gerichte, die dringend mit üppigen Mengen von Bier und Schnaps hinuntergespült werden mussten. In die Sammlung zurückgekehrt, verbrachten wir den Nachmittag mit weiterem Schnaps und beklagten, dass die einzigen Auslandsreisen, die der Kurator unternehmen durfte, nach Leningrad führten. Bald wurde mir klar, dass mein Gastgeber davon träumte, den kapitalistischen Westen zu besuchen, und wenn er die Gelegenheit gehabt hätte, wäre er vermutlich geflüchtet. Um seine Sichtweise über das Arbeitsleben im Westen ein wenig zurechtzurücken, erklärte ich so diplomatisch wie möglich, man werde im Westen wahrscheinlich gekündigt, wenn man bei der Arbeit trank – ein

Gedanke, der im Sozialismus unbekannt war. Aber solche ernüchternden Gedanken lenkten meinen Gastgeber offenbar nicht von den Verlockungen ab, die sich in seiner Fantasie mit dem Kapitalismus verbanden. Obwohl wir stundenlang solche theoretischen Diskussionen führten, gelang es mir, mehr als 30 Proben von Mumien zu sammeln und mit nach Schweden zu nehmen.

In Uppsala präparierte ich die Proben für die Mikroskopie: Ich tränkte sie mit einer Salzlösung, damit sie wieder Wasser aufnahmen, montierte sie dann auf Objektträger und färbte sie mit Farbstoffen, die Zellen sichtbar machen. Dann suchte ich in dem Gewebe nach erhalten gebliebenen Zellen. Die Arbeiten führte ich am Wochenende und spät abends aus, damit sich nicht allgemein herumsprach, womit ich mich beschäftigte. Beim Blick durch das Mikroskop sah das alte Gewebe deprimierend aus. Im Dünnschnitt der Muskeln konnte ich kaum die Fasern ausmachen, ganz zu schweigen von irgendwelchen Spuren der Zellkerne, in denen sich DNA hätte erhalten können. Ich war schon fast verzweifelt, da betrachtete ich eines Abends einen Dünnschnitt durch Knorpel aus der Ohrmuschel einer Mumie. Im Knorpel leben die Zellen wie im Knochen in kleinen Löchern (Lacunae) des kompakten, harten Gewebes. In den Lacunae des Knorpels erspähte ich etwas, das wie die Überreste von Zellen aussah. Aufgeregt färbte ich den Dünnschnitt mit dem DNA-Farbstoff. Als ich den Objektträger wieder unter das Mikroskop legte, zitterten mir die Hände. Tatsächlich waren die Zellreste in dem Knorpel gefärbt (siehe Abb. 2.1). Offenbar war dort also DNA erhalten geblieben!

Nun machte ich mich mit neuer Energie daran, auch alle anderen Proben aus Berlin zu verarbeiten. Einige davon sahen vielversprechend aus. Insbesondere in der Haut aus dem linken Bein einer Kindermumie waren eindeutig Zellkerne zu erkennen. Als ich einen Abschnitt der Haut DNA-spezifisch färbte, leuchteten

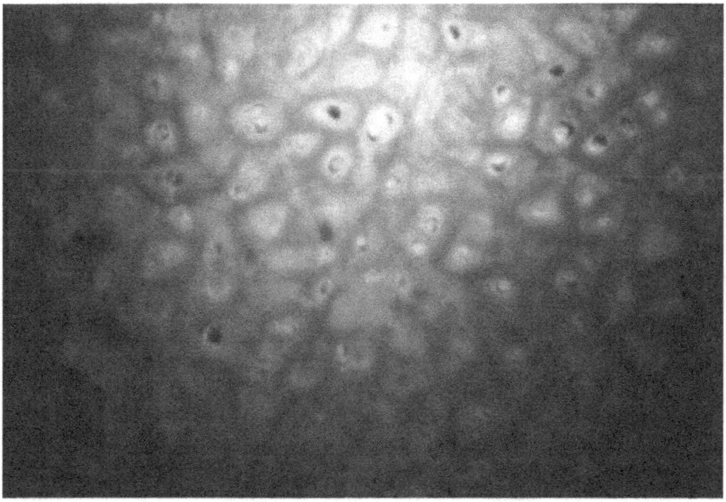

Abb. 2.1: Knorpelgewebe einer ägyptischen Mumie aus Berlin in einer Mikroskopaufnahme. In manchen Lacunae leuchten Zellen auf – ein Hinweis, dass dort vielleicht DNA erhalten geblieben ist. Foto: S. Pääbo, Universität Uppsala.

die Zellkerne auf. Da die DNA einer Zelle in den Zellkernen liegt, konnte es sich vermutlich nicht um genetisches Material von Bakterien oder Pilzen handeln – solche DNA würde im Gewebe an zufälligen Stellen auftauchen, an denen die Bakterien oder Pilze gewachsen waren. Damit war zweifelsfrei belegt, dass die DNA des Kindes selbst erhalten geblieben war. Durch das Mikroskop machte ich viele Fotos.

Insgesamt fand ich durch Färbung der Zellkerne drei Mumien, die vermutlich DNA enthielten. In der Kindermumie war anscheinend die größte Zahl gut erhaltener Zellen vorhanden. Aber jetzt nagten plötzlich Zweifel an mir. Woher wusste ich, dass diese Mumie tatsächlich alt war? In Ägypten wurden manchmal moderne Leichen so behandelt, dass sie wie alte Mumien aussahen, und die Fälscher kassierten dann den einen oder anderen Dollar von Touristen und Sammlern. Manche dieser Mumien wurden später vielleicht an Museen verschenkt. Die Mitarbeiter des Berliner Museums waren nicht in der Lage gewesen, mir Aufzeichnungen über die Herkunft dieser Mumie zu zeigen – vielleicht weil die entscheidenden Teile des Katalogs im Krieg zerstört worden waren. Aber die Frage nach dem Alter ließ sich mit der Radiokarbonmethode beantworten. Glücklicherweise arbeitete Göran Possnert, ein Experte für dieses Datierungsverfahren, an der Universität in Uppsala. Mit einem Teilchenbeschleuniger maß er die Mengenverhältnisse der enthaltenen Kohlenstoffisotope und ermittelte so das Alter winziger Proben antiker Überreste. Ich fragte ihn, wie viel es kosten würde, meine Mumie zu datieren – ich machte mir Sorgen, ich würde es mir mit meinem mageren Studentengehalt nicht leisten können. Aber er hatte Erbarmen mit mir und bot mir an, das Material umsonst zu datieren; den Preis nannte er taktvollerweise nicht, denn er hätte zweifellos weit außerhalb meiner Möglichkeiten gelegen. Ich brachte ein kleines Stück der Mumie zu Göran und wartete auf die Ergebnisse. Für mich war dies ein Musterbeispiel für eine der frustrierendsten Situationen in der Wissenschaft: Die eigene Arbeit hängt entscheidend von der Tätigkeit eines anderen ab, und man kann nichts tun, um sie zu beschleunigen – ständig wartet man auf einen Telefonanruf, der niemals zu kommen scheint. Aber einige Wochen später erhielt ich endlich den Anruf, auf den ich gewartet hatte. Die Nachricht war gut. Tatsächlich war die Mumie 2400 Jahre alt; sie stammte aus der Zeit, als Alexander das Land am Nil erobert hatte. Ich stieß ein erleichtertes Seufzen aus. Als Erstes zog ich los und kaufte eine große Schachtel Pralinen, die ich zu Göran brachte. Dann dachte ich darüber nach, meine Befunde zu veröffentlichen.

Während meines DDR-Aufenthalts hatte ich ein gewisses Verständnis für die Empfindlichkeiten von Menschen entwickelt, die unter dem Sozialismus lebten. Nachdem sie dem kapitalistischen Westen die entscheidenden Materialproben für eine interessante Studie geliefert hatten, so dass dort einige Hightech-

Untersuchungen vorgenommen werden konnten und dann veröffentlicht wurden, wären sie sehr enttäuscht gewesen, wenn man nur am Ende des Artikels beiläufig die Dankbarkeit ausgedrückt hätte. Ich wollte alles richtig machen, unterhielt mich mit Rosti und sprach auch mit Stephan Grunert, einem jungen, ehrgeizigen ostdeutschen Ägyptologen, mit dem ich mich in Berlin angefreundet hatte. Schließlich entschloss ich mich, meinen ersten Artikel über die DNA der Mumien in einer ostdeutschen Fachzeitschrift zu veröffentlichen. Ich schlug mich mit meinem in der Schule gelernten Deutsch herum, schrieb etwas über meine mikroskopischen Befunde, fügte Abbildungen der Mumie selbst und des zum DNA-Nachweis gefärbten Gewebes bei. In der Zwischenzeit hatte ich aus der Mumie auch DNA gewonnen. Dieses Mal enthielten die Extrakte DNA, die ich in einem Gel nachweisen konnte, und eine Abbildung von einem solchen Experiment nahm ich ebenfalls in den Artikel auf. Die DNA war zum größten Teil abgebaut, aber ein kleiner Bruchteil war noch mehrere Tausend Nucleotide lang und ähnelte damit in der Größe dem Material, das man aus frischen Blutproben gewinnen konnte. Dies, so schrieb ich, schien darauf hinzudeuten, dass manche DNA-Moleküle aus antikem Gewebe groß genug für die Untersuchung einzelner Gene seien. Außerdem stellte ich wilde Spekulationen darüber an, was alles möglich würde, wenn man die DNA aus altägyptischen Mumien systematisch studieren konnte. Der Artikel endete mit einem Ausdruck der Hoffnung: »Die Arbeit der nächsten Jahre wird zeigen, ob sich diese Erwartungen erfüllen.« Das Manuskript schickte ich an Stephan in Berlin. Er verbesserte mein Deutsch, und 1984 erschien der Artikel in einer Fachzeitschrift, die von der Akademie der Wissenschaften der DDR herausgegeben wurde.[3] Und nichts geschah. Niemand schrieb mir, und erst recht bat niemand um einen Sonderdruck. Ich war aufgeregt, aber damit war ich offenbar der Einzige.

Natürlich war mir klar, dass es auf der Welt nicht gerade üblich war, ostdeutsche Veröffentlichungen zu lesen; deshalb hatte ich ähnliche Befunde über das Stück aus dem mumifizierten Kopf eines Mannes aufgeschrieben und schickte sie im Oktober 1984 an eine Fachzeitschrift im Westen, die mir geeignet erschien: das *Journal of Archaeological Science*. Aber hier war ich aus einem anderen Grund frustriert: Die Zeitschrift arbeitete selbst im Vergleich zu den Verzögerungen, die mein Manuskript in Ostdeutschland erlebt hatte, unglaublich langsam – dort hatte Stephan es sprachlich verbessern müssen, und dann war es vermutlich von politischen Zensoren geprüft worden. Darin, so mein Eindruck, spiegelte sich das Schneckentempo wider, mit dem sich Fachgebiete, die sich mit Altertümern beschäftigen, voranbewegen. Das *Journal of Archaeological Science* brachte meinen Artikel schließlich Ende 1985 heraus, und zu diesem Zeitpunkt hatten die Ereignisse den Inhalt zum größten Teil bereits überholt.[4]

Nachdem ich nun über ein wenig Mumien-DNA verfügte, lag der nächste Schritt auf der Hand. Ich musste sie in Bakterien klonieren. Also behandelte ich die DNA mit Enzymen, die ihre Enden so vorbereiteten, dass ich sie mit anderen DNA-Stücken verbinden konnte; ich mischte sie mit einem Bakterienplasmid und setzte ein Enzym zu, das DNA-Fragmente verknüpft. Wenn alles klappte, würden auf diese Weise Hybridmoleküle entstehen, in denen DNA-Abschnitte aus der Mumie mit der Plasmid-DNA verbunden waren. Schleuste ich diese Plasmide dann in Bakterienzellen ein, konnten sich die Hybridmoleküle dort nicht nur bis zu hohen Kopienzahlen vermehren, sondern die Bakterien würden auch resistent gegen ein Antibiotikum werden, das ich meinem Kulturmedium zusetzte; dann überlebten nur diejenigen Bakterien, die ein funktionsfähiges Plasmid enthielten. Sät man solche Bakterien auf Antibiotika-haltigen Kulturplatten aus, tauchen Kolonien auf, wenn das Experiment erfolgreich verlaufen ist. Jede Kolonie stammt dabei von einem einzigen Bakterium ab, das jetzt ein ganz bestimmtes Stück der Mumien-DNA in sich trägt. Um mein Experiment zu überprüfen, setzte ich Kontrollen an – eine Maßnahme, die in jedem Laborexperiment unverzichtbar ist. So wiederholte ich beispielsweise parallel das ganze Verfahren noch einmal, ohne aber den Plasmiden die Mumien-DNA zuzusetzen, und ich wiederholte das Verfahren auch unter Zusatz der DNA von heutigen Menschen. Nachdem ich dafür gesorgt hatte, dass die Bakterien die DNA-Lösungen aus meinen Experimenten aufgenommen hatten, strich ich sie auf Agarplatten, die das Antibiotikum enthielten, und legte sie über Nacht bei 37 °C in einen Brutschrank. Am nächsten Morgen öffnete ich den Brutschrank und sog voller Vorfreude den Schwall feuchter Luft ein, der nach üppigen Nährmedien roch. Die Platte mit der modernen DNA trug Tausende von Kolonien – es waren so viele, dass der Nährboden fast vollständig mit Bakterien bedeckt war. Damit war gezeigt, dass mein Plasmid funktioniert hatte – die Bakterien überlebten, weil sie es aufgenommen hatten. Auf der Platte, der ich außer dem Plasmid keine DNA zugesetzt hatte, wuchsen kaum Kolonien, ein Hinweis, dass keine DNA aus irgendeiner unbekannten Quelle in mein Experiment geraten war. Der eigentliche experimentelle Ansatz, dem ich die DNA aus der Berliner Mumie zugesetzt hatte, lieferte mehrere Hundert Kolonien. Ich war begeistert. Offenbar hatte ich 2400 Jahre alte DNA vermehrt! Aber konnte es sein, dass sie nicht von dem Kind selbst stammte, sondern von Bakterien aus dem Gewebe? Wie konnte ich nachweisen, dass es sich zumindest bei einem Teil der in den Bakterien klonierten Moleküle um menschliche DNA handelte?

Um zu zeigen, dass die DNA nicht von Bakterien, sondern von einem Menschen stammte, musste ich einen Teil ihrer Sequenz ermitteln. Wenn ich aber einfach zufällig ausgewählte Klone sequenzierte, würden diese wahrscheinlich DNA-Sequenzen enthalten, die entweder aus dem menschlichen Genom stammten – das 1984, abgesehen von einigen mühevoll sequenzierten, winzigen Abschnitten noch nicht entschlüsselt war – oder aber aus irgendwelchen Mikroorganismen, deren DNA-Sequenzen man höchstwahrscheinlich noch viel weniger kennen würde. Statt also zufällig irgendwelche Klone zu sequenzieren, musste ich einige besonders interessante Bakterienkolonien identifizieren. Die Lösung brachte eine Methode zum Nachweis von Klonen, deren DNA in ihrer Sequenz derjenigen ähnelt, die man finden möchte. Dazu musste ich aus mehreren Hundert Kolonien jeweils einige Bakterien auf Zellulosefilter übertragen, und wenn ich die Bakterien anschließend aufbrach, heftete ihre DNA sich an den Filter an. Dann benutzte ich eine »Sonde«, ein radioaktiv markiertes DNA-Stück, das einzelsträngig war und mit komplementären Sequenzen der einzelsträngigen DNA auf den Filter hybridisierte. Ich entschloss mich, zu diesem Zweck einen DNA-Abschnitt zu verwenden, der ein sogenanntes *Alu*-Element enthielt, eine kurze Sequenz von rund 300 Nucleotiden, die sich vielfach wiederholt und im menschlichen Genom fast eine Million Mal vorkommt, aber in keinem anderen Lebewesen außer Menschen, Menschenaffen und Kleinaffen zu finden ist. Die *Alu*-Elemente sind so zahlreich, dass sie mehr als zehn Prozent des menschlichen Genoms ausmachen. Wenn ich in meinen Klonen ein solches Element finden konnte, wäre damit gezeigt, dass zumindest ein Teil der DNA von einem Menschen stammte.

Ich nahm ein Stück eines Gens, von dem wir aus unseren Untersuchungen wussten, dass es ein *Alu*-Element enthält, baute Radioaktivität ein und hybridisierte es mit meinen Filtern. Mehrere Klone hielten die Radioaktivität fest, wie man es erwartet, wenn es sich teilweise um menschliche DNA handelt. Ich wählte den Klon, der am stärksten hybridisierte. Er enthielt einen DNA-Abschnitt aus ungefähr 3400 Nucleotiden. Mithilfe des Doktoranden Dan Larhammar, der in unserer Arbeitsgruppe der Meister der DNA-Sequenzierung war, sequenzierte ich einen Teil des Klons. Er enthielt tatsächlich ein *Alu*-Element. Ich war mehr als glücklich. In meinem Klonen befand sich menschliche DNA, und man konnte sie in Bakterien klonieren.

Im November 1984, als ich mich gerade mit meinen Sequenzierungsgelen herumschlug, erschien in der Fachzeitschrift *Nature* ein Artikel, der für mich von großer Bedeutung war. Er stammte von Russell Higuchi, einem Mitarbeiter von Allan Wilson an der University of California in Berkeley; Wilson war der wichtigste Architekt der Out-of-Africa-Theorie für den Ursprung der modernen Menschen und einer der berühmtesten Evolutionsbiologen jener Zeit. Higuchi hatte DNA aus der 100 Jahre alten Haut eines Quaggas gewonnen und kloniert, einer ausgestorbenen Zebra-Unterart, die bis vor ungefähr 100 Jahren im südlichen Afrika zu Hause gewesen war. Die Arbeitsgruppe hatte zwei Fragmente der Mitochondrien-DNA isoliert und damit nachgewiesen, dass das Quagga erwartungsgemäß enger mit den Zebras verwandt war als mit den Pferden. Die Arbeiten waren für mich eine großartige Anregung. Wenn Allan Wilson DNA aus alter Zeit studierte und wenn *Nature* eine 100 Jahre alte DNA interessant genug fand, um etwas darüber zu veröffentlichen, war doch sicher auch das, was ich vorhatte, weder verrückt noch uninteressant.

Zum ersten Mal setzte ich mich nun an meinen Schreibtisch und verfasste einen eigenen Artikel, für den sich nach meiner Einschätzung viele Menschen auf der Welt interessieren würden. Inspiriert durch Allan Wilsons Vorbild, schrieb ich ihn für *Nature.* Ich erläuterte darin, was ich mit der Mumie aus Berlin getan hatte. Einer meiner ersten Literaturhinweise bezog sich auf den Artikel, der in der ostdeutschen Fachzeitschrift erschienen war. Aber bevor ich das Manuskript nach London an die Redaktion von *Nature* schickte, musste ich noch etwas anderes tun: Ich musste mit meinem Doktorvater Per Pettersson sprechen und ihm das Manuskript zeigen, das jetzt fertig war und eingereicht werden konnte. Ein wenig zitternd ging ich in sein Büro und erzählte ihm, was ich getan hatte. Ich fragte, ob er vielleicht in seiner Eigenschaft als mein Vorgesetzter mit mir als Co-Autor seinen Namen auf den Artikel setzen wolle. Offensichtlich hatte ich den Mann unterschätzt. Statt mit mir zu schimpfen und meine Tätigkeit als Verschwendung von Forschungsmitteln und wertvoller Zeit zu bezeichnen, war er offensichtlich amüsiert. Er versprach, das Manuskript zu lesen, und erklärte, er könne natürlich nicht als Co-Autor von Arbeiten auftreten, von denen er noch nicht einmal etwas gewusst habe.

Nach ein paar Wochen erhielt ich einen Brief von *Nature*: Der Redakteur sagte zu, mein Manuskript zu veröffentlichen, wenn ich auf einige geringfügige Kommentare von Gutachtern eingehen würde. Kurz danach kamen die Korrekturfahnen. Als es so weit war, spielte ich mit dem Gedanken, mich an Allan Wilson zu wenden – er war in meinen Augen ein Halbgott – und ihn zu fragen, ob ich nach meiner Doktorprüfung bei ihm in Berkeley arbeiten könne. Da ich nicht genau wusste, wie ich diese Möglichkeit ins Gespräch bringen sollte, schickte ich ihm ohne jeden Kommentar eine Kopie der Korrekturfahnen; ich dachte, er würde es zu schätzen wissen, wenn er den Artikel schon vor seinem Erscheinen lesen konnte. Später, so dachte ich, könnte ich mich dann bei ihm nach einem Arbeitsplatz in seinem Institut erkundigen. *Nature* trieb den Publikationsprozess schnell voran und brachte sogar ein Titelbild, das eine Mumie mit kunstvoll herumgewickelten DNA-Sequenzen zeigte. Noch schneller jedoch erhielt ich eine Antwort von Allan Wilson; er sprach mich als »Professor Pääbo« an – es war die Zeit vor Internet und Google, so dass er nicht ohne Weiteres herausfinden konnte, wer ich war. Noch erstaunlicher war, was er weiter schrieb. Er fragte, ob er sein demnächst bevorstehendes Sabbatjahr in »meinem« Labor verbringen könne! Das war ein höchst erfreuliches Missverständnis, erwachsen aus der Tatsache, dass ich nicht genau wusste, was ich ihm schreiben sollte. Mit meinen Laborkollegen scherzte ich, Allan Wilson, vielleicht der berühmteste molekularbiologisch orientierte Evolutionsforscher jener Zeit, werde ein Jahr lang in meinem Labor die Glasplatten für die Gele spülen. Dann ging ich daran, seinen Brief zu beantworten: Ich erklärte, ich sei kein Professor und noch nicht einmal Träger eines Doktortitels, und ich hätte mit Sicherheit kein Labor, in dem er sein Sabbatjahr verbringen könne. Ich wolle vielmehr anfragen, ob er mir eine Chance geben würde, während meiner Postdoc-Zeit in seinem Labor in Berkeley zu arbeiten.

Kapitel 3

Die Vergangenheit vervielfältigen

Allan Wilson antwortete sehr freundlich und lud mich ein, in seinem Institut als Postdoc zu arbeiten. Dies sollte sich als Wendepunkt meiner Laufbahn erweisen. Als ich meinen Doktortitel in der Tasche hatte, boten sich drei Alternativen: Ich konnte mein Medizinstudium am Krankenhaus beenden (eine langweilige Aussicht nach der Aufregung, die ich gerade erlebt hatte), ich konnte meine erfolgreiche Doktorarbeit ausbauen und weiter in irgendeinem Weltklasselabor an Viren und Immunsystem arbeiten, oder ich konnte Allans Angebot annehmen und in meiner Postdoc-Zeit versuchen, Gene aus alter Zeit zu gewinnen. Meine Kollegen und die Professoren, mit denen ich über die Alternativen sprach, schlugen mir in ihrer Mehrzahl die zweite Möglichkeit vor: Sie argumentierten, mein Interesse an Mumien-DNA sei ein skurriles Hobby und werde mich letztlich von den ernsthaften Arbeiten ablenken, die das Fundament einer soliden Zukunft in der Forschung bilden. Mich reizte natürlich die dritte Möglichkeit, aber ich zögerte immer noch und fragte mich, ob Forschung in der konventionellen Virologie und »molekulare Archäologie« als Hobby nicht eine realistischere Richtung waren. Dann kam ein Ereignis, das alles veränderte: das Cold Spring Harbor Symposium von 1986.

Das Cold Spring Harbor Laboratory auf Long Island nicht weit von New York ist das Mekka der Molekulargenetik. Das Institut organisiert viele angesehene Tagungen; insbesondere findet dort jedes Jahr das »Symposium on Quantitative Biology« statt. Dank meines Artikels in *Nature*[5] wurde ich 1986 zu der Veranstaltung eingeladen; dort hielt ich zum ersten Mal einen Vortrag über meine Untersuchungen an den Mumien. Als wäre das nicht schon aufregend genug, saßen im Publikum auch viele Personen, die ich nur aus der Literatur kannte, darunter Allan Wilson selbst und Kary Mullis, der in derselben Sitzung die PCR erläuterte. Die PCR war ein echter technischer Durchbruch, denn sie machte die umständliche DNA-Klonierung in Bakterien zum größten Teil überflüssig, und mir war sofort klar, dass ich sie zur Analyse alter DNA einsetzen konnte. Im Prinzip würde die PCR mich in die Lage versetzen, gezielt interessante DNA-Abschnitte zu vervielfältigen, wenn nur einige wenige von ihnen noch erhalten waren. Kary beendete seinen Vortrag sogar mit der Bemerkung, die PCR eigne sich ideal für die Untersuchung von Mumien! Ich konnte es kaum abwarten, nach Hause ins Institut zu fahren und es auszuprobieren.

Die Tagung begeisterte mich auch in anderer Hinsicht: Zum ersten Mal wurde ein koordiniertes, staatlich finanziertes Projekt zur Sequenzierung des gesamten menschlichen Genoms auf die Tagesordnung gesetzt. Zwar spürte ich während des Symposiums sehr deutlich, was für ein Neuling ich war, aber andererseits war es ein erhebendes Gefühl, dabei zu sein, wenn die Koryphäen des Faches über Dollarmillionen, Tausende von Maschinen und die für das Unternehmen notwendige neue Technologie diskutierten. In hitzigen Debatten schmähten einige bekannte Wissenschaftler das vorgeschlagene Projekt: Es sei technisch unmöglich und werde wahrscheinlich keine interessanten Ergebnisse erbringen, könne aber kostbare Forschungsmittel verschlingen, die sonst für lohnendere Arbeiten kleinerer Gruppen unter Leitung einzelner Wissenschaftler zur Verfügung stünden. Für mich war das alles sehr spannend; ich wollte am Genom-Abenteuer teilhaben.

Anders als die meisten testosterongetriebenen, energiegeladenen Wissenschaftler, die auf der Tagung das Sagen hatten, war Allan Wilson zurückhaltend und sanft – so wie ihn stellte ich mir einen Professor aus Berkeley vor. Der Neuseeländer mit seinen langen Haaren und dem warmherzigen Blick vermittelte mir ein angenehmes Gefühl und ermutigte mich, meinen Neigungen zu folgen und das zu tun, was mir am vielversprechendsten erschien. Die Begegnung mit ihm half mir, meine Unentschiedenheit zu überwinden: Ich sagte ihm, ich wolle nach Berkeley kommen.

Die Sache hatte allerdings einen Haken. Da Allan während seines Sabbatjahres nicht in »mein Labor« kommen konnte, hatte er sich entschlossen, das Jahr an zwei Instituten in England und Schottland zu verbringen, das heißt, ich musste in der Zwischenzeit etwas anderes finden. Im Rahmen meiner Promotion hatte ich einige Wochen in Zürich im Labor des berühmten Molekularbiologen Walter Schaffner gearbeitet, der die »Enhancer« entdeckt hatte, wichtige DNA-Abschnitte, die dazu beitragen, die Ausprägung von Genen voranzutreiben. Walter war stets voller ungetrübter Begeisterung für unorthodoxe Ideen und Projekte; jetzt lud er mich ein, während dieses Jahres in seinem Institut mit alter DNA zu arbeiten. Insbesondere interessierte er sich für den Beutelwolf, ein ausgestorbenes, wolfsähnliches Beuteltier aus Australien. Ob ich nicht Beutelwolf-DNA aus Museumsexemplaren klonieren könne? Ich willigte ein, und sobald ich meine Doktorprüfung in Uppsala bestanden hatte, zog ich nach Zürich.

In der Zwischenzeit hatte ich gehofft, die durch meinen *Nature*-Artikel erregte Aufmerksamkeit werde mir die Möglichkeit verschaffen, weitere Proben von Mumien aus der DDR zu beschaffen, so dass ich mehr Klone erzeugen und statt der profanen *Alu*-Wiederholungseinheiten interessante Gene finden konnte. Als Rosti einige Monate nach der Veröffentlichung wieder nach Berlin fuhr und dafür sorgen wollte, dass ich noch einmal Proben aus den Mumien entnehmen konnte, rechnete ich deshalb mit einem problemlosen Ablauf. Stattdessen kam er mit beunruhigenden Nachrichten zurück. Keiner seiner Bekannten in dem Museum hatte Zeit gehabt, sich mit ihm zu treffen – es sah aus, als würden ihm alle aus dem Weg gehen. Schließlich hatte er einen von ihnen zu fassen bekommen, als dieser gerade das Museum verließ. Nach der Veröffentlichung meines *Nature*-Artikels war offensichtlich die Stasi, die gefürchtete ostdeutsche Geheimpolizei, im Museum gewesen und hatte alle Mitarbeiter nacheinander in einem kleinen Raum verhört; man hatte sie gefragt, was sie mit mir und Rosti gemacht hatten. Dass ich meine ersten Befunde in der DDR veröffentlicht und in dem *Nature*-Artikel an herausgehobener Stelle auf diese Publikation verwiesen hatte, interessierte die Stasi nicht. Stattdessen hinterließen sie bei den Museumsmitarbeitern den Eindruck, die Universität Uppsala sei – so ihre Formulierung – ein allgemein bekanntes antisozialistisches Propagandazentrum. Ganz gleich, wie lächerlich dieses Urteil über die älteste Universität Schwedens war: Natürlich wollte kein DDR-Bürger mit der richtigen Gesinnung noch etwas mit uns zu tun haben, nachdem er so etwas von der Stasi gehört hatte.

Ich war deprimiert darüber, wie zwecklos es ist, sich mit einem totalitären System einzulassen. Ich hatte die Vorstellung gehabt, dass die beiden konkurrierenden politischen Systeme sich einander annähern könnten, wobei wissenschaftliche Kontakte vielleicht als Katalysator wirkten, und ich hatte gehofft, ich könne zu diesem Prozess meinen eigenen kleinen Beitrag leisten. Noch wusste ich nicht, welche Rolle die DDR in meinem Leben spielen würde, zu diesem Zeitpunkt jedoch schien keine Aussicht auf neue Proben oder auf Kooperation zu bestehen.

In Zürich machte ich mich daran, sowohl aus den kleinen noch verbliebenen Proben der Mumien als auch aus Gewebeproben des Beutelwolfes die DNA zu gewinnen. Trotz meiner Begeisterung für die PCR war der Versuch, sie nach der Anleitung von Kary Mullis zum Laufen zu bringen, kein Spaziergang. Man musste die DNA im Wasserbad auf 98 °C erhitzen, so dass sich die Stränge trennten, sie dann im Wasserbad auf 55 °C abkühlen, damit die synthetischen Primer sich an ihr Ziel anheften konnten, dann das hitzeempfindliche Enzym zusetzen und das Gemisch in einem Wasserbad von 37 °C inkubieren, damit die neuen Stränge entstanden. Diesen langwierigen Ablauf musste man in jedem Experiment mindestens 30-mal wiederholen. Ich verbrachte Stunden um Stunden vor dampfenden Wasserbädern und vergeudete viele Röhrchen mit dem teuren Enzym bei dem Versuch, DNA-Abschnitte zu vervielfältigen. Manchmal erhielt ich mit moderner DNA eine geringe Menge von Produkten, aber mit der stark zersetzten DNA aus dem Beutelwolf und den Mumien hatte ich kein Glück. Immerhin konnte ich mit dem Elektronenmikroskop nachweisen, dass die DNA von Mumien und Beutelwolf zum größten Teil in Form kleiner Stücke vorlag. Manche DNA-Moleküle hatten sich sogar durch chemische Reaktionen miteinander verbunden, so dass ihre Vermehrung mit Sicherheit weder in Bakterien noch durch PCR im Reagenzglas gelingen würde. Das war vor dem Hintergrund einiger meiner Befunde aus dem Jahr 1985 nicht weiter verwunderlich – damals hatte ich ein paar Wochen im Labor von Tomas Lindahl in Hertfordshire unweit von London gearbeitet. Tomas ist ursprünglich schwedischer Abstammung und weltweit einer der führenden Experten für chemische Schädigungen der DNA sowie für die Systeme, die sich in der Evolution der Lebewesen zu ihrer Reparatur entwickelt haben. In seinem Labor hatte ich an der DNA, die ich aus dem alten Gewebe gewonnen hatte, Schädigungen mehrerer Formen nachgewiesen. Diese Ergebnisse und meine neuen Befunde aus Zürich waren handfeste deskriptive Wissenschaft, aber meinem Ziel, die DNA-Sequenzen längst ausgestorbener Lebewesen lesen zu können, kam ich damit kein Stück näher. Monate vergingen vor den Wasserbädern – und auch auf den Skipisten der Alpen –, aber Befunde stellten sich nicht ein; deshalb empfand ich im Frühjahr 1987 eindeutig ein Gefühl der Erleichterung, dass ich Zürich in Richtung Berkeley verlassen konnte, wo Allan Wilson nun wieder tätig war.

Am biochemischen Institut der University of California in Berkeley angekommen, erkannte ich sehr schnell, dass ich hier zur richtigen Zeit am richtigen Ort war. Kary Mullis hatte an dem Institut als Doktorand gearbeitet, bevor er zu dem Unternehmen Cetus ein Stück weiter an der San Francisco Bay gegangen war und dort die PCR erfunden hatte. Bei Cetus arbeiteten jetzt einige frühere Doktoranden und Postdocs von Allan. Die Folge: Während ich mich in Zürich allein damit herumgeschlagen hatte, die PCR zum Laufen zu bringen, arbeiteten in Berkeley viele Kollegen damit, und entsprechend viele Verbesserungen hatte man erzielt. Bei Cetus hatte man aus einem Bakterium, das bei hohen Temperaturen gedeiht, eine DNA-Polymerase kloniert und exprimiert, jenes Enzym, mit dem man bei der PCR die neuen DNA-Stränge herstellt. Da dieses Enzym bei hohen Temperaturen überlebt, brauchte man nicht in jedem PCR-Zyklus die Probenröhrchen zu öffnen und neues Enzym zuzusetzen. Deshalb konnte man nun den ganzen Prozess automatisieren, und tatsächlich hatte ein Postdoc im Labor bereits eine Apparatur gebaut, in der ein kleines Wasserbad zyklisch und unter Computersteuerung von drei größeren Wasserbädern mit Wasser gefüttert wurde. Darin konnte man die PCR automatisch ablaufen lassen. Nachdem ich in Zürich viele Monate vor den Wasserbädern zugebracht hatte, wusste ich diesen Fortschritt sehr zu schätzen. Man konnte nun abends eine PCR ansetzen, Feierabend machen und nach Hause gehen (eine Praxis, die wir nach einer größeren Überschwemmung im Labor aufgeben mussten, weil ein Ventil sich nicht wie erwartet geschlossen hatte). Wenig später wurde unsere neuartige, aber unzuverlässige Laborapparatur durch die erste von Cetus hergestellte PCR-Maschine ersetzt. Sie bestand aus einem Metallblock mit Löchern für die Probenröhrchen; dieser erhitzte die Proben beliebig viele Zyklen lang und kühlte sie wieder ab – alles wurde vom Computer gesteuert. Ich kann mich noch gut erinnern, wie wir staunten, als die Gerätschaften ins Labor gerollt wurden. Ich stürzte mich auf die Maschine und buchte sie für so viele Durchgänge, wie meine Kollegen mir zugestanden.

Als erstes Objekt bot sich das Quagga an, ein ausgestorbenes südafrikanisches Zebra, aus dem Russell Higuchi zwei Abschnitte der mtDNA kloniert hatte. Russ hatte mittlerweile Allans Labor verlassen und war zu dem Biotechnologieunternehmen Cetus gegangen, aber einige seiner Quagga-Proben waren noch vorhanden. Ich extrahierte aus einem Stück der Quagga-Haut die DNA, ließ Primer für die von ihm klonierten Mitochondrien-Sequenzen synthetisieren und setzte in der neuen Maschine eine PCR an. Es funktionierte! Ich vervielfältigte wunderschöne Stücke der Quagga-DNA, und als ich sie sequenzierte, sahen sie denen, die Russell in Bakterien kloniert und analysiert hatte, sehr ähnlich. Der große Vorteil war aber, dass ich das Experiment jetzt immer wieder machen konnte. Die Klonierung in Bakterien war so wenig effizient, dass es fast unmöglich gewesen wäre, die Befunde nachzuvollziehen – man würde höchstwahrscheinlich nicht jedes Mal den gleichen DNA-Abschnitt erzeugen. Die von mir gefundenen Quagga-Sequenzen ähnelten stark denen, die Russell in Bakterien kloniert hatte, unterschieden sich aber an zwei Stellen von ihnen; das lag wahrscheinlich an einem Schaden in den Molekülen, der zu Fehlern geführt hatte, als die Bakterien seine Proben aufnahmen und vermehrten. Mit der PCR konnte man die gleiche Sequenz viele Male analysieren und so gewährleisten, dass der Befund genau reproduzierbar war. So sollte Wissenschaft sein: Reproduzierbarkeit von Ergebnissen!

Ich veröffentlichte meine Befunde über das Quagga in *Nature* mit Allan als Co-Autor.[6] Damit war klar, dass man alte DNA jetzt systematisch und unter kontrollierten Bedingungen analysieren konnte. Ich war mir sicher, dass man schon bald ausgestorbene Tiere, Wikinger, Römer, Pharaonen, Neandertaler und andere menschliche Vorfahren den leistungsfähigen Methoden der Molekularbiologie unterwerfen würde – dies zu beweisen, würde allerdings noch einige Zeit dauern. Immerhin hatte ich, was die Betriebszeit unserer PCR-Maschine anging, Konkurrenz. Zu Allans Interessengebieten gehörte auch der Ursprung des Menschen. Nicht lange zuvor hatte er zusammen mit Mark Stoneking und Rebecca Cann in *Nature* einen umstrittenen Artikel veröffentlicht, in dem sie die Mitochondrien-DNA von Menschen aus der ganzen Welt verglichen hatten; für ihre langwierigen Analysen hatten sie Enzyme benutzt, die DNA an Stellen mit bekannten Sequenzen schneiden. Damit hatten sie nachgewiesen, dass man die mtDNAs auf eine einzige Frau zurückführen kann, die vor 100 000 bis 200 000 Jahren in Afrika lebte.[7] Jetzt konnte man die Arbeiten erweitern und DNA-Sequenzen vieler weiterer Menschen studieren. Das tat Linda Vigilant, eine junge Doktorandin, die jeden Morgen mit dem Motorrad zum Institut kam. Ich nahm ihren jungenhaften Charme am Rande wahr, in erster Linie war sie für mich aber eine Konkurrentin um Zeit an der begehrten PCR-Maschine. Damals wusste ich noch nicht, dass wir zu einer späteren Zeit und in einem anderen Land verheiratet sein und Kinder haben würden.

Wenn man die Evolution des Menschen aufgrund genetischer Daten rekonstruieren wollte, hatte man sich bisher darauf beschränken müssen, Unterschiede in den DNA-Sequenzen lebender Menschen zu studieren und dann Rückschlüsse auf die Wanderungsbewegungen der Vergangenheit vorzunehmen, durch die diese Unterschiede entstanden waren. In den Modellen, auf die sich diese Rückschlüsse stützten, spiegelten sich die Vorstellungen darüber wider, wie sich Nucleotidveränderungen in DNA-Sequenzen ansammeln und wie Varianten in einer Population von Generation zu Generation weitergegeben werden; solche Modelle waren aber zwangsläufig stark übervereinfachte Theorien über die Vorgänge früherer Zeiten. So ging man beispielsweise davon aus, dass jedes Individuum in einer Population die gleiche Chance hat, Kinder mit jedem anderen Individuum des anderen Geschlechts zu zeugen. Außerdem nahm man an, jede Generation sei eine eigenständige Einheit und es gebe weder Sex zwischen den Generationen noch unterschiedliche Überlebensaussichten, die auf die untersuchten DNA-Sequenzen zurückzuführen waren. Manchmal hatte ich den Eindruck, als sei das alles kaum etwas anderes, als wenn man Geschichten über die Vergangenheit erfand, wobei in jedem Fall alles sehr indirekt war. In die Vergangenheit vorzudringen und zu sehen, welche genetischen Varianten damals tatsächlich vorhanden waren, hieß, »die Evolution in flagranti zu ertappen«, wie ich es gerne formulierte: Man würde die DNA-Sequenzen vieler Individuen aus früheren Zeiten studieren und die Untersuchungen an heutigen Menschen, mit denen Linda sich beschäftigte, durch direkte historische Beobachtungen ergänzen.

Das waren ehrgeizige Ideen; ich entschloss mich, sie nicht erst in Jahrtausenden umzusetzen, sondern in bescheideneren Zeiträumen. Das Museum für Wirbeltierzoologie an der University of California in Berkeley besaß riesige Sammlungen mit kleinen Säugetieren, die Naturforscher im amerikanischen Westen während der letzten 100 Jahre zusammengetragen hatten. Mit dem Doktoranden Francis Villablanca aus dem Museum und Kelley Thomas, einer Postdoc aus Allans Institut, begann ich Populationen von Rattenkängurus zu studieren, kleinen Säugetieren, die ihren Namen tragen, weil sie häufig auf ungewöhnlich großen Hinterbeinen herumhüpfen (siehe Abb. 3.1). Rattenkängurus sind in der Mojave-Wüste an der Grenze zwischen Kalifornien, Nevada, Utah und Arizona weitverbreitet und bilden dort die Lieblingsnahrung der Klapperschlangen. Ich extrahierte und sequenzierte die mtDNA aus der Haut mehrerer Museumsexemplare, die man 1911, 1917 und 1937 an drei verschiedenen Orten eingesammelt hatte. Dann sahen Francis, Kelley und ich uns Kopien der Aufzeichnungen und Landkarten der Zoologen an und unternahmen eine Reihe von Ausflügen in die Mojave-Wüste, wo wir an denselben Orten Fallen aufstellten. Auf unserer Fahrt in die Wüste bedienten wir uns der alten Landkarten und begaben uns an die Stellen, an denen unsere zoologischen Vorgänger vor 40 bis 70 Jahren gewesen waren. Bei Sonnenuntergang stellten wir zwischen Büschen und Palmlilien unsere Fallen auf. Unter dem Sternenhimmel in der klaren Wüstenluft zu schlafen, deren Stille nur gelegentlich durch das Geräusch der zuschnappenden Fallen unterbrochen wurde, war eine angenehme Abwechslung von meinem arbeitsreichen Alltagsleben in der Stadt.

Wieder im Labor, extrahierten und sequenzierten wir aus den gefangenen Nagetieren die mtDNA und verglichen sie mit Sequenzen aus den Tieren, die 40 bis 70 Generationen früher gelebt hatten. Dabei stellten wir fest, dass diese Varianten sich im Laufe der Zeit nicht nennenswert verändert hatten; das kam zwar nicht völlig unerwartet, es war aber befriedigend: Immerhin hatten wir zum ersten Mal einen Blick auf die Gene der Vorläuferpopulationen heutiger Tiere geworfen. Wir veröffentlichten unsere Befunde im *Journal of Molecular Evolution*[8] und entdeckten zu unserer Freude in *Nature* einen begeisterten Kommentar des aufstrebenden Evolutionsbiologen Jared Diamond:[9] Er erklärte, angesichts der neuen Methoden, die durch die PCR ermöglicht werden, »stellen alte Exemplare eine riesige, unersetzliche Materialquelle dar, anhand derer man historische Ver-

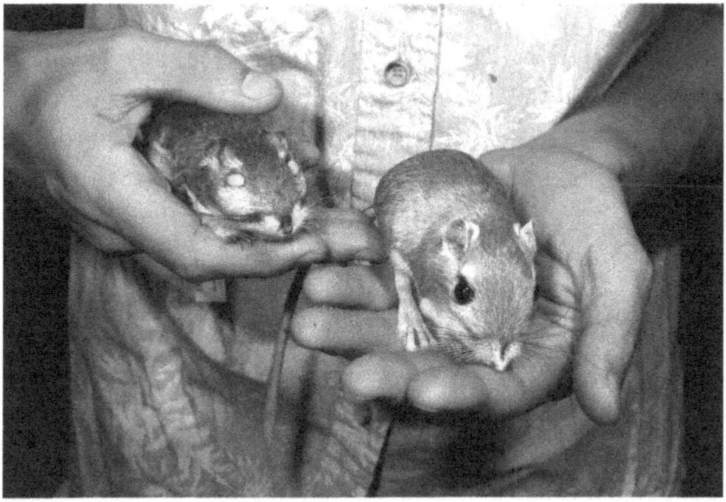

Abb. 3.1: Ein 100 Jahre altes und ein heutiges Rattenkänguru aus dem Museum für Wirbeltierzoologie der University of California in Berkeley. Foto: UC Berkeley.

änderungen der Genhäufigkeiten, die zu den wichtigsten Daten der Evolutionsbiologie gehören, unmittelbar ermitteln kann«. Weiter erklärte er: »Dieses anschauliche Projekt machte denen das Leben schwerer, die zu engstirnig sind, um den wissenschaftlichen Wert von Museumssammlungen zu begreifen.«

Für mich jedoch war die Entwicklungsgeschichte der Menschen das eigentliche Ziel, und ich fragte mich, ob die PCR uns auch den Zugang zu unserer eigenen Vergangenheit eröffnen konnte. In Uppsala hatte ich eine Probe von einigen grausigen, aber auch faszinierenden Fundstücken erhalten, die man in Erdlöchern in Florida entdeckt hatte. In diesen wassergefüllten, alkalischen Lagerstätten hatte man alte Skelette amerikanischer Ureinwohner gefunden; die Gehirne in den Schädeln waren zwar geringfügig geschrumpft, hatten sich aber in erstaunlich vielen Details erhalten. Mit altmodischen Methoden hatte ich nachgewiesen, dass das Material noch menschliche DNA enthielt, und meine

Befunde zusammen mit denen über die Mumien in Cold Spring Harbor präsentiert. Durch Allan bekam ich jetzt eine Probe aus einem ähnlichen, 7000 Jahre alten Gehirn, das man in Florida gefunden hatte.[10] Ich extrahierte die DNA und gewann kurze Fragmente, die nach einer ungewöhnlichen mtDNA-Sequenz aussahen: Diese hatte es in Asien gegeben, bei amerikanischen Ureinwohnern hatte man sie aber bis dahin nicht gefunden. Ich fand die Sequenzen sogar zweimal in unabhängigen Experimenten, mittlerweile war mir aber klar, dass die Verunreinigung mit moderner DNA ein sehr häufiges Problem war, insbesondere wenn man Überreste von Menschen aus alter Zeit studierte. Also mahnte ich in dem Artikel zur Vorsicht: »Der unbestreitbare Beweis, dass die hier beschriebenen vervielfältigten menschlichen Sequenzen sehr alten Ursprungs sind, kann erst durch weitere, umfangreichere Arbeiten erbracht werden.«

Dennoch erschienen die Arbeiten vielversprechend; vielleicht musste ich noch mehr über die Populationsgenetik der Menschen lernen. Als Ryk Ward, ein theoretischer Populationsgenetiker aus Neuseeland, der in Salt Lake City arbeitete, sich an Allans Institute wandte und mehr zur PCR erfahren wollte, meldete ich mich freiwillig für die Arbeit mit ihm. Dies führte dazu, dass ich jeden Monat nach Utah pendelte und dort den Mitarbeitern in Ryks Labor die PCR beibrachte. Ryk, ein hervorragender Populationsgenetiker, war auch mehr als nur ein wenig exzentrisch: Er trug auch bei kaltem Wetter gern Shorts und Kniestrümpfe, außerdem begann er Projekte und verschiedene Verwaltungsaufgaben, die er dann nicht zu Ende führte. Mit dieser Gewohnheit machte er sich an seiner Universität nicht gerade beliebt, aber auf der positiven Seite stand, dass er gern wissenschaftliche Diskussionen führte und über eine nahezu unendliche Geduld verfügte, mit der er Leuten wie mir, die leider nicht über eine richtige mathematische Ausbildung verfügten, komplizierte Algorithmen erklärte. Gemeinsam erforschten wir die

Variation der mtDNA bei den Nuu-chah-nulth, einer kleinen Gruppe der First Nations auf Vancouver Island, bei der Ryk schon seit vielen Jahren tätig war. Dabei stellte sich erstaunlicherweise heraus, dass bei den wenigen Tausend Mitgliedern dieser Gruppe nahezu die Hälfte aller mtDNA-Variationen vorkamen, die man bei den indigenen Völkern des gesamten nordamerikanischen Kontinents überhaupt kennt. Dieser Befund legte für mich die Vermutung nahe, dass die verbreitete Ansicht, solche Stammesgruppen seien in der Vergangenheit genetisch homogen gewesen, ein Mythos war und dass die Menschen vielmehr immer in Gruppen gelebt hatten, in denen es eine beträchtliche genetische Vielfalt gab.

Zu Hause in Berkeley sah es so aus, als würde fast alles klappen, was wir ausprobierten. Als der kanadische Postdoc Richard Thomas in unser Institut kam, die PCR lernen wollte und ein Projekt brauchte, schlug ich ihm vor, auch einmal an *Thylacinus cynocephalus* zu arbeiten, dem Beutelwolf, mit dem ich während meines Aufenthalts in Zürich so frustrierende Erfahrungen gemacht hatte. Der Beutelwolf war in Australien, Tasmanien und Neuguinea zu Hause; er sah fast wie ein Wolf aus, war aber in Wirklichkeit ein Beuteltier wie die Kängurus und mehrere andere australische Tiere. Damit war er ein Lehrbuchbeispiel für die konvergente Evolution, den Prozess, durch den Lebewesen, die nicht miteinander verwandt sind, unter ähnlichen Umweltbedingungen und einem ähnlichen Evolutionsdruck auch ähnliche Formen und Verhaltensweisen entwickeln. Durch Sequenzierung kleiner Abschnitte aus der mtDNA des Beutelwolfes konnten wir nachweisen, dass er mit anderen räuberischen Beuteltieren aus der Region eng verwandt war, beispielsweise mit dem Tasmanischen Teufel; dagegen war er nur ein weitläufiger Verwandter der südamerikanischen Beuteltiere, obwohl auch dort einige ausgestorbene Formen sehr wolfsähnlich ausgesehen hatten. Demnach hatten sich Tiere, die Wölfen ähnelten, nicht nur zweimal, sondern sogar dreimal entwickelt: einmal bei den Plazenta- und zweimal bei den Beuteltieren. Evolution kann sich also in einem gewissen Sinn wiederholen – eine Beobachtung, die man zuvor bereits gemacht hatte und bei der Untersuchung anderer Gruppen von Lebewesen erneut machen würde. Wir schrieben einen Artikel für *Nature*, und Allan gestattete mir großzügig, als letzter Autor genannt zu werden – an dieser Stelle steht der Wissenschaftler, der die Arbeiten geleitet hat.[11] Dies war für mich das erste Mal, und ich wusste, dass meine Stellung in der Wissenschaft sich allmählich änderte. Bisher hatte ich zu denen gehört, die am Labortisch arbeiten und Ergebnisse produzieren, indem sie selbst den ganzen Tag über und oft auch noch in der Nacht Experimente machen; selbst wenn die Ideen von mir kamen, hatten mir die Diskussionen mit einem Vorgesetzten bisher häufig geholfen und Anregungen verschafft. Jetzt wurde mir klar, dass hier ein Wandel eintrat. Ich machte nicht mehr alle Experimente selbst. Nach und nach würde ich zu demjenigen werden, der die Führung übernimmt und andere inspiriert. Das erschien zwar beängstigend, solange ich abstrakt darüber nachdachte, oft fühlte es sich aber auch ganz natürlich an, wenn es konkret wurde.

Während ich die PCR zusammen mit anderen auf vielfältige Weise auf die DNA aus alter Zeit anwandte, konzentrierte ich mich mit meinen eigenen Bemühungen vor allem auf die technischen Einzelheiten bei der Gewinnung derart alter DNA. Die Erkenntnisse, die ich mir mit meinen Arbeiten in Uppsala, Zürich, London und Berkeley angeeignet hatte, fasste ich in einem Artikel in den *Proceedings of the National Academy of Sciences* zusammen; darin legte ich dar, dass die DNA in Überresten aus alter Zeit in der Regel kurz ist, viele chemische Abwandlungen durchgemacht hat und manchmal auch Querverbindungen zwischen den Molekülen enthält.[12] Aus der Tatsache, dass die DNA stark zerstückelt war, ergaben sich für die Arbeit mit der PCR mehrere Folgerungen. Am wichtigsten war, dass es in der Regel nicht möglich ist, mithilfe der PCR lange Abschnitte von sehr alter DNA zu gewinnen. Alles, was über 100 bis 200 Nucleotide hinausgeht, ist in den meisten Fällen nicht machbar. Außerdem stellte ich auch etwas anderes fest: Wenn nur wenige oder gar keine Moleküle so lang sind, dass die DNA-Polymerase kontinuierlich von einem Primer zum anderen arbeiten kann, heftet das Enzym manchmal kürzere DNA-Abschnitte zusammen, so dass Frankenstein-ähnliche Monsterkombinationen entstehen, die es im Genom des betreffenden Organismus früher nicht gab. Die Bildung solcher Hybridmoleküle – ich spreche von »springender PCR« – ist eine wichtige technische Schwierigkeit, die bei der Vervielfältigung alter DNA die Ergebnisse verfälschen kann; ich beschrieb sie in zwei Artikeln, übersah dabei aber völlig, welche weiter gefassten Folgerungen sich daraus ergaben. Der gleiche grundlegende Kopplungsprozess diente Karl Stetter, einem stärker praktisch orientierten Wissenschaftler, einige Jahre später dazu, Stücke verschiedener Gene zusammenzufügen und so neue »Mosaikgene« zu schaffen, die Proteine mit neuen Eigenschaften erzeugen. Da ich völlig auf meine Streifzüge in die Vergangenheit fixiert war, hatte ich diesen Gedanken überhaupt nicht berücksichtigt, aber später bildete er die Grundlage für einen ganzen Zweig der Biotechnologiebranche.

Vieles lief in Allans Institut also sehr gut, aber auch die Grenzen der neuen Methoden und der Erhaltung von DNA wurden für mich immer deutlicher erkennbar. Zunächst einmal kann man selbst mit der PCR nicht alle Überreste aus alter Zeit, die DNA enthalten, bergen und analysieren. Abgesehen von Museumsexemplaren, die nach dem Tod des Tieres sehr schnell präpariert wurden, liefern nur wenige alte Materialien eine DNA, die sich vervielfältigen lässt. Und auch in Proben, die DNA liefern, ist diese so stark abgebaut, dass man in der Regel nur Stücke mit einer Länge von 100 bis 200 Nucleotiden vervielfältigen kann. Drittens ist es häufig nahezu unmöglich, DNA aus den Zellkernen alten Materials zu vervielfältigen. Der Traum, dem ich in Uppsala nachgehangen hatte – lange DNA-Stücke aus uralten Zellkernen zu finden –, erschien mir jetzt genau das zu sein: ein Traum.

In der Region der San Francisco Bay führte ich ein intensives, befriedigendes Leben – auch außerhalb des Labors. Ich hatte mich immer sowohl zu Männern als auch zu Frauen hingezogen gefühlt und war in Schweden in der Homosexuellenbewegung aktiv gewesen. In der Bay Area wuchs die Aids-Epidemie exponentiell heran und kostete Tausende von jungen Männern das Leben. In dem Gefühl, irgendwie helfen zu müssen, hatte ich mich als Freiwilliger dem AIDS-Projekt der East Bay angeschlossen. Dort lernte ich einen der schönsten Aspekte der amerikanischen Gesellschaft kennen: Selbstorganisation und ehrenamtliche Mitarbeit, zwei Gewohnheiten, an denen es in Europa häufig fehlt. Aber trotz allem und trotz der wissenschaftlichen Zukunftsaussichten in den Vereinigten Staaten wollte ich irgendwann nach Europa zurückkehren. Entscheidend beeinflusst wurde der weitere Verlauf meines Lebens schließlich durch eine Freundin. Barbara Wild, eine deutsche Genetik-Doktorandin, war in Berkeley zu Besuch; ich wurde ihr durch Walter Schaffner vorgestellt, der ihren Aufenthalt bei uns möglich gemacht hatte. Sie war energiegeladen, hübsch und schlau. Wir hatten eine kurze, aber heftige Affäre, die sich auch fortsetzte, nachdem sie in ihre Heimatstadt München zurückgekehrt war. Ich ergriff jede Gelegenheit, um nach Europa zu reisen; einmal trafen wir uns für ein geradezu lächerlich romantisches Wochenende in Venedig. Mein Gefühlsleben hatte sich seit meinem Teenageralter meist um die Zuneigung zu heterosexuellen Männern gedreht, die am Ende oft kaum mehr wurden als Freunde. Mit Barbara durch Venedig zu spazieren und mich in der Öffentlichkeit so zu benehmen, wie ich es mit meinen früheren männlichen Freunden nie gewagt hätte, war ein beflügelndes Erlebnis.

Um meinen häufigen Reisen nach München einen wissenschaftlichen Anstrich zu geben, besuchte ich mehrmals das Genetische Institut der Ludwig-Maximilians-Universität, an dem Barbara als Doktorandin arbeitete. Einmal hielt ich dort sogar einen Vortrag über meine Experimente mit alter DNA. Nach dem Seminar fragte mich der Molekularbiologe Herbert Jäckle, ob ich Interesse an einer Stelle als Assistenzprofessor hätte, die dort in einigen Monaten frei würde. Ich sagte Ja, sah ich darin doch die Gelegenheit, regelmäßiger Zeit mit Barbara zu verbringen. Bei einem späteren Besuch in München jedoch merkte ich, dass sie sich inzwischen mit einem anderen Wissenschaftler eingelassen hatte – er forschte wie sie an den Taufliegen und wurde später auch ihr Ehemann. Ich flog zurück nach Berkeley und gab mir alle Mühe, Barbara und München zu vergessen.

Sechs Monate später ging ich ernsthaft auf Stellensuche. Ich besuchte die Universität Cambridge, wo man mir eine Dozentenstelle anbot; ich besuchte Uppsala – dort offerierte man mir eine Stelle als Forschungsassistent. Eines späten Abends schließlich holte mich Deutschland wieder ein, dieses Mal in Form von dem amerikanischstämmigen Dekan der biologischen Fakultät in München. Er rief mich in Berkeley an. Ob ich mir vorstellen könne, nach München zu kommen, wenn sie mir nicht nur eine Assistenzprofessur, sondern eine Stelle als ordentlicher Professor anböten?

Für meine Karriere hätte das einen ungeheuren Fortschritt bedeutet. Normalerweise muss man einige Jahre als Assistenzprofessor arbeiten, bevor man eine volle Professorenstelle bekommt. Diese ist nicht nur ein Titel, sondern verbindet sich auch mit Ressourcen, beispielsweise mit einem großen Institut, Personal und Forschungsmitteln. Dennoch zögerte ich. Ich wusste wenig über Deutschland, abgesehen von seinem Ruf, das Heimatland einer der zwei schlimmsten politischen Ideologien des Jahrhunderts zu sein. Ich hatte keine Ahnung, ob ich mich einleben könnte oder ob meine Bisexualität Probleme aufwerfen würde. Schließlich überzeugten David und Jäckle mich gemeinsam davon, dass München ein Ort war, an dem man sowohl leben als auch wissenschaftlich arbeiten konnte, und so entschloss ich mich, es zu versuchen. Ich wollte die Gelegenheiten nutzen, die mir die Münchner Professur bot, und einige Jahre gute Arbeit leisten, so dass ich dann wieder nach Schweden ziehen konnte. Also nahm ich das Angebot an, und eines frühen Morgens im Januar 1990 traf ich mit zwei großen Koffern in München ein, bereit, mein unabhängiges Wissenschaftlerleben in einer Welt zu beginnen, die für mich neu und nicht wenig erschreckend war.

Kapitel 4
Dinosaurier im Labor

Ein Labor aufzubauen, ist insbesondere dann, wenn man es zum ersten Mal tut, eine beängstigende Aufgabe, erst recht, wenn man mit dem Umfeld nicht vertraut ist. In meinem Fall war das Umfeld in mehrfacher Hinsicht neu. Zunächst einmal war es mit deutscher Geschichte befrachtet. Das Gebäude, in dem ich arbeiten sollte – das Zoologische Institut der Universität –, war während der Weltwirtschaftskrise der 1930er-Jahre von der Rockefeller Foundation erbaut und der Universität gestiftet worden. Im Krieg wurde es von den Amerikanern bombardiert, und danach baute die Stiftung es wieder auf; es war also ein Musterbeispiel für die komplizierte, vielschichtige Beziehung zwischen Deutschland und den Vereinigten Staaten, für ein Pendel, das zwischen den Extremen von Krieg und Bündnis hin und her geschwungen war. Das Institut lag zwischen dem Bahnhof und einem Gebäudekomplex, den Hitler errichtet hatte, um darin das Hauptquartier der Nazipartei unterzubringen. Gerüchten zufolge befand sich unter dem Kellergeschoss ein Tunnel, den früher der Führer und seine Anhänger benutzt hatten, um vom Bahnhof in die Parteizentrale zu gelangen. Ob es stimmt oder nicht, das Gerücht war ein Symbol für meine Angst vor einem latenten, unterschwelligen deutschen Faschismus.

Neu war das Umfeld für mich auch deshalb, weil meine Stelle dem Zoologischen Institut zugeordnet war. Ich hatte nie Zoologie studiert, ja noch nicht einmal Biologie auf Universitätsniveau, sondern nur Medizin – in Schweden kann man sofort nach der Oberschule mit dem Medizinstudium beginnen. Diese Schwäche wurde nahezu sofort nach meiner Ankunft allzu offensichtlich: Ein älterer Professor fragte mich, ob ich vielleicht im nächsten Semester die Vorlesung über die Systematik der Insekten übernehmen könne. Ich litt noch unter dem Jetlag und hatte viele andere Dinge im Kopf; ohne viel nachzudenken, brachte ich deshalb mein Erstaunen darüber zum Ausdruck, dass ein Zoologisches Institut sich mit Insekten beschäftigte; Insekten, so glaubte ich, seien doch eigentlich keine Tiere. Unter »Tieren« stellte ich mir Lebewesen mit Pfoten, Fell und am besten noch Schlappohren vor. Der Professor starrte mich ungläubig an und drehte sich um, ohne ein Wort zu sagen. Sofort schämte ich mich, dass ich mich in meiner ersten Arbeitswoche so völlig zum Narren gemacht hatte. Aber die Sache hatte ihr Gutes: Nie wieder schlug mir jemand vor, mich in dem Institut an der Lehre in Systematik oder Insektenforschung zu beteiligen.

Während ich mich einrichtete, erfuhr ich, dass mein Vorgänger auf dem Lehrstuhl für Zoologie ganz plötzlich an einer Lebensmittelvergiftung gestorben war. Dass es nicht leicht sein würde, die Loyalität aller seiner Kollegen zu gewinnen, lag auf der Hand: Manche von ihnen hielten mich für einen unerfahrenen, exzentrischen Ausländer – für sie war ich gewissermaßen eine Art Thronräuber. Sehr deutlich wurde dies bei einer nervenzermürbenden Begegnung mit Hansjochem Autrum, einem emeritierten Professor und Mentor meines Vorgängers. Professor Autrum war in der deutschen Zoologie eine einflussreiche Gestalt gewesen; als ich nach München kam, war er immer noch als Herausgeber der *Naturwissenschaften* tätig, einer deutschen biologischen Fachzeitschrift, die einen gewissen Einfluss hatte; er hatte in der Etage, in der sich mein Labor befand, ein Büro. Als ich ihm an einem meiner ersten Tage in München im Treppenhaus begegnete, begrüßte ich ihn freundlich, erhielt aber keine Antwort. Wie eine meiner technischen Assistentinnen mir berichtete, hatte man anschließend gehört, wie er sich laut darüber beklagte, dass viele gute junge deutsche Wissenschaftler keine Stelle fanden, während das Institut gleichzeitig nichts Besseres zu tun habe, als »internationalen Schrott« einzustellen. Von diesem Tag an entschloss ich mich, ihn nicht mehr zu beachten. Viele Jahre später, nach seinem Tod, wurde ich Mitglied einer angesehenen Gesellschaft, zu der er gehört hatte, und in deren Mitteilungsblatt las ich den Nachruf auf ihn. Der Autor betonte, Professor Autrum sei vor 1945 nicht nur Mitglied der NSDAP, sondern auch der SA gewesen und habe an einer Universität in Berlin nationalsozialistische Ideologie unterrichtet. Ich habe zwar im Allgemeinen ein etwas übertriebenes Bedürfnis, von allen gemocht zu werden, aber im Rückblick fühlte ich mich gerechtfertigt, dass es mir nicht gelungen war, mich mit ihm anzufreunden.

Glücklicherweise war Professor Autrum an dem Institut eine Ausnahme. Und glücklicherweise repräsentierte er auch eine Generation, die in Deutschland im Verschwinden begriffen war. Indem ich offen eingestand, dass ich nicht nur von biologischer Systematik, sondern auch von den meisten anderen zoologischen und administrativen Tätigkeiten nichts verstand, konnte ich nach und nach sogar die älteren technischen Assistentinnen aus meiner Arbeitsgruppe auf meine Seite ziehen, und wenig später wollten alle mithelfen, etwas Neues, Spannendes aufzubauen. David und Jäckle waren ihrerseits äußerst hilfreich. Als die erforderliche Renovierung des Labors teurer wurde als erwartet, stellte die Universität zusätzliches Geld zur Verfügung. Langsam, aber sicher konnten wir die erforderliche Ausrüstung zusammenstellen, und alles ging seinen geordneten Gang. Und was noch wichtiger war: Die ersten Studierenden äußerten ihr Interesse, bei mir zu arbeiten.

Was die Wissenschaft anging, so mussten wir nach meiner Ansicht dringend systematisch zuverlässige Methoden zur Vervielfältigung alter DNA entwickeln. In Berkeley war mir nach und nach klar geworden, dass die Verunreinigung solcher Experimente mit moderner DNA ein ernsthaftes Problem darstellte, insbesondere wenn man sich der PCR bediente. Mit den neuen PCR-Maschinen und der hitzeresistenten DNA-Polymerase war das Verfahren so empfindlich, dass die Reaktion unter günstigen Bedingungen schon von einer Handvoll DNA-Moleküle oder vielleicht sogar von einem einzigen ausgehen konnte. Das klingt großartig, kann aber zu Schwierigkeiten führen. Enthält beispielsweise ein Museumsexemplar keine alte DNA mehr, aber einige wenige DNA-Fragmente von irgendeinem Museumskurator, analysierten wir am Ende vielleicht unwissentlich die DNA dieses Kurators anstelle der eines altägyptischen Priesters. Ausgestorbene Tiere bergen natürlich eine viel geringere Gefahr, dass man in die Irre geht; im Laufe solcher Arbeiten wurde mir sogar zum ersten Mal klar, welch großen Umfang die Verunreinigungen haben können: Wenn ich mich bemühte, mtDNA aus den Überresten von Tieren zu vervielfältigen, erhielt ich manchmal stattdessen menschliche mtDNA. Im Jahr 1989, kurz bevor ich von Berkeley nach München wechselte, hatte ich zusammen mit Allan Wilson und Russell Higuchi, dessen Arbeiten am Quagga ich nachvollzogen hatte, einen Artikel veröffentlicht: Darin führten wir Authentizitätskriterien ein, wie wir sie nannten – Prozeduren, die man anwenden musste, bevor man eine mit PCR erzeugte DNA-Sequenz mit Sicherheit als alt bezeichnen konnte.[13] Wir sprachen die Empfehlung aus, einen »Leerextrakt« – das heißt einen Extrakt, der kein altes Gewebe, aber alle ansonsten verwendeten Reagenzien enthält – jedes Mal parallel mitzuverarbeiten, wenn man DNA aus altem Probenmaterial extrahieren wollte. Auf diese Weise kann man DNA aufspüren, die vielleicht in den Reagenzien selbst enthalten ist – diese kommen von verschiedenen Lieferanten ins Labor. Außerdem musste man Extraktion und PCR mehrmals wiederholen, um auf diese Weise sicherzustellen, dass eine DNA-Sequenz mindestens zweimal vervielfältigt wurde. Und schließlich wurde mir klar, dass Fragmente alter DNA kaum einmal länger als 150 Nucleotide sind. Kurz gesagt, war ich zu dem Schluss gelangt, dass viele bis dahin und insbesondere vor Einführung der PCR angestellte Experimente, in denen man angeblich alte DNA isoliert hatte, hoffnungslos naiv waren.

Im Rückblick merkte ich, dass die Mumiensequenz, die ich 1985 veröffentlicht hatte, verdächtig lang war; immerhin hatten meine späteren Arbeiten gezeigt, dass alte DNA fast immer zu kleinen Bruchstücken abgebaut ist. Wie eine andere Gruppe nachweisen konnte, stammte die von mir gefundene Sequenz aus einem Gen für ein Transplantationsantigen[14] und damit genau aus einem Gentyp, den wir damals in unserem Labor in Uppsala untersuchten; das konnte zwei Ursachen haben: Entweder hatte ich die Sequenz mit einer Sonde für solche Gene identifiziert, oder ein DNA-Fragment aus dem Labor hatte meine Experimente verunreinigt. Angesichts der Länge der Sequenz erschien die Verunreinigung viel wahrscheinlicher. Ich tröstete mich mit dem Gedanken, dass dies der Weg ist, auf dem Wissenschaft fortschreitet: Ältere Experimente werden durch neuere, bessere überholt. Und ich war froh, dass ich derjenige war, der meine eigenen Arbeiten verbesserte. Im Laufe der Zeit stellte sich auch Hilfe von außerhalb des Fachgebiets ein. Tomas Lindahl äußerte 1993 in einem kurzen Kommentar in *Nature* die Vermutung, dass Kriterien des Typs, wie wir sie 1989 vertreten hatten,[15] für die Erforschung alter DNA unbedingt notwendig seien.[16] Dass ein angesehener Wissenschaftler aus einem anderen Fachgebiet dies betonte, war eine große Hilfe. Ich hielt es sogar (und halte es bis heute) für ein Problem, das das Fachgebiet der Erforschung alter DNA auch für Menschen attraktiv ist, die keine solide Ausbildung in Molekularbiologie oder Biochemie haben; sie finden häufig die Medienöffentlichkeit reizvoll, die viele Analysen alter DNA begleitet, und wenden einfach die PCR auf jedes alte Material an, für das sie sich gerade interessieren. Damit praktizieren sie »Molekularbiologie ohne Führerschein«, wie wir es unter uns im Labor gern nennen.

Als ich nun überlegte, welche Projekte wir in meinem neuen Labor in Angriff nehmen sollten, erschien es mir insbesondere reizvoll, die Menschheitsgeschichte mit molekularbiologischen Mitteln zu studieren. Es war ein faszinierendes Thema, aber so, wie es im Allgemeinen angegangen wurde, war es von Vermutungen und Vorurteilen geprägt, die aus unseren vorgefassten Ansichten über die Geschichte erwuchsen. Mir ging es darum, die Vergangenheit des Menschen mit neuer Exaktheit zu erforschen, indem wir die Variationen der DNA-Sequenzen früherer Menschen analysierten. Eine naheliegende Möglichkeit waren die Menschen aus der Bronzezeit, die sich in den Torfmooren Dänemarks und Norddeutschlands erhalten hatten. Aber als ich mehr darüber las, wurde mir klar, dass diese Leichen durch den Säuregehalt der Moore konserviert worden waren, der sie mehr oder weniger stark gefärbt hatte. Saure Bedingungen führen in der DNA zum Verlust von Nucleotiden und zu Strangbrüchen, das heißt, sie bieten äußerst schlechte Voraussetzungen für die Erhaltung von Erbmaterial. Und was noch schlimmer war: Da man häufig sogar in den Überresten von Tieren menschliche DNA fand, konnte man vermuten, dass sich bei der Arbeit mit Menschen aus früherer Zeit schwerwiegende Probleme auftun würden.

Deshalb gingen wir stattdessen daran, Materialproben von ausgestorbenen Tieren zu sammeln, beispielsweise von sibirischen Mammuts. Außerdem machten wir nun systematisch streng kontrollierte Experimente. Meine ersten Doktoranden Oliva Handt und Matthias Höss benutzten beispielsweise Primer, die für menschliche mtDNA spezifisch waren. Zu meinem Entsetzen stellten sie fest, dass wir menschliche DNA aus praktisch allen unseren Gewebeproben von Tieren gewinnen konnten, ja in der Regel sogar aus Leerextrakten. Wir stellten neue Reagenzien aus frischen Verpackungen her, die gerade erst ins Labor geliefert worden waren, aber das machte es nicht besser. Wir probierten es immer wieder, bemühten uns, so penibel wie möglich zu verfahren, und doch fanden wir Monat für Monat in nahezu allen Experimenten die DNA von Menschen. Ich war der Verzweiflung nahe. Wie konnten wir jemals Vertrauen in die Daten haben, wenn sie nicht vollständig unseren Erwartungen entsprachen, beispielsweise der, dass wir in einem Beutelwolf Beuteltier-ähnliche Sequenzen finden würden? Und wenn wir nur den erwarteten Ergebnissen trauen konnten, wäre das Fachgebiet der alten DNA sehr langweilig, denn dann konnten wir nie etwas Unerwartetes entdecken – was natürlich das Wesen experimenteller Arbeit und der Traum jedes Wissenschaftlers ist.

Abend für Abend ging ich, frustriert und ungeduldig wegen unserer fehlgeschlagenen Experimente, nach Hause. Aber nach und nach kam mir der Gedanke, dass ich im Zusammenhang mit den Verunreinigungen immer noch naiv war. Ich hatte aus dem Bewusstsein für die extreme Empfindlichkeit der PCR nicht die logischen Schlussfolgerungen gezogen. In Berkeley und auch in der ersten Zeit in München gewannen wir die DNA aus den Museumsexemplaren auf unseren Labortischen – auf denselben Tischen, auf denen wir auch mit großen DNA-Mengen von Menschen und anderen Lebewesen, für die wir uns interessierten, umgingen. Wenn auch nur ein mikroskopisch kleines Tröpfchen einer Lösung mit moderner DNA in einen Extrakt mit alter DNA geriet, würde die moderne DNA gegenüber den wenigen alten Molekülen, die vielleicht aus dem antiken Gewebe stammten, bei Weitem die Oberhand gewinnen. Das konnte selbst dann geschehen, wenn wir keine offenkundigen Fehler machten und beispielsweise vergaßen, die Plastikspitze einer Pipette zu wechseln.

Jetzt wurde mir etwas Wichtiges klar: Wir mussten die Gewinnung und Handhabung der DNA aus altem Gewebe physisch von sämtlichen anderen Experimenten im Labor trennen. Insbesondere mussten wir diese Experimente von der PCR fernhalten, in der Billionen von Molekülen entstanden. Wir brauchten ein Labor, das ausschließlich für die Gewinnung und Vervielfältigung alter DNA genutzt wurde. Wir fanden auf unserer Etage einen kleinen, fensterlosen Raum, den wir völlig ausräumten und mit einem neuen Anstrich versahen; dann dachten wir einige Zeit darüber nach, wie wir DNA, die vielleicht auf den neuen, für dieses Labor gekauften Tischen und Instrumenten lauerte, am besten zerstören konnten. Dazu fielen uns einige rabiate Methoden ein. Wir reinigten das gesamte Labor mit Chlorbleiche, die DNA oxidiert. Wir montierten Ultraviolettlampen an der Decke und ließen sie die ganze Nacht brennen – UV-Licht richtet in der DNA gewaltige Zerstörungen an. Außerdem kauften wir neue Reagenzien für unser neues Labor, das als weltweit erster »Reinraum« ausschließlich für Arbeiten mit alter DNA genutzt wurde (siehe Abb. 4.1). Durch diese Maßnahmen verbesserte sich alles dramatisch. Unsere Leerextrakte waren jetzt sauber, einige unserer Proben dagegen lieferten zu meinem Entzücken weiterhin DNA. Aber allmählich, im Laufe einiger Monate, tauchte auch in den Leerextrakten wieder DNA auf. Ich war erbost. Was war da los? Wieder warfen wir alle Reagenzien weg und kauften neue.

Wieder trat eine Besserung ein, aber nur für eine Weile. Es war an der Zeit, paranoid zu werden, und die Paranoia führte dazu, dass ich nicht nur versessen auf Reinlichkeit im Reinraum war, sondern auch mehrere feste Regeln für die Arbeit in diesem Raum aufstellte – Regeln, die bis heute der Standard geblieben sind. Zuallererst war der Zutritt zu dem Raum auf die kleine Gruppe derer beschränkt, die dort Experimente machten – in

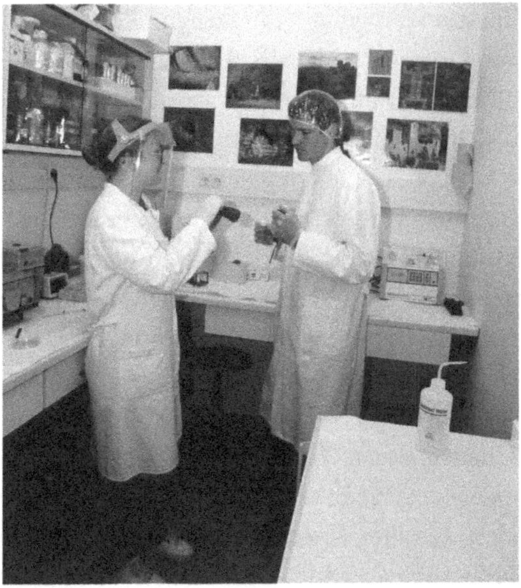

Abb. 4.1: Oliva und Matthias im ersten »Reinraum« in München. Foto: Universität München.

diesem Fall Oliva und Matthias, meine beiden ersten Doktoranden. Bevor sie den Reinraum betraten, zogen sie jeweils einen besonderen Laborkittel, ein Haarnetz, Spezialschuhe, Handschuhe und ein Gesichtsvisier an. Nach einiger Zeit entschied ich, dass sie den Reinraum nur dann betreten durften, wenn sie morgens direkt von zu Hause kamen. Waren sie vorher durch Räume gegangen, in denen sich möglicherweise PCR-Produkte befanden, war ihnen der Zutritt zum Reinraum für den Rest des Arbeitstages verboten. Alle Chemikalien mussten unmittelbar in den Reinraum geliefert werden, und wir kauften auch neue Ausrüstung, die ebenfalls unmittelbar dorthin gebracht wurde. Allmählich wurde es besser. Dennoch mussten nach wie vor alle neuen Lösungen und Chemikalien mit der PCR auf Spuren menschlicher DNA getestet werden, und nicht selten kam es vor, dass eine Charge weggeworfen werden musste. Das alles waren für Oliva und Matthias anstrengende Tätigkeiten: Sie waren zu mir gekommen, weil sie antike Menschen und ausgestorbene Tiere studieren wollten, und nun mussten sie stattdessen Chemikalien testen und sich über Verunreinigungen den Kopf zerbrechen.

Als sich unsere Anstrengungen aber nach und nach immer stärker auszahlten, verbesserte sich die Stimmungslage im Labor. Als die Extrakte sauber wurden, konnten wir uns anderen methodischen Fragen zuwenden. Bisher hatten wir für unsere Arbeit immer weiches Gewebe verwendet, insbesondere Haut und Muskeln. Ich erinnerte mich jedoch daran, dass eine meiner Proben aus den Mumien, die in Uppsala DNA geliefert hatte, aus Knorpel stammte, einem Gewebe, das sich nicht sonderlich stark von Knochen unterscheidet. Wenn man DNA nicht nur aus weichem Gewebe, sondern aus alten Knochen gewinnen konnte, würden sich natürlich großartige neue Möglichkeiten eröffnen, denn Knochen sind in der Regel das, was von Menschen aus früheren Zeiten übrig bleibt. Schon 1991 hatten Erika Hagelberg und J. B. Clegg von der Universität Oxford in einem Artikel die Gewinnung von DNA aus alten Menschen- und Tierknochen beschrieben.[17] Nachdem wir nun das Verunreinigungsproblem unter Kontrolle hatten, probierte Matthias verschiedene Verfahren aus, um DNA aus Knochen zu gewinnen. Dabei konzentrierte er sich auf Tiere: Hier war das Verunreinigungsrisiko viel geringer, denn DNA der meisten Tiere war in unserem Labor kaum vorhanden. Außerdem gab es in der Literatur eine Anleitung zur DNA-Gewinnung aus Mikroorganismen. Sie basierte auf der Tatsache, dass DNA in Lösungen mit hohem Salzgehalt an Siliziumoxid bindet – insbesondere an feines Glaspulver. Die Siliziumoxidteilchen konnte man dann durch gründliches Waschen von allen möglichen unbekannten Substanzen befreien, die sich häufig in den Proben befanden und die PCR möglicherweise beeinträchtigten. Am Ende konnte man die DNA wieder vom Siliziumoxid lösen, indem man die Salzkonzentration verminderte. Es war ein umständliches

Extraktionsverfahren, aber es funktionierte und war damit ein wichtiger Schritt in die richtige Richtung.

Im Jahr 1993 veröffentlichten Matthias und ich die Extraktionsmethode mit dem Siliziumdioxid; in dem Experiment hatten wir Pferdeknochen aus dem Pleistozän verwendet, und die aus ihnen gewonnene mtDNA-Sequenz war der Beweis, dass wir DNA aus 25 000 Jahre alten Knochen analysieren konnten; damit waren erstmals zuverlässige DNA-Sequenzen aus der Zeit vor der letzten Eiszeit publiziert worden.[18] Das gleiche Extraktionsverfahren wird mit kleinen Abwandlungen noch heute in den meisten Fällen für alte DNA verwendet. Wie viele Frustrationserlebnisse dieser Veröffentlichung vorausgegangen waren, spiegelte sich in unserer anfänglichen Bemerkung wider, das junge Fachgebiet sei »von Problemen heimgesucht«. Aber allmählich trat ein Wandel ein. Ohne dass es uns zu jener Zeit schon klar war, hatten Matthias und Oliva die Voraussetzungen für einen großen Teil dessen geschaffen, was in den nächsten Jahren passieren sollte. Matthias gewann 1994 die ersten DNA-Sequenzen aus sibirischen Mammuts; es handelte sich um vier Individuen, die zwischen 9700 und mehr als 50 000 Jahre alt waren. Wir schickten die Befunde an *Nature*, wo sie zusammen mit ähnlichen Ergebnissen von Erika Hagelberg veröffentlicht wurden – sie hatte DNA aus den Knochen von zwei Mammuts isoliert.[19] Es handelte sich zwar um sehr kurze mtDNA-Sequenzen, sie ließen aber ahnen, was alles möglich sein würde, wenn wir weitere Sequenzen gewannen. Unter anderem stellten wir fest, dass zwischen den DNA-Sequenzen der vier Mammuts viele Unterschiede bestanden. Man konnte sich also vorstellen, die Geschichte der Mammuts im späten Pleistozän und bis zu ihrem Aussterben vor rund 4000 Jahren nachzuzeichnen. Außerdem konnte man ihre Verwandtschaftsbeziehungen zu den beiden lebenden Arten aus derselben Säugetierordnung aufklären: zu den Indischen und Afrikanischen Elefanten. Die Aussichten für die alte DNA besserten sich stetig.

Zur gleichen Zeit wurden unsere DNA-Extraktions- und PCR-Verfahren auch auf andere, weniger konventionelle biologische Materialien angewandt. Eines Tages kam Felix Knauer, ein Artenschutzbiologe der Universität, in mein Arbeitszimmer und erkundigte sich, ob man unsere DNA-Technik auch auf die »Naturschutzgenetik« anwenden könne – dieses Fachgebiet versucht, mit genetischen Methoden die Frage zu beantworten, wie man gefährdete Arten am besten schützt. Felix hatte Exkremente von der letzten überlebenden Wildpopulation italienischer Bären gesammelt, die an der Alpensüdseite lebten. Ich schlug Felix und einigen anderen Studenten vor, sie sollten unser Siliziumdioxid-Extraktionsverfahren und die PCR auf die Bärenexkremente anwenden. Dabei zeigte sich, dass wir aus diesem Material tatsächlich die mtDNA von Bären vervielfältigen konnten. Zuvor hatte es nur eine Methode gegeben, um DNA aus einem in freier Wildbahn lebenden Tier zu gewinnen: Man musste es entweder töten oder mit einem Betäubungsgewehr niederstrecken und dann Blut abnehmen, eine gefährliche (und für das Tier natürlich sehr beunruhigende) Methode. Jetzt konnten wir die genetische Verwandtschaft zwischen den italienischen Bären und anderen europäischen Bärenpopulationen analysieren, ohne dass wir die Tiere überhaupt stören mussten. Wir veröffentlichen die Arbeiten in einem kleinen Artikel in *Nature*; darin zeigten wir auch, dass wir DNA aus den Pflanzen gewinnen konnten, die den Bären als Nahrung gedient hatten, um so verschiedene Aspekte ihrer Ernährung zu rekonstruieren.[20] Die DNA-Extraktion aus Exkrementen, die in freier Wildbahn gesammelt wurden, ist seither in der Freilandbiologie und Artenschutzgenetik allgemein gängige Praxis.

Während wir mühsam neue Methoden zum Nachweis und zur Beseitigung von Verunreinigungen entwickelten, frustrierten uns immer wieder aufsehenerregende Veröffentlichungen in *Nature* und *Science*, deren Autoren bei oberflächlicher Betrachtung viel mehr Erfolg zu haben schienen als wir und deren Leistungen die spärlichen Produkte unserer umständlichen Bemühungen, DNA-Sequenzen mit einem Alter von »nur« einigen Zehntausend Jahren zu gewinnen, in den Schatten stellten. Der Trend hatte 1990 begonnen, als ich noch in Berkeley arbeitete. Damals veröffentlichten Wissenschaftler der University of California in Irvine eine DNA-Sequenz aus Blättern von *Magnolia latahensis*, die aus einer Ablagerung aus dem Miozän in Clarkia (Idaho) stammten und 17 Millionen Jahre alt waren.[21] Das war eine atemberaubende Leistung, schien sie doch die Vermutung nahezulegen, dass man die Evolution der DNA auch im Zeitmaßstab von Jahrmillionen und vielleicht bis zurück ins Zeitalter der Dinosaurier untersuchen konnte! Aber ich war skeptisch. Nach allem, was ich 1985 im Labor von Tomas Lindahl gelernt hatte, war ich zu dem Schluss gelangt, dass DNA-Fragmente möglicherweise einige Jahrtausende überstehen konnten, aber Jahrmillionen schienen völlig außerhalb des Möglichen zu liegen. Auf der Grundlage von Lindahls Arbeiten hatten Allan Wilson und ich einige einfache Hochrechnungen vorgenommen und dabei herausgefunden, wie lange DNA überleben kann, wenn Wasser vorhanden ist und weder zu warme noch zu kalte und weder zu saure noch zu basische Bedingungen herrschen. Dabei waren wir zu dem Schluss gelangt, dass nach einigen Zehntausend Jahren – unter besonderen Umständen vielleicht auch nach wenigen Hunderttausend Jahren – die letzten Moleküle verschwunden sein müssen. Aber wer weiß? Vielleicht hatten diese fossilführenden Schichten in Idaho ganz besondere Eigenschaften. Bevor ich nach Deutschland umzog, stattete ich der Stelle einen Besuch ab. Die Ablagerungen bestanden aus dunklem Lehm, der von einem Bulldozer weggeräumt wurde. Wenn man die Lehmbrocken aufschlug, kamen grüne Magnolienblätter zum Vorschein, die an der Luft sehr schnell schwarz wurden. Ich sammelte viele solche Blätter ein und nahm sie mit nach München. In meinem neuen Labor versuchte ich, aus ihnen die DNA zu extrahieren, und tatsächlich stellte ich fest, dass sie viele lange DNA-Fragmente enthielten. Aber ich konnte mit der PCR keine pflanzliche DNA vervielfältigen. Da ich den Verdacht hatte, dass die langen Moleküle aus Bakterien stammten, versuchte ich es stattdessen mit Primern für Bakterien-DNA und hatte sofort Erfolg. Offensichtlich waren in dem Lehm Bakterien herangewachsen. Es gab also nur eine plausible Erklärung: Die Arbeitsgruppe in Irvine, die mit Pflanzengenen arbeitete und für ihre Experimente mit alten Molekülen kein abgetrenntes »Reinlabor« benutzte, hatte einige DNA-Verunreinigungen vervielfältigt und geglaubt, sie stammten aus den fossilen Blättern. Daraufhin veröffentlichten Allan und ich 1991 unsere theoretischen Berechnungen über die Stabilität von DNA,[22] und in einem zweiten Artikel beschrieben wir meine vergeblichen Versuche, DNA aus den Pflanzenfossilien aus Idaho zu gewinnen.[23] Es war eine traurige Zeit, denn Allan war ein Jahr zuvor ernsthaft an Leukämie erkrankt. Dennoch leistete er zu beiden Artikeln beträchtliche Beiträge. Er starb im Juli jenes Jahres mit nur 56 Jahren.

Nachdem wir in unserem Artikel darauf hingewiesen hatten, dass DNA aus chemischen Gründen unmöglich über Jahrmillionen erhalten bleiben kann, glaubte ich, naiv wie immer, die Suche nach solcher superalter DNA sei zu Ende. In Wirklichkeit waren die Pflanzenfossilien aus Idaho aber nicht das Ende, sondern der Anfang eines ganz neuen Forschungsgebiets. Als Nächstes tauchten superalte DNA-Moleküle aus Bernstein auf. Bernstein ist ein Harz, das vor Jahrmillionen aus Bäumen ausgetreten ist und sich zu durchsichtigen, goldenen Klumpen verfestigt hat; solche Klumpen findet man in großen Mengen unter anderem in Steinbrüchen in der Dominikanischen Republik und an der Ostseeküste. Es ist nicht ungewöhnlich, dass in dem Harz auch Insekten, Blätter und sogar Kleintiere, beispielsweise Baumfrösche, eingeschlossen sind. Deshalb sind im Bernstein häufig auch Lebewesen, die vor Jahrmillionen lebten, mit vielen Einzelheiten erhalten geblieben, und viele Wissenschaftler hofften, der DNA sei es genauso gegangen. Einer der ersten derartigen Artikel erschien 1992: Eine Arbeitsgruppe des American Museum of Natural History veröffentlichte in *Science* DNA-Sequenzen aus einer 30 Millionen Jahre alten Termite, die in einem Stück Bernstein aus der Dominikanischen Republik eingeschlossen war.[24] 1993 folgte eine ganze Serie von Artikeln aus einem Labor unter Leitung von Raul Cano an der California Polytechnic State University in San Luis Obispo. Einer davon handelte von der DNA eines Rüsselkäfers, die 120 bis 135 Millionen Jahre alt war und aus einem Stück libanesischen Bernsteins stammte,[25] ein anderer beschrieb die DNA eines 35 bis 40 Millionen Jahre alten Blattes aus dem Baum in der Dominikanischen Republik, von dem das Harz stammte.[26] Im weiteren Verlauf gründete Cano ein Unternehmen, das von sich behauptet, es habe mehr als 1200 Lebewesen aus Bernstein isoliert, darunter neun alte Stämme lebender Hefezellen. Aber selbst wenn ich solche exotischen Behauptungen beiseiteließ, konnte man nach meiner Vermutung die Möglichkeit, dass DNA in Bernstein außergewöhnlich lange erhalten bleibt, nicht völlig ausschließen – immerhin war sie dort wohl vor Wasser und Sauerstoff geschützt, den beiden Faktoren, die in der DNA die größten chemischen Zerstörungen anrichten. Das musste aber nicht zwangsläufig bedeuten, dass auch über Jahrmillionen hinweg ein Schutz vor der Hintergrundstrahlung bestand, und ebenso war es keine Erklärung dafür, warum wir so große Mühe gehabt hatten, tausendmal jüngere DNA-Spuren zu vervielfältigen.

Die Gelegenheit zur Beantwortung solcher Fragen ergab sich 1994, als Hendrik Poinar in unser Labor kam. Hendrik, ein jovialer Kalifornier, war der Sohn von George Poinar, der damals Professor in Berkeley war und als Experte für Bernstein und die darin eingeschlossenen Lebewesen hohes Ansehen genoss. Hendrik hatte zusammen mit Raul Cano einige DNA-Sequenzen aus Bernstein veröffentlicht, und sein Vater hatte Zugang zu dem besten Bernstein der Welt. Hendrik kam nach München und arbeitete nun in unserem neuen Reinraum. Aber dabei konnte er seine Befunde aus San Luis Obispo nicht reproduzieren. Solange seine Leerextrakte sauber waren, erhielt er aus dem Bernstein überhaupt keine DNA-Sequenzen, ganz gleich, ob er es mit Insekten oder Pflanzen probierte. Ich wurde immer skeptischer, und dabei war ich in guter Gesellschaft. Tomas Lindahl, der sich seit meinem Besuch in seinem Labor 1985 für alte DNA interessierte, veröffentlichte 1993 in *Nature* einen einflussreichen Übersichtsartikel über die Stabilität und den Zerfall von DNA, und darin widmete er einen Abschnitt auch der DNA aus alter Zeit.[27] Wie zuvor schon Allan und ich, so betonte auch er, eine Überlebenszeit der DNA von mehr als einigen Hunderttausend Jahren sei höchst unwahrscheinlich. Die Möglichkeit, dass DNA aus Exemplaren, die in Bernstein eingeschlossen waren, eine Ausnahme darstellt, ließ er offen; inzwischen hatte ich aber auch den Bernstein aufgegeben.

Tomas hatte für die superalte DNA aber auch einen hervorragenden Begriff gefunden: »antediluvian DNA« (vorsintflutliche DNA). Er gefiel uns, wir benutzten ihn, und er blieb hängen. Aber das konnte die Enthusiasten natürlich nicht abschrecken. Das Unvermeidliche geschah 1994: Scott Woodward von der Brigham Young University in Utah veröffentlichte DNA-Sequenzen, die er und seine Kollegen aus 80 Millionen Jahre alten Knochenbruchstücken gewonnen hatten – Bruchstücken, die »wahrscheinlich« von einem Dinosaurier oder auch mehreren stammten.[28] Wie nicht anders zu erwarten, erschien der Artikel in einer der beiden Fachzeitschriften, die untereinander um schlagzeilenträchtige Arbeiten konkurrieren und sich eines häufig unverdienten wissenschaftlichen Ansehens erfreuen. Dieses Mal war es *Science*. Die Autoren hatten aus den Knochenfragmenten viele verschiedene mtDNA-Sequenzen analysiert, und manche davon schienen nach Ansicht der Autoren von Vögeln und Reptilien ebenso weit entfernt zu sein wie von Säugetieren. Sie äußerten die Vermutung, es könne sich um DNA-Sequenzen von Dinosauriern handeln. Mir erschien das lächerlich. Hans Zischler, ein gründlicher und manchmal sogar ein wenig pedantischer Postdoc in meinem Institut, war von der Entwicklung des Fachgebiets zutiefst frustriert und entschloss sich, uns nach dieser Arbeit zu verlassen. Als wir die von der Gruppe in Utah veröffentlichten DNA-Sequenzen gründlicher analysierten, schienen sie der mtDNA von Säugetieren – und sogar von Menschen – näher zu stehen als der von Vögeln oder Reptilien.

Aber die mtDNA von Menschen war es eigentlich auch nicht. Um zu erklären, was das für Sequenzen waren, muss man ein wenig mehr über das Wesen der mtDNA wissen: Wie bereits erwähnt, handelt es sich bei den Mitochondriengenomen um ringförmige DNA-Moleküle; sie liegen in den Mitochondrien, Organellen, die in nahezu allen Zellen außerhalb des Zellkerns vorkommen. Diese Organellen und ihre Genome stammen ursprünglich von Bakterien ab, die vor fast zwei Milliarden Jahren in die Vorläufer von Tierzellen eindrangen, von diesen vereinnahmt wurden und nun Energie erzeugten. Im Laufe der Zeit übertrugen die festgehaltenen Bakterien den größten Teil ihrer DNA in den Zellkern, wo sie in den Hauptteil des Genoms, der in den Chromosomen liegt, eingebaut wurde. In der Keimbahn, bei der Entstehung von Ei- und Samenzellen, bricht noch heute manchmal ein Mitochondrium auf, und Bruchstücke seiner DNA landen im Zellkern. Dort erkennen leistungsfähige Reparaturmechanismen die Enden der zerbrochenen DNA-Stränge und verbinden sie mit anderen DNA-Enden, die manchmal vorhanden sind, wenn das Genom im Zellkern ebenfalls einen Bruch erlitten hat. Auf diese Weise werden hin und wieder Stücke der mtDNA in unser Genom im Zellkern aufgenommen, wo sie zwar keine Funktion mehr erfüllen, aber an neue Generationen weitergegeben werden. Jeder von uns trägt Hunderte oder sogar Tausende solcher deplatzierter Fragmente der Mitochondrien-DNA in seinen Zellkernen. Derartige Fragmente ähneln unserer eigentlichen Mitochondrien-mtDNA unterschiedlich stark; sie sind zwar den mtDNA-Vorläufersequenzen nicht unähnlich, in ihnen haben sich aber Mutationen angesammelt, die keinen Beschränkungen unterlagen, weil sie keine Funktion mehr erfüllten; in ihrem neuen Leben sind sie genetischer Ballast, der in die DNA des Zellkerns eingebettet ist. Hans Zischler hatte in unserem Labor diesen Einbau von mtDNA in das Genom im Zellkern nachgewiesen, und als wir die angebliche Dinosaurier-DNA untersuchten, fragten wir uns, ob man in Utah in Wirklichkeit solche mtDNA-Fragmente gefunden hatte. Angesichts unserer Erfahrungen mit Verunreinigungen durch menschliche DNA hielten wir es für wahrscheinlich, dass man menschliche mtDNA aus dem Zellkern mit ungewöhnlichen Mutationen nachgewiesen hatte. Wir entschlossen uns, im menschlichen Genom nach den veröffentlichten Sequenzen zu suchen. Unser Plan warf nur das Problem auf, dass DNA-Präparate aus menschlichen Zellen, die man mit normalen Methoden gewonnen hat, eine Mischung aus Zellkern- und mtDNA enthalten; dabei behindern Hunderte oder Tausende von Exemplaren echter mtDNA aus den Mitochondrien der meisten Zellen jeden Versuch, irgendwelche mtDNA-Abschnitte nachzuweisen, die ihr Mitochiondrium verlassen und sich in der DNA des Zellkerns festgesetzt haben. An dieser Stelle kam uns die Biologie zu Hilfe. Wie ich in Kapitel 1 bereits erwähnt habe, erben wir unsere mtDNA ausschließlich von der Mutter über die Eizelle; vom Vater erhalten wir keine mtDNA. Der Grund: Der Kopf der Samenzelle, der in die Eizelle eindringt, enthält keine Mitochondrien. Um also DNA aus dem Zellkern ohne die begleitende mtDNA zu gewinnen, mussten wir einfach Köpfe von Samenzellen isolieren.

Ich sprach mit meinen männlichen Doktoranden, und allgemein herrschte so viel Begeisterung für unsere Arbeit, dass wir uns eines Morgens alle einzeln zurückzogen und Samenzellen spendeten. Daraus isolierte Hans sorgfältig durch Zentrifugation die Köpfe. Dann reinigte er aus den Spermienköpfen die DNA und wendete in der PCR die gleichen Primer an wie die Gruppe in Utah. Erwartungsgemäß erhielt er viele Sequenzen von mtDNA-Fragmenten aus dem Zellkern, und in diesen suchten wir dann nach Ähnlichkeiten mit den »Dinosaurier«-Sequenzen aus Utah. Tatsächlich fanden wir zwei, die mit den veröffentlichten Sequenzen nahezu identisch waren. Demnach hatte die Gruppe in Utah keine Dinosaurier-DNA sequenziert, sondern Stücke deplatzierter menschlicher mtDNA aus dem Genom im Zellkern. Da diese Abschnitte das Mitochondriengenom bereits in entfernter Vergangenheit verlassen hatten, waren in ihnen so viele Mutationen entstanden, dass sie ein wenig von menschlichen Sequenzen entfernt zu sein schienen, gleichzeitig ähnelten sie aber noch der mtDNA von Säugetieren, Vögeln und Reptilien. Wir konnten uns eines gewissen Sarkasmus nicht enthalten, als wir für *Science* einen »technischen Kommentar« schrieben.[29] Darin schlugen wir drei mögliche Erklärungen dafür vor, dass wir in unserem Labor mit unserer eigenen DNA Sequenzen gefunden hatten, die denen aus Utah so stark ähnelten. Erstens hätten wir in unserem Labor eine Verunreinigung mit Dinosaurier-DNA haben können, was wir für unwahrscheinlich hielten. Zweitens sei es möglich, dass die Dinosaurier sich mit den ersten Säugetieren kreuzten, bevor sie vor 65 Millionen Jahren ausstarben. Auch diese Alternative taten wir als unwahrscheinlich ab. In dem dritten (und plausiblen) Szenario war es in den Experimenten mit dem Dinosaurier-Material zu einer Verunreinigung mit menschlicher DNA gekommen. *Science* veröffentlichte unseren Kommentar zusammen mit Anmerkungen aus zwei anderen Gruppen; beide wiesen auf Fehler in den Sequenzvergleichen hin, mit denen die Gruppe in Utah ihre Behauptung begründet hatte, die mtDNA-Sequenzen sähen aus, als kämen sie von Vorfahren der Vögel.

Den Kommentar zu schreiben, machte Spaß, hatte aber auch einen bitteren Beigeschmack: Studien wie die aus Utah waren in der Erforschung sehr alter DNA eine ständige Größe. Das Problem aufsehenerregender, aber zweifelhafter Befunde belastet die Erforschung alter DNA bis heute. Meine Studierenden und Postdocs haben es mir gegenüber häufig geäußert: Mit der PCR exotische Ergebnisse zu erzielen, ist einfach, aber zu beweisen, dass sie stimmen, erweist sich als äußerst schwierig; und wenn die Ergebnisse einmal veröffentlicht sind, ist es noch schwieriger, zu zeigen, dass sie falsch sind, und zu erklären, woher die Verunreinigung stammt. In diesem Fall war es uns gelungen, aber es hatte viel Arbeit gekostet und unsere Forschung nicht weitergebracht. Woher die in *Nature* und *Science* veröffentlichten Sequenzen aus dem Bernstein wirklich stammten, ist bis heute nicht geklärt. Ich war mir sicher, dass man die Quelle finden konnte, wenn man genügend Arbeit investierte, aber ich entschied, dass wir genug hatten. Ein Student formulierte es einmal so: »Wir sollten nicht mehr die PCR-Polizei spielen.« Stattdessen wollten wir Berichte, die wir für falsch hielten, nicht mehr zur Kenntnis nehmen und uns auf unsere eigene Arbeit konzentrieren. Nach unserem Eindruck konnten wir dem Fachgebiet den besten Dienst erweisen, wenn wir Methoden zur Gewinnung von DNA aus Quellen entwickelten, die einige Zehntausend Jahre alt waren, und wenn wir zeigten, dass die damit erzielten Ergebnisse echt und richtig waren. Mit den Überresten vorzeitlicher Menschen war das schwierig oder sogar unmöglich, denn überall lauerte die DNA von Jetztmenschen. Obwohl es mir wehtat, musste ich also die Geschichte der Menschheit fürs Erste vergessen und mich mit meiner Arbeit auf vorzeitliche Tiere konzentrieren. Immerhin war ich Professor an einem zoologischen Institut. Deshalb, so mein Entschluss, wollten wir uns auf Fragen nach den Beziehungen zwischen ausgestorbenen Tieren und ihren heutigen Verwandten konzentrieren.

Kapitel 5

Die Frustration des Menschen

Als Charles Darwin in den 1830er-Jahren in Südamerika seine Sammelexpeditionen unternahm, war er fasziniert von den fossilen Überresten verschiedener großer, Pflanzen fressender Tiere, aber sie stellten ihn auch vor ein Rätsel. Diese Lebewesen waren offenbar viel größer gewesen als alle Tiere, die zu seiner Zeit in der Region lebten. Neben Exemplaren aller lebenden Vögel und sonstigen Tiere, deren er habhaft werden konnte, sammelte Darwin auch eine ganze Reihe von Fossilien und schickte sie nach England. Unter ihnen war ein großer Unterkieferknochen, den die Erosion an einer Küstenklippe in Argentinien freigelegt hatte. Der Anatom Richard Owen untersuchte den Kiefer und ordnete ihn einem Riesenfaultier von der Größe eines Flusspferds zu; das Tier taufte er auf den Namen *Mylodon darwinii* (siehe Abb. 5.1). Noch interessanter als die Vorstellung von einem derart bizarr großen Pflanzenfresser war der Gedanke, er könne irgendwo in der Wildnis Patagoniens noch heute in lebendigem Zustand existieren. Im Jahr 1900 gab die sensationelle Entdeckung offenbar frischer Exkremente und Hautreste mutmaßlicher Riesenfaultiere den Anlass zu einer Expedition, auf der ein gewisser Mr. Hesketh Prichard nach dem Wundertier suchen sollte. Nachdem Prichard mehr als 3000 Kilometer durch Patagonien gereist war, gelangte er zu dem kühnen Schluss,[30] er habe »nicht den geringsten Hinweis irgendeiner Art gefunden, wel-

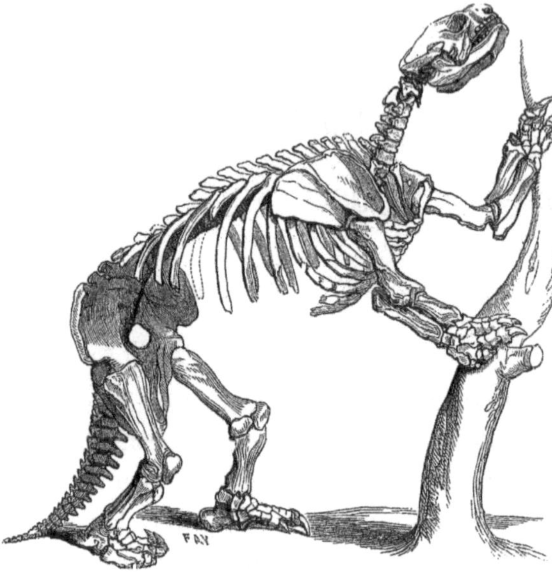

Abb. 5.1: Rekonstruktion des Skeletts eines Riesenfaultiers.
Quelle: http://commons.wikimedia.org/wiki/.

cher für die Idee sprechen könnte, das Mylodon habe überlebt«. Dazu hatte er auch allen Grund: Wie wir heute wissen, starb die Spezies schon während der letzten Eiszeit aus, das heißt vor ungefähr 10 000 Jahren.

Faultiere mit zwei und drei Zehen gibt es in Südamerika noch heute, aber mit ihrem Gewicht von fünf bis zehn Kilo sind sie im Vergleich zu *Mylodon* von bescheidener Größe. Und anders als *Mylodon* leben sowohl die Zwei- als auch die Dreizehenfaultiere auf Bäumen. Anscheinend haben sie sich aber nach evolutionären Maßstäben erst vor relativ kurzer Zeit an das Leben auf den Bäumen angepasst: Sie sind für Baumbewohner recht groß, in der Höhe nicht besonders wendig und steigen für banale Alltagstätigkeiten wie die Ausscheidung lieber zum Boden herab. Deshalb stellte sich die große Frage, ob die Vorfahren der Baumfaultiere sich nur einmal – und nicht besonders elegant – an das

Leben auf den Bäumen angepasst haben, oder ob die beiden Arten von Baumfaultieren Beispiele für parallele Anpassungen waren, durch die bodenbewohnende Faultiere in der Vergangenheit mindestens zweimal in die Bäume umgezogen waren. Wenn sich ähnliche Anpassungen unabhängig voneinander mehrmals ereignen – wenn die Geschichte sich also sozusagen wiederholt –, kann man darauf schließen, dass die Tiere sich auf einer begrenzten Zahl von Wegen auf ökologische Herausforderungen einstellen können. Jeder derartige Fall von Konvergenz, bei dem mindestens zwei nicht eng verwandte Arten in ihrer Evolution unabhängig voneinander ähnliche Verhaltensweisen oder Körperformen hervorbringen, ist ein Beleg, dass die Evolution bestimmten Gesetzmäßigkeiten unterliegt – und es ist nützlich, wenn man ableitet, wie diese Gesetzmäßigkeiten aussehen. Ein anderes Beispiel war der Beutelwolf, den wir in Zürich und Berkeley studiert hatten. Und wie im Fall des Beutelwolfes, so konnten wir auch an den Baumfaultieren feststellen, ob Konvergenz im Spiel war: Dazu mussten wir klären, ob Darwins ausgestorbenes Riesenfaultier mit den heutigen Zwei- und Dreizehenfaultieren verwandt war.

Ich begab mich ins Londoner Natural History Museum und saß dort einige Zeit mit Andrew Currant zusammen, dem liebenswürdigen Kurator für Säugetiere aus dem Quartär; er ist Experte für die Paläontologie der Säugetiere und mit seinem Körperbau auch selbst einem großen Säugetier aus dem Pleistozän nicht unähnlich. Andrew zeigte mir einige fossile Knochen, die Darwin mitgebracht hatte, und von zwei *Mylodon*-Knochen aus Patagonien, die zu der Sammlung gehörten, durfte ich ein kleines Stück abschneiden. Ich hatte auch das American Museum of Natural History in New York besucht und dort ebenfalls Probenmaterial für unsere Untersuchungen erhalten. Aber erst in Andrews Museum wurde mir auf anschauliche Weise deutlich, wie leicht die Tiere aus alter Zeit, die wir studierten, verunreinigt werden konnten. Als ich gemeinsam mit Andrew die Faultierknochen untersuchte, erkundigte ich mich bei ihm, ob man sie möglicherweise mit Lack behandelt hatte. Zu meiner Verblüffung nahm er einen Knochen und leckte daran. »Nein«, sagte er dann, »diese hier wurden nicht behandelt.« Ein lackierter Knochen, so erklärte er mir, nimmt keinen Speichel auf. Ein unbehandelter Knochen dagegen tut das so stark, dass die Zunge leicht kleben bleiben kann. Ich war entsetzt und fragte mich, wie viele Male unsere Untersuchungsobjekte in den mehr als 100 Jahren, die manche von ihnen in Museen zugebracht hatten, auf diese Weise »getestet« worden waren.

Nachdem wir die Proben in München hatten, wandte Matthias Höss seine Fähigkeiten darauf an. Wie immer bestand ich darauf, dass wir uns zuerst um die technische Seite kümmerten. Schließlich stand hinter meinem Interesse an Faultieren vor allem ein Interesse an der Frage, wie man DNA aus alter Zeit gewinnt. Mit einem groben Verfahren schätzte Matthias die DNA-Gesamtmenge in seinem *Mylodon*-Extrakt ab, und mit einem anderen ungenauen Messverfahren untersuchte er, welcher Anteil davon der DNA von heutigen Faultieren ähnelte. Wie sich herausstellte, stammten 0,1 Prozent der DNA in unserem besten *Mylodon*-Knochenextrakt von dem Tier selbst; der gesamte Rest war DNA anderer Organismen, die nach dem Tod des Riesenfaultiers in den Knochen gelebt hatten. Wie sich herausstellte, waren dies die typischen Mengenverhältnisse, die wir auch bei vielen anderen Überresten aus alter Zeit fanden.

Matthias konzentrierte sich auf die Fragmente der Mitochondrien-DNA, und durch Vervielfältigung kurzer, überlappender Stücke gelang es ihm, mit der PCR einen mehr als 1000 Nucleotide langen Abschnitt der *Mylodon*-mtDNA zu rekonstruieren. Durch Analyse und Vergleich der gleichen Sequenzen aus heutigen Faultieren konnte er zeigen, dass das Riesenfaultier, das sich auf den Hinterbeinen bis zu einer Größe von drei Metern aufrichten konnte, mit den heutigen Zweizehenfaultieren enger verwandt war als mit den Formen mit drei Zehen. Das war wichtig: Wären die Zwei- und Dreizehenfaultiere untereinander enger verwandt gewesen als jedes von beiden mit *Mylodon* (was zu jener Zeit die meisten Wissenschaftler annahmen), hätte man vermuten müssen, dass sie einen gemeinsamen Vorfahren hatten, der irgendwann zum Baumbewohner wurde. Unsere Befunde ließen aber darauf schließen, dass sich in der Evolution der Faultiere mindestens zweimal Formen entwickelt hatten, die klein waren und ihr Leben zum größten Teil auf den Bäumen verbrachten (siehe Abb. 5.2).

Dass es sich sowohl bei dem Beutelwolf als auch bei den Faultieren um Fälle von konvergenter Evolution handelte, war für mich ein nachdrücklicher Hinweis, dass die Morphologie häufig kein zuverlässiger Indikator für die Verwandtschaftsbeziehungen zwischen Lebewesen ist. Anscheinend kann sich nahezu jede Körperform oder Verhaltensweise unabhängig entwickeln, wenn eine Veränderung der Umweltbedingungen den notwendigen

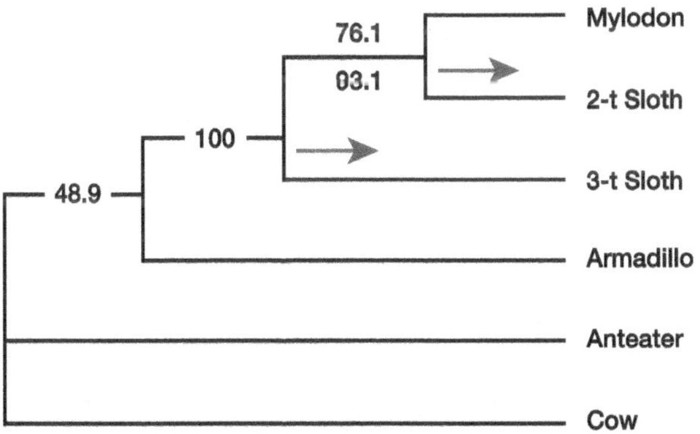

Abb. 5.2: Der Stammbaum zeigt, dass *Mylodon* mit den Zweizehenfaultieren enger verwandt ist als mit den Dreizehenfaultieren; man kann also annehmen, dass die Faultiere in ihrer Vergangenheit zweimal anfingen, auf den Bäumen zu leben. Aus Matthias Höss et al., »Molecular phylogeny of the extinct ground sloth *Mylodon darwinii*«, *Proceedings of the National Academy of Sciences USA* 93, S. 181–185 (1996).

Druck für eine Veränderung der Lebensweise schafft. In meinen Augen boten die DNA-Sequenzen eine viel bessere Möglichkeit, die Verwandtschaftsverhältnisse verschiedener biologischer Arten richtig einzuschätzen. In DNA-Sequenzen können sich im Laufe der Zeit Hunderte oder Tausende von Mutationen ansammeln, die sich unabhängig voneinander ereignen und in ihrer Mehrzahl keinen Einfluss auf Aussehen oder Verhalten eines Organismus haben. Bei der Vermessung morphologischer Eigenschaften dagegen beschäftigt man sich zwangsläufig mit Merkmalen, die durchaus von Bedeutung für das Überleben des Organismus sind, und die Größen verschiedener Teile, beispielsweise der einzelnen Knochen, stehen wahrscheinlich in einem Zusammenhang. Da sich in DNA-Sequenzen eine viel größere Zahl unabhängiger, zufällig schwankender Datenpunkte ansammeln kann, erlauben sie eine genauere Rekonstruktion der Verwandtschaftsbeziehungen als morphologische Merkmale. Im Gegensatz zu diesen kann man aus der Zahl der Unterschiede, die sich in DNA-Sequenzen angesammelt haben, sogar die Zeitpunkte der Auseinanderentwicklung von einem gemeinsamen Vorfahren ableiten, denn diese Unterschiede entstehen zumindest in einer Gruppe verwandter Tiere ungefähr in Abhängigkeit von der Zeit.

Mit einer solchen »molekularen Uhr« berechnete Matthias, wie viele Nucleotidveränderungen und Mutationen sich in der mtDNA verschiedener Arten aus der Tiergruppe angesammelt hatten, zu der neben den Faultieren auch Gürteltiere und Ameisenbären gehören. Wie er feststellte, ist diese Tiergruppe erstaunlich alt. Ihre Auseinanderentwicklung begann, bevor die Dinosaurier vor rund 65 Millionen Jahren ausstarben. Der gleiche zeitliche Ablauf gilt auch für einige andere Säugetiergruppen und für Vögel; viele Gruppen der heutigen Tiere lassen sich also auf Vorfahren zurückführen, die ihren Ursprung zu einer Zeit hatten, als Dinosaurier die Erde beherrschten. Einst gab es zahlreiche Formen bodenbewohnender Faultiere, heute leben nur noch einige Arten auf Bäumen. Bis zu unserer Entdeckung, dass die heutigen Faultiere keinen gemeinsamen Vorfahren haben, war es eine plausible Annahme gewesen, dass die Baumbewohner über irgendwelche unbekannten, aber wichtigen physiologischen Anpassungen verfügen, mit deren Hilfe sie – vielleicht angesichts des Klimawandels während der letzten Eiszeit – überleben konnten. Wenn sie aber keinen gemeinsamen Vorfahren hatten, erschien ein solches Szenario weniger wahrscheinlich. Naheliegender war dann der Gedanke, dass der entscheidende Faktor für ihr Überleben auch der offenkundigste war: Sie leben auf Bäumen. Am Ende unseres Artikels spekulierten wir, dass das Leben auf den Bäumen ihnen auch geholfen haben könnte, die Einwanderung der Menschen zu überstehen, in deren Verlauf am Boden lebende Faultiere, die sich langsam bewegten, ausgerottet wurden.[31] Die Diskussion um die Frage, ob ökologische Faktoren oder übermäßige Bejagung durch Menschen in Amerika vor rund 10 000 Jahren für das Verschwinden der bodenbewohnenden Faultiere und anderer Arten verantwortlich war, ist zwar auch heute noch nicht beendet, aber wir waren froh, dass wir mit unserer alten DNA ein Stück zu dem Puzzle beisteuern konnten. Wir hatten nachgewiesen, dass man aus Tieren, die vor Jahrtausenden gelebt haben, zuverlässige DNA-Sequenzen gewinnen kann und dass die so gewonnene Information ausreicht, um ihre Evolution in einem neuen Licht erscheinen zu lassen.

Mitte der 1990er-Jahre hatte sich das Fachgebiet der Untersuchung alter DNA ein wenig stabilisiert. Jetzt war vielen Wissenschaftlern klar, was möglich ist und was nicht. Wie wir schon in Berkeley mit unseren Untersuchungen an Rattenkängurus gezeigt hatten, kann man zoologische Sammlungen von Tierhäuten und anderen Körperteilen, die kurz nach dem Tod austrockneten, routinemäßig zur Gewinnung von DNA nutzen. Es folgten Studien an Taschenratten, Kaninchen und vielen anderen Tieren, und in den 1990er-Jahren richteten mehrere große zoologische Museen molekularbiologische Labors ein, die sich der DNA-Analyse der alten Sammlungen wie auch neuer, gezielt zu diesem Zweck gesammelter Materialien widmeten. Zu den ersten Einrichtungen, die so vorgingen, gehörten die Smithsonian Institution in Washington und das Londoner Natural History Museum, später folgten andere. Ganz ähnlich machten es die Kriminaltechniker: Auch sie konnten jetzt aus Asservaten, die man viele Jahre zuvor gesammelt hatte, die DNA gewinnen, vervielfältigen und analysieren. Dies führte dazu, dass Gerichte die Verurteilung fälschlich inhaftierter Personen aufhoben, und gleichzeitig kam es zu neuen juristischen Streitigkeiten auf der Grundlage genetischer Befunde, die zur Identifizierung von Überresten und zur Überführung von Verbrechern führten. Die Mutlosigkeit meiner ersten Jahre in München, in denen meine Gruppe und ich uns mit Verunreinigungen und anderen methodischen Schwierigkeiten herumschlugen, während andere in *Science* und *Nature* unsinnige, Millionen Jahre alte DNA-Sequenzen publizierten, wich einem Gefühl der Befriedigung, dass sich alles gelohnt hatte. Das Fachgebiet hatte sich etabliert. Jetzt war es an der Zeit, zu der alten Herausforderung zurückzukehren: zu den Überresten von Menschen.

Wie gesagt: Die DNA heutiger Menschen kann ein Experiment auf vielerlei Weise verunreinigen. Einen sehr offenkundigen Weg hatte mir der Kurator in London gezeigt, als er die Zunge an den Knochen des Faultiers legte, aber auch Staub, schlechte Reagenzien und viele andere Dinge können Probleme aufwerfen. Die Erforschung der Geschichte der Menschen war für mich letztlich das Ziel. Die große Frage lautete: Konnten wir trotz aller Hindernisse einen Weg finden, um voranzukommen?

Diesen Bestrebungen widmete sich Oliva Handt. Oliva ist eine warmherzige, fast mütterliche Frau, die dazu neigt, ihre eigene

Arbeit übermäßig kritisch zu betrachten. Nach meinem Eindruck war dies eine hervorragende Eigenschaft für die Aufgabe, an die sie sich nun machen wollte. Sie hatte mit den gleichen Problemen zu kämpfen wie Matthias in seinen Arbeiten mit den Faultieren, aber zusätzlich musste sie sich Sorgen um jedes verirrte Staubkorn machen, das vielleicht in einem Reagenzglas mit dem Extrakt eines vorzeitlichen Menschenknochens landen konnte. War in den Leerextrakt kein solches Staubteilchen gelangt, konnte man kaum sagen, ob sie in Wirklichkeit moderne menschliche mtDNA sequenzierte oder nicht. Aus diesem Grund fassten wir den Entschluss, dass Oliva mit den Überresten amerikanischer Ureinwohner arbeiten sollte, denn deren mtDNA enthält einige Varianten, die man bei Europäern nicht findet. Dass Ergebnisse nur dann glaubhaft sein würden, wenn sie im Einklang mit vorgefassten Erwartungen standen, gefiel mir zwar überhaupt nicht, aber anscheinend war es einer der wenigen Wege, um zuverlässige Methoden zur Gewinnung alter menschlicher DNA-Sequenzen zu entwickeln. Also begann Oliva mit der Arbeit an rund 600 Jahre alten Skeletten und mumifizierten Leichen aus dem Südwesten Nordamerikas. Während sie sich damit herumschlug und ihre Extraktionsexperimente ständig wiederholte, um die Reproduzierbarkeit ihrer Ergebnisse nachzuweisen, bot sich eine so gute Gelegenheit, dass wir sie nicht vorübergehen lassen konnten.

Im September 1991 hatten zwei deutsche Bergwanderer im Ötztal in den Alpen, nicht weit vom Hauslabjoch an der Grenze zwischen Österreich und Italien, die mumifizierte Leiche eines Mannes gefunden. Sie selbst und auch die Behörden, mit denen sie anfangs Kontakt aufnahmen, hielten den Fund für eine moderne Leiche, vielleicht ein Kriegsopfer oder einen verunglückten Wanderer, der sich im Schneesturm verirrt hatte. Nachdem man aber den Körper des Mannes aus dem Eis geborgen hatte, zeigte sich an seinen noch vorhandenen Kleidungsstücken und Ausrüstungsgegenständen ganz deutlich, dass es sich nicht um einen Soldaten oder Wanderer aus jüngerer Zeit handelte; er war vielmehr schon vor 5300 Jahren, in der Bronzezeit, auf dem Alpenpass gestorben. Wie ich aus den Nachrichten erfuhr, behaupteten sowohl die österreichische als auch die italienische Regierung, man habe die Mumie auf ihrem Territorium gefunden. Zwischen den Entdeckern und den Behörden gab es auch Meinungsverschiedenheiten um den Finderlohn, und die Mitarbeiter des pathologischen Instituts der Universität Innsbruck, die den gefrorenen Leichnam aufbewahrten und eifersüchtig von Außenstehenden abschirmten, machten ebenfalls Schwierigkeiten. Kurz gesagt, schien das Ganze ein juristisches und allgemeines Chaos zu sein. Deshalb war ich überrascht, als 1993 ein Professor aus Innsbruck mit mir Kontakt aufnahm: Er erkundigte sich, ob wir die DNA des Mannes aus dem Eis – des Ötzi, wie er jetzt nach dem Fundort genannt wurde – analysieren wollten. Wir rechneten damit, dass eine Leiche, die über 5000 Jahre lang ständig gefroren war, viel besser erhalten sein würde als Mumien aus Ägypten oder Knochen aus Nordamerika. Also entschlossen wir uns, es zu versuchen.

Oliva und ich reisten nach Innsbruck. Dort entnahmen die Pathologen acht kleine Proben aus Ötzis linker Hüfte, die beschädigt worden war, als die Leiche (von der man noch nicht wusste, wie alt und einzigartig sie ist) mit einem Presslufthammer aus dem Gletschereis befreit wurde. Wieder in München, machte sich Oliva an die Gewinnung und Vervielfältigung der mtDNA. Zu unser aller Entzücken erhielt sie hübsche PCR-Produkte, aber als sie diese sequenzierte, ließen sich die Ergebnisse nicht interpretieren. An vielen Positionen waren anscheinend mehrere Nucleotide vorhanden. Um die Sache zu klären, griff sie auf die alte Klonierungsmethode zurück, die ich bereits in Uppsala verwendet hatte: Sie klonierte jedes PCR-Produkt und sequenzierte dann mehrere Klone. Da jeder Klon von einem einzigen, mit der PCR vervielfältigten DNA-Fragment ausgegangen war, konnte sie feststellen, ob alle ursprünglichen DNA-Fragmente die gleiche Nucleotidsequenz enthielten, wie man es erwartet, wenn sie von einem einzigen Menschen stammen, oder ob sie verschiedene Sequenzen hatten und demnach auf verschiedene Personen zurückgingen. Die zweite Möglichkeit erwies sich als richtig, und verschiedene Proben lieferten sogar unterschiedliche Sequenzmischungen. Es war zum Verrücktwerden. Der größte Teil der mtDNA oder vielleicht sogar alles musste von Menschen stammen, die den Mann aus dem Eis seit seiner Entdeckung angefasst hatten. Wie sollten wir feststellen, ob eine Sequenz von ihm selbst stammte? Schließlich hatte er nach den Maßstäben der Evolution vor nicht allzu langer Zeit gelebt; er konnte also zweifellos eine Version der mtDNA besessen haben, die der heutiger Europäer ähnelte oder völlig glich, und seit seiner Entdeckung waren offenbar viele Europäer mit ihm in Kontakt gekommen.

Zwei der Proben aus Innsbruck waren glücklicherweise so groß, dass wir das oberflächliche Gewebe entfernen und Material aus dem inneren, unberührten Teil gewinnen konnten; wir hofften, dass Verunreinigungen vorwiegend auf der Oberfläche liegen würden. Der Ansatz war hilfreich, allerdings nur bis zu einem gewissen Grade. An sechs Stellen fand Oliva eine Mischung von Sequenzen, die darauf schließen ließ, dass hier weniger unterschiedliche mtDNA-Varianten vorhanden waren – sie stammten vielleicht von drei oder vier Individuen. Die Sequenzen ließen sich allerdings nicht fein säuberlich in drei oder vier Klassen mit identischen Nucleotiden einordnen. Nach Olivas Feststellungen verteilten sich die Varianten an den sechs Positionen ungleichmäßig unter den Molekülen; das galt insbesondere dann, wenn sie weit voneinander entfernte Positionen betrachtete. Es musste sich also hier um einen Fall von »springender PCR« handeln, wie ich sie bereits in Berkeley beschrieben hatte: Dabei kopiert die Polymerase nicht ein einziges, ununterbrochenes Stück DNA, sondern sie verbindet die Fragmente zu neuen Kombinationen. Konnten wir dieses Durcheinander von DNA-Sequenzen entwirren und dann entscheiden, ob irgendwelche Sequenzen von dem Mann aus dem Eis stammten, und wenn ja, welche?

Wir waren der Ansicht, das Phänomen des Springens trete vorwiegend dann auf, wenn wir längere DNA-Abschnitte vervielfältigen wollten, denn kürzere Stücke waren in dem Gewebe mit größerer Wahrscheinlichkeit noch intakt, während es sich bei längeren um zusammengestellte Moleküle oder Verunreinigungen handelte. Also ließ Oliva die PCR mit extrem kurzen Stücken laufen. Das half. Immer wenn sie Abschnitte von weniger als 150 Nucleotiden vervielfältigte, fehlten nicht nur die durcheinandergewürfelten Sequenzen, sondern nahezu alle ihre Klone trugen auch die gleiche Sequenz. Allmählich wurde das Bild klarer. Unsere Extrakte enthielten eine mtDNA-Sequenz, die in großer Menge vorhanden, aber zu kurzen Stücken zerfallen war. Außerdem waren mtDNA-Sequenzen von mindestens zwei weiteren Personen vorhanden, die weniger häufig vorkamen und in Form größerer Stücke vorlagen. Wir vermuteten, dass die reichlich vorhandene, stärker abgebaute DNA zu dem Mann aus dem Eis gehörte, während die anderen Moleküle, die weniger häufig und weniger abgebaut waren, wahrscheinlich von modernen Menschen stammten, die den Ötzi verunreinigt hatten.

Nachdem Oliva jedes kurze Stück mindestens zweimal vervielfältigt, die Produkte kloniert und mehrere Klone jedes Vervielfältigungsprodukts sequenziert hatte, konnte sie schließlich die mtDNA-Sequenz rekonstruieren, die der Mann aus dem Eis zu Lebzeiten wahrscheinlich getragen hatte. Die von ihr erzeugten, überlappenden Fragmente entsprachen einer Sequenz von etwas mehr als 300 Nucleotiden. Sie unterschied sich nur durch zwei ausgetauschte Nucleotide von einer allgemein gebräuchlichen Referenzsequenz für die mtDNA moderner Europäer, und die gleiche Sequenz ist auch heute in Europa nicht selten. Das kam nicht völlig unerwartet. Aus der Sicht eines Menschen, der darauf hofft, 80 oder 90 Jahre zu leben, sind 5300 Jahre eine lange Zeit – sie entspricht rund 250 Generationen. Aus Sicht der Evolution jedoch sind sie ein sehr kurzer Zeitraum. Wenn nicht eine Epidemie oder eine andere größere Katastrophe den größten Teil einer Population dahinrafft und wenn es auch nicht zu größeren Populationsverschiebungen kommt, ändert sich im Laufe von 250 Generationen in unseren Genen nicht viel. Wir hatten sogar damit gerechnet, dass sich in dem von uns untersuchten Abschnitt seit der Bronzezeit höchstens eine Mutation abgespielt hatte.

Bevor wir unsere Ergebnisse aber veröffentlichen konnten, war noch eine weitere Hürde zu überwinden: unsere Regel, die aus der Frustration über die vielen unzuverlässigen publizierten Ergebnisse in dem Fachgebiet geboren war. Danach müssen wichtige oder unerwartete Befunde in einem zweiten Institut reproduziert werden. Die Sequenz, die wir bei dem Mann aus dem Eis gefunden hatten, kam biologisch nicht unerwartet, aber sie würde mit Sicherheit Aufmerksamkeit erregen, und deshalb bot sich hier eine Gelegenheit, zu zeigen, wie man arbeiten sollte. Wir entschlossen uns, eine unserer unbenutzten Gewebeproben nach Oxford zu schicken: Dort war Bryan Sykes – ein Genetiker, der sein früheres Forschungsgebiet der Bindegewebserkrankungen verlassen hatte und sich nun mit der Variation der mtDNA bei Menschen und in alter DNA beschäftigte – ganz erpicht darauf, uns zu helfen. Sykes' Student extrahierte und vervielfältigte ein Stück der von uns ermittelten Sequenz und übermittelte seine Ergebnisse. Sie waren mit denen von Oliva identisch. Nun berichteten wir in einem Artikel in *Science* über unsere Befunde.[32]

Damit war unser Vorhaben nach allgemeiner Ansicht gelungen, in meinen Augen machten die Erfahrungen jedoch vor allem deutlich, wie schwierig die Arbeit mit den Überresten vorzeitlicher Menschen ist. Der Mann aus dem Eis war gefroren gewesen, so dass man mit einem ungewöhnlich guten Erhaltungszustand rechnen konnte, und außerdem hatte man ihn erst zwei Jahre zuvor gefunden, so dass nicht viele Menschen ihre Verunreinigungen hinterlassen konnten; dennoch hatten wir ein Gemisch verschiedener Sequenzen gefunden, das nur schwer auseinanderzudividieren war. Gelungen war es uns nur durch Olivas Geduld und Hartnäckigkeit sowie aufgrund unserer Vermutungen über die richtige Sequenz, und die beruhten zwangsläufig auf den verschiedenen Molekülpopulationen in dem Gewebe. Eine Studie zur neueren Evolution der Menschen, bei der man Populationen vieler nur in Form von Skeletten erhaltener Individuen analysieren musste, schien eine so schwierige Aufgabe zu sein, dass ich noch nicht einmal darüber nachdenken mochte.

Positiv war, dass wir ungeheuer viele Erfahrungen mit menschlichem Probenmaterial gesammelt hatten und die Schwierigkeiten besser einschätzen konnten. Um daraus einen Nutzen zu ziehen, kehrte Oliva zu den Überresten amerikanischer Ureinwohner zurück. Erwartungsgemäß erwiesen sich die Arbeiten als schwierig. Mein Freund Ryk Ward richtete es ein, dass wir aus Arizona im Südwesten der Vereinigten Staaten zehn Proben von rund 600 Jahre alten Mumien erhielten. Wie man sich vorstellen kann, waren die Verhältnisse vergleichbar mit denen beim Mann aus dem Eis. Aus den Proben von neun Individuen konnte Oliva entweder überhaupt keine DNA vervielfältigen, oder die Sequenzen waren so durcheinandergeraten, dass man unmöglich feststellen konnte, ob eine davon wirklich zu dem betreffenden Individuum gehörte. Nur in einem Fall gelang ihr die Vervielfältigung kurzer Abschnitte, und als sie zahlreiche Klone von mehrfach vervielfältigtem Material sequenzierte, konnte sie zeigen, dass die Probe relativ viele Moleküle erhielt und dass diese zu einer mtDNA gehörten, die den entsprechenden Sequenzen heutiger amerikanischer Ureinwohner ähnelten. Ein wenig frustriert schrieben wir 1996 in der Zusammenfassung zu einem Artikel über Olivas Arbeiten: »Diese Ergebnisse zeigen, dass mehr experimentelle Arbeiten notwendig sind, als sie häufig geleistet werden, damit gewährleistet ist, dass DNA-Sequenzen, die aus den Überresten antiker Menschen vervielfältigt wurden, authentisch sind.«[33] Unausgesprochen übten wir damit natürlich auch Kritik an vielen Untersuchungen, die andere an den Überresten von Menschen aus früheren Zeiten vorgenommen hatten.

Trotz aller Bemühungen von Oliva entschloss ich mich nun, die Arbeiten an Überresten von Menschen aus früherer Zeit einzustellen. Andere Institute veröffentlichten weiterhin Ergebnisse, aber nach meinem Eindruck war das meiste davon nicht zuverlässig. Es war (und ist) zutiefst frustrierend.[34] Ich hatte 1986 eine beginnende, vermutlich vielversprechende Karriere in der medizinischen Forschung abgebrochen, weil ich in die Erforschung der Menschheitsgeschichte in Ägypten und anderswo neue, präzise Methoden einführen wollte. Bis 1996 war es mir gelungen, zuverlässige Methoden durchzusetzen, die zoologische Museen zu ansehnlichen Genbanken machten und die Möglichkeit schufen, Mammuts, Riesenfaultiere, Urpferde und andere Tiere aus der letzten Eiszeit zu studieren. Das alles war gut und schön, aber mein Herz hing nicht daran; ich fürchtete, ich würde zu einem Zoologen wider Willen werden.

Mit solchen Gedanken quälte ich mich nicht jeden Tag, aber wenn ich darüber nachdachte, was ich in Zukunft tun wollte, fühlte ich mich immer wieder frustriert. Ich *wollte* Licht in die Geschichte der Menschheit bringen, aber Menschen der Vorzeit zu untersuchen, schien nahezu unmöglich zu sein, weil man ihre DNA in den meisten Fällen nicht von der heutiger Menschen unterscheiden konnte. Nach einiger Zeit fiel mir aber auf, dass ich vielleicht etwas tun konnte, was für unsere Kenntnisse über die

Geschichte der Menschheit von noch größerer Bedeutung war als die Untersuchung der DNA bronzezeitlicher Menschen oder ägyptischer Mumien. Vielleicht konnte ich Menschen eines anderen Typs studieren, Menschen, die schon lange vor dem Mann aus dem Eis in Europa gelebt hatten: die Neandertaler.

Dass ich mich den Neandertalern zuwandte, mag seltsam erscheinen, hatte ich doch gerade erst den vorzeitlichen Menschen abgeschworen. Für meine Entscheidung war jedoch eines von größter Bedeutung: Wir konnten damit rechnen, dass die DNA-Sequenzen der Neandertaler erkennbar anders waren als die heutiger Menschen. Und das nicht nur, weil die Neandertaler vor mehr als 30 000 Jahren lebten, sondern auch weil sie damals schon eine lange Vergangenheit hinter sich hatten, die sich von unserer unterschied. Nach den Schätzungen der Paläontologen hatten wir vor mindestens 300 000 Jahren mit ihnen den letzten gemeinsamen Vorfahren, und manche hielten sie sogar für eine eigene Spezies. Anatomisch sahen die Neandertaler deutlich anders aus als heutige Menschen und auch als die frühen Jetztmenschen, die ungefähr zur gleichen Zeit in anderen Regionen Europas lebten. Dennoch sind die Neandertaler die engsten entwicklungsgeschichtlichen Verwandten aller heutigen Menschen. Genauer zu untersuchen, wie wir uns genetisch von unseren engsten Verwandten unterscheiden, konnte neue Erkenntnisse darüber liefern, durch welche Veränderungen die Vorfahren der Jetztmenschen sich von allen anderen Lebewesen auf unserem Planeten abheben. Das würde bedeuten, dass man vielleicht den grundsätzlichsten Teil der Menschheitsgeschichte studiert: den biologischen Ursprung der vollständig modernen Menschen und direkten Vorfahren aller Menschen, die heute leben. Außerdem konnten wir vielleicht auch genau erfahren, wie die Neandertaler mit uns verwandt sind. Neandertaler-DNA schien mir das Tollste zu sein, was ich mir vorstellen konnte. Zu meinem Glück befand ich mich in Deutschland, und dort liegt das Neandertal, der Fundort des ersten Neandertalers, der zum sogenannten Typusexemplar wurde und die ganze Gruppe definiert. Ich wollte unbedingt Kontakt mit dem Museum in Bonn aufnehmen, in dem das Typusexemplar der Neandertaler untergebracht ist. Würden sie zögern, mir eine Probe zu geben? Ich hatte keine Ahnung. Immerhin wurde das Typusexemplar von manchen (vielleicht in dem Versuch, gewisse Aspekte aus der deutschen Geschichte des 20. Jahrhunderts zu vergessen) als »der bekannteste Deutsche« bezeichnet. Es war so etwas wie ein inoffizieller Staatsschatz.

Monatelang machte ich mir Gedanken darüber, wie ich vorgehen sollte. Ich wusste nur allzu gut, wie heikel die Zusammenarbeit mit Museumskuratoren sein kann: Ihnen ist die schwierige Aufgabe anvertraut, kostbare Stücke für zukünftige Generationen zu erhalten und gleichzeitig die Forschung zu erleichtern. In manchen Fällen hatte ich festgestellt, dass sie ihre wichtigste Daseinsberechtigung darin sahen, Macht auszuüben und den Zugang zu Museumsstücken selbst dann zu verweigern, wenn der mögliche Zugewinn an Kenntnissen bei Weitem schwerer wog als die Erhaltung eines kleinen Knochenstücks. Wenn man sich auf falsche Weise an solche Kuratoren wendet, sagen sie vielleicht Nein, und dann fällt es ihnen aus den allzu bekannten Gründen des menschlichen Stolzes schwer, wieder von ihren Worten abzurücken. Während ich über solchen Gedanken brütete, erhielt ich eines Tages – welch höchst bemerkenswerter Zufall! – einen Anruf aus Bonn. Am anderen Ende der Leitung war Ralf Schmitz, ein junger Archäologe, der zusammen mit dem Bonner Museumskurator für das Typusexemplar des Neandertalers verantwortlich war. Er wollte wissen, welche Erfolgsaussichten bestünden, wenn man versuchen würde, DNA aus einem Neandertaler zu gewinnen. Ich war völlig von den Socken und wusste nicht, was ich sagen sollte. In einem ersten, ein wenig sträflichen Impuls wollte ich schon sagen, die Aussichten seien gut, damit sie bereitwillig ein Stück des Neandertalers aus dem Neandertal mit mir teilten. Aber nahezu ebenso schnell wurde mir klar, dass Ehrlichkeit der beste Weg ist. Die Erfolgsaussichten hingen von vielerlei Faktoren ab, von denen wir die meisten nicht im Geringsten einschätzen konnten. Nach einigem Zögern erklärte ich, meiner Ansicht nach hätten wir vielleicht eine Erfolgschance von fünf Prozent. Darauf erwiderte Ralf, sie müssten darüber nachdenken. Nach einiger Zeit rief er erneut an. Ja, sagte Ralf, wir könnten eine Probe haben. Wie er mir später erzählte, hatten sich zu jener Zeit schon andere an das Museum gewandt und um Proben gebeten; sie hatten gesagt, sie seien fast sicher, dass man aus dem Material brauchbare DNA gewinnen könne. Daraufhin hatte die Museumsverwaltung sich klugerweise entschlossen, die Ansicht eines anderen Labors einzuholen, und deshalb hatte man Ralf gebeten, Kontakt zu mir aufzunehmen. Nicht nur unsere bisherigen Leistungen, sondern auch unsere offenkundige Ehrlichkeit im Hinblick auf die geringen Chancen hatten Ralf und das Museum davon überzeugt, dass wir die besten Partner seien. Wie sich herausstellte, waren sie das genaue Gegenteil der widerspenstigen Museumskuratoren, vor denen ich mich gefürchtet hatte. Ich war begeistert.

Nun folgten wochenlange Diskussionen mit dem Museum über die Frage, wie viel Knochenmaterial wir erhalten würden und aus welchem Teil des Skeletts. Insgesamt besaßen sie ungefähr ein halbes Skelett eines offensichtlich männlichen Individuums. Aus Erfahrung wussten wir, dass die besten Erfolgsaussichten bei kompakten Knochen bestehen – beispielsweise bei Stücken aus dem Schaft eines Arm- oder Beinknochens oder aus der Fußwurzel; dünne Knochen mit einer großen Markhöhle wie beispielsweise die Rippen eigneten sich weniger. Nach vielen Diskussionen einigten wir uns auf ein Stück aus dem rechten Oberarm von einer Stelle, an der es am Schaft keine Kanten oder andere Merkmale gab, die für Paläontologen interessant waren,

Abb. 5.3: Der rechte Oberarmknochen des Neandertaler-Typusexemplars mit der Probe, die Ralf Schmitz 1996 entnahm. Foto: R. W. Schmitz, LVR-Landesmuseum Bonn.

wenn sie untersuchten, wie die Muskeln am Knochen angesetzt hatten. Außerdem wurde klar, dass man uns nicht gestatten würde, die Proben selbst zu entnehmen. Ralf und ein Kollege besuchten uns in München; wir gaben ihnen eine sterile Säge, Schutzkleidung, sterile Handschuhe und Behälter, in denen sie die Probe unterbringen sollten. Dann waren sie wieder weg. Am Ende war es vermutlich ein Glück, dass mir nicht erlaubt wurde, selbst die Säge an das Exemplar eines Neandertalers zu legen. Wahrscheinlich wäre ich angesichts dieses legendären Fossils so eingeschüchtert gewesen, dass ich nur ein sehr kleines Stück abgeschnitten hätte – vielleicht zu klein, als dass man damit Erfolg haben konnte. Als wir die Probe erhielten, waren wir beeindruckt davon, was für ein großes Stück sie entnommen hatten – weißer Knochen mit einem Gewicht von 3,5 Gramm, der sehr gut erhalten zu sein schien (siehe Abb. 5.3). Als sie den Knochen durchgesägt hatten, so berichtete Ralf, habe sich ein charakteristischer Geruch nach verbrannten Knochen im Raum verbreitet. Das, so glaubten wir, war ein gutes Zeichen. Es musste bedeuten, dass auch Kollagen erhalten war, das Protein, das im Knochen das Gerüst bildet. Voller Ehrfurcht und Beklemmung ging ich zu Matthias Krings, einem Doktoranden in unserem Labor, der mehr als ein Jahr lang vergeblich versucht hatte, DNA aus ägyptischen Mumien zu gewinnen. Bei mir hatte ich die Plastikbeutel mit dem Stück vom Typusexemplar des Neandertalers. Ich bat ihn, darauf unsere neuesten, besten Methoden zu verwenden.

Kapitel 6

Eine Kroatien-Connection

In den Wochen und Monaten nachdem wir die mtDNA-Sequenz des Neandertalers veröffentlicht hatten, dachte ich darüber nach, wie wir so weit gekommen waren. Seit ich 16 Jahre zuvor erstmals versucht hatte, DNA aus einem Stück getrockneter Kalbsleber aus dem Supermarkt zu extrahieren, hatte ich einen langen Weg hinter mich gebracht. Zum ersten Mal hatten wir jetzt DNA aus alter Zeit genutzt, um etwas Neues, Tiefgreifendes über die Menschheitsgeschichte auszusagen. Wir hatten gezeigt, dass das Urbild des Neandertalers eine Mitochondrien-DNA trug, die sich stark von der heutiger Menschen unterschied, und dass er oder seine Verwandten demnach keine mtDNA zu den modernen Menschen beigetragen hatten, bevor sie ausgestorben waren. Unserer Leistung waren jahrelange, mühselige Arbeiten vorausgegangen, mit denen wir Methoden entwickelt hatten, um DNA-Sequenzen längst verstorbener Individuen zuverlässig aufzuklären. Jetzt standen mir diese Methoden zur Verfügung, und eine Gruppe engagierter Mitarbeiter war fähig und bereit, etwas Neues auszuprobieren. Die größte Frage lautete nun: Wie sollten wir weitermachen?

Eine Aufgabe schien unmittelbar wichtig zu sein: Wir mussten die Mitochondrien-DNA-Sequenzen anderer Neandertaler analysieren. Solange wir nur ein Individuum studiert hatten, bestand immer noch die Möglichkeit, dass die Mitochondriengenome anderer Neandertaler sich stark von dem aus dem Neandertal unterschieden. Vielleicht trugen sie sogar die gleichen oder ähnliche Sequenzen wie heutige Menschen. Außerdem würden Mitochondrien-DNA-Sequenzen weiterer Neandertaler auch etwas über die genetische Vergangenheit dieser Gruppe von Vormenschen aussagen. In der mtDNA heutiger Menschen gibt es relativ wenige Abweichungen. Falls dies auch für die Neandertaler galt, würde es die Vermutung nahelegen, dass sie von einer kleinen Population abstammten und sich später vermehrt hatten. Wären die Variationen der mtDNA dagegen bei ihnen ebenso groß wie bei den Menschenaffen, könnte man den Schluss ziehen, dass ihre Zahl im Laufe der Geschichte nie besonders klein war. Dann hätten sie nicht eine so dramatische Vergangenheit mit einem Auf und Ab der Populationsgröße durchgemacht wie die modernen Menschen. Matthias Krings war erpicht darauf, an seinen Erfolg mit dem legendären Typusexemplar aus dem Neandertal anzuknüpfen, und wollte nun unbedingt andere Neandertaler-Proben untersuchen. Unser Hauptproblem war der Zugang zu Fossilien, die so gut erhalten waren, dass wir mit ihnen arbeiten konnten.

Ich überlegte lange, warum wir mit dem Typusexemplar aus dem Neandertal Erfolg gehabt hatten; wie mir dabei klar wurde, war es möglicherweise von Bedeutung gewesen, dass das Fossil aus einer Kalksteinhöhle stammte. Von Tomas Lindahl hatte ich gelernt, dass DNA-Stränge in einem sauren Milieu zerfallen; deshalb hatte man aus den bronzezeitlichen Menschen, die man in sauren Torfmooren in Nordeuropa gefunden hatte, niemals DNA gewinnen können. Wenn Wasser aber über Kalkstein fließt, wird es leicht basisch. Deshalb, so mein Entschluss, würden wir uns auf Neandertaler-Überreste konzentrieren, die man in Kalksteinhöhlen ausgegraben hatte.

In der Schule hatte ich leider den geologischen Eigenschaften Europas nie viel Aufmerksamkeit geschenkt. Ich erinnerte mich aber noch an die erste anthropologische Tagung, an der ich teilgenommen hatte: Sie hatte 1986 in Zagreb im damaligen Jugoslawien stattgefunden. Im Laufe der Tagung machten wir auch geführte Ausflüge nach Krapina und Vindija, zwei Orte, an denen man in Höhlen zahlreiche Neandertalerknochen gefunden hatte. Mit einer schnellen Literaturrecherche vergewisserte ich mich, dass es sich bei Krapina und Vindija tatsächlich um Kalksteinhöhlen handelte; das war ein vielversprechender Anfang. Vielversprechend war auch, dass es in den Höhlen eine große Zahl von Tierknochen gab, insbesondere solche von Höhlenbären. Diese große Art von Pflanzenfressern starb genau wie die Neandertaler vor knapp 30 000 Jahren aus. Ihre Knochen findet man häufig in Höhlen, und oftmals lassen die Umstände darauf schließen, dass sie während des Winterschlafes gestorben sind. Ich freute mich darüber, dass Höhlenbärenknochen vorhanden waren, denn die konnten möglicherweise als bequemes Hilfsmittel dienen, wenn wir prüfen wollen, ob in den Höhlen DNA erhalten geblieben war. Wenn wir nachweisen konnten, dass die Bärenknochen DNA enthielten, konnten wir möglicherweise auch zögernde Museumskuratoren leichter davon überzeugen, uns einen Versuch mit den viel kostbareren Neandertaler-Überresten aus derselben Höhle zu gestatten. Ich fasste den Entschluss, mich genauer mit der Geschichte der Höhlenbären zu befassen, insbesondere derer auf dem Balkan.

Nach einem blutigen Krieg mit Serbien war Zagreb zur Hauptstadt der unabhängigen Republik Kroatien geworden. Die größte dortige Sammlung von Neandertalern stammt aus Krapina im Norden Kroatiens. Dort entdeckte der Paläontologe Dragutin Gorjanović-Kramberger 1899 mehr als 800 Knochen von ungefähr 75 Neandertalern – es war die reichhaltigste Lagerstätte solcher Überreste, die jemals gefunden wurde. Heute sind die Knochen im Museum für Naturgeschichte im mittelalterlichen

Zentrum Zagrebs untergebracht. Die zweite Fundstätte, die Höhle von Vindija im Nordwesten Kroatiens (siehe Abb. 6.1), wurde Ende der 1970er- und Anfang der 1980er-Jahre von Mirko Malez ausgegraben, einem weiteren kroatischen Paläontologen. Er fand Knochenbruchstücke mehrerer Neandertaler, aber keine spektakulären Schädel, wie man sie in Krapina ans Licht geholt hatte. Darüber hinaus stieß Malez auf eine ungeheure Zahl von Höhlenbärenknochen. Seine Funde befinden sich ebenfalls in Zagreb, und zwar im Institut für Paläontologie und Geologie des Quartärs, das zur Kroatischen Akademie der Wissenschaften und Künste gehört. Ich richtete es so ein, dass ich sowohl dieses Institut als auch das Museum für Naturgeschichte besuchen konnte. Im August 1999 traf ich in Zagreb ein.

Die Neandertalersammlung aus Krapina war höchst eindrucksvoll, aber was ihr Potenzial für die DNA-Forschung anging, war ich skeptisch. Die Knochen waren mindestens 120 000 Jahre alt und damit älter als alle Stücke, in denen wir DNA gefunden hatten. Die Sammlung aus Vindija wirkte aussichtsreicher. Erstens war sie jünger. Bei den Ausgrabungen hatte man die Überreste

Abb. 6.1: Die Vindija-Höhle in Kroatien. Foto: J. Krause, MPI-EVA.

von Neandertalern in mehreren Schichten gefunden, die oberste und damit jüngste davon war jedoch nur 30 000 bis 40 000 Jahre alt – und damit für Neandertaler-Verhältnisse jung. Außerdem fand ich an der Sammlung aus Vindija noch einen anderen Aspekt spannend: Sie war übervoll mit vorzeitlichen Höhlenbärenknochen. Die Funde waren, geordnet nach Art der Knochen und Schicht der Ausgrabung, in unzähligen Papiertüten untergebracht, die sich in der feuchten Kellerluft des Quartär-Instituts allmählich auflösten. Es gab Beutel voller Rippen, Beutel voller Wirbel, Beutel voller langer Knochen und Beutel voller Fußknochen. Es war eine Goldmine für alte DNA.

Die Verantwortliche für die Vindija-Sammlung war Maja Paunović, eine nicht mehr ganz junge Frau, die ihr Leben in einem Institut ohne öffentliche Ausstellungen und mit wenigen Forschungsmöglichkeiten zugebracht hatte. Sie war freundlich, aber verständlicherweise auch mürrisch – zweifellos war ihr bewusst, dass die Wissenschaft an ihr vorübergegangen war. Drei Tage sah ich zusammen mit ihr die Knochen durch. Sie gab mir Höhlenbärenknochen aus mehreren Schichten der Fundstätte von Vindija und auch kleine Stücke von 15 Neandertalerknochen. Es schien genau das zu sein, was wir für unsere Erkundung der genetischen Variation bei Neandertalern als Nächstes brauchten. Als ich zurück nach München flog, war ich zuversichtlich, dass wir schnell vorankommen würden.

In der Zwischenzeit hatte Matthias Krings seine Sequenzanalysen an dem Typusexemplar des Neandertalers auf einen zweiten Abschnitt des Mitochondriengenoms ausgeweitet. Die Ergebnisse bestätigten, dass die Mitochondrien-DNA dieses Exemplars vor ungefähr einer halben Million Jahre einen gemeinsamen Vorfahren mit der mtDNA heutiger Menschen hatte. Aber damit hatten wir natürlich bereits gerechnet, und nach der Hochstimmung, die wir bei den ersten Neandertaler-Sequenzen empfunden hatten, wirkte diese Nachricht ein wenig langweilig. Wie nicht anders zu erwarten, war Matthias erpicht darauf, sich auf die 15 Proben von Neandertalerknochen zu stürzen, die ich in Zagreb von Maja erhalten hatte.

Zuerst analysierten wir den Erhaltungszustand ihrer Aminosäuren. Aminosäuren sind die Bausteine der Proteine, und für ihre Analyse braucht man viel weniger Material als für eine DNA-Extraktion. Eines hatten wir bereits nachgewiesen: Wenn wir kein Aminosäureprofil fanden, aus dem man ablesen konnte, dass die Proben Kollagen enthalten (das wichtigste Protein der Knochen), und wenn die Aminosäuren nicht im Wesentlichen in der gleichen chemischen Form vorliegen wie in den Proteinen lebender Zellen, bestehen nur sehr geringe Chancen, DNA zu finden, und es ist sinnlos, ein größeres Knochenstück zu zerstören, um sie zu extrahieren. Sieben der 15 Knochen sahen vielversprechend aus, und insbesondere einer fiel uns besonders auf. Wir schickten ein Stück dieses Knochens zur Radiokarbondatierung und erfuhren, dass er 42 000 Jahre alt war. Matthias stellte fünf DNA-Extrakte her und vervielfältigte die beiden Abschnitte der Mitochondrien-DNA, die er bei dem Typusexemplar analysiert hatte. Alles klappte sehr schön. Er sequenzierte Hunderte von Klonen und sorgte gewissenhaft dafür, dass jede Position in mindestens zwei Vervielfältigungsansätzen zu beobachten war, die – darauf beharrte ich – aus verschiedenen Extrakten stammen mussten. Damit wollten wir völlig sicherstellen, dass sie unabhängig voneinander waren.

Im März 2000, als Matthias gerade mit diesen Arbeiten beschäftigt war, wurden wir durch einen Artikel in *Nature* überrascht. Eine Arbeitsgruppe in Großbritannien hatte mtDNA eines Neandertalers analysiert, den man in der Höhle von Mesmaiskaja im Nordkaukasus ausgegraben hatte.[35] Sie hatten nicht alle technischen Verfahren angewandt, für die wir uns eingesetzt hatten, damit die Sequenz in jedem Fall richtig war; unter anderem hatten sie die PCR-Produkte nicht kloniert. Dennoch stimmte die von ihnen gefundene DNA-Sequenz fast genau mit der des Typusexemplars aus dem Neandertal überein. Matthias hatte seine Sequenzen fast fertig und war enttäuscht, dass andere ihm mit der Veröffentlichung der weltweit zweiten Neandertaler-mtDNA-Sequenz zuvorgekommen waren – insbesondere weil er wegen der vielen Vorsichtsmaßnahmen und Überprüfungen, auf denen ich bestanden hatte, so langsam vorangekommen war. Ich hatte Mitgefühl mit ihm, war aber auch froh, dass unsere erste Sequenz aus dem Neandertal durch eine Gruppe, die unabhängig von uns arbeitete, bestätigt worden war. Nicht einverstanden war ich allerdings mit dem Kommentar, den *Nature* zusammen mit dem Artikel veröffentlichte. Darin hieß es, diese zweite Neandertaler-Sequenz sei »wichtiger« als die erste, weil sie gezeigt habe, dass die erste richtig war. Ich hielt das für saure Trauben aufseiten von *Nature*, weil man dort nicht die erste Neandertaler-Sequenz veröffentlicht hatte.

Für Matthias gab es aber noch eine Art Trostpreis. Die zweite Neandertaler-DNA bestätigte nicht nur die Befunde aus unserem 1997 erschienenen *Cell*-Artikel, sondern nachdem wir nun drei Sequenzen kannten, darunter jene aus Vindija, die Matthias ermittelt hatte, konnten wir – wenn auch nur vorläufig – eine Aussage über die genetische Variation unter den Neandertalern machen. Nach der genetischen Theorie besteht schon mit nur drei Sequenzen eine Chance von 50 Prozent, dass man eine Stichprobe aus dem entferntesten Zweig eines Stammbaumes vor sich hat, das heißt aus dem Zweig, der alle Mitochondrien-DNAs einer Population verbindet. Wie sich herausstellte, waren in dem Abschnitt, den Matthias und die britische Gruppe sequenziert hatten, 3,7 Prozent der Nucleotide bei den drei Neandertalern unterschiedlich. Um dies richtig einzuordnen, wollten wir die gefundene Variationsbreite mit der von Menschen und Menschenaffen vergleichen. Zuerst betrachteten wir Sequenzdaten aus dem gleichen DNA-Abschnitt, den viele andere Gruppen bei 5530 Menschen aus der ganzen Welt analysiert hatten. Um einen zutreffenden Vergleich zu den drei Neandertalern anstellen zu können, nahmen wir viele Male jeweils drei zufällig ausgewählte Menschen und konnten so berechnen, wie viele Unterschiede drei Menschen durchschnittlich in der gleichen Sequenz tragen. Der Wert lag mit 3,4 Prozent sehr nahe bei dem, was wir für die drei Neandertaler gefunden hatten. Von Schimpansen standen 359 Sequenzen aus dem fraglichen mtDNA-Abschnitt zur Verfügung. Als wir hier nach dem gleichen Prinzip Stichproben nahmen, lag der Unterschied bei durchschnittlich 14,8 Prozent, und bei 28 Gorillas betrug der entsprechende Wert 18,6 Prozent. Die Neandertaler trugen also im Gegensatz zu den Menschenaffen, aber wie heutige Menschen sehr wenige Variationen in ihrer mtDNA. Natürlich war es gefährlich, auf Basis von nur drei Individuen und allein aufgrund der mtDNA Spekulationen anzustellen. Als wir die Daten im weiteren Verlauf des Jahres 2000 in *Nature Genetics* veröffentlichten, betonten wir deshalb, es sei wünschenswert, weitere Neandertaler zu analysieren; dennoch äußerten wir die Vermutung, dass die Neandertaler im Hinblick auf ihre genetischen Variationen den heutigen Menschen ähnelten und dass sie demnach genau wie wir ursprünglich auf eine kleine Population zurückgehen.[36]

Kapitel 7

Ein neues Zuhause

Im Leben geht es nicht immer geordnet zu. Eines Morgens, nicht lange vor der Veröffentlichung der ersten Neandertaler-mtDNA-Sequenzen im Jahr 1997, sagte mir meine Sekretärin, ein älterer Professor habe angerufen und um einen Termin mit mir gebeten. Er hatte ihr gesagt, er wolle über einige Pläne für die Zukunft sprechen. Ich hatte keine Ahnung, wer er war, hegte aber die unbestimmte Vermutung, es könne sich um einen pensionierten Hochschullehrer handeln, der mit mir seine schrulligen Ideen über die Evolution austauschen wollte. Damit lag ich völlig daneben. Was er zu sagen hatte, war höchst spannend.

Wie er mir erklärte, kam er als Vertreter der Max-Planck-Gesellschaft oder kurz MPG, die in Deutschland Grundlagenforschung finanziert. Unter ihren vielen Projekten war auch das Vorhaben, in der früheren DDR, die sich acht Jahre zuvor mit Westdeutschland vereinigt hatte, Forschung von Weltklasseformat aufzubauen. Ein Grundprinzip war dabei die Gründung neuer Institute für Fachgebiete, auf denen Deutschland wissenschaftlich schwach war. Ein besonders schwaches Gebiet war die Anthropologie, und das aus gutem Grund. Wie viele deutsche Institutionen unserer Zeit, so hatte auch die MPG vor dem Krieg einen Vorläufer. Er hieß Kaiser-Wilhelm-Gesellschaft und wurde 1911 gegründet. Die Kaiser-Wilhelm-Gesellschaft hatte Institute aufgebaut und finanziert, in denen herausragende Wissenschaftler wie Otto Hahn, Albert Einstein, Max Planck und Werner Heisenberg im Mittelpunkt gestanden hatten, Giganten der Wissenschaft, die in einer Zeit tätig waren, als Deutschland wissenschaftlich eine Führungsrolle spielte. Dieses Zeitalter ging abrupt zu Ende, als Hitler an die Macht kam und die Nazis viele der besten Wissenschaftler vertrieben, weil sie Juden waren. Die Kaiser-Wilhelm-Gesellschaft war zwar formell unabhängig von der Regierung, aber auch sie wurde zu einem Teil der deutschen Kriegsmaschinerie und betrieb beispielsweise Waffenforschung. Das war nicht verwunderlich. Noch schlimmer war, dass die Kaiser-Wilhelm-Gesellschaft durch ihr Institut für Anthropologie, menschliche Erblehre und Eugenik aktiv an der Rassenforschung und den daraus erwachsenen Verbrechen beteiligt war. In diesem Institut in Berlin waren Personen wie Josef Mengele wissenschaftliche Assistenten, und gleichzeitig machten sie Experimente an den Insassen des Todeslagers von Auschwitz, darunter viele Kinder. Mengele wurde zwar nach dem Krieg für seine Verbrechen verurteilt (er setzte sich allerdings nach Südamerika ab), seine Vorgesetzten am Institut für Anthropologie wurden aber nie angeklagt. Im Gegenteil: Manche von ihnen wurden Universitätsprofessoren.

Als die Max-Planck-Gesellschaft 1946 als Nachfolgeorganisation der Kaiser-Wilhelm-Gesellschaft gegründet wurde, galt die Anthropologie verständlicherweise als Fachgebiet, das man am besten mied. Nach allem, was unter der Naziherrschaft geschehen war, hatte die gesamte Disziplin in Deutschland ihr Ansehen verloren. Sie zog weder viele Finanzmittel noch gute Studenten oder innovative Wissenschaftler an. In der Anthropologie war Deutschland ganz offensichtlich wissenschaftlich schwach, und mein Besucher sagte, eine von der MPG eingesetzte Kommission solle klären, ob die Gesellschaft ein neues anthropologisches Institut gründen solle. Er wies auch darauf hin, es gebe in dieser Frage unterschiedliche Meinungen, und das sei angesichts der neueren deutschen Geschichte auch gut so. Dennoch erkundigte sich mein Besucher, ob ich mir vorstellen könne, an ein solches Institut zu gehen, falls es gegründet werden sollte. Mir war vage bewusst, dass die MPG über große Finanzmittel verfügte und dass man diese Mittel nach der deutschen Wiedervereinigung nochmals erhöht hatte, damit im Osten mehrere neue Institute gebaut werden konnten. Die Aussicht, am Aufbau einer neuen Institution mitzuwirken, faszinierte mich, aber ich wollte mich nicht übermäßig begeistert zeigen, damit sie nicht glaubten, ich würde unter allen Umständen kommen. Vielmehr erklärte ich mich bereit, das Angebot in Erwägung zu ziehen, vorausgesetzt, ich könne Einfluss auf Organisation und Funktion eines solchen Instituts nehmen. Der Professor versicherte mir, als Gründungsdirektor würde ich viele Freiheiten und großen Einfluss haben. Er schlug vor, ich solle der Kommission meine Ansichten darüber darlegen, wie man ein solches Institut organisieren könne.

Einige Zeit später wurde ich eingeladen, vor der Kommission einen Vortrag zu halten. Das Gremium sollte sich in Heidelberg treffen und bestand aus mehreren Experten aus dem Ausland; der Vorsitzende war Sir Walter Bodmer, ein Humangenetiker aus Oxford und Spezialist für das Immunsystem. Ich stellte diejenigen Aspekte unserer Arbeit dar, die nach meiner Ansicht in ein anthropologisches Institut passen würden; dabei konzentrierte ich mich auf die Analyse alter DNA insbesondere aus Neandertalern und auf die Rekonstruktion der Menschheitsgeschichte aufgrund der genetischen und linguistischen Verwandtschaftsbeziehungen zwischen verschiedenen Bevölkerungsgruppen. Neben meinem wissenschaftlichen Vortrag gab es mehrfach formlose Diskussionen über die Frage, ob die MPG sich angesichts der Geschichte des Fachgebietes in Deutschland für die Anthropologie engagieren sollte. Mir als Nicht-Deutschem, der lange nach dem Krieg geboren war, fiel es dabei vielleicht leichter, eine entspanntere Haltung zu vertreten. Nach meinem Eindruck konnte

Deutschland es sich mehr als 50 Jahre nach dem Krieg nicht erlauben, sich mit seinen wissenschaftlichen Vorhaben von früheren Verbrechen behindern zu lassen. Wir sollten die Geschichte nicht vergessen und es auch nicht versäumen, daraus zu lernen, aber andererseits sollten wir auch keine Angst davor haben, nach vorn zu blicken. Ich glaube, ich sagte sogar, wir sollten nicht zulassen, dass Hitler noch 50 Jahre nach seinem Tod darüber bestimmt, was wir tun dürfen und was nicht. Ich betonte, nach meiner Ansicht dürfe ein neues, der Anthropologie gewidmetes Institut kein Ort sein, an dem man über die Menschheitsgeschichte philosophiert. Vielmehr solle man empirische Wissenschaft betreiben. Wissenschaftler, die dort arbeiteten, sollten echte, solide Kenntnisse über die Menschheitsgeschichte sammeln und zum Prüfstein für ihre Ideen machen.

Wie gut meine Argumente bei der Kommission ankamen, weiß ich nicht. Ich kehrte nach München zurück, die Monate vergingen, und ich hatte die ganze Angelegenheit schon fast vergessen. Dann erhielt ich eines Tages die Einladung zu einer Sitzung einer neuen MPG-Kommission, der man die Aufgabe übertragen hatte, tatsächlich ein der Anthropologie gewidmetes Institut zu gründen. Es folgte eine Reihe von Besprechungen mit Vorträgen verschiedener Kandidaten. Die Tatsache, dass es weder bei der MPG noch überhaupt in Deutschland Traditionen auf dem Gebiet gab, auf denen man hätte aufbauen können, erwies sich als ein gewisser Vorteil. Er führte dazu, dass wir freimütig und ohne Einschränkungen durch akademische Traditionen oder bereits vorhandene Strukturen darüber diskutieren konnten, wie ein modernes Institut zur Erforschung der Menschheitsgeschichte zu organisieren wäre. In dem Konzept, das sich in unseren Gesprächen herauskristallisierte, war das Institut nicht entsprechend den akademischen Fachgebieten strukturiert, sondern im Mittelpunkt stand eine Frage: Was macht die Menschen einzigartig? Es würde ein fachübergreifendes Institut werden, in dem Paläontologen, Linguisten, Primatenforscher, Psychologen und Genetiker gemeinsam dieser Frage nachgingen. Der Rahmen, in dem man sie stellen würde, war die Evolution. Das Ziel war letztlich die Klärung der Frage, was die Menschen auf einen Evolutionsweg geführt hatte, der sich so stark von dem anderer Primaten unterschied. Es sollte also ein Institut für »evolutionäre Anthropologie« werden.

In ein solches Konzept passten die Neandertaler als engste ausgestorbene Verwandte der modernen Menschen natürlich gut hinein. Das Gleiche galt für die Erforschung unserer engsten lebenden Verwandten, der Menschenaffen. So kam es, dass der angesehene amerikanische Psychologe Mike Tomasello, der sowohl mit Menschen als auch mit Menschenaffen arbeitet, als Abteilungsleiter an das neue Institut berufen wurde, ebenso der Schweizer Primatenforscher Christophe Boesch, der zusammen mit seiner Frau Hedwige viele Jahre in den Wäldern der Elfenbeinküste gelebt und dort wilde Schimpansen studiert hatte. Auch den vergleichenden Sprachforscher Bernard Comrie – einen Briten, der aber mehrere Jahre in den Vereinigten Staaten gearbeitet hatte – lud man ein, sich dem Institut anzuschließen. Ich war nicht nur von der Qualität der ausgewählten Personen beeindruckt, sondern auch davon, dass keine von ihnen aus Deutschland kam. Ich, der ich erst seit sieben Jahren in Deutschland wohnte, war der »Deutscheste« unter den Experten, die man mit dem Aufbau des Instituts betraut hatte. In kaum einem anderen europäischen Land würde man sich so wenig von chauvinistischen Vorurteilen behindern lassen und die Leitung eines großen Forschungsinstituts, an dem letztlich mehr als 400 Menschen arbeiten sollten, ausschließlich Personen aus anderen Staaten übertragen.

Während einer der ersten Sitzungen in München, auf denen alle zukünftigen Abteilungsleiter anwesend waren, schlug ich vor, wir vier sollten zusammen ausgehen, uns entspannen und uns allein unterhalten. Also zwängten wir uns am Abend in mein kleines Auto und fuhren zum Tegernsee in den bayerischen Alpen. Als die Sonne unterging, wanderten wir auf den Hirschberg, einen Berg, an dem ich oft mit Freunden und Studierenden spazieren gegangen und gejoggt war. Die meisten von uns trugen Schuhe, die sich für dieses Vorhaben überhaupt nicht eigneten. Uns wurde klar, dass wir den Gipfel nicht erreichen würden. Wir machten auf einem kleinen Hügel Pause und genossen die ursprüngliche Alpenlandschaft. Nach meinem Eindruck bestand zwischen uns eine echte Verbindung, und es war der richtige Zeitpunkt, um zueinander Vertrauen zu fassen. Ich fragte die anderen, ob sie wirklich nach Deutschland kommen und das Institut gründen wollten oder ob sie nur mit der MPG verhandelten, um bei ihren derzeitigen Instituten zusätzliche Gelder als Gegenleistung für das Bleiben lockerzumachen – eine Strategie, die bei erfolgreichen Akademikern nicht ungewöhnlich ist. Alle erklärten, sie würden kommen. Als die Sonne hinter den Berggipfeln versunken war und die Nacht hereinbrach, gingen wir unter hohen Bäumen zurück. Wir unterhielten uns angeregt über das neue Institut und das, was wir dort tun wollten. Alle hatten wir handfeste empirische Forschungsprogramme; wir interessierten uns nicht nur für die eigene Tätigkeit, sondern auch für die der anderen, und alle waren wir ungefähr im gleichen Alter. Ich erkannte, dass dieses neue Institut tatsächlich im Entstehen begriffen war und dass ich mich dort wahrscheinlich sehr wohlfühlen würde.

Aber noch gab es sowohl mit der Max-Planck-Gesellschaft als auch unter uns vieles zu klären. Eine wichtige Frage lautete: Wo in der früheren DDR sollte das neue Institut angesiedelt werden? Die MPG hatte klare Vorstellungen. Es sollte in Rostock sein, einer Hanse- und Hafenstadt an der Ostseeküste. Dafür gab es einen überzeugenden Grund. Deutschland ist ein Bundesstaat aus 16 Ländern. Jedes Land zahlt entsprechend seiner Wirtschaftskraft einen Beitrag an die MPG. Deshalb wollen die Politiker natürlich so viele Institute wie möglich in ihren jeweiligen Ländern ansiedeln, um »einen Gegenwert für ihr Geld zu bekommen«. Mecklenburg-Vorpommern, das Land, in dem Rostock liegt, war das einzige ohne Max-Planck-Institut und hatte deshalb einen stichhaltigen Grund, die Ansiedlung zu fordern. Das konnte ich nachvollziehen, aber nach meiner Überzeugung mussten wir gewährleisten, dass das neue Institut wissenschaftlichen Erfolg hatte; irgendein politisches Gleichgewicht zwischen den Ländern aufrechtzuerhalten, war nicht unsere Aufgabe. Rostock war mit seinen nur rund 200 000 Einwohnern klein, hatte keinen internationalen Flughafen und war außerhalb Deutschlands nicht sonderlich bekannt. Gute Mitarbeiter dorthin zu locken, schien mir schwierig zu sein. Ich wollte, dass das neue Institut in Berlin stand. Aber wie ich schnell erkannte, würde es so nicht kommen. Schon zuvor waren zahlreiche Bundeseinrichtungen aus der alten Bundesrepublik in die Hauptstadt gezogen. Unser Institut zu der Liste hinzuzufügen, war politisch unmöglich und auch unter praktischen Gesichtspunkten schwierig.

Die MPG drängte weiterhin auf Rostock und arrangierte eine Stadtbesichtigung. Dort sollten der Bürgermeister und seine Mitarbeiter uns herumführen und die Vorteile der Stadt erläutern. Ich war strikt gegen Rostock und sagte der MPG, ich würde nicht nur der Stadtbesichtigung fernbleiben, sondern auch mit Vergnügen weiter an der Universität München arbeiten. Bis dahin, so meine Überzeugung, hatten die Vertreter der MPG geglaubt, ich würde ihnen nur etwas vormachen, wenn ich sagte, ich würde nicht nach Rostock gehen. Jetzt wurde ihnen klar, dass ich tatsächlich nicht kommen würde, wenn sich das Institut in Rostock befand.

Es folgte eine Diskussion über mögliche Alternativen. Mir schienen Leipzig und Dresden, zwei Städte in dem weiter südlich gelegenen Bundesland Sachsen, gute Zukunftsaussichten zu haben. Beide waren recht groß und hatten eine alte Tradition als

Industriestädte; außerdem war die Landesregierung erpicht darauf, an diese Tradition anzuknüpfen. Für Sachsen sprach auch, dass dort bereits ein weiteres Max-Planck-Institut geplant wurde, das von dem ausgezeichneten, in Finnland geborenen Zellbiologen Kai Simons geleitet werden sollte. Ich hatte ihn in meiner Doktorandenzeit, als ich mich mit den Wechselwirkungen zwischen Zellen und Virusproteinen beschäftigte, einige Male getroffen und war sicher, dass es ein großartiges Institut werden würde. Ich träumte davon, dass die beiden Institute nebeneinanderstanden, so dass sich ein Campus entwickelte, auf dem sich Synergien zwischen unserer Gruppe und dem anderen Institut entfalten konnten. Leider machte der deutsche Föderalismus diese Vision zunichte. Schon zu begründen, dass die beiden größten neuen Institute Ostdeutschlands, unseres und das von Kai, im Bundesland Sachsen eingerichtet werden sollten, war schwierig genug; dass sie auch noch in dieselbe Stadt kamen, war völlig unvorstellbar. Da Kai und seine Kollegen mit ihrer Planung ein Stück weiter waren als wir und sich bereits auf Dresden festgelegt hatten, fassten wir Leipzig ins Auge. Im Großen und Ganzen gefiel uns, was wir sahen.

Die Stadt hat ein hübsches Zentrum, das im Krieg weitgehend unbeschädigt geblieben ist, und eine großartige Kulturszene mit Musik und Kunst von Weltrang. Was außerdem wichtig war: Der Zoo der Stadt stand einer Zusammenarbeit und dem Bau einer Einrichtung, in der Mike Tomasello die kognitive Entwicklung von Menschenaffen beobachten konnte, aufgeschlossen gegenüber. Darüber hinaus hat die Stadt eine große Universität, die zweitälteste in Deutschland. Während unserer Gespräche mit Vertretern der Universität wurde mir klar, dass die Hochschule zu DDR-Zeiten noch stärker politisch ausgerichtet war als andere, vielleicht weil sie das Zentrum für sensible Fachbereiche wie Lehrerausbildung und Journalismus war. Viele der besten Professoren waren entweder aus eigenem Antrieb oder aus der

Notwendigkeit heraus mit der kommunistischen Partei verbunden gewesen, und nach dem Zusammenbruch der DDR hatte man sie gezwungen, ihre Stellen aufzugeben. Einige hatten deshalb sogar Selbstmord begangen. Dagegen hatten vorwiegend jene, die in der DDR eine trostlose akademische Laufbahn hinter sich hatten, ihre Stellen behalten. In manchen Fällen hatte politische Verfolgung die Karriere behindert, die meisten hatten sich aber aus den gleichen Gründen nicht auszeichnen können, die auch im Westen dafür verantwortlich sind: mangelndes Talent, mangelnder Ehrgeiz oder andere Prioritäten im Leben.

Die frei gewordenen Positionen der politisch vorbelasteten Lehrkräfte waren vor allem durch Akademiker aus dem Westen besetzt worden. Leider verspürten die besten Wissenschaftler aus den alten Bundesländern meist keine Neigung, den Sprung in den Osten zu vollziehen und sich den damit verbundenen zusätzlichen Herausforderungen und Problemen zu stellen. Stattdessen kamen häufig Leute, die ihre Chance witterten, aus einer beruflichen Sackgasse herauszukommen. Mir wurde klar, welches Glück wir hatten, dass wir eine Institution ganz neu und ohne den Ballast einer schwierigen Vergangenheit aufbauen konnten. In Dresden schien die Universität eher bereit zu sein, die Herausforderung der neuen Zeit anzunehmen. Aber wir konnten nicht alles haben. Ich hoffte, dass sich auch an der Leipziger Universität auf lange Sicht die Flexibilität entwickeln würde, die notwendig war, damit man vorankam. Auf der positiven Seite stand, dass Leipzig mehr noch als Dresden eine höchst lebenswerte Stadt war. Ich war sicher, dass wir auch andere überzeugen konnten, hierherzuziehen. Im Jahr 1998 bezog unsere Arbeitsgruppe in Leipzig die ersten provisorischen Laborräume.

Mit harter Arbeit gingen wir daran, unsere Forschung in der neuen Umgebung zum Laufen zu bringen und ein neues, großes Institutsgebäude zu planen. Es war eine beglückende Erfahrung. Die MPG stellte uns reichlich Finanzmittel zur Verfügung, dass ich ein Labor planen konnte, das sich perfekt für unsere Bedürfnisse eignete und zu meinen Vorstellungen von der Funktionsweise unserer Abteilung passte. Unter anderem bedeutete das, dass man auf geschlossene Seminarräume verzichtete. Ich entschied, dass der Bereich für unsere Abteilungsseminare und wöchentlichen Forschungsbesprechungen zum Korridor hin offen sein sollte, damit nicht das Gefühl aufkam, eine Besprechung sei eine geschlossene Gesellschaft, an der man nur auf Einladung teilnehmen konnte. Jeder, der vorüberkam, sollte zuhören, Diskussionsbeiträge leisten und wieder gehen können.

Ich hatte die Hoffnung, dass ich auch viele Mitarbeiter von außerhalb Deutschlands an das Institut holen konnte. Nach meinem Eindruck war es sehr wichtig, eine Arbeitsumgebung zu schaffen, in der Wissenschaftler und Studierende, die nach Leipzig gekommen waren, mit ihren Kollegen und den einheimischen Studierenden ein Sozialleben und ein Gemeinschaftsgefühl entwickeln konnten. Um das zu begünstigen, brachte ich die Architekten dazu, dass sie in dem Gebäude auch Bereiche für Tischtennis und Tischfußball einplanten; in der Eingangshalle wurde sogar eine 15 Meter hohe Kletterwand errichtet. Und angeregt durch die soziale Funktion der Sauna in meiner skandinavischen Heimat, überzeugte ich die überraschten Architekten sogar davon, dass wir auf dem Dach des Gebäudes eine Sauna brauchten.

Am wichtigsten war aber, dass ich zum ersten Mal nach meinen Vorgaben einen Reinraum für die Extraktion alter DNA planen konnte. Das bedeutete im Wesentlichen, dass ich meinem Verfolgungswahn, was die Verunreinigung durch menschliche DNA aus Staubteilchen anging, freien Lauf lassen konnte. Der »Reinraum« war in Wirklichkeit nicht nur ein Raum, sondern mehrere. Sie sollten im Keller des Gebäudes untergebracht werden, wo man die Räumlichkeiten betreten konnte, ohne auch nur in die Nähe von Labors zu kommen, in denen mit moderner

DNA umgegangen wurde. In dem Reinlabor betrat man zuerst einen Raum, in dem etwas »schmutzigere« Arbeiten ausgeführt wurden, beispielsweise das Zermahlen von Knochenproben. Von dort gelangte man in den innersten Raum, in dem die DNA-Extraktion und die Analyse der so gewonnenen DNA durchgeführt wurden. Hier konnten die kostbaren DNA-Extrakte auch in besonderen Gefrierschränken aufbewahrt werden. Alle Arbeiten wurden in sterilen Arbeitsbänken durchgeführt, in denen die Luft gefiltert wurde (siehe Abb. 7.1). Auch in der gesamten Einrichtung zirkulierte die Luft durch Filter. Sie wurde durch ein Gitter im Boden abgesaugt, und 99,995 Prozent aller Teilchen mit einer Größe von mehr als 0,2 Tausendstelmillimetern wurden entfernt, bevor sie wieder in den Raum zurückkehrte. Wir bauten im Keller nicht nur eine solche Einrichtung, sondern zwei, so dass man verschiedene Arbeiten, beispielsweise Analysen an ausgestorbenen Tieren und Neandertalern, trennen

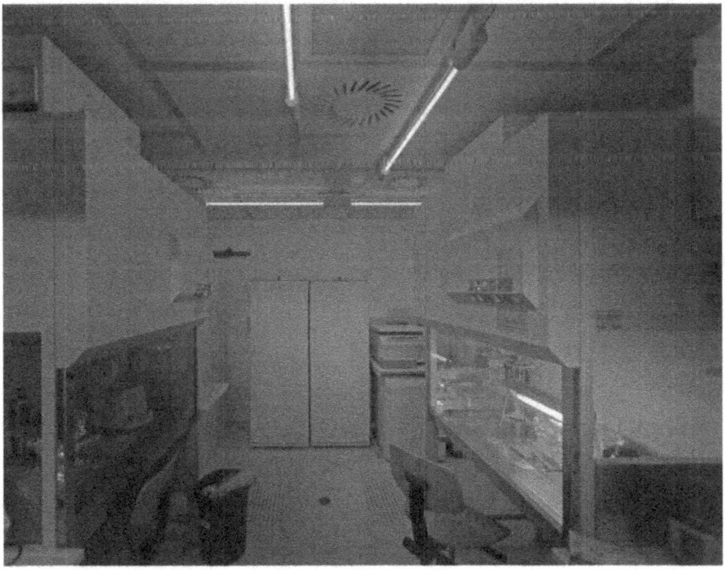

Abb. 7.1: Der innerste Bereich eines unserer Reinräume am Max-Planck-Institut in Leipzig. Foto: MPI-EVA.

konnte. Reagenzien und Ausrüstung durften niemals von einem Reinraum in den anderen gelangen; sollte also in einem der Räume eine Verunreinigung auftreten, wäre der andere davon nicht betroffen. Ich spürte, dass diese Einrichtung mich endlich nachts ruhiger schlafen lassen würde.

Natürlich waren Gebäude und Einrichtungen zweitrangig im Vergleich zu den Menschen, die dort arbeiten sollten. Ich suchte nach Arbeitsgruppenleitern, die sich mit unterschiedlichen, aber verwandten Themen beschäftigen sollten, damit die Arbeitsgruppen einander helfen und anregen konnten. Ein Wissenschaftler, den ich gern nach Leipzig holen wollte, war Mark Stoneking. Aber es gab Komplikationen.

Mark hatte bei Allan Wilson in Berkeley promoviert – dort hatte ich ihn in meiner Postdoc-Zeit kennengelernt. Er hatte an der Variation der Mitochondrien-DNA von Menschen gearbeitet und war eine der wichtigsten Personen hinter der Theorie von der »Eva der Mitochondrien« – der Erkenntnis, dass alle Variationen im Mitochondriengenom des Menschen ihren Ursprung vor 100 000 bis 200 000 Jahren in Afrika haben. Zu jener Zeit hatte er mit Linda Vigilant zusammengearbeitet, einer Doktorandin, die mithilfe der damals ganz neuen PCR einen variablen Teil des Mitochondriengenoms von Menschen aus Afrika, Europa und Asien sequenzierte. Zusammen mit Allan hatten die beiden in *Science* einen sehr einflussreichen Artikel veröffentlicht, der die Out-of-Africa-Geschichte offensichtlich wasserdicht machte. Ihre Schlussfolgerungen wurden zwar später aus statistischen Gründen infrage gestellt, sie haben sich aber letztlich bewährt. Damals, während der berauschenden Zeit in Berkeley, war ich von Lindas hübschem, jungenhaftem Aussehen, wenn sie jeden Tag mit dem Motorrad ins Labor kam, ebenso fasziniert gewesen wie von ihrer Klugheit. Aber damals war ich emotional an einen Freund und an mein Engagement bei der AIDS-Unterstützergruppe gebunden. Deshalb war ich nicht am Boden zerstört, als Mark sich mit

Linda einließ. Am Ende heirateten die beiden, gingen an die Penn State University und bekamen zwei Kinder. Aber damit war meine Beziehung zu Linda noch nicht zu Ende.

Im Jahr 1996, sechs Jahre nachdem ich Berkeley verlassen hatte, kamen Mark, Linda und ihre beiden kleinen Söhne nach München, um während eines Sabbatjahres in meiner Wissenschaftlergruppe zu arbeiten. Wir machten häufig gemeinsam Ausflüge in die Alpen, beispielsweise zu meinem Lieblingsberg, dem Hirschberg, und oft liehen sie sich auch mein Auto. Linda arbeitete nicht im Labor, sondern kümmerte sich um die Kinder. Abends wollte sie manchmal ein wenig Distanz von der Familie gewinnen, und wir gingen zusammen ins Kino. Wir verstanden uns gut, aber ich dachte mir nicht viel dabei, bis einer meiner Doktoranden im Scherz sagte, er habe den Eindruck, dass Linda mich mochte. Erst jetzt wurde mir bewusst, welche Spannung zwischen uns herrschte; am greifbarsten wurde sie in den dunklen Kinos, wo wir uns europäische Filme ansahen. Eines Abends, in einem Kino nicht weit von meiner Wohnung, berührten sich im Dunkeln unsere Knie – vielleicht war es Zufall, aber keiner von beiden zog das Knie zurück. Wenig später hielten wir Händchen. Und nach dem Film ging Linda nicht sofort nach Hause.

Ich hatte mich selbst immer für schwul gehalten. Auf der Straße achtete ich mit Sicherheit vorwiegend auf gut aussehende junge Männer. Ich hatte mich aber auch zu Frauen hingezogen gefühlt, insbesondere zu solchen, die wussten, was sie wollten, und sich durchsetzen konnten. Zweimal hatte ich schon Beziehungen zu Frauen gehabt. Aber ich dachte: Mit Linda zusammen zu sein, die mit einem Kollegen verheiratet ist und zwei Kinder hat, ist alles andere als eine gute Idee. Im besten Fall konnte es etwas Vorübergehendes sein. Im Laufe der nächsten Wochen und Monate wurde dann aber immer klarer, dass wir uns auf vielen Ebenen verstanden, auch sexuell. Aber als Mark und Linda nach ihrem Münchner Jahr an die Penn State zurückkehrten, war ich dennoch sicher, dass meine Beziehung mit Linda zu Ende sein würde. Doch es kam anders.

Gerade als die Max-Planck-Gesellschaft mit mir über das neue Institut verhandelte, wandte sich die Penn State University an mich und bot mir eine attraktive Stiftungsprofessur an. Ich war hin- und hergerissen. Einerseits wusste ich, dass ich wahrscheinlich nicht in der biederen, ländlichen Atmosphäre des State College leben wollte. Andererseits war mir aber auch klar, dass ein ernsthaftes Stellenangebot meine Verhandlungen mit der MPG erleichtern würde. Außerdem dürfte ein weniger klar umrissener Grund mitgespielt haben. Das State College zu besuchen, machte mir nichts aus, weil Linda dort war. Am Ende reiste ich mehrmals an die Penn State University und traf mich weiterhin mit Linda.

Es war eine schwierige Zeit. Ich hatte nicht nur Geheimnisse vor Mark, ich hatte auch Geheimnisse mit Mark: Selbst während die Penn State University versuchte, mich abzuwerben, sprach ich mit ihm über die Möglichkeit, dass er an das neue Institut in Leipzig kam. Schließlich wurden mir die Heimlichtuerei und das doppelte Spiel zu viel. Vielleicht war ich durch das Doppelleben beeinflusst, das mein Vater geführt hatte – er hatte zwei Familien, wobei keine von der Existenz der anderen etwas wusste: Jedenfalls war ich immer stolz darauf gewesen, ehrlich zu sein und im Privatleben keine Geheimnisse zu haben. Und doch führte ich jetzt zumindest in abgeschwächter Form das gleiche Doppelleben wie mein Vater. Überzeugend legte ich Linda dar, wir könnten uns nur dann weiter treffen, wenn sie Mark reinen Wein einschenkte. Das tat sie. Es folgte die erwartete Krise. Aber da Linda ihrem Mann schon ziemlich zu Beginn unserer Beziehung die Wahrheit sagte, fiel die Krise weniger schwer aus, als es sonst der Fall gewesen wäre. Nach einiger Zeit zeigte Mark, dass er private und berufliche Gefühle trennen konnte, und irgendwann konnte er sogar die Möglichkeit erwägen, nach Leipzig zu ziehen. Wissenschaftlich war es für das Institut ein gewaltiger Schub. Ich konnte die MPG dazu veranlassen, ihm eine dauerhafte Professorenstelle anzubieten und einen Etat für ihn aufzustellen. Im Jahr 1998, als unser Institut die Arbeit aufnahm, zogen Mark, Linda und ihre beiden Söhne nach Leipzig, und Mark nahm seine Wissenschaftlergruppe an unser Institut mit. Glücklicherweise fand auch Linda bei uns eine Stelle. Christophe Boesch, der mit der Planung seiner Abteilung für Primatenforschung beschäftigt war, wollte unbedingt jemanden finden, der ein genetisches Labor zur Erforschung wilder Affen leiten konnte. Das würde bedeuten, dass man auf seltsame Quellen für DNA zurückgreifen musste, beispielsweise auf Exkremente und Haare von Schimpansen und Gorillas, die Freilandforscher im Dschungel eingesammelt hatten. Linda hatte sich im Rahmen ihrer Dissertation in Berkeley lange damit beschäftigt, DNA aus einzelnen Haaren zu gewinnen und daran die genetische Variation von Menschen zu analysieren. Ich konnte sie Christophe guten Gewissens empfehlen, und am Ende leitete Linda das genetische Labor der Abteilung für Primatenforschung.

Wir zogen alle in ein kleines Wohnhaus, das ich gekauft und renoviert hatte. Im Laufe der Jahre wurde das Verhältnis zwischen Linda und mir immer enger, und Mark fand eine neue Liebe; das Alltagsleben in unserem Haus lief ohne große Probleme ab. Im Juni 2004 fuhren Linda und ich an den Tegernsee in Urlaub. Als wir wieder einmal spät abends vom Hirschberg bergab wanderten, sprach sie davon, dass das Leben immer weitergeht. Wir haben keine unendlich lange Zeit vor uns. Ganz überraschend erklärte sie, wenn ich ein Kind haben wolle, wolle sie es auch. Ich hatte bereits mit dem Gedanken gespielt und mit ihr darüber Witze gemacht, aber jetzt wurde mir klar, dass auch ich sehr gern ein Kind haben wollte. Im Mai 2005 wurde unser Sohn Rune geboren.

In den folgenden Jahren änderte sich unser Leben weiterhin, aber nur in kleinen Schritten. Linda und Mark ließen sich einvernehmlich scheiden, und 2008 heirateten Linda und ich. Das Institut erwies sich als einzigartig erfolgreich: Hier konnten Wissenschaftler zusammenarbeiten, ganz gleich, ob sie aus einem Bereich kamen, der traditionell als »Geisteswissenschaft« oder »Naturwissenschaft« bezeichnet wird. Die Tradition, die weltweit besten Wissenschaftler anzuwerben, setzte sich mit einer fünften Abteilung fort, die von dem französischen Paläontologen Jean-Jacques Hublin gegründet wurde. Es zeugt von der Attraktivität unseres Instituts, dass er einen fast sicheren Ruf an das Collège de France, eine der angesehensten Institutionen in Frankreich, sausen ließ, um nach Leipzig zu kommen. In den 15 Jahren, seit unser Institut gegründet wurde, haben auch einige andere Universitäten, beispielsweise die von Cambridge in Großbritannien und von Tübingen in Deutschland, sein Konzept kopiert. Manchmal frage ich mich, warum es so gut funktioniert hat. Möglicherweise lag es gerade daran, dass wir alle neu in Deutschland waren und zu Beginn der Arbeit am Institut den Eindruck hatten, wir müssten in jedem Fall gut miteinander auskommen, damit alles klappte. Vielleicht lag es auch daran, dass wir uns alle für ähnliche Fragestellungen interessierten, wobei unsere Fachgebiete sich aber nicht überschnitten – das heißt, zwischen uns gibt es kaum unmittelbare Konkurrenz und Rivalitäten. Eine wichtige Rolle spielt auch die großzügige Finanzierung durch die MPG, die das kleinliche Gerangel um karge Finanzmittel, das die Atmosphäre an vielen Universitäten vergiftet, überflüssig macht. Das alles hat sich so gut entwickelt, dass ich manchmal denke, ich sollte noch einmal auf den kleinen Hügel am Hirschberg nicht weit von München zurückkehren, wo die vier Gründungsdirektoren 1996 zusammen den Sonnenuntergang bewundert hatten. Dort würde ich dann eine kleine Tafel als privates Denkmal errichten und so daran erinnern, dass hier einmal etwas Wichtiges geschehen ist. Vielleicht tue ich das eines Tages noch.

Kapitel 8
Multiregionale Meinungsverschiedenheiten

Während ich mit der Planung des neuen Instituts beschäftigt war und Matthias Krings sich darum bemühte, mtDNA von weiteren Neandertalern zu gewinnen, hatten in der wissenschaftlichen Welt die Auseinandersetzungen mit unserer Analyse des Typusexemplars aus dem Neandertal begonnen. Den Vertretern des Modells der »multiregionalen Kontinuität« für den Ursprung des Menschen schmeckte sie überhaupt nicht: Diese behaupteten unter anderem, die Neandertaler gehörten zu den Vorfahren der heutigen Europäer. Sie hätten nicht so aufgebracht sein müssen. In unserem Artikel von 1997 hatten wir ausdrücklich darauf hingewiesen, dass die Mitochondrien-DNA der Neandertaler sich zwar eindeutig von der aller heutigen Menschen unterscheidet, dass die Neandertaler aber dennoch zu anderen Genen – denen im Zellkern – der modernen Europäer beigetragen haben könnten. Vielleicht spiegelte sich in der Kritik der Multiregionalisten an unserer Arbeit ein allgemeineres Gefühl der Bedrängnis wider: Immerhin hatten wir gezeigt, dass zumindest für das Mitochondriengenom nicht das Modell der regionalen Kontinuität zutraf, sondern die Out-of-Africa-Hypothese. Gleichzeitig zeigten auch die Befunde anderer Wissenschaftler, dass die Verteilung der genetischen Variation unter den heutigen Menschen eher für das Out-of-Africa-Szenario als für die Vorstellung von einer »multiregionalen Kontinuität« sprach.

Trotz der Angriffe der Multiregionalisten auf unsere Methoden und Daten waren wir mit unseren Befunden in guter Gesellschaft: Sie standen im Einklang mit der Arbeit, die Linda Vigilant, Mark Stoneking und andere in den 1980er-Jahren in Allan Wilsons Institut geleistet hatten. Und das war noch nicht alles: Seit ich nach Deutschland gezogen war, erweiterten wir sie auch auf das Genom im Zellkern. Die Ergebnisse schienen mir eindeutig zu sein.

Das Genom im Zellkern heutiger Menschen erforschte Henrik Kaessmann, einer der begabtesten Doktoranden, die ich jemals hatte. Der große, blonde, sportliche Mann kam 1997 in unser Labor und nahm seine Arbeit äußerst ernst. Schon wenig später ging ich gern mit ihm in den Alpen rund um München zum Joggen, insbesondere den Hirschberg hinauf, der in meinem Leben offenbar häufig eine wichtige Rolle spielte. Nach der anstrengenden Bergaufstrecke auf den gewundenen Wirtschaftswegen unterhielten wir uns auf der lockeren Bergabstrecke über Wissenschaft, insbesondere über die genetischen Variationen unter den Menschen. Aus den Arbeiten von Allan Wilson und anderen wussten wir, dass die Mitochondrien-DNA bei Menschen eine geringere Variationsbreite aufweist als bei Menschenaffen, was darauf schließen lässt, dass die Menschen einen Sonderfall darstellen, weil sie aus einer sehr kleinen Population hervorgegangen sind. Uns war aber auch genau bewusst, dass die geringe Größe und die einfache Vererbung der mtDNA vielleicht unsere Sichtweise für die genetische Vergangenheit von Menschen und Menschenaffen verzerrten. Als Henrik in unser Labor kam, eröffneten neue, schnellere Methoden zur DNA-Sequenzierung die Möglichkeit, Teile des Genoms aus den Zellkernen heutiger Menschen so zu studieren, wie wir und andere es mit dem Mitochondriengenom getan hatten. Henrik wollte die Herausforderung annehmen und die Variation der DNA in den Zellkernen von Menschen und Menschenaffen studieren. Aber auf welchen Teil des Genoms sollte er sich konzentrieren?

Nur von etwa zehn Prozent des Genoms im Zellkern kennen wir die Funktion. Diese Teile enthalten vorwiegend Gene, die Proteine codieren. Da viele Mutationen schädlich sind, findet man in manchen Teilen des Genoms nur sehr wenige Unterschiede zwischen einzelnen Menschen. Und wenn ein Gen seine Funktion in der Vergangenheit so verändert hat, dass die Träger der neuen Variante besser überleben konnten oder mehr Nachkommen hatten, breitete sich dieses Gen in der Population aus, was sich in der Verteilung der Unterschiede widerspiegelt. Der Rest des Genoms unterliegt im Hinblick auf die natürliche Selektion wesentlich weniger Einschränkungen, was vermutlich daran liegt, dass diese Sequenzen keine lebenswichtigen Funktionen haben, deretwegen sie unverändert bleiben müssen. Da wir uns die Frage gestellt hatten, wie Zufallsveränderungen sich in evolutionären Zeiträumen ansammeln, interessierten uns diese 90 Prozent. Wir entschlossen uns zur Analyse einer ganz bestimmten Region von 10 000 Nucleotiden auf dem X-Chromosom, die nach allgemeinem Kenntnisstand weder Gene noch andere wichtige DNA-Sequenzen enthielt.

Nachdem wir festgelegt hatten, welchen Teil des Genoms wir sequenzieren wollten, wandten wir uns der nächsten Frage zu: Von welchen Menschen sollte die DNA stammen? Es war naheliegend, Männer zu wählen, weil sie nur ein X-Chromosom besitzen (Frauen haben zwei), was Henriks Aufgabe stark vereinfachen würde. Schwieriger war die Frage, für welche Männer wir uns entscheiden sollten. Andere hatten häufig einfach Menschen genommen, die leicht verfügbar waren. Viele genetische Studien (die meist medizinisch ausgerichtet waren) hatte man mit Probenmaterial von Menschen europäischer Abstammung durchgeführt. Deshalb könnte ein naiver Benutzer genetischer Datenbanken glauben, es gebe unter Europäern mehr Genvarianten als in anderen Gruppen. In Wirklichkeit dürfte sich darin natürlich einfach die Tatsache widerspiegeln, dass andere Gruppen nicht in dem gleichen Umfang untersucht wurden wie die Europäer.

Wir konnten uns drei Wege ausmalen, um eine sinnvollere Stichprobe zu gewinnen. Erstens konnten wir unsere Männer danach auswählen, wie viele Menschen in verschiedenen Regionen der Erde lebten. Das erschien uns als schlechte Idee, denn dann würde unsere Stichprobe vorwiegend Chinesen und Inder enthalten, deren große Populationen eine Folge von Entwicklungen während der letzten 10 000 Jahre sind, darunter insbesondere die Erfindung der Landwirtschaft. Kurz gesagt, würden wir damit einen großen Teil der weltweiten genetischen Vielfalt übersehen. Zweitens konnten wir Menschen je nach der Landfläche auswählen und alle paar Quadratkilometer eine Stichprobe entnehmen. Das war aber nicht nur mit beträchtlichen logistischen Schwierigkeiten verbunden, sondern wir würden damit auch dünn besiedelte Regionen wie die Arktis übermäßig stark berücksichtigen. Schließlich entschieden wir uns für die dritte Möglichkeit: Wir konzentrierten uns auf die großen Sprachgruppen. Nach unserer Überlegung spiegelt sich in den großen Sprachgruppen (indoeuropäisch, finnougrisch und so weiter) näherungsweise eine kulturelle Vielfalt wider, die viel weiter als 10 000 Jahre zurückreicht. Wenn wir uns darauf konzentrierten, mit unseren Stichproben wichtige Sprachgruppen zu repräsentieren, erhöhten wir unsere Chance, die meisten Gruppen mit einer langen, eigenständigen Vergangenheit in die Studie einzuschließen. Auf diese Weise konnten wir hoffen, einen größeren Teil der genetischen Vielfalt unter den Menschen abzudecken.

Glücklicherweise waren andere schon vor uns auf die gleiche Idee gekommen; deshalb konnten wir auf DNA-Proben zurückgreifen, die der angesehene italienische Genetiker Luca Cavalli-Sforza an der Stanford University gesammelt hatte. Aus diesem

Material suchte Henrik 69 Männer aus, die alle wichtigen Sprachgruppen repräsentierten, und sequenzierte aus jedem von ihnen 10 000 Nucleotide. Als er die DNA-Sequenzen von zufällig ausgewählten Zweiergruppen dieser Männer verglich, fand er im Durchschnitt einen Unterschied von nur 3,7 Nucleotiden. Genau wie wir es zuvor schon an der mtDNA beobachtet hatten, so fand er auch hier in Zweiergruppen von Personen innerhalb Afrikas mehr Variationen als außerhalb des Kontinents. Um die Befunde in den richtigen Zusammenhang zu stellen, wandte er sich als Nächstes den engsten lebenden Verwandten der Menschen zu: den Schimpansen.

Es gibt zwei Schimpansenarten, die beide in Afrika zu Hause sind. Der »gemeine« Schimpanse lebt in den Wäldern und Savannen beiderseits des Äquators; sein zerstückeltes Verbreitungsgebiet erstreckt sich von Tansania im Osten bis nach Guinea im Westen. Der Bonobo dagegen, manchmal auch »Zwergschimpanse« genannt, lebt nur südlich des Flusses Kongo in der Demokratischen Republik Kongo. Im Vergleich der DNA-Sequenzen hatte sich gezeigt, dass die beiden Schimpansenarten die engsten noch lebenden Verwandten der Menschen sind; unsere Abstammungslinie spaltete sich vor vier bis sieben Millionen Jahren von ihrer ab. Ein wenig früher, vielleicht vor sieben bis acht Millionen Jahren, hatten Menschen und Schimpansen einen gemeinsamen Vorfahren mit der anderen afrikanischen Menschenaffenart, den Gorillas. Der gemeinsame Vorfahre der Orang-Utans in Borneo und Sumatra, der anderen Menschenaffen und der Menschen lebte vor vielleicht zwölf bis 14 Millionen Jahren (siehe Abb. 8.1).

Henrik wählte 30 Schimpansenmännchen (keine Bonobos, sondern die »gemeine« Spezies), die alle wichtigen Schimpansenpopulationen in Ost-, Zentral- und Westafrika repräsentierten, und sequenzierte den gleichen DNA-Abschnitt aus dem X-Chromosom wie bei den Menschen. Als er nun wiederum Vergleiche zwischen zufällig ausgewählten Zweiergruppen anstellte, fand er

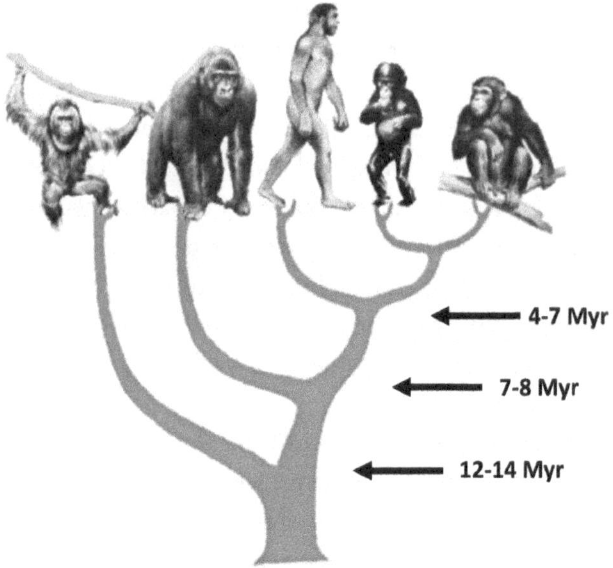

Abb. 8.1: Stammbaum der Menschen und Menschenaffen mit den ungefähren Lebenszeiten der gemeinsamen Vorfahren (diese Zeitpunkte sind allerdings sehr unsicher). Verändert nach Henrik Kaessmann und Svante Pääbo, »The genetical history of humans and the great apes«, *Journal of Internal Medicine* 251, S. 1–18 (2002).

zwischen zwei Individuen im Durchschnitt 13,4 Unterschiede. In meinen Augen war das ein atemberaubender Befund. Die sieben Milliarden Menschen auf der Erde sind ungeheuer viel zahlreicher als die Schimpansen: Deren Zahl liegt wahrscheinlich bei weniger als 200 000. Und Menschen leben auf nahezu jedem Flecken Land unseres Planeten, während die Schimpansen nur in Äquatorialafrika zu Hause sind. Dennoch tragen zwei beliebige Schimpansen drei- bis viermal so viele genetische Unterschiede wie zwei zufällig ausgewählte Menschen.

Als Nächstes sequenzierte Henrik den gleichen DNA-Abschnitt aus Bonobos, Gorillas und Orang-Utans; er wollte herausfinden, ob die Menschen sich untereinander ungewöhnlich ähnlich sind oder ob unter Schimpansen eine ungewöhnlich große

Vielfalt besteht. Das Ergebnis: Bei Gorillas und Orang-Utans ist die Zahl der Abweichungen sogar noch größer als bei den Schimpansen; nur bei den Bonobos findet man eine ähnlich geringe Variationsbreite wie bei den Menschen. Wir veröffentlichten die Befunde zwischen 1999 und 2001 in drei Artikeln in *Nature Genetics* und *Science.*[37] Damit war nachgewiesen, dass die Variationen in einem bestimmten Genomabschnitt im Zellkern ganz ähnlich verteilt sind, wie Allan Wilsons Arbeitsgruppe es für die mtDNA nachgewiesen hatte. Die gleiche Verteilung war wahrscheinlich auch typisch für das gesamte Genom des Menschen; jetzt war ich mehr denn je davon überzeugt, dass das Out-of-Africa-Modell den Ursprung der Jetztmenschen richtig beschreibt. Also hörte ich mir die Kritik der »Multiregionalisten« an unseren Neandertaler-Untersuchungen an, ohne mich aber davon beeindrucken zu lassen. Meist antwortete ich ihnen nicht einmal. Ich war überzeugt, dass die Zeit zeigen würde, wer recht hatte.

Die Multiregionalisten waren in ihrer Mehrzahl Paläontologen oder Archäologen. Ich wagte zwar nicht, es öffentlich zu sagen, aber privat hielt ich wenig von ihrer Fähigkeit zur Beantwortung der Frage, ob die eine vorzeitliche Gruppe eine andere verdrängt, sich mit ihr vermischt oder sich einfach in eine neue Gruppe verwandelt hatte. Die Paläontologen konnten sich meist nicht einmal darüber einigen, wie sie die von ihnen untersuchten vorzeitlichen Gruppen überhaupt definieren sollten. Es gab – und gibt bis heute – lebhafte Auseinandersetzungen zwischen den »Splittern«, die unter den Homininenfossilien viele verschiedene Arten erkennen, und den »Lumpern«, nach deren Ansicht es nur wenige gibt. Darüber hinaus hat die Paläontologie von ihrem Wesen her auch andere Probleme. Ein berühmter Ausspruch stammt von dem Anthropologen Vincent Sarich, der in den 1980er-Jahren mit Allan Wilson zusammenarbeitete: Dass die heute lebenden Menschen Vorfahren hatten, wissen wir, weil sie da sind, aber wenn wir ein Fossil sehen, können wir nicht wissen, ob es Nachkommen hatte. Die meisten Fossilien, die wir heute in Museen bestaunen, sehen wie Menschen aus, weil sie irgendwann in der entfernten Vergangenheit gemeinsame Vorfahren mit uns hatten, aber häufig haben sie heute keine direkten Nachkommen, sondern sie stellen »Sackgassen« unseres Stammbaumes dar. Dennoch besteht häufig die Neigung, in ihnen »unsere Vorfahren« zu sehen. In meinen überschwänglichen Momenten malte ich mir aus, dass die Sequenzierung von DNA, die man aus Fossilien gewonnen hatte, eines Tages alle diese Unsicherheiten beseitigen würde.

Einer unserer Kritiker aus dem Lager der Multiregionalisten war der angesehene Paläontologe Erik Trinkaus. Er wies darauf hin, dass unsere Ergebnisse verfälscht wären, wenn wir alle Sequenzen, die wir in Neandertalerknochen gefunden hatten und die den Sequenzen heutiger Menschen ähnelten, irrtümlich als Verunreinigungen verworfen hatten. In Wirklichkeit, so seine Argumentation, könnte es sich dabei um echte Neandertaler-Sequenzen handeln. Tatsächlich hatten manche Neandertalerknochen ausschließlich modern aussehende Sequenzen geliefert. Aber dabei hatte es sich um schlecht erhaltene Exemplare gehandelt, und deshalb war ich überzeugt, dass alle in ihnen enthaltene Neandertaler-DNA verschwunden war, so dass wir nur die modernen Verunreinigungen gefunden hatten. Dennoch war Trinkaus' Argumentation logisch, und ich hatte den Eindruck, dass wir uns sofort damit beschäftigen mussten.

Diese Aufgabe übernahm David Serre, ein französischer Doktorand aus Grenoble mit einem ungeheuren Haarschopf und der Neigung, im Winter auf Skiern und im Sommer über Wildwasserfälle viel zu schnell bergab zu fahren. Er sollte – vorausgesetzt, er lebte lange genug – untersuchen, ob die Mitochondrien-DNA-Sequenzen aller Neandertaler der aus dem Typusexemplar ähnelten und ob den frühen europäischen Jetztmenschen, die zur gleichen Zeit wie die Neandertaler oder wenig später lebten, solche Sequenzen fehlten. Die zweite Frage zu beantworten, war wichtig. Wie bereits erwähnt, hängt es zu einem erheblichen Grad vom Zufall ab, ob eine bestimmte mtDNA-Sequenz in einer Population überlebt. Wenn die frühen Jetztmenschen nach Europa gekommen waren und sich mit den dort ansässigen Neandertalern vermischt hatten, dann trugen manche oder sogar viele von ihnen Neandertaler-mtDNA-Sequenzen, die in späteren Generationen verloren gingen, wenn die betreffenden Frauen keine Töchter hatten. Tatsächlich hatte der Schwede Magnus Nordborg, ein theoretischer Biologe, der in den Vereinigten Staaten arbeitete, schon bald nach Erscheinen unseres *Cell*-Artikels 1997 ein solches Szenario gezeichnet.

Die Kritik ärgerte mich, weil sie zwei verschiedene Fragen durcheinanderbrachte. Die erste lautete: Haben die Neandertaler zu den Jetztmenschen eine Mitochondrien-DNA beigetragen, die bis heute überlebt hat? Diese Frage hatten wir verneint. Und zweitens stellte sich die Frage, ob Neandertaler und Jetztmenschen sich untereinander gekreuzt hatten. Diese Frage hatten wir noch nicht beantwortet. Ich fand aber die erste interessanter und auch wichtiger. Mir ging es darum, ob ich oder irgendjemand anderes, der heute herumläuft, die DNA von Neandertalern in sich trägt. Wenn wir keine DNA von den Neandertalern geerbt haben, hatte eine Kreuzung, die vielleicht vor 30 000 Jahren stattfand, aus genetischer Sicht keine Folgen. In meinen Gesprächen mit Journalisten bemühte ich mich stets, diesen Punkt hervorzuheben. Der Klarheit halber betonte ich, dass ich mich nicht im Mindesten für die sexuellen Praktiken im späten Pleistozän interessierte, es sei denn, sie hätten in unseren Genen irgendwelche Spuren hinterlassen. Manchmal fügte ich noch hinzu, es würde mich sehr überraschen, wenn die Jetztmenschen mit den Neandertalern, die ihnen begegneten, keinen Sex gehabt hätten. Entscheidend war aber, ob daraus Kinder hervorgingen, die lange genug lebten und ihre Gene an uns weitergeben konnten.

Obwohl ich mich über solche verworrenen Fragen ärgerte, wollte ich, dass David der Frage nachging, ob die frühen Jetztmenschen in Europa vielleicht Neandertaler-mtDNA in sich trugen, die später verloren ging. Hätten sie irgendwann eine solche mtDNA besessen, trugen sie möglicherweise auch in ihren Zellkernen die DNA von Neandertalern. In diesem Fall wäre es eine plausible Annahme, dass manche Teile der DNA aus den Zellkernen von Neandertalern noch heute in Menschen vorhanden sind.

Wir schrieben mehrere Museen in ganz Europa an, um Knochen von Neandertalern und frühen Jetztmenschen zu erhalten. Nach unserem Erfolg mit dem Neandertaler-Typusexemplar war es etwas einfacher geworden, Kuratoren zu überzeugen und Proben aus ihren Sammlungen zu entnehmen. Am Ende hatten wir kleine Knochenstücke von 24 Neandertalern und 40 frühen Jetztmenschen. David analysierte in allen 64 Proben die Aminosäuren. Nur vier Proben von Neandertalern und fünf von frühen Jetztmenschen waren so gut erhalten, dass man auf mtDNA hoffen konnte – ein trauriger, aber typischer Anteil. David extrahierte aus diesen neuen Knochen die DNA und probierte die PCR mit Primern aus, mit denen man Mitochondrien-DNA von Menschenaffen, Neandertalern und Jetztmenschen vervielfältigen konnte. Aus allen neun Proben konnte er Vervielfältigungsprodukte herstellen. Bei der Sequenzierung stellte sich heraus, dass sie denen heutiger Menschen ähnelten oder sogar völlig glichen. Das war ein beunruhigender Befund. Vielleicht hatte Trinkaus am Ende doch recht.

Ich bat David, das Experiment noch einmal zu machen und dieses Mal auch Proben von fünf Höhlenbären aus Vindija und einem aus Österreich einzubeziehen. Als er sie vervielfältigte, erhielt er ebenfalls menschliche Sequenzen! Das verstärkte meinen

Verdacht, dass wir es einfach mit den kontaminierten DNA-Sequenzen moderner Menschen zu tun hatten, die diese Knochen in der Hand gehabt hatten. Nun konstruierte David neue Primer, mit denen man die mtDNA von Neandertalern vervielfältigen konnte, nicht aber die von Jetztmenschen. Nachdem wir im Labor an DNA-Mischungen geprüft hatten, dass diese Primer tatsächlich für Neandertaler-mtDNA spezifisch waren, probierte er sie an den Höhlenbären aus. Er konnte nichts vervielfältigen. Das war beruhigend. Die Primer waren für Neandertaler-mtDNA spezifisch. Als Nächstes wandte er sie auf seine Extrakte von Neandertaler- und Jetztmenschenknochen an. Jetzt lieferten alle Neandertalerknochen ganz ähnliche mtDNA-Sequenzen wie das Typusexemplar, was wieder einmal darauf schließen ließ, dass die Neandertaler keine mtDNA trugen, die der heutiger Menschen ähnelt. Im Gegensatz dazu lieferte keiner der fünf frühen Jetztmenschen irgendwelche Produkte; das ließ darauf schließen oder war sogar der Beweis, dass Trinkaus unrecht hatte.

Zur weiteren Untersuchung der Frage stellten wir theoretische Überlegungen an. Wir konstruierten ein Modell für eine Population und gingen dabei davon aus, dass die Neandertaler sich vor 30 000 Jahren mit den anatomisch modernen Menschen kreuzten und dass Nachkommen dieser modernen Menschen noch heute leben. Dann fragten wir, wie angesichts unserer Erkenntnis, dass weder heutige Menschen noch fünf frühe Jetztmenschen vor 30 000 Jahren Neandertaler-mtDNA trugen, der größte genetische Beitrag zu den heutigen Menschen sein könnte. Nach diesem Modell (das wir handhabbar machten, indem wir von vereinfachten Annahmen ausgingen und beispielsweise das Bevölkerungswachstum der modernen Menschen nicht berücksichtigten) konnten nicht mehr als 25 Prozent des Genoms im Zellkern heutiger Menschen von den Neandertalern stammen. Da wir aber über keinen direkten Beleg für einen genetischen Beitrag der Neandertaler verfügten, war die plausibelste Hypothese nach meinem Eindruck eine andere: Solange die Daten keine neuen Hinweise lieferten, sollten wir davon ausgehen, dass die Neandertaler zu den heute lebenden Menschen keinen genetischen Beitrag geleistet haben.

Dieses Ergebnis machte sehr deutlich, wo die Stärke unseres Ansatzes im Vergleich zu typischen paläontologischen Analysen lag. Wir gingen von eindeutig definierten Annahmen aus und zogen Schlussfolgerungen, die durch Wahrscheinlichkeiten eingeschränkt wurden. Anhand der morphologischen Eigenschaften von Knochen konnte man nicht annähernd derart strenge Schlussfolgerungen ziehen. Viele Paläontologen betrachten ihre Tätigkeit gern als strenge Wissenschaft, aber schon die Tatsache, dass sie sich trotz einer zwei Jahrzehnte währenden Diskussion nicht einmal darauf einigen können, ob ein genetischer Beitrag von den Neandertalern in die heutigen Menschen eingegangen ist, macht die engen Grenzen ihrer Methodik deutlich.

Nachdem wir Davids Befunde veröffentlicht hatten,[38] entwickelte eine theoretisch arbeitende Gruppe in der Schweiz unter Leitung des Populationsgenetikers Laurent Excoffier ein Modell, das viel plausibler als unseres erklärte, wie die Beziehung zwischen Neandertalern und Jetztmenschen ausgesehen haben könnte. Ihre Annahme: Wenn die anatomisch modernen Menschen sich über Europa ausbreiteten, müsste jede Paarung mit Neandertalern in den Regionen an der vordersten Front der vorrückenden Jetztmenschen stattgefunden haben. Diese anfängliche Invasion wäre dann durch kleine Populationen von Jetztmenschen gekennzeichnet, die später heranwuchsen. Wie die Schweizer Gruppe zeigen konnte, hätten nach diesem Modell selbst seltene Fälle einer Paarung wahrscheinlich ihre Spuren im heutigen Genbestand der Mitochondrien hinterlassen, weil Frauen in einer wachsenden Bevölkerung im Durchschnitt mehrere Töchter haben, die ihre mtDNA weitergeben. Unter solchen Umständen bestand also für jede Neandertaler-mtDNA, die am

Ende in die Jetztmenschenpopulation gelangte, ein viel geringeres Risiko, verloren zu gehen, als wenn diese Population eine konstante Größe gehabt hätte. Da wir aber weder in den fünf frühen Jetztmenschen noch bei Tausenden von heutigen Menschen die mtDNA von Neandertalern gefunden hatten, gelangte Excoffiers Arbeitsgruppe zu dem Schluss, man könne aus unseren Daten »auf eine fast völlige Unfruchtbarkeit zwischen Neandertalerfrauen und männlichen Jetztmenschen schließen, woraus folgt, dass es sich bei den beiden Populationen vermutlich um verschiedene biologische Arten handelt«.[39]

Ich hatte gegen die Schlussfolgerungen der Schweizer Arbeitsgruppe nichts einzuwenden, aber natürlich war es immer noch möglich, dass sich beim Zusammentreffen zwischen Neandertalern und Jetztmenschen etwas Besonderes abgespielt hatte, das von ihrem Modell nicht eingefangen wurde. Hätten sich beispielsweise alle Kinder, die Neandertaler und Jetztmenschen als Vorfahren hatten, später in den Gemeinschaften der Neandertaler aufgehalten, hätten sie zu unserem Genbestand nicht beigetragen, und das würde im Ergebnis genauso aussehen wie die »nahezu vollständige Unfruchtbarkeit«, wie die Gruppe es nannte. Und auch wenn die Kreuzung ausschließlich zwischen männlichen Neandertalern und Jetztmenschenfrauen stattgefunden hatte, wäre sie im heutigen Genbestand der mtDNA nicht nachzuweisen, weil Männer an ihre Kinder keine Mitochondrien-DNA weitergeben. Eine solche Mischung wäre nur in dem Genom des Zellkerns zu erkennen. Um vollständig zu verstehen, welche Auswirkungen die Wechselbeziehungen zwischen unseren Vorfahren und den Neandertalern auf unser Genom hatten, mussten wir in jedem Fall die DNA in den Zellkernen der Neandertaler studieren.

Kapitel 9
Kerntests

Wie Henriks Arbeiten am X-Chromosom gezeigt hatten, lassen sich die Gesetzmäßigkeiten von Ähnlichkeit und Unterschieden in der Mitochondrien-DNA von Menschen und Menschenaffen zumindest auch auf einen Teil des Genoms im Zellkern übertragen. Ob wir aber jemals in der Lage sein würden, DNA aus den Zellkernen von Neandertalern zu analysieren, oder ob wir uns ein für alle Mal auf ihr Mitochondriengenom beschränken mussten, war alles andere als klar. In betrübten Augenblicken dachte ich, wir würden bei der mtDNA und ihrem unscharfen, einäugigen Blick auf die Vergangenheit der Menschheit stecken bleiben. Wenn man die Untersuchungsergebnisse an Tieren und Pflanzen aus Bernstein, an Dinosauriern und anderen fantasievollen »Antediluvium«-Studien außer Acht ließ (was ich tat), musste man eingestehen, dass es noch nie jemandem gelungen war, DNA aus den Zellkernen vorzeitlicher Überreste zu gewinnen. Wenn ich aber besonnener war, hatte ich den Eindruck, dass wir es zumindest versuchen sollten.

Als es so weit war, kam Alex Greenwood in unser Labor, ein neuer Postdoc aus den Vereinigten Staaten mit zierlicher Gestalt und großer Entschlossenheit. Ich erzählte ihm von unserer Hoffnung, DNA aus Zellkernen von Neandertalern zu gewinnen, was ein sehr riskantes, aber auch sehr wichtiges Projekt sei. Er war erpicht darauf, die Herausforderung anzunehmen.

Ich schlug vor, die »Brute force«-Methode anzuwenden. Das bedeutete hier, Proben von vielen Knochen zu untersuchen, diejenigen mit dem größten mtDNA-Gehalt zu identifizieren und dann aus noch größeren Proben die DNA zu gewinnen, um so vielleicht auch an Material aus dem Zellkern zu gelangen. Die ersten Experimente mit einer derart unsicheren Methode konnten wir natürlich nicht an Neandertaler-Überresten vornehmen; sie waren zu selten und kostbar, als dass man sie angesichts eines so hohen Risikos hätte verwenden können. Stattdessen griffen wir auf Tierknochen zurück, die einerseits in beträchtlich größerer Menge zur Verfügung standen und andererseits für Paläontologen weniger kostbar sind. Jetzt kamen mir die Höhlenbärenknochen, die ich aus dem düsteren Keller des Quartärinstituts in Zagreb mitgebracht hatte, sehr gelegen. Man hatte sie in der Kalksteinhöhle von Vindija gefunden, aus der auch einige mtDNA-haltige Neandertaler-Überreste stammten. Wenn wir also DNA aus den Zellkernen der Höhlenbären gewinnen konnten, bestand eine gewisse Hoffnung, dass mit den Neandertalern das Gleiche gelang.

Alex machte sich daran, DNA aus den 30 000 bis 40 000 Jahre alten kroatischen Höhlenbärenknochen zu gewinnen, und prüfte dann, ob sie Bären-mtDNA enthielten. In vielen Fällen fand er sie. Dann suchte er die Extrakte aus, die offensichtlich die meiste mtDNA enthielten, und bemühte sich, kurze Fragmente von Zellkern-DNA zu vervielfältigen. Dieser Versuch schlug fehl. Er war frustriert, und ich war betrübt, aber nicht überrascht. Das Problem, vor dem er stand, war mir nur allzu vertraut: Da jede Zelle eines lebenden Tieres Hunderte von Mitochondriengenomen, aber nur zwei Zellkerngenome enthält, ist jedes einzelne Stück der Zellkern-DNA in den Extrakten nur mit einem Hundertstel oder Tausendstel der Kopienzahl vertreten, die man für die Mitochondrien-DNA findet. Selbst wenn also Zellkern-DNA vorhanden war, lag die Wahrscheinlichkeit, dass man sie vervielfältigen konnte, um das Hundert- bis Tausendfache niedriger.

Um diesem Problem zu begegnen, gab es einen naheliegenden Weg: Man musste mehr Knochenmaterial verwenden. Alex stellte Extrakte aus immer größeren Mengen von Höhlenbärenknochen her und versuchte es mit der Vervielfältigung immer kürzerer Stücke der Zellkern-DNA; dazu benutzte er Primer beiderseits von Nucleotidpositionen, an denen sich die Bären bekanntermaßen von Menschen unterscheiden. Auf diese Weise konnte er zwischen der alten Bären-DNA und Verunreinigungen mit menschlicher DNA unterscheiden. Aber in diesen Mega-Extrakten ließ sich *nichts* vervielfältigen – nicht einmal die Mitochondrien-DNA der Bären. Er erhielt keinerlei Produkte.

Nachdem wir mehrere Wochen lang mit einer ganzen Reihe von Knochen immer wieder Fehlschläge erlitten hatten, wurde uns klar, dass man aus derart großen Mengen von Knochenmaterial keine brauchbaren DNA-Extrakte herstellen kann. Das lag nicht daran, dass die Knochen kein vervielfältigungsfähiges Material enthalten hätten, aber irgendetwas in den Extrakten hemmte das Enzym, das für die PCR verwendet wurde; dieses wurde inaktiv, so dass keine Vervielfältigung stattfand. Wir bemühten uns darum, den unbekannten Stoff durch weitere Reinigung der Extrakte zu entfernen, aber damit scheiterten wir. Wir verdünnten die Extrakte in kleinen Schritten, bis die Vervielfältigung der mtDNA wieder funktionierte. Dann probierten wir es bei der gleichen Verdünnung mit der Vervielfältigung von Zellkern-DNA. Das klappte nie. Als die Monate vergingen, versuchte ich, optimistisch zu bleiben, aber Alex wurde immer frustrierter und befürchtete, er werde nie irgendwelche Ergebnisse erzielen, die eine Veröffentlichung rechtfertigten. Allmählich fragten wir uns, ob die DNA in den Zellkernen nach dem Tod des Bären vielleicht von Enzymen abgebaut worden war, die durch die Kernmembran der zerfallenden Zellen sickerten. Vielleicht war die

DNA in den Mitochondrien, die eine doppelte Membran besitzen, besser geschützt, so dass die mtDNA mit größerer Wahrscheinlichkeit erhalten blieb, bis das Gewebe trocknete, tiefgefroren wurde oder aus anderen Gründen vor enzymatischen Angriffen geschützt war. Diese Möglichkeit veranlasste mich zu der Frage, ob man in alten Knochen überhaupt Zellkern-DNA finden konnte, selbst wenn wir die PCR-Hemmung beseitigen konnten. Irgendwann war ich ebenso frustriert wie Alex.

Nachdem die Höhlenbären uns ausgebremst hatten, fragten wir uns, ob in der Höhle vielleicht einfach keine günstigen Bedingungen für die Erhaltung von Zellkern-DNA geherrscht hatten. Deshalb wechselten wir nun zu Material, bei dem wir mit dem besten Erhaltungszustand rechneten: Überresten von Mammuts aus dem Permafrost Sibiriens und Alaskas. Dieses Gewebe war eingefroren, seit die Tiere gestorben waren, und das Tiefgefrieren verlangsamt natürlich sowohl das Bakterienwachstum als auch viele chemische Reaktionen oder bringt sie sogar völlig zum Stillstand, darunter auch jene, die DNA im Laufe der Zeit abbauen. Außerdem wussten wir aus den Arbeiten von Matthias Höss, dass Mammuts aus dem sibirischen Permafrost in der Regel große Mengen an mtDNA enthalten. Natürlich hatte man im Permafrost nie Neandertaler gefunden – der Wechsel zu den Mammuts bedeutete also, dass wir uns einen Schritt weiter von meinem eigentlichen Ziel entfernten. Aber wir mussten wissen, ob Zellkern-DNA überhaupt Zehntausende von Jahren überleben kann. Wenn wir in den gefrorenen Überresten der Mammuts keine Zellkern-DNA fanden, konnten wir den Gedanken, sie in Neandertalerknochen mit ihren viel weniger idealen Erhaltungsbedingungen nachzuweisen, völlig vergessen.

Glücklicherweise hatte ich in den Jahren zuvor systematisch alte Knochen aus verschiedenen Museen gesammelt; deshalb konnte Alex es jetzt sofort mit den Überresten mehrerer Mammuts versuchen. Besonders große Mengen an mtDNA fand er in einem Mammutzahn, den man aus dem gefrorenen Boden geborgen hatte, als man während des Zweiten Weltkriegs in aller Eile den Alaska Highway vom nordöstlichen British Columbia bis in die Nähe von Fairbanks gebaut hatte; seither hatte der Zahn immer in einer großen Kiste im American Museum of Natural History gelegen. Um die Suche nach der DNA ein wenig zu vereinfachen, zielten wir sorgfältig auf einen Abschnitt des Genoms im Zellkern, der einen Teil des Gens für die sogenannte 28S-rDNA enthält; diese DNA codiert ein RNA-Molekül, das zu den Ribosomen gehört, Strukturen, die in den Zellen die Proteine synthetisieren. Für unsere Zwecke hatte dieses Gen einen großen Vorteil: Es liegt in jeder Zelle in mehreren Hundert Kopien vor und hätte deshalb in den Extrakten in ebenso großer Menge vorkommen müssen wie die Mitochondrien-DNA – vorausgesetzt, die DNA des Zellkerns war nach dem Tod des Tieres nicht stärker abgebaut worden. Zu meiner Freude und tiefen Erleichterung konnte Alex tatsächlich das Ribosomen-Gen vervielfältigen. Er sequenzierte Klone der PCR-Produkte aus dem Mammut und rekonstruierte mit dem Verfahren der überlappenden Abschnitte, das wir während der Analyse der Neandertaler-mtDNA ausgearbeitet hatten, die Sequenz des Gens. Nun wollte er diese Sequenz mit denen aus Afrikanischen und Asiatischen Elefanten vergleichen, den engsten heute noch lebenden Verwandten der Mammuts. Ich hatte unter einem so großen Verfolgungswahn vor Verunreinigungen gelitten, dass ich Alex und allen anderen verboten hatte, an Elefanten zu arbeiten, solange Alex nicht die Befunde von den Mammuts gesichert hatten. Jetzt aber vervielfältigte Alex außerhalb unseres Reinraumes mit den gleichen Primern, die er für die Analyse der Mammuts-DNA verwendet hatte, auch das 28S-rDNA-Fragment eines Afrikanischen und eines Asiatischen Elefanten. Die Mammut-Sequenzen waren mit denen des Asiatischen Elefanten identisch, unterschieden sich aber an zwei Stellen von denen der afrikanischen Dickhäuter, was darauf schließen ließ, dass die Mammuts mit den Asiatischen Elefanten enger verwandt waren als mit den Afrikanischen. Aber der Vergleich der Mammuts mit heutigen Elefanten war eigentlich nicht der Zweck der Übung gewesen: Vielmehr ging es darum, Zellkern-DNA aus alter Zeit zu finden. Um den Befund wasserdicht zu machen, schickten wir ein Stück des Zahns zur Radiokarbondatierung. Als sein Alter auf 14 000 Jahre bestimmt war, fühlte ich mich zum ersten Mal seit Monaten wirklich zufrieden. Jetzt war es offiziell. Zum ersten Mal hatte jemand Zellkern-DNA-Sequenzen aus dem späten Pleistozän aufgeklärt.

Durch diese Ergebnisse ermutigt, konstruierte Alex nun Primer zur Vervielfältigung zweier kurzer Stücke aus einem Fragment, das zum Gen für den von-Willebrand-Faktor gehörte; dieses Gen, abgekürzt vWF, liegt im Elefantengenom nur mit einer Kopie vor und codiert ein Blutprotein, das den Blutplättchen hilft, sich an verletzte Blutgefäße anzuheften. Auf dieses Gen konzentrierten wir uns, weil andere es bereits bei Elefanten (und vielen weiteren heutigen Säugetieren) sequenziert hatten; wenn es uns also gelang, die Sequenz aus dem Mammut zu ermitteln, konnten wir sie unmittelbar mit diesen modernen Sequenzen vergleichen. Ich traute meinen Augen kaum, als Alex während unserer wöchentlichen Laborbesprechung Bilder von Banden in einem Gel zeigte, die darauf schließen ließen, dass er die fraglichen Genfragmente aus dem Mammut vervielfältigt hatte. Er wiederholte das Experiment zweimal mit einem unabhängig hergestellten Extrakt aus demselben Mammutknochen. Unter den vielen Klonen, die er sequenzierte, fand er Fehler in einzelnen Molekülen, vermutlich entweder weil die alte DNA chemisch geschädigt war oder weil die DNA-Polymerase in den PCR-Zyklen falsche Nucleotide eingebaut hatte (siehe Abb. 9.1). An einer Stelle jedoch beobachtete er eine interessante Verteilung. Insgesamt hatte er 30 Klone aus drei unabhängigen PCR-Vervielfältigungsansätzen sequenziert. An einer Stelle trugen 15 dieser

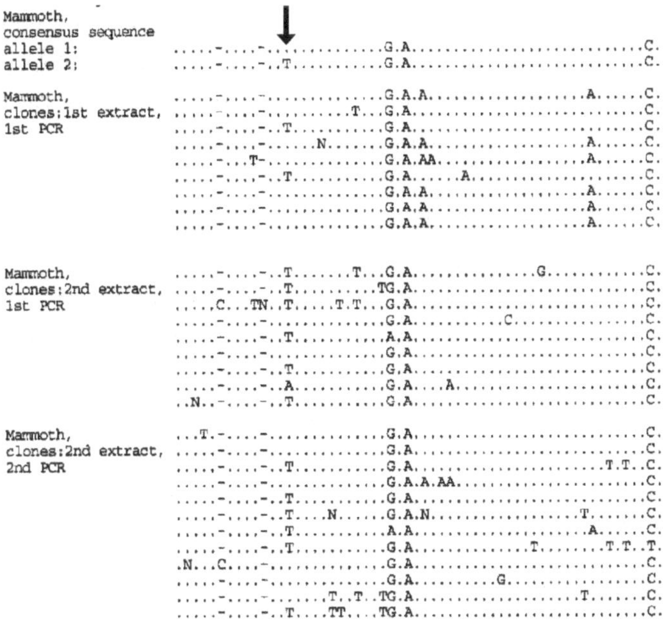

Abb. 9.1: Klonierte DNA-Sequenzen aus einem Genabschnitt des Zellkerns eines 14 000 Jahre alten Mammuts. Der Pfeil deutet auf die erste jemals beobachtete heterozygote Position (SNP) aus dem späten Pleistozän. Aus A. D. Greenwood et al., »Nuclear DNA sequences from late Pleistocene megafauna«, *Molecular Biology and Evolution* 16, S. 1466–1473 (1999).

Klone ein C, 14 ein T und einer ein A. Dieses einzelne A interpretierten wir als Fehler der DNA-Polymerase, aber die anderen repräsentierten etwas, das mein Herz schneller schlagen ließ. An dieser besonderen Stelle in der Sequenz hatten wir offensichtlich eine heterozygote Position gefunden – Genetiker sprechen auch von einem Einzelnucleotidpolymorphismus (*single nucleotide polymorphism*, oder kurz SNP). An einer solchen Position unterschieden sich die beiden Kopien des Gens, die dieses Mammut von seiner Mama und seinem Papa erhalten hatte. Wir hatten hier also die erste heterozygote Position aus der Eiszeit vor uns. Es war, wenn man so will, das Wesentliche an der Genetik: ein Gen im Zellkern, das in einer Population in zwei Varianten vorliegt. Die Lage besserte sich. Wenn wir beide Versionen dieses Mammutgens sehen konnten, waren alle Teile des Genoms potenziell zugänglich. Demnach sollte es zumindest theoretisch möglich sein, jede genetische Information aus einer Spezies zu gewinnen, die schon vor Jahrtausenden ausgestorben ist. Um seine Aussage zu verdeutlichen, vervielfältigte Alex Stücke von zwei weiteren Genen, die nur in jeweils einer Kopie vorkommen: Das eine codiert ein Protein, das im Gehirn die Ausschüttung von Neurotransmittern reguliert, das andere ein Protein, das Vitamin A bindet und von den Stäbchen und Zapfen in den Augen produziert wird. In beiden Fällen hatte er Erfolg.

Nachdem wir uns so lange um die Gewinnung von DNA aus dem Zellkern bemüht hatten, freuten wir uns sehr über Alex' Ergebnisse mit den Mammuts, und einige Tage lang war ich darüber sehr glücklich. Aber in Wirklichkeit interessierte ich mich natürlich nicht sonderlich für Mammuts. Mein Interesse galt den Neandertalern, und mir war schmerzlich bewusst, dass es im Permafrost keine Neandertaler gab. Ich drängte Alex, es noch einmal mit den Resten der Höhlenbären aus Vindija zu versuchen: Er sollte herausfinden, ob sich DNA auch aus den Zellkernen von Überresten gewinnen lässt, die nicht gefroren waren. Er analysierte die Mitochondrien-DNA mehrerer kroatischer Höhlenbären und stieß auf einen Knochen, der anscheinend besonders viel davon enthielt. Die Radiokarbondatierung zeigte, dass er 33 000 Jahre alt war und damit ungefähr aus der gleichen Zeit stammte wie die Neandertaler. Alex konzentrierte sich auf diesen Knochen. Er versuchte es mit dem Ribosomen-RNA-Gen, das im Genom in vielen Kopien vorliegt. Tatsächlich erhielt er geringe Mengen eines Vervielfältigungsprodukts. Als er aus Klonen die Sequenz rekonstruierte, stellte er fest, dass sie mit der heutiger Bären identisch war.

Das war ein Erfolg, aber er hatte auch eine Kehrseite. Dieses Gen zu vervielfältigen, war schwierig gewesen, obwohl es in vielen Kopien vorlag; jeder Versuch, Einzelkopie-Gene wie das vWF-Gen, das er bei den Mammuts studiert hatte, zu gewinnen, schien also zum Scheitern verurteilt zu sein. Trotz der Aufregung über die Befunde an den Mammuts war ich insgeheim von diesen Experimenten zutiefst enttäuscht. Wir hatten nachgewiesen, dass DNA aus dem Zellkern im Permafrost über Zehntausende von Jahren überleben kann, aber in den Knochen von Höhlenbären hatten wir selbst eine sehr häufig vorkommende Zellkern-DNA nur in winzigen Spuren gefunden. Zwischen Permafrost und Kalksteinhöhlen bestand ein gewaltiger Unterschied.

Im Jahr 1999 veröffentlichten wir Alex' Ergebnisse in einem Artikel, den ich sehr schön fand, der aber später im Wesentlichen übersehen wurde.[40] Darin wiesen wir nach, dass die DNA aus dem Zellkern in Überresten, die man im Permafrost findet, unter Umständen erhalten bleibt und dass man dann sogar heterozygote Positionen analysieren kann, an denen sich die beiden Chromosomen eines Individuums in ihrer DNA-Sequenz unterscheiden. Für die genetische Erforschung von Material aus dem Permafrost waren wir zuversichtlich, und am Ende des Artikels stellten wir fest:

> In Permafrost-Lagerstätten und anderen kalten Umgebungen gibt es eine Fülle von Überresten der Tierwelt. Da sich aus solchen Überresten nicht nur mtDNA, sondern in einem beträchtlichen Teil der Fälle auch Einzelkopie-DNA-Sequenzen aus dem Zellkern gewinnen lassen, eröffnet sich die Möglichkeit, Genloci aus dem Zellkern für phylogenetische und populationsgenetische Untersuchungen sowie zur Analyse von Genen, die über phänotypische Eigenschaften bestimmen, zu nutzen.

Am Ende sollten andere diese Arbeitsrichtung weiterführen, das geschah aber erst nach fünf bis zehn Jahren. Und was noch schlimmer war: Solange kein Neandertaler im Permafrost entdeckt wurde, sah es so aus, als würden wir nie das gesamte Genom eines solchen Frühmenschen zu Gesicht bekommen.

Kapitel 10

Auf dem Weg zum Kern

Im Institut beaufsichtigte ich weiterhin die Experimente, durch die unsere Arbeit langsam, aber zuverlässig vorankam. Aber immer wenn ich während eines langen Fluges in einen schmalen Sitz gezwängt war oder auf einer Tagung in einem abgedunkelten Hörsaal einen offensichtlich unwichtigen Vortrag verfolgte, stellte sich meine größte Frustration wieder ein: Wir konnten keine DNA aus den Zellkernen von Neandertalern gewinnen. Nach meinem Eindruck *musste* sie dort sein, selbst wenn wir sie mit der PCR nicht zum Vorschein bringen konnten. Wir mussten einfach einen besseren Weg entwickeln, um sie zu finden.

Einen neuen Versuch in dieser Richtung unternahm Hendrik Poinar. Er war es leid, vergeblich nach DNA aus Tieren und Pflanzen zu suchen, die seit Jahrmillionen in Bernstein eingeschlossen waren, und hatte sich entschlossen, vielversprechendere Projekte in Angriff zu nehmen. Zu unserem Glück hatte ich gerade eine Weile einigen langweiligen Tagungsbeiträgen zugehört und dabei Gelegenheit gehabt, über unsere Bemühungen zur Gewinnung von DNA aus Tierexkrementen nachzudenken. Ein Tier, das wir auf diese Weise studiert hatten, war das ausgestorbene amerikanische Riesenfaultier aus der Eiszeit. Die Riesenfaultiere hatten große Mengen an Exkrementen hinterlassen, die von den Archäologen mit dem fantasievollen Namen

»Koprolithen« aufgewertet worden waren. In manchen Höhlen, beispielsweise in Nevada, besteht der gesamte Höhlenboden bis in eine gewisse Tiefe vor allem aus den Exkrementen von Riesenfaultieren. Hendrik hatte bereits 1998 in einem Artikel für *Science* nachgewiesen, dass Mitochondrien-DNA in solchem Material erhalten geblieben ist, und wir hatten die Gewinnung von Pflanzen-DNA aus einem einzigen Exkrementhaufen eines Faultiers beschrieben; damit war gezeigt, wie man rekonstruieren kann, welche Nahrung vor 20 000 Jahren das Faultier kurz vor seinem Tod zu sich genommen hat.[41] Dieser Erfolg deutete darauf hin, dass in den Exkrementen vorzeitlicher Tiere eine Menge DNA erhalten geblieben ist, vielleicht sogar solche aus dem Zellkern. Ich schlug Hendrik vor, er solle sich darum bemühen, sie zu finden.

Zu Beginn seiner Suche hatte Hendrik sich eines chemischen Kunstgriffs bedient, den wir im Jahr zuvor entwickelt hatten. Schon 1985 war mir bei der Untersuchung der Mumien aus Berlin aufgefallen, dass fast alle Extrakte einen Bestandteil enthielten, der im UV-Licht ein blaues Fluoreszieren verursachte, und wenn ein Extrakt blau fluoreszierte, lieferte er niemals DNA. Worum es sich bei diesem Bestandteil handelte, wusste ich nicht, aber die Beobachtung war mir schmerzhaft im Gedächtnis geblieben, weil ich immer enttäuscht war, wenn ich es nicht wie erhofft rosa, sondern blau aufleuchten sah. Als ich mehr darüber erfuhr, welche chemischen Vorgänge in abgestorbenem Gewebe im Laufe von Jahrtausenden ablaufen können, stieß ich auch auf die Maillard-Reaktion, einen chemischen Vorgang, der in der Lebensmittelindustrie eingehend untersucht wurde. Meine Mutter war zufällig Lebensmittelchemikerin und schickte mir eine Menge Literatur zu dem Thema. Die Maillard-Reaktion läuft ab, wenn häufig vorkommende Formen von Zucker erhitzt werden oder längere Zeit weniger hohen Temperaturen ausgesetzt sind. Sie bilden dann chemische Verbindungen mit Aminogruppen in

Proteinen und DNA aus, und das Produkt sind große, verfilzte Molekülkomplexe. Die Maillard-Reaktion spielt sich bei vielen Formen des Kochens ab; ihre Nebenprodukte erzeugen den angenehmen Geruch und die Farbe von frisch gebackenem Brot. Am interessantesten war aber für mich, dass Produkte der Maillard-Reaktionen im UV-Licht blau fluoreszieren. Dies, so meine Vermutung, könnte auch bei den ägyptischen Mumien die Ursache des blauen Leuchtens sein. Ich brachte die Reaktion nicht nur mit der blauen Fluoreszenz der Mumienextrakte in Verbindung, sondern auch (vielleicht fälschlich) mit ihrer braunen Farbe und ihrem charakteristischen Geruch, der süßlich und nicht unangenehm ist. Außerdem fragte ich mich, ob ich möglicherweise deshalb keine DNA aus ihnen gewinnen konnte, weil diese durch Maillard-Reaktionen an andere Moleküle gebunden war.

Das konnte man herausfinden. In einem 1996 in *Nature* erschienenen Artikel wurde das chemische Reagens N-Phenacylthiazoliumbromid oder abgekürzt PTB beschrieben, das die in der Maillard-Reaktion gebildeten Molekülkomplexe auflösen kann.[42] Setzt man PTB gebackenem Brot zu, verwandelt dieses sich wieder in Teig (allerdings wäre wohl niemand versucht, einen solchen Teig dann noch einmal in den Ofen zu stecken). Da PTB nicht kommerziell erhältlich war, synthetisierte Hendrik es im Labor. Dann setzten wir es den Extrakten von Proben aus Höhlenbären und Neandertalern zu, und dies führte manchmal tatsächlich zu einer besseren DNA-Vervielfältigung. Und als Hendrik die Extrakte der 20 000 Jahre alten Koprolithen aus Nevada mit PTB behandelte, konnte er Teilstücke des vWF-Gens vervielfältigen, das Alex bereits aus Mammuts sequenziert hatte; außerdem gelang die Vervielfältigung von Bruchstücken zweier weiterer Gene aus dem Zellkern. Das alles überraschte mich sehr. Wir veröffentlichten die Ergebnisse im Juli 2003[43] und hatten damit endlich gezeigt, dass das Genom des Zellkerns auch dann erhalten bleiben kann, wenn das Material nicht gefroren war.

Solche Ergebnisse ermutigten mich. Nach meiner Überzeugung hatten wir jetzt allen Grund, mit unseren Bemühungen zur DNA-Gewinnung aus den Zellkernen der Höhlenbärenknochen nicht nachzulassen und dieses Mal PTB zu verwenden. Aber leider half der chemische Kunstgriff hier nicht. Wie sich herausstellte, waren die Koprolithen von Nevada sogar eine seltene Ausnahme, bei der PTB den Fehlschlag in einen Erfolg verwandeln konnte. Immerhin bestätigten sie aber meinen Eindruck, dass die Zellkern-DNA noch vorhanden war und dass wir nur neue Methoden brauchten, um sie zu finden.

Um im Zusammenhang mit den Methoden auf neue Ideen zu kommen, fragte ich so viele Leute wie möglich nach Wegen, um kleine DNA-Mengen zu sequenzieren. Einer von denen, an die ich meine Fragen richtete, war der schwedische Biochemiker Mathias Uhlén, ein kreativer Erfinder und Biotechnologieunternehmer. In Mathias verbinden sich eine scheinbar unendliche Energie, eine kindliche Begeisterung für neue Ideen und die Begabung, kreative Menschen um sich zu sammeln und sie mit seinem Enthusiasmus anzustecken. Ich fühlte mich nach meinen Begegnungen mit ihm jedes Mal energiegeladen. Zu den vielen kreativen Menschen in Mathias' Umfeld gehörte Pål Nyrén, der sich zehn Jahre zuvor eine neue Methode zur DNA-Sequenzierung ausgedacht und sie trotz verbreiteter Skepsis weiterentwickelt hatte. Mathias hatte verstanden, welches Potenzial in Påls Idee steckte. Außerdem erkannte er, dass es an der Zeit war, über neue Verfahren zur Sequenzierung von DNA nachzudenken: Immer noch verwendeten wir die Methode, die Fred Sanger in Großbritannien entwickelt hatte und für die er 1980 zum zweiten Mal mit dem Chemie-Nobelpreis ausgezeichnet worden war.

Das Sanger-Sequenzierungsverfahren beruht darauf, dass die vier Nucleotide nacheinander durch die DNA-Polymerase eingebaut werden, ein Enzym, das neue DNA-Stränge herstellt und dabei alte als Matrize verwendet. In einer solchen Sequenzierungsreaktion beginnt die DNA-Polymerase an einem Primer, der sich an einem festgelegten Punkt auf der DNA befindet, mit der Synthese. Ein kleiner Anteil der vier Nucleotide ist jeweils mit einem eigenen Fluoreszenzfarbstoff markiert und chemisch abgewandelt; baut die DNA-Polymerase ein solches Nucleotid ein, kommt die Synthese zum Stillstand. Durch den Vorgang entstehen unterschiedlich lange DNA-Stränge, an deren Ende jeweils ein Fluoreszenzfarbstoff anzeigt, welches Nucleotid sich dort befindet. Die Fragmente mit solchen Enden und Markierungen kann man dann in einem Gel durch Elektrophorese nach der Größe trennen. Dabei zeigt sich, welcher Farbstoff und damit auch welches Nucleotid beispielsweise zehn Positionen vom Startpunkt der Synthese entfernt, elf Positionen entfernt, zwölf Positionen entfernt und so weiter jeweils vorliegt. Die besten Maschinen zur DNA-Sequenzierung, wie sie beispielsweise im Rahmen des Humangenomprojekts verwendet wurden, können fast 100 DNA-Stücke gleichzeitig auf einer Länge von 500 bis 800 Nucleotiden sequenzieren. Die Methode, die Pål in Mathias' Labor entwickelt hatte, trug den Namen Pyrosequenzierung. Sie steckte noch in den Kinderschuhen, versprach aber viel schneller und einfacher zu funktionieren als das Sanger-Verfahren.

Auch bei der Pyrosequenzierung benutzt man eine DNA-Polymerase zum Aufbau von DNA-Sequenzen, aber der Einbau der einzelnen Nucleotide wird nicht durch die umständliche Trennung der Fragmente nach der Größe nachgewiesen, sondern durch einen Lichtblitz, der jeweils nach dem Einbau des Nucleotids in die DNA-Kette ausgesandt wird. Dazu entwickelte Pål den Trick, dem Reaktionsansatz jeweils nur eines der vier Nucleotide gleichzeitig zuzusetzen. Wenn beispielsweise ein A (Adenin) hinzukommt und der als Matrize dienende Strang an der entsprechenden Stelle ein T (Thymin, das sich mit Adenin paart) trägt, baut die DNA-Polymerase das A in den wachsenden

Strang ein, und ein Enzymsystem im Reaktionsansatz erzeugt einen Lichtblitz. Dieser wird von einer leistungsfähigen Kamera aufgefangen und von einem Computer registriert. Trägt der Matrizenstrang kein T, sondern eine andere Base, entsteht kein Lichtblitz. Pål setzte Zyklus für Zyklus ein Nucleotid nach dem anderen zu. Dabei registrierte er die Lichtblitze und konnte so die Reihenfolge der Nucleotide in einem DNA-Fragment ablesen. Es war eine großartige Methode: Man brauchte dazu nur die Nucleotide und andere Reagenzien in ein Reaktionsgefäß zu pumpen und Bilder mit einer Kamera aufzunehmen. Und was noch wichtiger war: Der Vorgang ließ sich leicht automatisieren. Als Mathias mir davon erzählte, war ich ebenso begeistert wie er.

Wenig später bat mich Mathias, im wissenschaftlichen Beratergremium eines Unternehmens namens Pyrosequencing mitzuarbeiten; er hatte die Firma zusammen mit Pål gegründet, um eine kommerzielle Apparatur zur Umsetzung des neuen Verfahrens zu produzieren. Ich sagte gern zu, erhielt ich doch damit die Gelegenheit, in der Entwicklung einer spannenden Technologie auf dem Laufenden zu bleiben, die nach meiner Ansicht eine Umwälzung für die Analyse alter DNA darstellen konnte. Im Jahr 2000 wurde ich Mitglied des Beratergremiums; ein Jahr zuvor hatte das Unternehmen sein erstes kommerzielles Instrument hergestellt: Es konnte gleichzeitig 96 verschiedene DNA-Fragmente sequenzieren, die getrennt voneinander in den Vertiefungen einer Kunststoffplatte gelöst waren. Aus jedem Fragment konnte man aber nur ungefähr 30 aufeinanderfolgende Nucleotide »lesen«. Das war alles andere als beeindruckend angesichts der zur gleichen Zeit verfügbaren Maschinen, die sich des Sanger-Verfahrens bedienten, aber die Pyrosequenzierung war auch eine junge Technologie, und ihre Möglichkeiten waren noch bei Weitem nicht ausgeschöpft. Ich konnte es zwar wahrscheinlich zu jener Zeit nicht richtig einschätzen, aber eigentlich stellte sie sogar den Anfang einer Revolution dar, die unter dem Namen

»Sequenzierung der zweiten Generation« bekannt werden sollte und nicht nur unsere Analyse alter DNA, sondern viele Aspekte der biologischen Forschung grundlegend verändern sollte. Ich wollte die Pyrosequenzierung unbedingt ausprobieren und fragte Henrik, ob er für einige Zeit in Mathias' Labor am Königlichen Institut für Technologie in Stockholm arbeiten wolle. Henrik freute sich über die Gelegenheit, die Leute in Stockholm mit seinem fehlerlosen Schwedisch zu überraschen; er ist zwar in Süddeutschland aufgewachsen, hat aber eine schwedische Mutter und spricht die Sprache fließend. Außerdem konnte er Daten über heutige Bevölkerungsgruppen in Europa und Asien gewinnen, und das würde uns helfen, ihre Verwandtschaftsbeziehungen aufzuklären. Wie alle neuen Methoden, so erforderte auch diese, dass man neue Fähigkeiten erlernte und einige Probleme beseitigte, aber das klappte gut.

Im August 2003 beschloss der Vorstand von Pyrosequencing, die Technologie an 454 Life Sciences zu lizenzieren, ein US-Unternehmen, das von dem Biotechnologieunternehmer Jonathan Rothberg gegründet worden war. 454 Life Sciences hatte vor, die Pyrosequenzierung mithilfe modernster Fluidik zu verbessern. Ihre Neuerung bestand darin, dass man kurze, synthetische DNA-Abschnitte an die Enden der DNA-Moleküle ankoppelte. Dann wurden DNA-Einzelstränge an mikroskopisch kleine Perlen gebunden und auf fantasievolle Weise in kleinen Öltropfen vervielfältigt, so dass Hunderttausende verschiedene Stränge gleichzeitig und doch getrennt in einem großen Reaktionsansatz vermehrt werden konnten. Dann wurden die Perlen auf einer Platte getrennt, auf der sich Hunderte oder Tausende von Vertiefungen für die Pyrosequenzierung befanden. Welche Vertiefungen in den einzelnen Zyklen nun Lichtblitze aussandten, konnte man im letzten und entscheidenden Schritt verfolgen: durch Bildanalyseverfahren, mit denen auch Astronomen am Nachthimmel Millionen von Sternen verfolgen. Auf diese Weise konnte man nicht 96, sondern 200 000 DNA-Fragmente gleichzeitig sequenzieren.

Angesichts dieser neuen Möglichkeiten dachte ich, wir könnten vielleicht einfach nach dem Zufallsprinzip DNA-Fragmente in dem Extrakt eines alten Knochens sequenzieren und uns ansehen, was wir fanden. Dieser »Brute force«-Ansatz wäre ganz etwas anderes als die PCR-Methode, bei der wir die einzelnen Sequenzen, die wir analysieren wollten, herausgesucht hatten. Die PCR-Methode war nicht nur zeitaufwendig, sondern da wir im Voraus entscheiden mussten, wonach wir suchen wollten, machte sie uns auch blind für alle anderen Sequenzen in dem Extrakt. Die Instrumente von 454 konnten zwar keine DNA-Fragmente sequenzieren, die länger als 100 Nucleotide waren, aber umfangreicher waren die DNA-Fragmente aus dem Zellkern, die wir in Alex' Untersuchungen an den Mammuts und Hendriks Arbeiten am Riesenfaultier gefunden hatten, ohnehin nie gewesen. Ich wollte unbedingt eine 454-Maschine ausprobieren.

Über neue Vorgehensweisen sprach ich nicht nur mit Mathias und den anderen, die mit der Pyrosequenzierung arbeiteten. Unter anderem unterhielt ich mich auch mit Edward M. Rubin, einem dynamischen Genomforscher mit überschäumendem Temperament, der im Juli 2005 in unserem Leipziger Labor zu Besuch war. Ich war erpicht auf seine Ratschläge. Eddy war Professor am Lawrence Berkeley National Laboratory in Berkeley in Kalifornien und leitete das Joint Genome Institute des US-Energieministeriums. Der sicherste Weg, um weiterzukommen, bestand nach seiner Überzeugung darin, die DNA in Bakterien zu klonieren, wie ich es mit ganz ähnlichen Methoden bereits in den 1980er-Jahren in Uppsala mit dem Material aus den Mumien getan hatte. Diese Methoden, so erklärte er mir, seien heute viel leistungsfähiger als damals. Ich erklärte mich bereit, mit den Höhlenbären einen Versuch zu unternehmen: Wir stellten Extrakte aus zwei fossilen Höhlenbärenknochen her, von denen wir wussten, dass sie eine Menge Bären-mtDNA enthielten, und schickten sie an Eddys Labor in Berkeley. Dort wurden die DNA-Moleküle in dem Extrakt mit Trägermolekülen verknüpft, wie ich es 1984 getan hatte, und in Bakterien eingeschleust. Die heranwachsenden Bakterien bildeten eine »Bibliothek«, wie man sie nennt: Jede Bakterienkolonie, das heißt jeder »Klon«, enthält Millionen Kopien eines einzigen DNA-Moleküls aus dem Höhlenbärenknochenextrakt. Die DNA aus jeder derartigen Kolonie der Bibliothek kann man isolieren, sequenzieren und dann »lesen« wie ein Buch aus einer tatsächlichen Bibliothek. Eddys Mitarbeiter sequenzierten mit der traditionellen Sanger-Methode rund 14 000 zufällig ausgewählte DNA-Klone aus zwei solchen Bibliotheken – ein Vielfaches dessen, was 1984 möglich gewesen war. Von den 14 000 Klonen trugen insgesamt 389, also nur 2,7 Prozent, ähnliche Sequenzen wie die DNA von Hunden, das heißt, sie stammten wahrscheinlich von dem Höhlenbären. Alle anderen gehörten zu Bakterien und Pilzen, die den Knochen nach dem Tod des Tieres besiedelt hatten. Der Anteil der körpereigenen DNA in dem Knochenextrakt war also kläglich gering, aber das Ergebnis war dennoch spannend, zeigte es doch, dass in Knochen aus europäischen Höhlen tatsächlich eine gewisse Menge an Zellkern-DNA enthalten war.

Das Ergebnis veröffentlichten wir, mit Eddy und seinen Mitarbeitern als Hauptautoren, 2005 in *Science*.[44] In diesem Artikel stellten wir die ein wenig großspurige Behauptung auf, unseren Befunden zufolge sei die Sequenzierung von Genomen aus vorzeitlichen Überresten möglich. Aber nachdem der Aufsatz erschienen war, überlegten einige Mitarbeiter aus meiner Gruppe genauer, was wir eigentlich getan hatten. Sie stellten Berechnungen an und gelangten zu einer ernüchternden Erkenntnis. Die Gruppe in Berkeley hatte die gesamten DNA-Bibliotheken sequenziert, die wir ihnen geschickt hatten, und insgesamt 26 861 Nucleotide aus dem Genom des Höhlenbären gefunden. Angesichts der Tatsache, dass wir zur Herstellung dieser Bibliotheken einige Zehntelgramm Knochenmaterial verwendet hatten und dass das Genom aus rund drei Milliarden Nucleotiden besteht, hätten wir mehr als das 1 000 000-Fache der bereits verwendeten Knochenmenge einsetzen müssen, mit anderen Worten mehr als zehn Kilo; erst dann hätten wir auch nur einen groben Überblick über das Genom des Höhlenbären gewonnen. So viel Knochen zu zermahlen und in Extrakte für die Sequenzierung von Bibliotheken zu verwandeln, wäre zwar extrem aufwendig, aber machbar gewesen; die dann notwendigen umfangreichen Sequenzierungsarbeiten hätten aber sehr hohe Kosten verursacht. Und selbst wenn es geklappt hätte, wäre es ohne unvorhergesehene technische Fortschritte nicht möglich gewesen, dieses »Brute force«-Verfahren auf die eigentlich interessanten Fossilien anzuwenden, denn von denen besaßen wir nur winzige Materialmengen. Ein Neandertalergenom durch Klonierung in Bakterien zu sequenzieren, schien zumindest mir kein gangbarer Weg zu sein. Ich hielt es für unmöglich. Nach meiner Vorstellung musste ein großer Teil der DNA bei der Konstruktion der Bakterienbibliotheken verloren gehen, wahrscheinlich weil sie entweder überhaupt nicht in die Bakterien gelangte oder weil sie im Inneren der Bakterien von Enzymen zerstückelt wurde. Eddy dagegen war weiterhin begeistert von der Idee und meinte, es sei ungewöhnlich, dass die DNA-Extrakte nur mit so geringer Effizienz ihre Sequenzen preisgaben. Er war überzeugt, zukünftige Versuche würden bessere Erfolge bringen und weniger Ausgangsmaterial erfordern.

Trotz Eddys Enthusiasmus und da ich außerdem auch etwas dagegen hatte, mich nur auf ein einziges Verfahren zu verlassen, war ich nach wie vor überzeugt, dass wir die Pyrosequenzierung ausprobieren mussten. Es erschien durchaus praktikabel, die Methode in der Version von 454 auf die gesamte DNA in einem

Extrakt anzuwenden und damit die Verluste zu umgehen, die auftraten, wenn man die DNA in launische Bakterien einschleust. Darüber hinaus hatten Jonathan Rothberg und 454 mittlerweile eine Maschine vorgestellt, die Hunderttausende von DNA-Molekülen an einem einzigen Tag sequenzieren konnte. Aber Kontakt zu Jonathan aufzunehmen, war nicht einfach: Klugerweise hatte er alle einfachen Kontaktwege unterbunden, um sich vor den wunderlichen Wissenschaftlern abzuschirmen, die ihn sonst mit Nachfragen nach dem Zugang zu seiner neuen Technologie bombardiert hätten. Ich probierte es auf mehreren Wegen und kam nicht weiter. Schließlich sprach ich mit Gene Myers, dem Bioinformatik-Experten, der dem berühmten Genomforscher Craig J. Venter im Jahr 2000 geholfen hatte, das Genom des Menschen zusammenzustellen. Ich hatte Gene 2001 bei einer Konferenz für Bioinformatik in Brasilien kennengelernt, und seine respektlose Haltung gegenüber allen Problemen, mit denen er konfrontiert wurde, hatte mir sofort gefallen. Wir hatten uns aufgrund eines gemeinsamen Interesses am Skilaufen und Flaschentauchen angefreundet. Gene war jetzt Professor an der University of California in Berkeley und beriet Rothbergs Firma; deshalb konnte er im Juli 2005 den E-Mail-Kontakt zwischen mir und Jonathan herstellen.

Jonathan organisierte eine Telefonkonferenz mit mir und Michael Egholm, dem dänischen Wissenschaftler, der bei 454 den Betrieb leitete. Als Jonathan in der Leitung war, machte ich mir erst einmal Sorgen. Er war so energiegeladen und angespannt, wie ich es von einem Unternehmer seines Kalibers erwartet hatte, aber er schien sich nur für eines zu interessieren: die Sequenzierung von Dinosaurier-DNA! Ich wusste nicht genau, wie ich mit dieser ärgerlichen Voreingenommenheit umgehen sollte, war ich doch bekannt für meine Äußerung, die Sequenzierung von Dinosaurier-DNA sei unmöglich und werde es bleiben. Ich bemühte mich, diesen Standpunkt noch einmal zu wiederholen, ohne dabei alle Brücken abzubrechen; ich betonte, es gebe andere tolle Genome, die man sequenzieren könne, insbesondere die der Neandertaler. Glücklicherweise war Jonathan schnell von der Idee fasziniert, mithilfe einer solchen Untersuchung herauszufinden, welche Veränderungen uns ganz und gar zu Menschen gemacht haben. Außerdem konnte ich ihn und Egholm davon überzeugen, dass es gut wäre, mit einem Mammut und einem Höhlenbären anzufangen.

Eine Woche später schickten wir einen Mammut- und einen Höhlenbärenextrakt an 454 Life Sciences. Ungefähr zur gleichen Zeit kam Richard E. (Ed) Green, ein fleißiger, begabter Bioinformatiker, der gerade seine Promotion abgeschlossen hatte, von der University of California in Berkeley an unser Institut. In den Vereinigten Staaten hatte man ihm ein angesehenes, gut dotiertes Stipendium der National Science Foundation zugesprochen, damit er das RNA-Spleißen bei Menschen und Menschenaffen vergleichen konnte. Als Spleißen bezeichnet man einen Vorgang, durch den die RNA-Kopien von Genen auseinandergeschnitten und neu verbunden werden; dabei entstehen die Messenger-RNA-Moleküle, die für die Proteinsynthese sorgen. Dahinter stand der Gedanke, dass verschiedenartige Spleißvorgänge die Ursache vieler Unterschiede zwischen Menschen und Schimpansen sein könnten. Aber gerade als Ed sein Projekt in Gang gebracht hatte, trafen die ersten Daten von 454 Life Sciences ein.

Dort hatte man die Sequenzen von mehreren Hunderttausend DNA-Abschnitten aus den Mammut- und Höhlenbärenknochen aufgeklärt. Ich bat Ed, sich zunächst um das erste Problem im Zusammenhang mit diesen Sequenzen zu kümmern: Er sollte diejenigen, die von dem Probenmaterial selbst stammten, von denen bakterieller und anderer Verunreinigungen trennen. Das war keine einfache Aufgabe. Er verglich die DNA-Sequenzen aus den Knochen mit Sequenzen der Genome von Elefanten und Hunden, die unter allen heutigen Tieren am engsten mit Mammuts und Höhlenbären verwandt sind. Aber die alten DNA-Sequenzen waren kurz und enthielten mit ziemlicher Sicherheit Fehler, die sich im Laufe der Jahrtausende durch chemische Abwandlungen eingeschlichen hatten. Außerdem kannte man weder die Zahl noch die Identität der Bakterien und Pilze in den Knochen. Aber die Herausforderung, die in der Nebenbeschäftigung mit alter DNA steckte, erwies sich für Ed als unwiderstehlich; wenig später hatte er das RNA-Spleißen völlig vergessen. Am Ende schrieb er einen Brief an den Beamten, der sein Stipendium bei der National Science Foundation betreute, und legte dar, wie sich die Zielsetzung seines Projekts geändert hatte. Leider fehlte bei der Stiftung die Weitsicht, und man erkannte nicht, dass das Neandertalergenom für einen Bioinformatiker eine hervorragende Gelegenheit darstellte; stattdessen wurde sein Stipendium gekürzt. Glücklicherweise war unser Etat so groß, dass wir Ed dennoch weiterbeschäftigen konnten.

Wie er inzwischen herausgefunden hatte, stammten ungefähr 2,9 Prozent der aus dem Mammutknochen gewonnenen DNA tatsächlich vom Mammut, und beim Höhlenbären lag dieser Anteil bei rund 3,1 Prozent. Demnach waren die früheren Ergebnisse unserer Zusammenarbeit mit Eddy, bei denen wir nach der Klonierung der DNA aus den Höhlenbären rund fünf Prozent Höhlenbärensequenzen gefunden hatten, recht gut. Drei oder fünf Prozent hört sich nicht nach viel an, aber insgesamt besaßen wir jetzt 73172 verschiedene Sequenzen aus der Mammut-DNA und 61667 Sequenzen von Höhlenbären. Demnach hatte das Verfahren von 454 in einem einzigen Experiment, in dem wir noch nicht einmal den ganzen Extrakt verbraucht hatten, nahezu zehnmal so viele Daten geliefert wie zuvor in Berkeley die Klonierung der Höhlenbären-DNA mit Bakterien. Mir schien das ein echter Durchbruch zu sein, aber die Methode war nicht frei von Risiken. Mit dem ursprünglichen, PCR-gestützten Verfahren konnten wir die Experimente viele Male wiederholen und damit einerseits sicherstellen, dass wir die gleichen Sequenzen hatten, und andererseits auch Fehler in ihnen nachweisen. Mit der neuen Methode sahen wir jede Sequenz nur einmal, und da beide Genome so groß waren, würde unter unseren Sequenzen wahrscheinlich keine zweite Kopie des gleichen Abschnitts aus dem Mammut- oder Höhlenbärengenom auftauchen. Deshalb konnten wir nicht sofort herausfinden, wie sich die chemischen Schäden der alten DNA und die daraus erwachsenen Sequenzfehler auf unsere Befunde auswirkten.

Allerdings war der Nachweis von Fehlern kein neues Problem, und einige Fortschritte hatten wir bereits erzielt. Einige Jahre zuvor, 2001, hatte Michael Hofreiter, der damals als Doktorand in meinem Labor arbeitete, zusammen mit anderen aus der Arbeitsgruppe gezeigt, dass die häufigste Form von DNA-Schäden, die zu Fehlern in alten DNA-Sequenzen führt, der Verlust einer Aminogruppe aus dem Nucleotid Cytosin ist. Er spielt sich spontan immer dann in der DNA ab, wenn Wasser in geringen Mengen vorhanden ist. Wenn das Cytosin (C) seine Aminogruppe verliert, wird es zu Uracil, einem Nucleotid, das normalerweise in der RNA vorkommt. Die DNA-Polymerasen behandeln es wie ein T. Wenn wir unsere Mammut- und Höhlenbärensequenzen mit denen von Elefanten und Hunden verglichen, konnten wir überprüfen, ob an Stellen, an denen bei den heutigen Tieren ein C steht, überproportional viele Ts zu beobachten sind. Eine solche übermäßige Häufigkeit konnten wir eindeutig beobachten. Zu unserer Verwunderung erkannten wir auch eine schwächere Zunahme des Guanins (G) im Verhältnis zum A, was darauf schließen ließ, dass in alter DNA nicht nur die Cs, sondern auch die As ihre Aminogruppen verlieren. Um diese Vorstellung zu überprüfen, bauten wir in künstliche DNA-Moleküle Cs und As ohne ihre jeweiligen Aminogruppen ein, und dann untersuchten wir, wie sie von der DNA-Polymerase abgelesen werden, mit der

454 Life Sciences bei der Pyrosequenzierung die DNA vervielfältigt. Dieses Enzym las nicht nur Cs ohne Aminogruppe als Ts, sondern auch As ohne Aminogruppe als Gs. Wir schrieben darüber einen Artikel, der im September 2006 schließlich in den *Proceedings of the National Academy of Sciences* erschien.[45] Wenig später stellte sich jedoch heraus, dass wir unrecht hatten.

Mittlerweile hatten sich zwischen meiner Arbeitsgruppe und der von Rubin in Berkeley unterschwellige Spannungen entwickelt. Für uns in Leipzig war jetzt klar, dass die Pyrosequenzierung mindestens zehnmal leistungsfähiger war als die Klonierung in Bakterien. Für uns hatte es den Anschein, als würde der Klonierungsprozess zu großen DNA-Verlusten führen, und zwar vermutlich in dem Schritt, in dem die Bakterien dazu veranlasst wurden, die DNA aufzunehmen. Eddy dagegen war überzeugt, dass die geringe Effizienz in dem Experiment mit der Höhlenbären-DNA ein Ausreißer war. Diese Ansicht vertrat er in den Telefonkonferenzen, die wir mit seiner Gruppe abhielten, mit seinem charakteristischen Temperament. Ich war wegen der Meinungsverschiedenheiten hin- und hergerissen. Offensichtlich erschien es jetzt nach vielen Jahren der Frustration nicht nur möglich, eine Sequenz des gesamten Neandertalergenoms zu erstellen, sondern es gab sogar mehrere Wege zu diesem Ziel. Nach meinem Eindruck ließ sich das Projekt aber nur durchführen, wenn wir dazu die Knochen nicht kilogrammweise brauchten, was Eddys Verfahren erfordert hatte; vielmehr mussten wenige Gramm ausreichen. Das Pyrosequenzierungsverfahren von 454 schien sich schon jetzt dafür zu eignen, aber schließlich konnte Eddy mich überreden, der Klonierung in Bakterien noch einmal eine Chance zu geben. Also entschloss ich mich, die beiden Methoden – Klonierung in Bakterien und direkte Sequenzierung der Moleküle – nebeneinander zu erproben, und das mit echtem Material: mit der DNA von Neandertalern.

Wir präparierten zwei Extrakte aus Vi-80, der Knochenprobe eines Neandertalers, die wir für unsere beste hielten. Einen sehr variablen Teil ihrer Mitochondrien-DNA hatte David Serre bereits 2004 sequenziert. Mitte Oktober 2005 schickten wir einen Extrakt zur unmittelbaren Sequenzierung an Michael Egholm und seine Mannschaft bei 454 Life Sciences und einen zweiten an Eddy Rubins Gruppe, wo er in Bakterien kloniert und dann sequenziert werden sollte. Die Extrakte hatte Johannes Krause in unserem Reinraum hergestellt. Sie an die Labors in Connecticut und Kalifornien zu schicken, wo sie verunreinigt werden konnten, war nervenaufreibend. Wenn die Tests einmal erwiesen hatten, welche Methode die beste war, mussten wir sie in unserem eigenen Reinraum etablieren.

Inzwischen war Adrian Briggs, ein anderer neuer Doktorand, zu unserer Gruppe gestoßen. Er hatte gerade sein Studium in Oxford abgeschlossen und war der Neffe des bekannten Primatenforschers Richard Wrangham von der Harvard University. Sowohl seine familiäre Herkunft als auch seine Oxbridge-Ausbildung hatten in mir die Befürchtung geweckt, er könnte sich als arroganter Snob herausstellen, aber diese Ängste erwiesen sich als völlig unbegründet. Und was noch besser war: Adrian verfügte über eine verblüffende Fähigkeit, quantitativ über Probleme nachzudenken, wie kein anderer in unserer Gruppe es vermochte. Das Beste dabei: Obwohl er Fragestellungen schneller und präziser durchdenken konnte als wir anderen, vermittelte er uns nie das Gefühl, wir seien dumm. Während ich nur vermutete, dass bei der Herstellung der Höhlenbären-Bibliotheken in Berkeley der größte Teil der DNA verloren gegangen war, berechnete Adrian, dass nur 0,5 Prozent der DNA, die wir an Eddy Rubins Gruppe geschickt hatten, sich tatsächlich in den von ihr produzierten Bakterienbibliotheken wiederfand. Auch etwas anderes hatte Adrian berechnet: Um die mehr als drei Milliarden Basenpaare eines Höhlenbären- oder Neandertalergenoms zu sequenzieren, würden wir rund 600 Millionen Bakterienklone isolieren und sequenzieren müssen, was selbst in Eddys Joint Genome Institute eine logistische Unmöglichkeit war. Damit standen meine Befürchtungen, was die Klonierung anging, nun auf einer handfesten Grundlage; ganz offensichtlich war das Verfahren der Klonierung in Bakterien nicht annähernd so leistungsfähig, dass wir damit das Neandertalergenom hätten entschlüsseln können. Im Januar 2006 präsentierte Adrian in einer recht angespannten Telefonkonferenz seine Befunde der Gruppe von Eddy. Dieser aber hatte immer noch den Eindruck, mit ihren Höhlenbärenbibliotheken sei etwas schiefgegangen. Parallel dazu liefen die Arbeiten sowohl bei 454 als auch in Eddys Labor weiter.

Allerdings waren wir nicht die Einzigen, die daran dachten, die Pyrosequenzierung mit alter DNA auszuprobieren. Anfang 2006, als Ed Green gerade eifrig unsere Daten von den Höhlenbären und Mammuts analysierte, erschien in *Science* ein Artikel meines früheren Doktoranden Hendrik Poinar, der jetzt an der McMaster University in Ontario tätig war und mit Stephan Schuster von der Penn State University zusammengearbeitet hatte. Die beiden hatten die Pyrosequenzierung unmittelbar auf einen DNA-Extrakt angewandt, genau wie wir es zusammen mit 454 Life Sciences getan hatten, und auf diese Weise 28 Millionen Nucleotide aus der DNA eines Mammuts aus dem Permafrost ermittelt.[46] Ich war froh darüber, dass ein früherer Student daran arbeitete, auch wenn unsere Gruppe enttäuscht war, dass wir nicht als Erste die Sequenz einer alten DNA mit der Pyrosequenzierung aufgeklärt hatten. Wir besaßen schon seit vielen Monaten die Daten aus den Mammut- und Höhlenbärenknochen, hatten aber im Gegensatz zu den Autoren des *Science*-Artikels viel Zeit auf zwei Dinge verwendet: auf die Klärung der Frage, wie man die Daten am besten in Einklang mit den Referenzgenomen bringt, und auf Überlegungen darüber, wie sich Sequenzfehler auf die Ergebnisse auswirken würden. Dennoch war Hendriks

Artikel ein weiterer Beleg, dass die direkte Sequenzierung den richtigen Weg darstellte. Außerdem zeigte er wieder einmal, dass Material aus dem Permafrost manchmal erstaunlich gut erhalten ist. Etwa die Hälfte der DNA in Hendriks Probe stammte aus dem Mammut; das war weitaus mehr, als wir von den Neandertalern erwarten konnten – wir waren froh, wenn unser Extrakt ein bis zwei Prozent Neandertaler-DNA enthielt. Außerdem machte Hendriks Artikel ein Dilemma der Wissenschaft deutlich: Wenn man alle Analysen und Experimente anstellt, die notwendig sind, um eine vollständige Aussage zu machen, kommen einem leicht jene zuvor, die bereit sind, eine weniger vollständige Geschichte zu veröffentlichen und dennoch die wichtigste Aussage zu treffen, die man selber vermitteln wollte. Selbst wenn man anschließend einen besseren Artikel publiziert, hat man nach allgemeiner Ansicht nur noch die Details zusammengekehrt, nachdem ein anderer den eigentlichen Durchbruch erzielt hat. Über dieses Thema diskutierten wir in unserer Gruppe ausführlich, nachdem Hendriks Artikel erschienen war. Manche Mitarbeiter vertraten die Ansicht, wir hätten früher veröffentlichen sollen. Am Ende erschienen die Analysen unserer Höhlenbären- und Mammutsequenzen im September 2006 in den *Proceedings*, und dort zogen wir – Ironie des Schicksals – falsche Schlussfolgerungen über desaminierte As, die Mutationen in den Sequenzen entstehen lassen.[47]

Am Cold Spring Harbor Laboratory auf Long Island findet jedes Jahr im Mai eine Tagung über Genomforschung statt. Die Veranstaltung ist das inoffizielle Gipfeltreffen aller Genomexperten aus der ganzen Welt, und von den Vorträgen wird erwartet, dass neue, noch nicht veröffentlichte Befunde präsentiert werden. Das Ganze ist in der Regel eine angespannte Angelegenheit: Sie ist geprägt durch die Rivalitäten zwischen den Genomforschungszentren, und manchmal schwappen Konflikte und Aggressionen über, die aus dem Wettlauf um die Sequenzierung des menschlichen Genoms erwachsen sind.

Die Genomforschungstagung des Jahres 2006 war für mich noch intensiver als sonst. Wir hatten gerade sowohl von 454 Life Sciences als auch von Rubins Gruppe aus Berkeley neue Ergebnisse der Neandertaler-Sequenzierung erhalten und einige vorläufige Analysen vorgenommen. Mit meinem Vortrag verfolgte ich zwei Ziele. Erstens wollte ich den Vergleich der beiden unterschiedlichen Methoden zur Sequenzierung alter DNA erläutern, und zweitens wollte ich einen Fahrplan dafür vorlegen, wie man die gesamte Sequenz des Genoms der Neandertaler und anderer ausgestorbener Lebewesen gewinnen kann. Die Ergebnisse bestätigten, dass die direkte Pyrosequenzierung das Verfahren der Zukunft war, und deshalb lag darauf das Schwergewicht meiner Ausführungen.

Als ich in Cold Spring Harbor ankam, war ich ungewöhnlich nervös. Man hatte mich in einem kleinen, spartanischen Zimmer auf dem Institutsgelände untergebracht, eine Ehre, die nur regelmäßigen Tagungsteilnehmern zuteilwird; alle anderen müssen mit Bussen von weit entfernten Hotels anreisen. Den ganzen Flug nach New York und die erste Nacht in meinem winzigen Zimmer brachte ich damit zu, meinen Vortrag vorzubereiten. Am nächsten Tag versammelte ich alle aus meinem Labor, die an der Tagung teilnahmen, und hielt in einem abgelegenen Korridor einen Übungsvortrag. Ich hatte das Gefühl, dieser Vortrag würde darüber bestimmen, was wir in den nächsten Jahren zu tun hatten.

Wenn man einen wissenschaftlichen Vortrag hält, hat man nur selten die ungeteilte Aufmerksamkeit des Publikums. In dieser Hinsicht ist auch das Genome Biology Meeting in Cold Spring Harbor keine Ausnahme. Ich hatte dort zuvor schon viele Vorträge gehalten, und meist hatte ich zusehen können, wie etliche der rund 600 Menschen im Saal mit ihren Laptops herumspielten und entweder an ihren eigenen Vorträgen arbeiteten oder

E-Mails an Kollegen schickten – oder sie nickten aufgrund der gemeinsamen Wirkung des Jetlag und zu vieler detaillierter Vorträge ein. Dieses Mal war es anders. Als ich mich durch die Daten von Mammuts und Höhlenbären zu den Befunden über die Neandertaler vorarbeitete, konnte ich spüren, dass ich die absolute, ungeteilte Aufmerksamkeit der Zuhörer genoss. Als letztes Bild zeigte ich eine Karte der menschlichen Chromosomen, auf der kleine Pfeile andeuteten, zu welchen Abschnitten die Zehntausende von DNA-Stücken, die wir aus dem Neandertaler sequenziert hatten, passten. Als das Bild aufleuchtete, hörte ich im Publikum so etwas wie ein Keuchen. Unsere Sequenzen machten insgesamt nur ungefähr 0,0003 Prozent des Neandertalergenoms aus, aber eines war allen klar: Wir hatten gezeigt, dass man jetzt – zumindest im Prinzip – alles sequenzieren konnte.

Kapitel 11

Das Genomprojekt beginnt

Als ich an jenem Abend in mein kleines Zimmer am Cold Spring Harbor Laboratory zurückgekehrt war, legte ich mich auf das Bett und starrte an die Decke. Bisher hatte ich eine schöne – man könnte sogar sagen: eine nicht unbedeutende – Berufslaufbahn hinter mich gebracht. Ich hatte eine Forschungs-Dauerstelle mit solider Finanzierung, arbeitete an interessanten Projekten und erhielt mehrmals im Jahr Vortragseinladungen aus der ganzen Welt. Jetzt hatte ich mich weit aus dem Fenster gelehnt und öffentlich versprochen, das Neandertalergenom zu sequenzieren. Wenn es gelang, würde es sicher meine bis dahin größte Leistung darstellen, aber wenn wir scheiterten, wäre es auch eine öffentliche Peinlichkeit, mit der meine Karriere mit ziemlicher Sicherheit zu Ende wäre. Und ich wusste, dass der Erfolg nicht so einfach zu erzielen war, wie ich es in meinem Vortrag dargestellt hatte. Er hing vielmehr von drei Voraussetzungen ab: von vielen 454-Sequenzierautomaten, viel mehr Geld und guten Neandertalerknochen. Nichts davon hatten wir, aber das war glücklicherweise offenbar niemandem klar. Ich selbst jedoch wusste es nur allzu gut; ich lag lange wach im Bett, und mir ging alles durch den Kopf, was wir brauchten, um das Projekt möglich zu machen.

Oberste Priorität hatte der Zugang zu zahlreichen Sequenzierautomaten von 454 Life Sciences. Zu diesem Zweck war es naheliegend, Jonathan Rothberg in Branford in Connecticut aufzusuchen – der Ort ist nicht weit von Cold Spring Harbor entfernt. Am nächsten Morgen beim Frühstück sammelte ich die entscheidenden Personen um mich, die an unserem Neandertaler-Projekt mitarbeiteten und die auch alle bei der Tagung anwesend waren: Ed Green, Adrian Briggs und Johannes Krause. Nach dem Frühstück stiegen wir in meinen Mietwagen und machten uns auf den Weg nach Branford. Ich habe eine bedauerliche Neigung, zu viele Dinge in zu wenig Zeit zu quetschen, und deshalb komme ich zu Verabredungen, Flügen und anderen Terminen chronisch zu spät. Auch dieser Ausflug machte da keine Ausnahme. Als wir im Norden von Long Island in Richtung Port Jefferson fuhren, merkten wir, dass wir vermutlich die Fähre über den Long Island Sound nach Bridgeport verpassen würden. Und dann waren wir gerade noch das letzte Auto, das auf das Schiff gequetscht wurde – als wir abfuhren, hing das Heck des Wagens sogar über dem Wasser. Ich sah darin ein gutes Omen.

Es war der erste Besuch bei 454 Life Sciences, mehrere weitere sollten folgen. Jonathan Rothberg war im persönlichen Gespräch ebenso temperamentvoll und voller wunderlicher Ideen wie am Telefon. Das Gegengewicht bildete Michael Egholm, ein pragmatischer Däne, der sich um Machbarkeitsprüfungen kümmerte und die Dinge zum Laufen brachte. Im weiteren Verlauf des Projekts lernte ich, beide Männer ungeheuer zu schätzen; Jonathans Visionen und Michaels erdgebundener Pragmatismus ergänzten sich großartig. An jenem Tag ging es in unseren Gesprächen vor allem um die Frage, welche Voraussetzungen notwendig waren, um das Neandertalergenom zu sequenzieren. Eines war klar: Wir würden das »Schrotschussverfahren« anwenden, das Craig Venter eingeführt und in seinem Unternehmen Celera für dessen Beitrag zur Sequenzierung des menschlichen Genoms eingesetzt hatte: Man sequenziert Zufallsfragmente und setzt sie dann zusammen, indem man mit Computerhilfe nach Überlappungen zwischen ihnen sucht. Eine Hauptschwierigkeit hat dabei mit den »repetitiven« DNA-Sequenzen im Genom zu tun; solche sich wiederholenden Sequenzen machen ungefähr die Hälfte des Genoms von Menschen und Menschenaffen aus. Die meisten repetitiven Sequenzen sind etliche Hundert oder auch einige Tausend Nucleotide lang und kommen im Genom nicht nur vereinzelt, sondern unter Umständen mehrere Tausend Mal vor. Für das Schrotschussverfahren verwendet man deshalb in der Regel keine kurzen DNA-Fragmente, sondern längere Abschnitte: Dann kann man solche Wiederholungssequenzen mit Fragmenten »überbrücken«, die sie beiderseits des wiederholten Abschnitts an Sequenzen »verankern«, die nur einmal vorhanden sind. Auf diese Weise kann man herausfinden, wo die wiederholten Elemente im Genom angeordnet sind. Unsere alte DNA jedoch war bereits in kurze Stücke zerbrochen. Deshalb wollten wir das menschliche Referenzgenom (das erste menschliche Genom, das im Rahmen des staatlich geförderten Genomprojekts sequenziert worden war) als Vorlage zur Rekonstruktion der Neandertaler-Sequenzen verwenden. Das würde klappen, wenn die betreffenden Sequenzen im Genom nur einmal vorkamen, wir konnten aber nicht darauf hoffen, die Sequenzen aller repetitiven Teile zu ermitteln. Mir schien das ein geringfügiges Opfer zu sein: Meist sind die nur einmal vorhandenen Sequenzen auch die interessantesten Teile eines Genoms, denn sie enthalten die Mehrzahl der Gene mit gut untersuchten Funktionen.

Außerdem mussten wir entscheiden, welchen Anteil des Genoms wir sequenzieren wollten. Vor dem Besuch bei 454 Life Sciences hatte ich mich entschlossen, ungefähr drei Milliarden Nucleotide aus unseren Neandertalerknochen zu analysieren. Dieses Ziel orientierte sich vor allem daran, was ich für möglich hielt, außerdem war dies ungefähr die Größe des menschlichen Genoms. Da die alte DNA so stark zerstückelt war, würden wir die Sequenzen vieler Genomabschnitte nur einmal untersuchen können; andere würden uns zweimal aus zwei unabhängigen Fragmenten zur Verfügung stehen, andere dreimal, und so weiter. Es bedeutete aber auch, dass wir viele Teile des Genoms überhaupt nicht zu Gesicht bekommen würden, einfach weil kein von uns sequenziertes DNA-Fragment sie zufällig enthielt. Statistisch konnten wir damit rechnen, dass wir zwei Drittel des Gesamtgenoms mindestens einmal erfassen würden, ein weiteres Drittel würden wir also nicht untersuchen können. In der Sprache der Genomforschung bezeichnet man dies als eine einfache Abdeckung, weil jedes Nucleotid statistisch die Chance hat, einmal erfasst zu werden. Nach meinem Eindruck war die einfache Abdeckung ein realistisches Ziel, und sie würde uns einen guten Überblick über das Neandertalergenom verschaffen. Was dabei wichtig war: Das so erfasste Genom würde eine Art Zwischenstation darstellen. Wenn man später weitere Sequenzen aus anderen Neandertalern analysieren konnte, würden diese zusammen mit unseren eine höhere »Abdeckung« ermöglichen, bis am Ende das gesamte Genom – oder zumindest seine nicht repetitiven Teile – erfasst war.

Ich hatte uns also ein mehr oder weniger willkürliches Ziel gesetzt. Im Vergleich mit den Anstrengungen, die man zur Sequenzierung moderner Genome unternahm, war es außerdem ein recht bescheidenes Ziel, denn solche Projekte strebten eine mindestens zwanzigfache Abdeckung an. Dennoch war es eine gewaltige Aufgabe. Unsere besten Extrakte bestanden nur zu vier Prozent aus Neandertaler-DNA. Ich ging davon aus, dass wir weitere derart gute Knochen finden konnten, und hoffte, dass einige davon vielleicht sogar ein wenig mehr Neandertaler-DNA enthielten; wenn wir annahmen, dass der Durchschnittswert bei vier Prozent blieb, müssten wir insgesamt 75 Milliarden Nucleotide sequenzieren, um auf unsere drei Milliarden Neandertaler-Nucleotide zu kommen. Und da unsere Fragmente mit durchschnittlich 40 bis 60 Nucleotiden sehr kurz waren, summierte sich die Aufgabe auf 3000 bis 4000 Läufe der neuen Sequenzierautomaten. Das hätte bedeutet, dass die gesamte Kapazität von 454 Life Sciences für viele Monate mit dem Neandertaler-Projekt ausgelastet wäre, und wenn wir normale Listenpreise bezahlen mussten, konnten wir daran nicht einmal denken.

Über all das sprachen Ed, Adrian, Johannes und ich mit Jonathan und Michael. Das Projekt hatte ganz offensichtlich nicht nur für Jonathan seinen Reiz, sondern auch für das Unternehmen 454 Life Sciences: Es hatte das Potenzial, nicht nur wahrhaft einzigartige Erkenntnisse über die Evolution des Menschen zu gewinnen, sondern auch – viel pragmatischer – der Technologie der Firma größere Aufmerksamkeit zu sichern. Ich erklärte mich freudig damit einverstanden, Mitarbeiter des Unternehmens als echte wissenschaftliche Partner zu akzeptieren und mit uns zusammen als Autoren auf zukünftigen Veröffentlichungen zu nennen, aber das bedeutete nicht, dass wir die Sequenzierung umsonst bekommen würden. Am Ende einigten wir uns auf einen Preis: fünf Millionen Dollar. Ich wusste nicht genau, ob das eine gute oder eine schlechte Nachricht war. Es war mehr Geld, als ich vermutlich aufbringen konnte, aber es war keine völlig undenkbare Summe. Wir sagten, wir würden nach Hause fahren und darüber nachdenken.

Nach den Verhandlungen bot Jonathan unserer Vierergruppe Sandwiches und Limonade an, und dann fragte er, ob wir sein Haus sehen wollten, bevor wir zu der Tagung nach Cold Spring Harbor zurückfuhren. Wir stimmten zu. Nach dem späten Mittagessen fuhren wir zu ihm nach Hause. Ich war in bescheidenen Verhältnissen aufgewachsen, und meine Mutter, die am Ende des Zweiten Weltkrieges vor der sowjetischen Invasion in Estland geflohen war, hatte mir eine sehr pragmatische Lebenseinstellung vermittelt. Deshalb lasse ich mich durch Luxus nicht ohne Weiteres beeindrucken. Aber der Besuch bei Jonathan blieb mir sehr lebhaft in Erinnerung, obwohl wir sein Haus nicht einmal zu sehen bekamen. Wir besichtigten nur das Gelände auf einer Halbinsel am Long Island Sound, an dem er lebte. Am Strand hatte er ein genaues Duplikat von Stonehenge nachgebaut – nur dass es aus norwegischem Granit bestand und deshalb schwerer war als das Original; außerdem war es geringfügig abgewandelt, so dass die Sonne an den Geburtstagen seiner Angehörigen zwischen den Steinen hindurchschien. Als wir zwischen den riesigen Monolithen herumliefen, wandte sich Jonathan zu mir und sagte: »Jetzt halten Sie mich wahrscheinlich für verrückt.« Natürlich stritt ich es ab, und das nicht nur aus Höflichkeit. Für verrückt hielt ich Jonathan wirklich nicht. Er war zutiefst fasziniert von antiker Geschichte, und was noch wichtiger war: Er hatte große Ideen und war in der Lage, seine Träume wahr werden zu lassen. Sein Stonehenge in Connecticut war in meinen Augen ein weiteres gutes Omen für unser Vorhaben.

Am nächsten Tag waren wir wieder in Cold Spring Harbor. Konzentrieren konnte ich mich überhaupt nicht. Fünf Millionen Dollar waren ungefähr das Zehnfache eines großen Forschungsstipendiums in Deutschland. Die Max-Planck-Gesellschaft stattet ihre Institutsdirektoren großzügig mit Finanzmitteln aus, damit sie sich auf die Forschung konzentrieren können und nicht ständig Anträge schreiben müssen, aber fünf Millionen Dollar waren mehr als der gesamte Jahresetat meines Instituts. Ich befürchtete, wir würden das Projekt aus schlichtem Geldmangel einem anderen Genomzentrum überlassen müssen. Dann fiel mir Herbert Jäckle wieder ein, der Entwicklungsbiologe, der mich 1989, als er Professor für Genetik in München war, zu dem Umzug nach Deutschland überredet hatte. Auch er war mittlerweile an ein Max-Planck-Institut gewechselt, das Institut für Biophysikalische Chemie in Göttingen. Außerdem hatte er eine wichtige, aber inoffizielle Rolle gespielt, als es darum ging, mich 1997 zum Umzug von München nach Leipzig zu bewegen und mich am

Aufbau des Instituts für Evolutionäre Anthropologie zu beteiligen. Seit ich nach Deutschland gekommen war, hatte Herbert mir immer, wenn sich in meiner Wissenschaftlerlaufbahn ein wichtiger Wendepunkt abzeichnete, mit Rat und Tat zur Seite gestanden. Jetzt war er Vizepräsident des biologisch-medizinischen Zweiges der Max-Planck-Gesellschaft. Glücklicherweise ist die Gesellschaft eine Forschungsinstitution, in der nicht Beamte oder Politiker das Sagen haben, sondern Wissenschaftler wie Herbert. An jenem Nachmittag entschloss ich mich, ihn von Cold Spring Harbor aus anzurufen.

Ich rufe Herbert nicht oft an, und deshalb war ihm nach meiner Vermutung sofort klar, dass es sich dieses Mal um eine wichtige, dringende Angelegenheit handelte. Als ich ihn am Apparat hatte, erläuterte ich ihm unsere Überlegungen über die Machbarkeit einer Sequenzierung des Neandertalergenoms und die Kosten; dann bat ich ihn um einen Rat, wie ich in Europa so viel Geld auftreiben könne. Er sagte, er werde darüber nachdenken und sich in ein paar Tagen wieder melden. Am nächsten Tag flog ich, hin- und hergerissen zwischen Hoffnung und Verzweiflung, zurück nach Leipzig. Vielleicht konnten wir einen reichen Wohltäter finden, aber wie findet man solche Leute?

Herbert hielt Wort: Zwei Tage nach meiner Rückkehr rief er mich an. Er erklärte, die Max-Planck-Gesellschaft habe kürzlich einen Innovationsfonds zur Förderung außergewöhnlicher Forschungsprojekte aufgelegt. Er habe mit dem Präsidenten der Gesellschaft über unser Projekt gesprochen, und die Gesellschaft sei – jedenfalls prinzipiell – bereit, uns mit den geforderten fünf Millionen, über drei Jahre verteilt, zu fördern. Man habe das Geld sogar bereits reserviert und warte nur noch auf einen schriftlichen Antrag, der dann von Experten des Fachgebiets begutachtet werden musste. Ich war vollkommen verblüfft und kann mich nicht einmal erinnern, ihm angemessen gedankt zu haben, bevor ich auflegte. Das war die alles entscheidende Nachricht! Ich lief aus meinem Arbeitszimmer ins Labor und plapperte sie gegenüber allen heraus, die mir begegneten. Dann setzte ich mich sofort hin und entwarf einen Antrag; darin beschrieb ich, welche Befunde und Berechnungen uns davon überzeugt hatten, dass wir das Neandertalergenom innerhalb von drei Jahren sequenzieren konnten, wenn wir über genügend Finanzmittel verfügten.

Am Ende des Antrags musste ich einen Finanzplan vorlegen. Als ich daranging, ihn auszuarbeiten, kam mir eine äußerst peinliche Erleuchtung. Ich hatte Herbert von den Vereinigten Staaten aus angerufen und gesagt, wir würden für das Projekt »fünf Millionen« brauchen; dabei hatte ich an US-Dollar gedacht. Herbert in Europa musste geglaubt haben, dass ich fünf Millionen Euro meinte. Ich war fast sicher, dass er sogar gesagt hatte, die Max-Planck-Gesellschaft habe »fünf Millionen *Euro*« für das Projekt reserviert, aber ich war zu aufgeregt gewesen und hatte es nicht richtig wahrgenommen. Bei den damaligen Wechselkursen entsprach dieser Betrag sechs Millionen US-Dollar. Was sollte ich tun? Vielleicht konnte ich den Etat in aller Stille so erhöhen, dass ein um 20 Prozent höherer Betrag herauskam – aber das wäre unredlich gewesen und hätte sogar herauskommen können, wenn wir einen Vertrag mit 454 unterzeichneten. Ich rief Herbert an und erklärte ihm mit beträchtlicher Verlegenheit die Situation. Er lachte nur. Dann erkundigte er sich, ob wir nicht in Leipzig noch zusätzliche Kosten haben würden, die über den Betrag, den wir an 454 Life Sciences bezahlen würden, hinausgingen. Natürlich hatten wir solche Kosten. Wir mussten die DNA aus vielen Fossilien gewinnen, um die guten Exemplare zu finden, und alle mit eigenen Sequenzierungsexperimenten testen. Dazu mussten wir von 454 einen eigenen Sequenzierautomaten kaufen, und wir brauchten die Reagenzien, um ihn zu betreiben. Mit dem Unterschied, der sich aus dem Wechselkurs ergab, konnten wir das Projekt wirklich voranbringen. Ich war erleichtert und schrieb einen Finanzplan, der auch die erforderlichen Arbeiten in unserem Institut in Leipzig enthielt.

In der Zwischenzeit hatte Eddy Rubins Arbeitsgruppe in Berkeley eine Bakterienbibliothek des gesamten Neandertalerextrakts hergestellt, den wir dorthin geschickt hatten. Eddys Postdoc Jim Noonan hatte jeden Tropfen sequenziert. Damit hatten sie insgesamt etwas über 65 000 Basenpaare analysiert. In Branford hatte man ungefähr sieben Prozent des Extrakts verwendet, den wir zur Verfügung gestellt hatten, und damit rund eine Million Basenpaare sequenziert. Wie Adrian es prophezeit hatte, war also das Verfahren der direkten Sequenzierung ungefähr 200-mal leistungsfähiger, was die Erstellung von DNA-Sequenzen aus einem Extrakt betraf. Eddy beharrte dennoch darauf, seine Methode könne bessere Leistungen erbringen und wir sollten ihm weiterhin Extrakte schicken. Damit standen wir vor einer grundlegenden Meinungsverschiedenheit. Ein wenig beunruhigt gelangte ich zu der Erkenntnis, dass wir nicht mehr guten Gewissens weitere Extrakte nach Berkeley schicken konnten, wenn wir aus jedem Extrakt, den wir in Branford analysieren ließen, weitaus mehr Daten gewannen. Aber ich schob die Entscheidung auf; nach meiner Überzeugung würde auch Eddy einsehen, dass die Bakterienklonierung wenig effizient war, wenn wir in einem Manuskript die Ergebnisse beschrieben, die wir mit den beiden Verfahren gewonnen hatten.

Mittlerweile konnte ich mir aber nicht mehr vorstellen, wie man angesichts der beiden völlig unterschiedlichen Methoden, der ganz unterschiedlichen Datenmengen und der Meinungsverschiedenheiten mit Eddy über den Nutzen der Bakterienbibliotheken auch nur einen einzigen Artikel schreiben sollte. Also entschlossen wir uns, zwei Veröffentlichungen zu verfassen. Die eine wurde von Eddy mit uns als Co-Autoren veröffentlicht, die andere von uns und Michael Egholm, Jonathan Rothberg und den übrigen Mitarbeitern bei 454. In Eddys Artikel stand: »Die geringe Abdeckung in der Bibliothek NE1 ist wahrscheinlich eher auf die Qualität dieser einzelnen Bibliothek zurückzuführen und kein allgemeines Merkmal alter DNA.« Damit äußerte er die Vermutung, es werde besser funktionieren, wenn man mehr Bibliotheken zusammenstellte. Angesichts der Tatsache, dass auch die Bibliotheken der Höhlenbären sich zuvor als ebenso ineffizient erwiesen hatten, teilte ich diese Einschätzung nicht, aber wir blieben höflich. Eddy reichte den Artikel im Juni bei *Science* ein, im August wurde er angenommen. Da wir für unsere Publikation über die 454-Methode viel mehr Daten zu analysieren hatten, konnten wir sie erst im Juli an *Nature* schicken. Großzügigerweise vereinbarte Eddy mit *Science*, dass der Artikel über die Klonierung erst veröffentlicht werden sollte, wenn auch der über das Verfahren von 454 bei *Nature* begutachtet und angenommen war; auf diese Weise konnten beide Artikel in derselben Woche erscheinen.

Währenddessen trafen wir die Vorbereitungen für die erhoffte Produktion zahlreicher Neandertaler-Sequenzen. Als Erstes sorgte ich dafür, dass 454-Sequenzbibliotheken in unserem Reinraum in Leipzig hergestellt wurden, damit die kostbaren, verunreinigungsanfälligen DNA-Extrakte unser Labor nicht verlassen mussten. Außerdem verwendete ich einen Teil der neuen Finanzmittel für die Bestellung eines 454-Sequenzierautomaten, damit wir die Bibliotheken testen konnten. Dann schmiedeten Michael Egholm und ich einen Plan. Wir würden DNA-Extrakte aus Knochen gewinnen, 454-Sequenzbibliotheken in unserem Reinraum herstellen und diese mit unserem neuen Sequenzierautomaten testen. Wenn wir dabei auf vielversprechende Bibliotheken stießen, würden wir sie zur eigentlichen Sequenzierung nach Branford schicken. Die Sequenzierung sollte stufenweise erfolgen, und wir würden jeweils nach der Analyse einer bestimmten Zahl von Neandertaler-Nucleotiden in Raten zahlen. Dieser Vorschlag kam von mir, und zu meiner Verblüffung ging 454 darauf ein, obwohl sich in unseren früheren Arbeiten gezeigt hatte, dass die bisher beste Bibliothek nur vier Prozent Neandertaler-DNA und 96 Prozent unerwünschte DNA aus Bakterien, Pilzen und unbekannten Quellen enthielt. Welchen Prozentsatz an Neandertaler-DNA die Bibliotheken enthalten würden, die wir jetzt herstellen wollten, wussten wir noch nicht. Wenn sich herausstellte, dass es nicht vier Prozent, sondern nur ein Prozent war, würde 454 die vierfache Menge sequenzieren müssen, bevor das Unternehmen Geld bekam; der Vertrag sah ausschließlich vor, dass die Zahl der Neandertaler-Nucleotide und nicht die Gesamtzahl der Nucleotide (auch derer aus Bakterien) entscheidend war. Aber das bemerkten offenbar weder die Wissenschaftler bei 454 noch ihre Anwälte, die den Vertrag vor der Unterzeichnung prüften. In einem gewissen Sinn spielte es auch keine Rolle, denn eine weitere Vertragsklausel besagte, dass jede Partei die Zusammenarbeit jederzeit beenden konnte. Natürlich würden wir die Leute bei 454 nicht in alle Ewigkeit zwingen können, gegen ihren Willen weiterhin zu sequenzieren. Dennoch war das Abkommen offensichtlich viel besser, als wenn es vorgesehen hätte, dass eine bestimmte Anzahl von Nucleotiden unabhängig von ihrer Herkunft – Mikroorganismen oder Neandertaler – sequenziert werden sollte.

Ich hatte, was die Zusammenarbeit mit 454 anging, ein sehr gutes Gefühl. Wir ergänzten uns gegenseitig ausgezeichnet mit unseren jeweiligen Stärken, und mit den Mitarbeitern des Unternehmens zu sprechen, machte Spaß und war einfach. Es gab aber auch einen wichtigen Unterschied: 454 Life Sciences stand unter hohem Druck, sich in einem wachsenden Markt für Hochleistungs-Sequenzierungstechnologie durchzusetzen. Dabei würde starke Konkurrenz herrschen. Zwei andere Großunternehmen hatten bereits ebenfalls angekündigt, sie wollten Hochdurchsatz-Sequenzierautomaten verkaufen. Deshalb war man bei 454 stark an einer Werbewirkung des Neandertaler-Projekts interessiert, an dem das Unternehmen mitarbeitete, und diese Werbewirkung sollte nicht erst in zwei oder drei Jahren zum Tragen kommen, wenn das Neandertalergenom vermutlich sequenziert und veröffentlicht war, sondern so bald wie möglich. Michael Egholm berücksichtigte unsere Bedenken und Prioritäten, und genauso wollte ich auch seine Interessen ernst nehmen. Als wir den Vertrag mit 454 unterzeichneten, sagten wir zu, in unserem Institut in Leipzig am 20. Juli 2006, kurz nachdem wir den gemeinsamen Artikel bei *Nature* eingereicht hatten, eine Pressekonferenz abzuhalten. Michael und ein anderer leitender Manager von 454 flogen extra für die Veranstaltung nach Deutschland. Wir luden auch Harald Schmitz ein, den Kurator des Neandertaler-Typusexemplars, der uns 1997 die Proben aus dem Bonner Museum überlassen hatte. Er brachte eine Kopie des Neandertalerknochens mit, aus dem wir die ersten mtDNA-Sequenzen analysiert hatten. In einer Pressemitteilung wiesen wir darauf hin, dass wir die Methoden zur Analyse alter DNA, die unsere Arbeitsgruppe seit 20 Jahren entwickelt hatte, mit der neuen Hochdurchsatz-Sequenzierungstechnologie von 454 Life Sciences verbanden, um so das Neandertalergenom zu analysieren. Außerdem erwähnten wir auch, dass unsere Bekanntmachung rein zufällig fast auf den Tag genau 150 Jahre nach der Entdeckung des ersten Fossils im Neandertal erschien.

Die Pressekonferenz war eine aufregende Veranstaltung. Der Raum war voller Journalisten, und Medienvertreter aus der ganzen Welt verfolgten das Ereignis über das Internet. Wir erklärten, wir würden innerhalb von zwei Jahren ungefähr drei Milliarden Neandertaler-Nucleotide analysieren. Es war ein großartiger Gedanke: So weit hatte sich eine Tätigkeit entwickelt, mit der ich in dem Labor in Uppsala vor mehr als 20 Jahren heimlich begonnen hatte, wobei ich fürchtete, mein Doktorvater könne es herausfinden. Es war eine berauschende Zeit.

Es war aber auch eine Zeit des starken wissenschaftlichen und emotionalen Aufs und Abs. Ungefähr einen Monat nach der Pressekonferenz folgte ein Tiefpunkt. Die beiden Artikel von Eddys und unserer Arbeitsgruppe waren noch nicht erschienen, aber wir hatten unsere mit dem 454-Verfahren gewonnenen Erkenntnisse über den Neandertaler bereits Jonathan Pritchard mitgeteilt, einem jungen, ausgezeichneten Populationsgenetiker an der Universität Chicago, der Eddy Rubin bei der Analyse seiner weniger umfangreichen Daten aus klonierten Neandertaler-DNA-Fragmenten geholfen hatte. Wir erhielten eine E-Mail von Graham Coop und Sridhar Kudaravalli, zwei Postdocs aus Pritchards Gruppe. Sie waren beunruhigt wegen einer Gesetzmäßigkeit, die sie in den 454-Daten erkannt hatten: Insbesondere waren in den kürzeren DNA-Fragmenten mehr Unterschiede zum menschlichen Referenzgenom zu beobachten als in längeren Stücken. Ed Green aus unserer Gruppe bestätigte sehr schnell, dass sie recht hatten. Das war beunruhigend. Es konnte bedeuten, dass manche längeren Stücke nicht aus dem Genom des Neandertalers stammten, sondern Verunreinigungen mit moderner menschlicher DNA waren. Ich schrieb eine E-Mail an Eddy und berichtete, wir hätten in den Daten, die wir beim Test der 454-Methode gewonnen hätten, beunruhigende Gesetzmäßigkeiten erkannt. Wir kamen überein, ihnen unsere Daten im Austausch gegen ihre Befunde zu schicken. Nach dem Austausch schickte Jim Noonan sehr schnell eine E-Mail und erklärte, er habe das Gleiche gefunden, was wir und die Postdocs aus Chicago in den 454-Daten bereits entdeckt hatten.

Es schien, als müssten wir unseren *Nature*-Artikel, der bereits im Druck war, neu schreiben oder zurückziehen; in einer E-Mail an Eddy erklärte ich, wir würden so schnell wie möglich der Frage nachgehen, was da los war, um die Veröffentlichung seines Artikels nicht weiter zu verzögern. Schon als ich in Allan Wilsons Institut als Postdoc arbeitete, hatten wir einmal einen Artikel zurückgezogen, den *Nature* bereits angenommen hatte: Wir waren in unseren eigenen Analysen auf einen Fehler gestoßen, durch den sich unsere wichtigsten Schlussfolgerungen änderten. Ich fürchtete, wir würden ein weiteres Mal zu einem solchen Schritt gezwungen sein.

Jetzt herrschte in unserer Arbeitsgruppe hektische Aktivität. Die Vermutung, die von Jonathans Gruppe gefundenen Verteilungsmuster könnten auf eine gewisse Verunreinigung zurückzuführen sein, war nicht unvernünftig, eine Schätzung über das Ausmaß der Verunreinigung anzustellen, war jedoch alles andere als einfach. Andererseits wäre es aber auch ein schwerer Fehler gewesen, einfach davon auszugehen, dass das Problem in einer Verunreinigung lag. Wir waren uns nur allzu genau bewusst, dass wir viele Aspekte des Verhaltens kurzer, geschädigter alter DNA-Sequenzen im Vergleich zum menschlichen Referenzgenom noch nicht kannten. Vielleicht spielten außer Verunreinigungen auch andere Faktoren eine Rolle? Leider mussten wir schnell etwas unternehmen, denn unser Artikel war bereits im Druck, und Eddy war erpicht darauf, seinen eigenen zu veröffentlichen.

Ed war aufgefallen, dass die kürzeren Neandertaler-Fragmente laut unseren 454-Daten mehr G- und C-Nucleotide enthielten als die langen. Gs und Cs mutieren häufiger als A- und T-Nucleotide, ein solcher Überschuss könnte also in den kurzen (und GC-reichen) Sequenzen zu einer größeren Zahl von Unterschieden zwischen heutigen Menschen und Neandertalern führen als in den längeren (und AT-reichen) Abschnitten. Um diese Vermutung zu überprüfen, stellte Ed die kurzen und langen Neandertaler-Fragmente den entsprechenden Sequenzen im menschlichen Referenzgenom gegenüber und verglich die entsprechenden Sequenzen im Referenzgenom mit denen anderer heutiger Menschen. In diesen Vergleichen kamen Neandertaler-Sequenzen also überhaupt nicht vor, und dennoch zeigte sich, dass in den kürzeren menschlichen Sequenzen, die den kürzeren Neandertaler-Sequenzen entsprechen, mehr Unterschiede zu anderen menschlichen Sequenzen vorliegen als in den längeren. Dies ließ darauf schließen, dass die GC-reichen Sequenzen einfach schneller mutieren, was vielleicht eine Erklärung für die größere Zahl der Unterschiede in den kürzeren Sequenzen war. Bevor wir hier aber eine sichere Aussage machen konnten, mussten wir auch andere Faktoren berücksichtigen, insbesondere die Methode, mit der wir Neandertaler-Sequenzen mit der Sequenz des menschlichen Referenzgenoms in Übereinstimmung brachten. Ed fiel auf, dass man längere Fragmente der Neandertaler-DNA mit größerer Wahrscheinlichkeit der richtigen Position des menschlichen Genoms zuordnen konnte, einfach weil sie mehr Sequenzinformationen enthielten. Demnach handelte es sich vielleicht bei einem größeren Prozentsatz der kürzeren Fragmente tatsächlich um Bakterien-DNA, die nur zufällig einem Teil des menschlichen Referenzgenoms ähnelte. Das könnte dann auch zu der Beobachtung beitragen, dass die kürzeren Fragmente mehr Unterschiede zum Referenzgenom enthielten. Ein solches Phänomen hätte man in den Befunden über andere alte DNA – beispielsweise die der Mammuts – vielleicht übersehen, weil die Fragmente dort im Durchschnitt länger waren. Ich hatte jedoch ein sehr ungutes Gefühl. Es war, als entdeckten wir jeden Tag in unseren Analysen neue Unterschiede im Verhalten kurzer und langer DNA-Fragmente. Offensichtlich kannten wir noch nicht alle Vorgänge. Außerdem hatten wir noch nicht die Möglichkeit ausgeschlossen, dass unsere Proben durch die DNA heutiger Menschen verunreinigt waren.

Natürlich hatten wir potenzielle Verunreinigungen von vornherein mit in Betracht gezogen. In den Extrakten, die wir an Eddy und 454 geschickt hatten, hatten wir das Ausmaß der Verunreinigungen auf der Grundlage der mtDNA analysiert und festgestellt, dass es gering war. Wir wussten, dass Verunreinigungen auch in die Extrakte gelangt sein konnten, nachdem diese unser Labor verlassen hatten, und hatten einen entsprechenden Vorbehalt sogar in unser *Nature*-Manuskript geschrieben. Nach meiner Überzeugung war eine Analyse der vorhandenen mtDNA die einzige hieb- und stichfeste Methode, Verunreinigungen festzustellen, denn die mtDNA war der einzige Teil des Genoms, in dem wir die Unterschiede zwischen Neandertalern und Jetztmenschen kannten. Alles andere wurde von unwägbaren Faktoren beeinflusst, so von Unterschieden im GC-Gehalt, falsch kartierten Bakterien-DNA-Fragmenten und anderen Unbekannten. Deshalb war ich der Ansicht, dass wir uns in den Sequenzen, die man bei 454 analysiert hatte, noch einmal die Mitochondrien-DNA ansehen sollten.

Der Neandertalerknochen mit der Bezeichnung Vi-80, aus dem wir die Extrakte für 454 und Eddys Gruppe hergestellt hatten, war derselbe, der uns schon 2004 zur Sequenzierung eines Teils der mtDNA gedient hatte. Ich schlug vor, unter den Sequenzen zu suchen, die wir von 454 bekommen hatten. In einigen davon mussten sich sicher überlappende Nucleotidpositionen finden, an denen sich dieser spezielle Neandertaler von Jetztmenschen unterschied. Solche Unterschiede würden uns Aufschlüsse darüber liefern, welche Fragmente eindeutig von dem Neandertaler stammten und welche auf Jetztmenschen zurückgingen; damit konnten wir dann unmittelbar das Ausmaß der Verunreinigungen in den aktuellen Daten von 454 abschätzen. Zu unserer Enttäuschung stellte Ed fest, dass wir zu diesem Zweck nicht über genügend Daten verfügten. Unter den von 454 analysierten Sequenzen waren nur 41 mtDNA-Fragmente, und keines davon stammte aus dem Teil des Mitochondriengenoms, den wir zuvor aus diesem und anderen Neandertalern sequenziert hatten. Wir überprüften auch die Daten aus Berkeley, aber die waren so spärlich, dass sich darunter noch nicht einmal ein einziges mtDNA-Fragment befand.

Glücklicherweise gab es aber eine Lösung: Wir hatten von der Bibliothek noch so viel übrig, dass wir einfach weitere DNA-Fragmente sequenzieren konnten. Dabei sollten wir auf Fragmente stoßen, an denen wir ablesen konnten, ob sich in der Bibliothek eine Verunreinigung befand. Ich nahm Kontakt zu den Leuten bei 454 auf und konnte sie überreden, schnell weitere Sequenzen zu ermitteln. In Rekordzeit schafften sie sechs weitere Durchgänge, und sobald die Daten auf unseren Server überspielt waren, fand Ed sechs Fragmente mit Überlappungen zu dem variablen Teil der mtDNA, die wir 2004 sequenziert hatten. Alle sechs Fragmente passten zur Neandertaler-mtDNA und unterschieden sich von den entsprechenden Abschnitten der Jetztmenschen! Dieser Befund deutete unmittelbar darauf hin, dass sich in unseren Sequenzen nur sehr wenige Verunreinigungen befanden. Interessanterweise waren die betreffenden Moleküle zwar eindeutig sehr alt, aber nicht besonders kurz; vier von ihnen bestanden aus mindestens 80 Nucleotiden. Man konnte also davon ausgehen, dass auch unter den längeren DNA-Fragmenten echte alte Abschnitte waren. Damit wuchs die Wahrscheinlichkeit, dass die beobachteten Unterschiede zwischen kurzen und langen Molekülen nicht auf Verunreinigungen, sondern auf andere Faktoren zurückzuführen waren. Ed war so erleichtert, dass er an das Ende der E-Mail, in der er die Befunde der Arbeitsgruppe beschrieb, die Worte »Ich könnte jeden Einzelnen von euch küssen« schrieb.

Nun entschlossen wir uns, den *Nature*-Artikel weiter voranzubringen. Die Populationsgenetikerin Susan Ptak aus unserer Arbeitsgruppe erklärte Eddy und Jim Noonan in einer langen, detailreichen E-Mail, warum der Vergleich zwischen langen und kurzen Sequenzen nach unserer Überzeugung von so vielen bekannten und unbekannten Faktoren beeinflusst wurde, dass er keinen stichhaltigen Beleg für Verunreinigungen darstellen konnte; außerdem erläuterte sie, warum wir den direkten Beobachtungen an der mtDNA stärker vertrauten. Sie schrieb: »Indirekte Indizien deuten zwar auf ein gewisses Maß an Verunreinigungen hin, wir haben aber jetzt ein direktes Maß für die Verunreinigungen in dem endgültigen Datenbestand, und dort sind sie wahrscheinlich sehr gering.« Auf diese E-Mail erhielten wir keine Antwort. Angesichts der Spannungen, die sich in der Beziehung zwischen unseren Arbeitsgruppen entwickelt hatten, fanden wir das nicht sonderlich überraschend.

Das Ganze war ein ungeheuer belastender Vorgang. Ironischerweise stellte sich heraus, dass sowohl Eddy als auch wir recht hatten. Die Zukunft sollte zeigen, dass die von 454 gewonnenen Daten tatsächlich Verunreinigungen beinhalteten, aber gleichzeitig stellte sich heraus, dass die indirekte Methode, Verunreinigungen anhand der Vergleiche zwischen langen und kurzen Fragmenten nachzuweisen, im Großen und Ganzen unzureichend war.

Die beiden Artikel erschienen am 16. und 17. November in *Nature* und *Science*.[48] Wie nicht anders zu erwarten, erregten sie in der Presse großes Aufsehen, aber daran hatte ich mich mittlerweile gewöhnt. Eigentlich war ich weniger aufgeregt als vielmehr geistesabwesend. Wir hatten der Welt versprochen, wir würden innerhalb von zwei Jahren drei Milliarden Basenpaare aus dem Neandertalergenom sequenzieren. Am Ende unseres Artikels gaben wir eine Schätzung ab, was dazu erforderlich sein würde: ungefähr 20 Gramm Knochen und 6000 Läufe der Sequenzierungsplattform von 454. Wir erklärten, dies sei eine gewaltige Aufgabe, aber man könne sich »leicht technische Verbesserungen vorstellen«, welche die Gewinnung von DNA-Sequenzen ungefähr zehnmal effizienter werden ließen. Bei den Verbesserungen, die wir dabei im Kopf hatten, handelte es sich um einen geringeren Materialverlust bei der Herstellung der Bibliotheken für die Sequenzierung und geheime zukünftige Weiterentwicklungen der Automaten von 454, in die Michael uns eingeweiht hatte.

Nun besserten sich also die Aussichten, aber immer noch blieb eine große Schwierigkeit: Wir mussten gute Neandertalerknochen finden. In Wirklichkeit besaßen wir nicht einmal annähernd 20 Gramm Knochen von der Qualität des Exemplars Vi-80, das wir für die in den beiden Aufsätzen beschriebenen Testläufe verwendet hatten. Das Stück, das von Vi-80 noch übrig war, wog weniger als ein halbes Gramm. Optimistisch sagte ich mir: Wenn einer der ersten Knochen aus Vindija, mit denen wir es versucht hatten, fast vier Prozent Neandertaler-DNA enthielt, würden wir sicher auch andere finden, die ebenso gut waren. Vielleicht gab es sogar welche, die sich noch besser eigneten. Diesem Problem musste ich so bald wie möglich meine ganze Aufmerksamkeit widmen. Zunächst einmal stand mir aber eine unangenehmere Aufgabe bevor: die Beendigung der Zusammenarbeit mit Eddy Rubin.

Eine wissenschaftliche Zusammenarbeit aufzukündigen, ist oftmals schwierig, und noch schwieriger wird es, wenn es sich bei dem bisherigen Partner um einen persönlichen Freund handelt. Ich hatte in Berkeley bei Eddys Familie gewohnt; wir waren gemeinsam mit dem Fahrrad die Hügel zu seinem Labor hinaufgefahren; wir waren während der Tagungen von Cold Spring Harbor zusammen in New York ins Theater gegangen. Ich hatte seine Gesellschaft immer genossen. Also brütete ich lange über der E-Mail an Eddy und schrieb mehrere Entwürfe. Ich erklärte, ich sei im Hinblick auf die Nützlichkeit der Bakterienklonierung anderer Meinung als er und unsere Kommunikation habe sich insbesondere in diesem Punkt nach meinem Eindruck nicht als sonderlich produktiv erwiesen. Außerdem wies ich darauf hin, dass seine Arbeitsgruppe jetzt anscheinend das Gleiche vorhatte wie wir, so dass unsere Arbeiten sich nicht mehr ergänzten. In unseren Telefonkonferenzen hatten seine Mitarbeiter beispielsweise vorgeschlagen, wir sollten ihnen unsere DNA-Extrakte und das von uns hergestellte PTB-Reagens schicken, so dass sie unsere Extrakte mit unserem PTB behandeln konnten. Diese Vorstellung war weder bei mir noch bei meinen Mitarbeitern auf große Gegenliebe gestoßen. Ich hoffte, dass ich meine Gründe für eine Beendigung der Zusammenarbeit nicht auf verletzende oder beleidigende Weise dargelegt hatte, aber ich schickte die E-Mail dennoch mit einem Gefühl der Beklemmung ab. Eddy antwortete, er könne meine Gründe verstehen, glaube aber weiterhin an das zukünftige Potenzial für Verbesserungen und Nützlichkeit der Bakterienbibliotheken. Ich war erleichtert, dass er mein Schreiben mit Nachsicht aufgenommen hatte, aber von nun an arbeiteten wir eindeutig nicht mehr zusammen, sondern wir waren Konkurrenten.

Das zeigte sich fast sofort, als ich mich nun der Beschaffung von Neandertalerknochen widmete. Ich stellte fest, dass auch Eddy sich welche besorgen wollte, und das vielfach bei den Personen, mit denen wir jahrelang zusammengearbeitet hatten. Außerdem merkte ich, dass das Magazin *Wired* bereits im Juli einen Artikel über Eddys Neandertalerforschung veröffentlicht hatte. Der Bericht endete mit einem Zitat von Eddy: »Ich brauche mehr Knochen. Ich werde mit einem Kopfkissenbezug und einem Umschlag voller Euros nach Russland fahren und mich mit Typen treffen, die große Schulterpolster tragen. Oder was sonst nötig ist.«

Kapitel 12

Harte Knochen

Noch bevor unser *Nature*-Artikel erschien, hatte Johannes Krause mit der Herstellung von Extrakten aus Neandertalerknochen begonnen, die wir im Laufe der Jahre aus Kroatien und anderen Ländern Europas erhalten hatten. Er hoffte auf einen Knochen, der ebenso viel Neandertaler-DNA enthielt wie Vi-80 oder sogar noch mehr. Der große blonde Johannes war dem Klischee des Deutschen nicht unähnlich. Außerdem war er sehr intelligent. Geboren und aufgewachsen war er in Leinefelde, der Ortschaft, in der 1803 auch Johann Carl Fuhlrott zur Welt gekommen war; der Naturforscher hatte schon 1857, zwei Jahre bevor Darwin seine *Entstehung der Arten* veröffentlichte, den Gedanken geäußert, die im Neandertal gefundenen Knochen könnten von prähistorischen Menschen stammen. Damit stand zum ersten Mal die Vermutung im Raum, es habe vor den heutigen Menschen schon andere Menschenformen gegeben; Fuhlrott wurde wegen seiner Idee ausgelacht, aber nachdem man weitere Neandertaler ausgegraben hatte, stellte sich heraus, dass er im Recht war. Fuhlrott wurde Professor an der Universität Tübingen, und passenderweise war Johannes dort später ebenfalls als Professor tätig.

Johannes war während seines Hauptstudiums mit dem Spezialgebiet Biochemie an unser Institut gekommen. Bald stellte sich heraus, dass er nicht nur die praktische Laborarbeit gut beherrschte, sondern auch über ein gutes Urteilsvermögen verfügte und die komplizierten Experimente, die in der Arbeitsgruppe angestellt wurden, vollständig begriff. Mir machte es immer Spaß, mit ihm zu sprechen, aber die Monate vergingen, und anscheinend hatte er immer nur schlechte Nachrichten für mich. Keiner der vielen Extrakte, die er aus verschiedenen Neandertalerknochen präparierte, enthielt auch nur annähernd so viel Neandertaler-DNA wie der aus Vi-80. In den meisten fehlte die Neandertaler-DNA völlig, und in anderen war sie nur in so geringen Mengen enthalten, dass man die mtDNA der Neandertaler mit der PCR kaum nachweisen konnte. Wir brauchten dringend mehr und bessere Knochen.

Am naheliegendsten war, sich noch einmal an das Institut für Paläontologie und Geologie des Quartärs in Zagreb zu wenden, wo die Vindija-Sammlungen einschließlich des restlichen Knochens Vi-80 untergebracht waren. Im April 2006 hatte ich an das Institut in der kroatischen Hauptstadt geschrieben. Ich hatte mitgeteilt, dass wir gern noch einmal Proben aus dem von uns als Vi-80 bezeichneten Knochen[49] entnehmen wollten, außerdem vielleicht auch aus anderen Knochen, die Mirko Malez zwischen 1974 und 1986 in der Höhle von Vindija ausgegraben hatte. Leider erfuhr ich, dass Maja Paunović, mit der ich 1999 zusammengearbeitet hatte, verstorben war. Es gab jetzt keinen Paläontologen mehr, der für die Sammlung verantwortlich gewesen wäre. Der Institutsleiter war Milan Herak, ein emeritierter, 89 Jahre alter Professor für Geologie der Universität Zagreb, der die Einrichtung kaum einmal besuchte. Die Alltagsarbeiten erledigte eine ältere Dame namens Dejana Brajković zusammen mit Jadranka Lenardic, ihrer jüngeren Assistentin. In einem Brief an beide Frauen erklärte ich, wir würden gern unsere erfolgreiche Zusammenarbeit mit der Vindija-Sammlung fortsetzen – eine Zusammenarbeit, aus der bereits drei hochkarätige Veröffentlichungen hervorgegangen waren. Ich schlug vor, zu Besuch zu kommen, die Angelegenheit zu besprechen und vielleicht Proben einiger weiterer Knochen zu entnehmen. Wir einigten uns darauf, dass ich nach Zagreb kommen und an der Universität einen Vortrag über unsere Arbeit halten sollte. Aber im Mai 2006, vier Tage bevor Johannes und ich nach Zagreb abreisen wollten, erhielt ich eine E-Mail: ich könne unmöglich Proben von weiteren Knochen aus Vindija entnehmen. Es hieß, die Knochen müssten zunächst »registriert« werden, und erst danach, zu einem unbestimmten Zeitpunkt in der Zukunft, werde es möglich sein, mit dem Material zu arbeiten. Nach meinem Eindruck steckte etwas anderes hinter dieser plötzlichen Wendung. In dem Brief wurde Jakov Radovčić erwähnt, ein berühmter Paläontologe, der als Kurator des Kroatischen Museums für Naturgeschichte in Zagreb für die riesige Sammlung viel älterer Neandertalerknochen verantwortlich ist. Die Vindija-Sammlung gehörte zwar der Kroatischen Akademie der Wissenschaften und Künste und damit offiziell nicht zu seinem Zuständigkeitsbereich, aber ich hatte den Verdacht, dass er inoffiziell genügend Einfluss auf die beiden Frauen an dem Institut hatte und unsere Verabredungen torpedieren konnte. Dennoch entschloss ich mich, die Ablehnung nicht zu akzeptieren und trotz allem hinzufahren. Mir schien, unser Projekt könne wissenschaftlich so vielversprechend sein, dass wir auch die Leute in Zagreb zum Weitermachen überreden konnten.

Johannes und ich reisten Anfang Juni nach Zagreb und fuhren sofort zu dem Institut, an dem ich mehrere Jahre zuvor relativ viel Zeit mit der mittlerweile verstorbenen Maja Paunović verbracht hatte. Es war immer noch eine recht verstaubte Einrichtung, die nicht gerade vor Energie strotzte. Dejana Brajković und ihre Assistentin waren offensichtlich wegen unseres Besuches nervös. Sie lehnten es ab, uns die Funde zu zeigen, von einer Probenentnahme ganz zu schweigen; stattdessen erklärten sie, wir müssten zuvor die Akademie für Wissenschaft und Kunst fragen. Nachdem wir aber mit ihnen Kaffee getrunken und eine Zeit lang geplaudert hatten, durften wir wenigstens einen Blick auf die Knochen werfen. Manche Teile der Sammlung befanden sich in Unordnung, was vielleicht zu dem Widerwillen beitrug, uns damit arbeiten zu lassen. Nach meinem Eindruck war es tatsächlich ein sehr guter Gedanke, erst einmal einen richtigen Katalog der Knochen zu erstellen. Besonders attraktiv fand ich eine Kiste mit Knochen, die der bekannte Paläontologe Tim White von der University of California in Berkeley einige Jahre zuvor beiseitegelegt hatte, als er in der Sammlung Untersuchungen anstellte. Sie enthielt Knochenbruchstücke, die der Ausgräber Mirko Malez für Höhlenbärenknochen gehalten hatte; Tim dagegen glaubte, sie könnten möglicherweise von Neandertalern stammen.

Als ich diese Knochenbruchstücke betrachtete, fiel mir etwas ein, das Tim mir ein Jahr zuvor bei einem Besuch in Berkeley erzählt hatte. Die Neandertalerknochen von Vindija – und zwar alle – waren in kleine Stücke zerbrochen. Dies ist typisch für viele, ja sogar die meisten Stellen, an denen man solche Knochen findet. Dass jahrtausendealte Knochen sich in keinem guten Zustand befinden, ist natürlich nicht verwunderlich. Häufig findet man aber Schnittspuren an den Stellen der Knochen, an denen Muskeln und Sehnen ansetzen, aber auch an den Schädeln. Kurz gesagt, wurden die Skelette ganz offensichtlich gezielt vom Fleisch befreit, und Knochen, die Knochenmark enthielten, wurden zertrümmert, vermutlich weil man an ihren nahrhaften Inhalt gelangen wollte. Tim hatte mich darauf aufmerksam gemacht, dass dieses Prinzip der zertrümmerten Neandertalerknochen stark an eine grausige Fundstelle der Anasazi im Südwesten der Vereinigten Staaten erinnert: Dort hatte man um das Jahr 1100 rund 30 Männer, Frauen und Kinder zerlegt und gekocht. Er erklärte mir, viele Neandertalerknochen seien auf ähnliche Weise zertrümmert wie die Knochen von Hirschen und anderen Tieren, die von den Neandertalern zerlegt wurden (siehe Abb. 12.1). Wie häufig es vorkam, dass Neandertaler andere Neandertaler töteten und aßen, ja ob diese Neandertalerleichen überhaupt zerlegt und vielleicht im Rahmen irgendeines Totenrituals verzehrt wurden, werden wir wahrscheinlich nie erfahren. Aber da man an manchen Fundstätten auch unversehrte Neandertalerskelette findet, die mit ihrer Anordnung manchmal sogar an eine gezielte Bestattung denken lassen, hatten die Neandertaler in der Höhle von Vindija wahrscheinlich besonderes Pech, dass sie auf hungrige Nachbarn trafen.

Dass die Neandertaler von Vindija durch andere Neandertaler kannibalisiert oder zumindest vom Fleisch befreit wurden, war seltsamerweise vielleicht gerade die Ursache dafür, dass wir zumindest in einigen Knochenbruchstücken aus der Sammlung vergleichsweise wenig Bakterien-DNA und viel Neandertaler-DNA gefunden hatten. Hätte man die Leichen bestattet, wären Monate vergangen, bevor Bakterien und andere Mikroorganismen das gesamte weiche Gewebe zersetzt hatten. Dann hätten die Bakterien viel Zeit gehabt, in die Knochen einzudringen, die Zellen der Neandertaler einschließlich ihrer DNA zu zerstören, sich zu vermehren und schließlich selbst abzusterben. Aus einem solchen

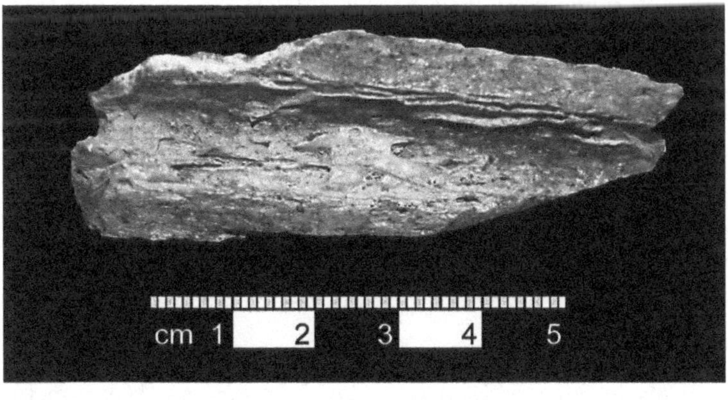

Abb. 12.1: Der Knochen 33.16 aus der Höhle von Vindija, den wir zur Sequenzierung des Neandertalergenoms benutzten. Er wurde zertrümmert, vermutlich weil man an das nahrhafte Knochenmark gelangen wollte. Foto: Christine Verna, MPI-EVA.

Knochen würde man dann vorwiegend die DNA der Mikroorganismen gewinnen. Wurden die Knochen dagegen nach Zerlegen des Neandertalers zertrümmert, abgenagt, von Fleisch und Knochenmark befreit und dann weggeworfen, trockneten manche Bruchstücke sicher schnell aus, und die Bakterien hatten weniger Gelegenheiten, sich in ihnen zu vermehren. Vielleicht haben wir es also dem Kannibalismus der Neandertaler zu verdanken, dass es uns gelang, aus einigen Fundstücken aus Vindija die DNA zu gewinnen.

Das alles ging mir durch den Kopf, als ich in die Kiste mit den Knochen blickte: Sie waren so stark zertrümmert, dass man unmöglich sagen konnte, ob sie von Tieren oder Neandertalern stammten. Ich wandte mich an Dejana Brajković und erkundigte mich, ob wir wenigstens Proben aus einigen dieser Fragmente entnehmen könnten, deren Herkunft so zweifelhaft war. Meine Argumentation: Wenn in ihnen noch DNA erhalten war, konnten wir feststellen, von welcher Spezies sie stammten. Aber Brajković blieb hart: Wir durften keinen einzigen Knochen anfassen. Sie sagte, sie habe gehört, in einigen Jahren müsse man nur noch einen Sensor an einen Knochen halten, und dann könne man die Sequenz seines ganzen Genoms ablesen; deshalb sei es nicht ratsam, jetzt auch nur einen winzigen Teil eines Knochenbruchstücks zu opfern. Ich stimmte ihr zu, dass die Methoden sich in Zukunft sicher verbessern würden, äußerte aber auch höflich Zweifel daran, dass wir zu unseren Lebzeiten noch den Fortschritt erleben würden, den sie sich ausmalte. Wieder hatte ich den Verdacht, dass hier höhere Kräfte am Werk waren. Ich sagte, wir würden unsere Wünsche mit der Kroatischen Akademie erörtern und in Kontakt bleiben.

Am Nachmittag suchten wir Jakov Radovčić am Museum für Naturgeschichte auf. Er schien unser Projekt unterstützen zu wollen, hatte aber große Vorbehalte gegen die Probenentnahme aus Knochen der Krapina- oder Vindija-Sammlung. Ich war sicher, dass wir der Sache immer noch nicht auf den Grund gegangen waren; in düsterer Stimmung kehrten wir in unser kleines, schmuddeliges Hotelzimmer zurück. Ich lag auf dem Bett, starrte die Decke an, von der die Farbe abblätterte, und fühlte mich völlig frustriert. Soweit ich wusste, waren dies weltweit die Knochen mit dem besten Gehalt an Neandertaler-DNA. Viele von ihnen hatten morphologisch nur einen geringen oder gar keinen Wert – sie waren so stark zerstückelt, dass man nicht einmal erkennen konnte, ob sie von einem Neandertaler, einem Höhlenbären oder einem anderen Tier stammten. Und doch war irgendein Unbekannter, der Einfluss auf die Leute in dem Institut hatte, offensichtlich entschlossen, uns die Arbeit mit ihnen unmöglich zu machen. Wie ein Kind, dem sein Lieblingsbonbon verweigert wurde, hätte ich am liebsten geschrien und um mich getreten, aber meine schwedische Erziehung hielt mich davon ab, meinem Ärger auf so vordergründige Weise Luft zu machen. Stattdessen brüteten Johannes und ich den ganzen Abend in einem schlechten Restaurant gleich um die Ecke von unserem Hotel und grübelten über unseren mysteriösen Feind.

Am nächsten Tag hielt ich an der medizinischen Fakultät der Universität Zagreb einen Vortrag über alte DNA im Allgemeinen und unsere Arbeiten mit den Neandertalern im Besonderen. Er war gut besucht, und viele Studierende stellten Fragen. Dass manche jungen Menschen in Zagreb so begeistert von der Wissenschaft waren, heiterte mich ein wenig auf. Das Abendessen nahmen wir zusammen mit Pavao Rudan ein, einem Professor für Anthropologie an der Universität, der aus einer alten Familie von Landbesitzern auf der schönen Insel Hvar vor der Adriaküste stammt. Er lud uns ein, mit ihm und seinen Kollegen in ein Restaurant namens Gallo zu gehen, und wie ich feststellen konnte, war es eines der besten Restaurants, die ich jemals betreten habe. Man servierte uns einen Gang nach dem anderen mit hervorragenden Meerestieren und kreativen mediterranen Gerichten, dazu gab es guten Wein. Abgerundet wurde die Mahlzeit durch ein großartiges, erfrischendes Getränk aus Fruchtsaft, Champagner und einer weiteren Zutat, die ich nicht identifizieren konnte. Jetzt ging es mir ein wenig besser. Dann fing Pavao an, über Wissenschaft zu reden. Und wie sich herausstellen sollte, verbesserte mein Gespräch mit ihm meine Laune viel dauerhafter als das hervorragende Abendessen.

Zuerst sprachen wir über seine Untersuchungen an kleinen Bevölkerungsgruppen auf den kroatischen Inseln. Er wollte Gene und Aspekte der Lebensweise finden, die zu verbreiteten Gesundheitsstörungen wie Bluthochdruck und Herzkrankheiten beitragen. Für dieses Projekt hatte er viele Jahre Forschungsmittel von den USA, Frankreich und Großbritannien erhalten, was für seine wissenschaftliche Qualifikation sprach. Ich dachte mir, dass er ein gutes Projekt erkennen würde, wenn er davon hörte, also sprach ich ausführlich mit ihm über unsere Pläne und Probleme. Pavao hörte sich meine Klagen voller Mitgefühl an und war bereit, mir zu helfen. Entscheidend war dabei, dass er wusste, wie man sich in der komplizierten kroatischen Politik zurechtfindet. Wie er mir erzählte, war er gerade in die Kroatische Akademie der Wissenschaften und Künste gewählt worden, und man werde ihn bald als Mitglied einführen. Er schlug vor, wir sollten das Projekt nicht nur als Zusammenarbeit zwischen unserer Forschungsgruppe und dem Institut in Zagreb mit der Vindija-Sammlung in Angriff nehmen, sondern als Zusammenarbeit zwischen der Kroatischen und einer anderen Akademie – und zwar einer, in der ich Mitglied war.

Tatsächlich gehörte ich mehreren wissenschaftlichen Akademien an. Eine solche Mitgliedschaft ist eine Ehre, der ich bis dahin für meinen wissenschaftlichen Alltag keine Bedeutung beigemessen hatte. Ich nahm nie an ihren Konferenzen teil, denn ich hatte mir immer vorgestellt, dass dort nur angesehene, weit ins Greisenalter vorgerückte Wissenschaftler tiefgründige Diskussionen führten. Jetzt aber schienen sie plötzlich wichtig zu werden. An welche Akademie sollten wir uns wenden? Ich nannte die National Academy of Sciences der USA, die vielleicht renommierteste Akademie, deren Mitglied ich war, aber Pavao riet mir davon ab und schlug stattdessen eine deutsche Akademie vor. Wir einigten uns auf die Berlin-Brandenburgische Akademie der Wissenschaften, deren Mitglied ich seit 1999 war. Er schlug vor, ich solle mich an den Präsidenten der Akademie in Berlin wenden und ihn bitten, dem Präsidenten der Kroatischen Akademie in einem Schreiben unser gemeinsames Projekt vorzuschlagen. Außerdem gab er mir den Rat, noch ein paar Wochen zu warten, bis man ihn in die Kroatische Akademie eingeführt hatte. Zusammen mit anderen mitfühlenden Mitgliedern konnte er dann bei deren Präsidenten ein gutes Wort für uns einlegen.

Am nächsten Morgen flogen Johannes und ich zurück nach Leipzig. Ich war jetzt etwas optimistischer. Anders als erhofft, hatten wir keine Knochen im Gepäck, und die Kroatische Akademie davon zu überzeugen, dass es im Interesse der Wissenschaft war, mit uns zusammenzuarbeiten, blieb eine schwierige Aufgabe. Aber mit Pavaos Hilfe hatten wir vielleicht eine Chance.

Wieder zu Hause, rief ich sofort Günter Stock an, den Präsidenten der Berlin-Brandenburgischen Akademie. Er hörte aufmerksam zu und war bereit, uns zu helfen; der Gedanke, die Verbindungen nach Kroatien zu stärken, gefiel ihm. Zusammen mit seinem Assistenten für Auslandsbeziehungen entwarf ich einen Brief von ihm an den Präsidenten der Kroatischen Akademie; darin schlugen wir vor, das Neandertalergenom-Projekt als Gemeinschaftsvorhaben der beiden Akademien in Angriff zu nehmen. Außerdem deuteten wir an, dass wir bereit wären, den Aufbau eines Kataloges der Vindija-Sammlung zu unterstützen, indem wir einen Computer spendeten und Mittel zur Verfügung stellten, damit jemand die Arbeit erledigen konnte.

Dabei beließ ich es aber nicht; ich wollte alles in meiner Macht Stehende tun, um den mysteriösen Widerstand in Zagreb zu überwinden. Dazu gehörte auch, dass ich dort alle wichtigen Beteiligten in das Projekt einbezog. Also schrieb ich an Jakov Radovčić und lud ihn zu der im Juli bevorstehenden Pressekonferenz mit 454 ein; dabei schlug ich vor, er solle die paläontologischen Aspekte der Neandertaler der Presse präsentieren. Er antwortete, er habe andere Verpflichtungen und könne deshalb nicht teilnehmen. Außerdem nahm ich Kontakt zu Frank Gannon auf, dem Direktor der Europäischen Organisation für Molekularbiologie (EMBO), der ich ebenfalls angehörte; ihn bat ich, sich in unserem Namen an Dragan Primorac zu wenden, den kroatischen Minister für Wissenschaft, Bildung und Sport. Dragan Primorac ist ein ungewöhnlicher Politiker. Eigentlich ist er Professor für Gerichtsmedizin an der Universität Zagreb und beigeordneter Professor der US-amerikanischen Pennsylvania State University; seit jener Zeit ist er für mich zu einem Freund geworden. Er antwortete, er werde bei der Akademie ein gutes Wort für unser Projekt einlegen. Ich hatte keine Ahnung, ob alle diese Initiativen unser Vorhaben voranbringen würden, aber ich wollte nichts unversucht lassen.

In der Zwischenzeit waren sowohl der Brief, in dem Professor Stock das Neandertaler-Projekt im Namen der Berlin-Brandenburgischen Akademie offiziell vorgeschlagen hatte, als auch ein Brief von mir bei der Akademie in Zagreb eingegangen. Pavao Rudan, der von seinen Kollegen nach seiner Meinung gefragt wurde, schlug einige Bedingungen für die vorgesehene Zusammenarbeit vor: Auf allen Artikeln, die wir über das Material von Vindija veröffentlichen würden, sollte mindestens ein kroatischer Co-Autor genannt werden; die kroatische Akademie sollte in den Danksagungen erwähnt werden, und solange das Projekt andauerte, sollten jedes Jahr mindestens zwei Wissenschaftler aus Kroatien nach Leipzig eingeladen werden. Ich erklärte mich mit diesen Bedingungen einverstanden und fügte hinzu, wir würden zusammen mit der Berliner Akademie den Aufbau eines Kataloges der Vindija-Sammlung unterstützen.

Das alles erforderte viel Zeit. Aus dem Sommer wurde Herbst, aus dem Herbst wurde Winter. Ich kümmerte mich in der Zwischenzeit um andere vielversprechende Neandertaler-Fundstätten und konzentrierte mich insbesondere auf Orte, an denen sich in früheren Arbeiten gezeigt hatte, dass DNA erhalten geblieben war. Der erste, naheliegendste war das Neandertal selbst, wo man 1856 das Typusexemplar gefunden hatte. Die Höhle war damals nicht mit wissenschaftlichen Methoden freigelegt worden, sondern Steinbrucharbeiter hatten sie ausgeräumt und Knochen eingesammelt, wenn sie ihnen zufällig auffielen. Später waren die ganze Höhle und der kleine Berg, in dem sie lag, dem Kalksteinabbau zum Opfer gefallen. Frustrierend war, dass man viele Knochen des Typusexemplars nie eingesammelt hatte. Ralf Schmitz, mit dem wir an dem Typusexemplar gearbeitet hatten, war einige Jahre zuvor auf die verschrobene, aber ausgezeichnete Idee gekommen, noch einmal nach den fehlenden Knochen zu suchen. Mit genauem Studium alter Landkarten, langen Wanderungen im Neandertal und viel Intuition war es ihm gelungen, die Stelle zu finden; sie lag damals teilweise unter einer Garage und einer Autowerkstatt, und vor 150 Jahren hatte man dort einen großen Teil der Trümmer aus der Höhle aufgeschüttet. Er begann mit Ausgrabungen, und seine Bemühungen zahlten sich auf schöne Weise aus. Er fand nicht nur Bruchstücke von dem Typusexemplar, sondern auch Knochen eines zweiten Individuums. Aus diesem gewannen wir 2002 ein wenig mtDNA und veröffentlichten die Ergebnisse zusammen mit Ralf.[50] Jetzt beschäftigte sich Johannes noch einmal mit den verbliebenen Stücken der Proben und extrahierte erneut DNA, in der er mit unseren neuen Analysemethoden nach Fragmenten aus dem Zellkern suchte. Die Ergebnisse waren nicht allzu ermutigend. Die Extrakte enthielten zwischen 0,2 und 0,5 Prozent Neandertaler-DNA – nicht genug, um das Genom zu sequenzieren.

Eine andere Fundstelle war die Mesmaiskaja-Höhle im nordwestlichen Kaukasus. Dort hatte das Archäologenpaar Lubow Golowanowa und Wladimir Doronitschew aus dem russischen Sankt Petersburg die Ausgrabungen geleitet. Unter anderem hatten sie die Überreste eines kleinen Neandertalerkindes gefunden. Das Kind war vermutlich nicht verzehrt, sondern gezielt bestattet worden: Alle seine Knochen waren unversehrt und wurden in den erwarteten Positionen gefunden. Darüber hinaus hatte der Fund einen weiteren spannenden Aspekt: Während alle Neandertaler, die wir bis dahin analysiert hatten, rund 40 000 Jahre alt waren, stammte dieses Baby aus der Zeit vor 60 000 bis 70 000 Jahren. Lubow und Wladimir hatten unser Institut besucht und uns ein kleines Stück aus einer Rippe des Kindes zur Analyse mitgebracht, außerdem ein Stück eines Neandertalerschädels, den man in einer höheren Schicht der Höhle gefunden hatte. Als Johannes aus diesem Material neue Extrakte herstellte, fand er in der Rippe 1,5 Prozent Neandertaler-DNA. Das war immer noch nicht so viel, wie wir gehofft hatten; außerdem war die Rippe so klein, dass wir nicht damit rechnen konnten, eine ausreichende DNA-Menge für die Sequenzierung des Genoms zu gewinnen. Aber zumindest konnte es uns einige weitere Daten liefern.

Die dritte Fundstelle, mit der wir uns genauer beschäftigten, heißt El Sidrón und liegt in Asturien im Nordwesten Spaniens. Im September 2007 fuhr ich dorthin. Wenn ein Kind davon träumt, Paläontologe zu werden, malt es sich eine solche Fundstätte aus. El Sidrón liegt in einer wunderhübschen ländlichen

Umgebung. Der Höhleneingang ist klein und verborgen, und die Höhle selbst diente den Menschen zu allen Zeiten als Zufluchtsort. Vor dem Eingang erinnert eine Gedenkstätte an einen Kämpfer, der sich dort während des Spanischen Bürgerkrieges versteckte und von den Faschisten getötet wurde. Nachdem man durch den Eingang gekrochen ist, geht man ungefähr 200 Meter weit zu einer Galerie, die mit einer Länge von 28 Metern und einer Breite von zwölf Metern auf der rechten Seite liegt. Dort nimmt Professor Marco de la Rasilla von der Universität Oviedo zusammen mit Mitarbeitern und Studierenden jeden Sommer Ausgrabungen vor. Sie haben bereits Knochen von einem Neandertaler-Kleinkind, einem Jugendlichen, zwei Heranwachsenden und vier jungen Erwachsenen gefunden. Die langen Knochen sind zertrümmert und voller Schnittspuren. Nur die Handknochen wurden gemeinsam aufgefunden – sie waren von dem übrigen Körper getrennt und beiseite geworfen. Marco de la Rasilla glaubt, dass die Körperteile in einem kleinen Tümpel entsorgt wurden, der vor 43 000 Jahren an der Oberfläche lag. Mit fließendem Wasser wären sie dann in die Höhle gelangt.

An dieser Stelle wurden jeden Sommer neue Knochen entdeckt, und wir einigten uns darauf, dass sie speziell zum Zweck der DNA-Analyse geborgen werden sollten: Man wollte dafür sorgen, dass möglichst viel DNA erhalten blieb und dass die Möglichkeit einer Verunreinigung durch die DNA von Jetztmenschen auf ein Minimum beschränkt wurde. In Zusammenarbeit mit dem Molekularbiologen Carles Lalueza-Fox von der Universität Barcelona und dem Anthropologen Antonio Rosas vom Nationalen Museum für Naturwissenschaften in Madrid rüsteten sich die Ausgräber mit sterilen Gummihandschuhen, Schutzkleidung, Gesichtsmasken und anderen Hilfsmitteln aus, die normalerweise in unserem Reinraum verwendet werden. Wenn sie auf Knochen stießen, die sich für eine DNA-Extraktion zu eignen schienen, legten sie die sterile Kleidung an, entnahmen die Knochen und legten sie sofort zum Einfrieren in eine Kühlbox. In Antonios Labor in Madrid wurde die Morphologie der Knochen mit einem Computertomografen dokumentiert. Anschließend schickten die Wissenschaftler sie, immer noch tiefgefroren, zu uns nach Leipzig. Seit ihrer Entdeckung hatte sie fast niemand berührt, und auch das Bakterienwachstum war auf ein Minimum beschränkt. Als Johannes die Extrakte herstellte, hatte ich große Hoffnung, dass wir viel Neandertaler-DNA finden würden, aber von der gesamten DNA in den Knochen stammten nur 0,1 bis 0,4 Prozent tatsächlich von Neandertalern. Weder an allen diesen Fundstätten noch an mehreren anderen, an denen wir noch weniger Glück hatten, fanden wir eine ausreichende DNA-Menge für eine Sequenzierung des Neandertalergenoms. Bisher hatten wir ausschließlich in der Höhle von Vindija einen Knochen gefunden, der annähernd genügend DNA enthielt. Und in Zagreb ging es, wenn überhaupt, nur im Schneckentempo voran.

Einen Lichtblick brachte der Spätsommer 2006, als Tomislav Maričić, ein begabter kroatischer Doktorand, zu unserer Arbeitsgruppe stieß. Tomi hatte uns begleitet, als wir das Institut für Paläontologie und Geologie des Quartärs besuchten, und seine kulturellen Verbindungen nach Kroatien kamen uns sehr gelegen, als wir uns darum bemühten, ein Abkommen über die kroatischen Neandertaler zu schließen. Unser Projekt war dort zum Gegenstand öffentlicher Diskussionen geworden – eine Debatte, die ich dank Tomis Übersetzung kroatischer Zeitungen verfolgen konnte. Im Juli, nachdem wir das Neandertalergenom-Projekt bei der Pressekonferenz in Leipzig vorgestellt hatten, brachte *Jutarnji List*, eine große Tageszeitung, ein Interview mit Jakov Radovčić; der, so hieß es dort, sei ein Experte, »ohne den man sich keine Neandertalerforschung vorstellen kann«. In dem Interview erklärte Jakov: »Die Frage lautet: Welches Ziel hat die Forschung? Außerdem ist noch nicht klar, ob man das ganze

Neandertalergenom gewinnen kann … Die von ihnen verwendete, chemisch aggressive Methode zerstört das Material, aber das ist so kostbar, dass wir es nicht opfern können.« Im November zitierte ihn dieselbe Zeitung mit den Worten: »Vor dreieinhalb Monaten war Svante Pääbo in Zagreb und suchte nach weiteren Proben für seine molekulargenetischen Analysen … Ich denke aber, wir sollten dem Material besondere Aufmerksamkeit widmen und es sicher aufbewahren, damit auch die nächste Forschergeneration es noch nutzen kann.«

Daraufhin schickte ich Jakov eine lange, höfliche E-Mail, in der ich ihm noch einmal unser Projekt erklärte. Er erwiderte, nach einigen behördlichen Formalitäten, die wahrscheinlich »mehrere Wochen oder auch wenige Monate« dauern könnten, werde er unser Projekt »nachdrücklich unterstützen«. Mittlerweile machten in Zagreb verschiedene Gerüchte die Runde. Für mich war auf frustrierende Weise unklar, wer auf unserer Seite stand und wer gegen das Projekt war, wer was gesagt hatte und ob die Leute wirklich das meinten, was sie mir ins Gesicht sagten. Die Einzigen, zu denen ich festes Vertrauen hatte, waren Pavao Rudan und zwei seiner Freunde, beide Mitglieder der Kroatischen Akademie der Wissenschaften und Künste, die uns unterstützten. Einer von ihnen war Željko Kućan, ein staatsmännischer Wissenschaftler mit hohem Selbstvertrauen und Urteilsvermögen, der an der Universität Zagreb ungefähr 50 Jahre zuvor als Erster die DNA-Forschung eingeführt hatte. Der andere war ein Geologe namens Ivan Gušić, der von seinen Freunden »Johnny« genannt wurde. Der joviale, optimistische und stets freundliche Johnny wurde wenig später der neue Leiter des Instituts für Paläontologie und Geologie des Quartärs (siehe Abb. 12.2).

Ende November, als unsere Artikel in *Nature* und *Science* erschienen waren, nutzte Pavao die Gelegenheit, um sich öffentlich für unsere Sache einzusetzen. In der Sonntagsausgabe der maßgeblichen kroatischen Zeitung *Vjesnik* schrieb er einen Artikel

Abb. 12.2: Pavao Rudan, Željko Kućan und Ivan »Johnny« Gušić, drei Mitglieder der Kroatischen Akademie der Wissenschaften und Künste, die es uns ermöglichten, die Neandertalerknochen aus der Höhle von Vindija zu nutzen. Foto: P. Rudan, HAZU.

über das Projekt und betonte darin, man könne aus der Untersuchung von DNA viel über die Evolution des Menschen erfahren, und das Material aus Vindija sei dafür unentbehrlich. »Deshalb sollte die Kooperation mit den Kollegen vom Max-Planck-Institut fortgesetzt und verstärkt werden«, meinte er. »Mit dem Material aus Vindija, das bei der HAZU [Abkürzung für den Namen der kroatischen Akademie] aufbewahrt wird, könnte man zum ersten Mal in der Geschichte das Genom eines Hominiden aus dem Pleistozän aufklären. ... Die zukünftige Zusammenarbeit zwischen der HAZU und der Berlin-Brandenburgischen Akademie und insbesondere mit der Arbeitsgruppe von Svante Pääbo wird die Wissenschaften der Paläoanthropologie, Molekulargenetik und Anthropologie voranbringen.« Unsere Arbeit, so hoffte ich stark, würde am Ende zeigen, dass Pavao sein Vertrauen nicht in die Falschen gesetzt hatte.

Langsam wendete sich das Blatt in Kroatien zu unseren Gunsten. Am 8. Dezember 2006, nach vielen, meist unbegreiflichen Wechselbädern, wurde zwischen den Akademien in Zagreb und Berlin eine Absichtserklärung unterzeichnet. Welche Erleichterung! Endlich stand nichts mehr zwischen uns und den Knochen. So schnell es sich einrichten ließ, organisierte ich eine Reise nach Zagreb. Begleiten sollten mich Johannes und die junge französische Paläontologin Christine Verna aus der Abteilung für Humanevolution in unserem Leipziger Institut. Christine sollte zehn Tage am Institut für Paläontologie und Geologie des Quartärs bleiben und einen vorläufigen Katalog aller Neandertalerknochen in der Vindija-Sammlung erstellen. Johannes und ich verbrachten vier Tage in Zagreb und kehrten dann in Begleitung von Pavao, Željko und Johnny nach Leipzig zurück. Im Gepäck hatten wir acht Knochen aus Vindija in sterilen Tüten, darunter auch der gefeierte Vi-80, der jetzt offiziell als Vi-33.16 bezeichnet wurde (siehe Abb. 12.1).

Wir kamen spätabends an. Am nächsten Morgen brachten wir die Knochen als Erstes in die Abteilung für die Humanevolution, wo sie computertomografisch vermessen wurden, ohne dass wir sie aus den Beuteln nehmen mussten. Auf diese Weise würde ihre Morphologie für alle Zeiten in digitaler Form erhalten bleiben. Dann wanderten die Knochen in den Reinraum, und nun war Johannes an der Reihe.

Mit einem Zahnarztbohrer mit sterilisierter Spitze entfernte er von jedem Knochen zwei bis drei Quadratmillimeter der Oberfläche. Dann bohrte er in den kompakten Teil der einzelnen Knochen jeweils ein kleines Loch, wobei er häufig innehielt, um eine Erhitzung des Knochens und damit eine Schädigung der DNA zu vermeiden (siehe Abb. 12.3). Er entnahm ungefähr 0,2 Gramm Knochenmasse und legte das Material in eine Lösung, die innerhalb einiger Stunden das Calcium aus dem Knochen löste. Was übrig blieb, war ein kleiner Klumpen aus Proteinen und anderen nicht mineralischen Bestandteilen. Die DNA dagegen befand sich in gelöster Form in dem flüssigen Anteil; um sie zu reinigen, ließ Johannes sie an Siliziumdioxid binden – ein Verfahren, von dem Matthias Höss schon 14 Jahre zuvor festgestellt hatte, dass es sich besonders gut für die Isolierung von DNA aus alten Knochen eignete.

Damit die DNA-Moleküle sich für die Sequenzierung mit dem 454-Verfahren eigneten, musste er alle einzelsträngigen Abschnitte an den Enden der Moleküle mit Enzymen auffüllen und abbauen. Dann konnte er mit einem zweiten Enzym sogenannte Adaptoren, kurze, synthetische Stücke aus moderner DNA, an die Enden der alten DNA ankoppeln. Wenn DNA-Moleküle solche Adaptoren tragen, können sie von den Sequenzierautomaten wie Bücher gelesen werden, und deshalb bezeichnet man eine Sammlung derartiger Moleküle als Bibliothek. Die Adaptoren waren speziell für dieses Projekt hergestellt worden und enthielten eine kurze zusätzliche Sequenz aus den vier Basen TGAC, die so angeordnet war, dass sie wie eine Art Markierung oder Etikett

Abb. 12.3: Probenentnahme aus einem Neandertalerknochen mit einem keimfreien Bohrer. Foto: MPI-EVA.

an die alten Fragmente angrenzte. Es war einer jener kleinen technischen Kunstgriffe, die in der Molekularbiologie ganz allgemein und in der Erforschung alter DNA im Besonderen häufig von größter Wichtigkeit sind. Wir hatten die Markierungen angebracht, weil unsere Bibliothek aus alter DNA den Reinraum verlassen musste, bevor sie mit einem 454-Automaten sequenziert werden konnte. Um sicherzustellen, dass keine DNA aus anderen Bibliotheken in unserem Labor irgendwie in die Neandertaler-Bibliotheken gelangte, benutzten wir diese besonderen Adaptoren und trauten den Sequenzen nur, wenn sie mit TGAC begannen. Diese Neuentwicklung von Adaptoren beschrieben wir 2007 in einem Fachartikel.[51]

Mit diesen Methoden stellte Johannes aus den acht neuen Knochen aus Vindija Extrakte und Bibliotheken her. Dann überprüfte er mit der PCR, ob die Extrakte Neandertaler-mtDNA enthielten, und gleichzeitig schätzte er das Ausmaß der Verunreinigung mit Jetztmenschen-DNA ab. Fast alle Knochen enthielten die mtDNA von Neandertalern. Das war ermutigend, aber nachdem wir mit den Knochen aus Russland, Deutschland und Spanien so viele Enttäuschungen erlebt hatten, erlaubte ich mir keine allzu große Begeisterung. Sofort sequenzierten wir eine Stichprobe zufällig ausgewählter DNA-Fragmente aus den einzelnen Bibliotheken, um damit den Anteil der DNA aus den Zellkernen von Neandertalern abzuschätzen. In den paar Tagen, bis die Ergebnisse vorlagen, konnte ich mich kaum auf meine übrige Arbeit konzentrieren. Wir hatten der Welt angekündigt, wir würden das Neandertalergenom sequenzieren. Wenn diese neuen Knochen aus Vindija dazu nicht genügend Zellkern-DNA enthielten, würden wir unser Scheitern eingestehen müssen, da war ich sicher. Wo ich noch nach besseren Knochen suchen sollte, wusste ich nicht.

Dann kamen die Ergebnisse: Manche Knochen enthielten zwischen 0,06 und 0,2 Prozent Zellkern-DNA von Neandertalern, der Anteil war also ähnlich wie an den anderen Fundstätten. Drei Knochen jedoch enthielten mehr als ein Prozent, bei einem waren es sogar fast drei Prozent. Es war wiederum unser Lieblingsknochen Vi-33.16, auch Vi-80 genannt. Damit hatten wir zwar nicht den erhofften magischen Knochen mit Riesenmengen an Zellkernen-DNA von Neandertalern gefunden, aber mit diesem Knochen konnten wir arbeiten.

Noch war nicht alles verloren.

Kapitel 13

Der Teufel im Detail

In den Weihnachts- und Neujahrsferien nutzte ich die Freizeit, um über unsere Situation nachzudenken. Sie war ernüchternd. Wenn ich berechnete, wie viel Knochenmaterial wir brauchen würden, um die Sequenzierung des Genoms zu vollenden, kam ich auf einige Dutzend Gramm, mehr als das gesamte Gewicht aller Knochen, über die wir verfügten. Ich fühlte mich miserabel. War ich hoffnungslos überoptimistisch oder naiv gewesen, weil ich an unseren Erfolg geglaubt hatte? War es ein tollkühner Gedanke gewesen, dass wir Knochen aus der Höhle von Vindija finden würden, die mehr Neandertaler-DNA enthielten als die ersten, die wir analysiert hatten? Hatte ich zu viel Vertrauen in die Aussicht gesetzt, dass 454 auf magische Weise leistungsfähigere Sequenzierungsmaschinen liefern würde, mit denen wir mehr Sequenzen analysieren konnten? Warum hatte ich mein ruhiges, geordnetes Wissenschaftlerleben diesem Glücksspiel geopfert, von dem es jetzt so aussah, als würde ich mit aller Wahrscheinlichkeit verlieren?

Ich war jetzt 25 Jahre in der Molekularbiologie tätig, und eigentlich war die ganze Zeit eine ununterbrochene technische Revolution gewesen. Ich hatte miterlebt, wie DNA-Sequenzierautomaten auf den Markt kamen, mit denen die Plackerei, die mich als Doktorand Tage oder Wochen gekostet hatte, in einer Nacht erledigt werden konnte. Ich hatte gesehen, wie die umständliche

DNA-Klonierung in Bakterien durch die PCR verdrängt wurde, mit der in wenigen Stunden das zu erreichen war, was früher Wochen oder Monate gedauert hatte. War ich deshalb auf die Idee gekommen, dass wir innerhalb von ein oder zwei Jahren das 3000-fache der DNA-Menge sequenzieren konnten, über die wir in unserer Machbarkeitsstudie in *Nature* berichtet hatten? Aber andererseits: Warum sollte sich die technische Revolution nicht fortsetzen? Eines hatte ich im Laufe der Zeit gelernt: Wenn man nicht gerade sehr, sehr schlau ist, erzielt man Durchbrüche am ehesten, wenn sie sich mit großen technischen Verbesserungen verbinden. Das hieß aber nicht, dass wir einfach Gefangene waren, die auf eine Befreiung durch die nächste technische Umwälzung warten mussten. Vielleicht, so dachte ich, konnten auch wir der Technik ein wenig vorwärtshelfen.

Meine Überlegung dabei: Da wir so wenig Knochenmaterial besaßen, das außerdem sehr wenig DNA enthielt, mussten wir die Verluste auf dem Weg von der Extraktion zur Bibliothek so gering wie möglich halten. Bei der ersten Freitagsbesprechung nach den Weihnachtsferien bemühte ich mich darum, in der Arbeitsgruppe den Eindruck einer akuten Krise zu erwecken. Ich sagte, mittlerweile sei klar, dass wir nicht den magischen Knochen finden würden, der eine Menge Neandertaler-DNA enthielt und uns damit rettete. Wir mussten vielmehr mit dem vorliebnehmen, was wir hatten, und das bedeutete, dass wir jeden einzelnen Schritt unserer Labormethoden neu überdenken mussten. Ich vertrat die Ansicht, dass dabei wahrscheinlich gewaltige Verluste auftraten. So fielen in dem Verfahren zur DNA-Reinigung Lösungen an, die andere Bestandteile, beispielsweise Proteine, nur in winzigen Mengen enthielten. Aber der Preis dieser Reinheit ist der Verlust von viel DNA. Konnten wir die Verluste minimieren, würden die vorhandenen Knochen vielleicht zumindest dann ausreichen, wenn 454 endlich leistungsfähigere Maschinen im Angebot hatte.

Woche für Woche piesackte ich meine Mitarbeiter: Immer wieder fragte ich sie nach jedem Schritt, den sie im Labor vollzogen. Die Strategie, wiederholt die gleichen Fragen zu stellen, hatte ich vielleicht in meiner Jugend während des Militärdienstes in Schweden gelernt, als ich eine ansonsten längst vergessene Ausbildung im Verhören von Gefangenen durchlaufen hatte. Je mehr ich fragte, desto stärker wuchs in mir der Verdacht, dass die von 454 empfohlenen Protokolle, die bei der Präparation der Bibliotheken für die Sequenzierung ein großes Gewicht auf die Reinigung legten, zu unnötig hohen DNA-Verlusten führten. Ich bestand darauf, dass wir systematisch jeden Schritt analysierten. Wie stellten wir das am besten an?

In meiner Doktorandenzeit war der Einsatz radioaktiver Substanzen ein zentraler Bestandteil nahezu aller molekularbiologischen Experimente gewesen, aber die dabei notwendigen, umständlichen Sicherheitsmaßnahmen waren in der Zwischenzeit für die Biologen zu einem Motiv geworden, zu nicht radioaktiven Verfahren überzugehen. Deshalb haben heutige Biologiestudenten in der Arbeit mit Radioaktivität nahezu keine Erfahrung mehr. Die radioaktive Markierung ist aber nach wie vor eines der empfindlichsten Verfahren zum Nachweis winziger DNA-Mengen. Also schlug ich bei einer unserer Freitagsbesprechungen vor, Tomi Maričić solle eine kleine Menge DNA mit radioaktivem Phosphor markieren und damit eine Sequenzierungsbibliothek erstellen. Die anderen Fraktionen, die sonst normalerweise weggeworfen wurden, konnte er dann sammeln und in ihnen die Radioaktivität messen. Die in solchen Nebenfraktionen gemessene Radioaktivitätsmenge war ein direktes Maß für den DNA-Verlust in dem entsprechenden Schritt des Experiments.

Diese Idee wurde in unserer Freitagsrunde schweigend aufgenommen, und ich nahm an, dies sei der stillen Eleganz des Verfahrens zu verdanken. In Wirklichkeit hatte ich mich geradewegs gegen einen Aspekt der Funktionsweise unserer Gruppe gestellt.

Dieser Aspekt ist nach meiner Überzeugung eine ihrer größten Stärken, kann sich aber manchmal auch als Schwäche erweisen. Ich habe stets eine Gesprächskultur gefördert, in der alle Ideen diskutiert werden; in einer solchen Besprechung ist jeder aufgefordert, seine Gedanken auszusprechen, und am Ende gelangen wir zu einem Konsens über das weitere Vorgehen. Aber wie in jeder Demokratie können dabei manchmal auch irrationale Ideen die Oberhand behalten. Mein Plan mit der Radioaktivität stieß bei einigen einflussreichen Gruppenmitgliedern auf große Skepsis. Sie führten mehrere Einwände an, wobei sie sich (nach meiner Vermutung) von einem unbewussten Widerwillen gegen eine Methode leiten ließen, mit der sie wenig Erfahrung hatten und die auf den ersten Blick altmodisch, unsicher, ja vielleicht sogar regelrecht beängstigend wirkte. Ich entschloss mich, das Thema nicht mit Gewalt weiterzuverfolgen. Stattdessen probierten wir es mit anderen Methoden, so mit einer Messung der DNA-Mengen in den einzelnen Schritten der Bibliotheksherstellung, wobei wir modernere PCR-Verfahren anwandten. Aber diese Methoden waren entweder nicht empfindlich genug oder aus anderen Gründen ineffizient. Im Laufe der nächsten Monate schlug ich immer wieder und mit wachsender Ungeduld das Experiment mit der Radioaktivität vor; manchmal sehnte ich mich dabei nach den alten, autokratischen Zeiten, in denen das Wort des Professors Gesetz war. Dennoch hielt ich immer noch still, denn ich wollte dem freimütigen Austausch von Ideen, der nach meinem Eindruck in unserer Gruppe einen so hohen Wert hatte, keinen Dämpfer versetzen.

Als schließlich alle anderen Versuche zu nichts führten, wurde die Gruppe immer stiller. Tomi bestellte widerwillig ein wenig radioaktiven Phosphor, markierte damit gewöhnliche menschliche DNA, die wir für Testzwecke verwendeten, und führte dann alle Schritte zur Herstellung einer 454-Sequenzierungsbibliothek durch. Die Ergebnisse waren verblüffend. Wie er nachweisen konnte, gingen in jedem der drei ersten wichtigen Schritte des Präparationsprozesses zwischen 15 und 60 Prozent der DNA verloren – ein Ausmaß, das bei einer biochemischen Reinigungsprozedur nicht unerwartet kommt. Im letzten Schritt jedoch, in dem die komplementären DNA-Stränge mit einer stark alkalischen Lösung getrennt werden, gingen mehr als 95 Prozent der eingesetzten DNA verloren! Andere, die das gleiche Verfahren für gewöhnliche moderne DNA einsetzten, hatten diese Ineffizienz nicht bemerkt – sie verfügten über so viel DNA, dass der große Verlust für sie keine Rolle spielte. Für unsere Arbeit mit der alten DNA jedoch war sie eine Katastrophe. Nachdem wir das Problem erkannt hatten, entwickelten wir eine einfache Lösung. Alkalische Lösungen sind nicht die einzige Methode zur Trennung von DNA-Strängen; sie trennen sich auch, wenn man sie erhitzt. Also versuchte Tomi es mit Wärme, und nun fand er am Ende in der DNA-Präparation zwischen 10- und 250-mal mehr Radioaktivität. Das war ein großer und sogar entscheidender Fortschritt.

Nebenfraktionen werden in den meisten Labors weggeworfen. Glücklicherweise hatten wir alles, was von unseren früheren Experimenten übrig geblieben war, aufbewahrt. Darauf hatte ich jahrelang bestanden, denn es konnte immer der Fall eintreten, dass sie plötzlich nützlich wurden. Es war eine meiner unpopulärsten Ideen gewesen und hatte dazu geführt, dass viele Kühltruhen mit eingefrorenen Nebenfraktionen gefüllt waren, von denen alle glaubten, man werde sie nie mehr benutzen. Aber glücklicherweise hatte sich die Gruppe in diesem Fall an die verrückte Idee des Professors gehalten. Jetzt konnte Tomi einfach die Nebenfraktionen aus früheren Bibliotheken, die wir von Knochen aus Vindija erstellt hatten, erhitzen und so zusätzliche, relativ üppige Mengen von Neandertaler-DNA gewinnen, ohne dass er überhaupt neue Extraktionsversuche machen musste. Darüber hinaus optimierte er auch andere Schritte der Bibliothekenherstellung. Diese Veränderungen führten zu einem Verfahren, mit dem wir extrahierte DNA mit einer mehrere Hundert Mal höheren Effizienz in sequenzierungsfertige Bibliotheken verwandeln konnten.[52]

Nachdem wir uns mit unseren kroatischen Partnern beraten hatten, sahen wir drei Knochen aus Vindija für das Projekt vor: Vi-33.16 und außerdem zwei neue Exemplare namens Vi-23.25 und Vi-33.26. Bei allen handelte es sich offensichtlich um Bruchstücke langer Knochen, die man zertrümmert hatte, um an das Mark zu gelangen (siehe Abb. 12.1). Dank Tomis Bemühungen konnten wir jetzt schon aus diesen drei Knochen im Prinzip Bibliotheken herstellen, die drei Milliarden Nucleotide der Neandertaler-DNA enthielten. Aber auch diese Bibliotheken würden noch zu mindestens 97 Prozent aus Bakterien-DNA bestehen; die Leute in Branford würden also ihre Sequenzierautomaten 4000- bis 6000-mal laufen lassen müssen, um die Sequenz von drei Milliarden Basenpaaren der Neandertaler-DNA aufzuklären. Niemand konnte sich vorstellen, dass Michael Egholm sich zu so viel Arbeit überreden lassen würde.

Mir schien, wir steckten immer noch fest. Dann äußerte jemand die Vermutung, wir könnten vielleicht in unseren drei Knochen einzelne Stellen finden, die viel weniger Bakterien-DNA und demnach im Verhältnis mehr Neandertaler-DNA enthielten. Im Laufe der Jahre hatten wir hin und wieder tatsächlich Anzeichen dafür gefunden, dass manche Teile eines Knochens größere bakterielle DNA-Mengen enthielten als andere: Vielleicht hatten die Bakterien in einem Teil des Knochens besonders gute Wachstumsbedingungen vorgefunden und sich entsprechend stärker vermehrt. Von dieser Hoffnung getrieben, bemühte sich Johannes systematisch um die Identifizierung von Stellen, an denen man am besten Proben entnahm. Er bohrte die Knochen an, bis sie zuerst wie Flöten und dann wie Schweizer Käse aussahen. Tatsächlich fand er an Stellen, die nur einen oder zwei Zentimeter auseinanderlagen, einen zehnfach unterschiedlichen Prozentsatz an Neandertaler-DNA, aber auch in den besten Regionen lag dieser niemals höher als vier Prozent.

Bei unseren Freitagsbesprechungen diskutierten wir das Problem immer und immer wieder. Für mich waren diese Gespräche faszinierende zwischenmenschliche und intellektuelle Erlebnisse: Doktoranden und Postdocs wissen, dass ihre Karriere davon abhängt, welche Ergebnisse sie erzielen und welche Artikel sie veröffentlichen; deshalb kommt es immer zu einem gewissen Gerangel um die Gelegenheit, entscheidende Experimente anzustellen und jene zu vermeiden, die vielleicht den Zielen der Gruppe dienen, aber nicht dazu führen, dass man in einer wichtigen Veröffentlichung an herausragender Stelle als Autor genannt wird. Ich hatte mich an den Gedanken gewöhnt, dass angehende Wissenschaftler vor allem durch eigene Interessen motiviert sind, und ich hatte erkannt, dass es meine Aufgabe war, einen Ausgleich zwischen dem Nutzen für die Karriere eines Mitarbeiters und den Notwendigkeiten eines Projekts herzustellen. Dazu musste ich die individuellen Fähigkeiten gegeneinander abwägen. Als aber die Neandertaler-Krise über der Gruppe lauerte, konnte ich zu meiner Verblüffung beobachten, wie schnell die selbstzentrierte Dynamik einer anderen Platz machte, in deren Mittelpunkt die Gruppe stand. Das ganze Team funktionierte als Einheit: Jeder stellte sich bereitwillig für undankbare, arbeitsaufwendige Tätigkeiten zur Verfügung, die das Projekt voranbringen würden, ganz gleich, ob man damit persönlichen Ruhm erwerben konnte oder nicht. Alle hatten das Gefühl, an einem historischen Vorhaben beteiligt zu sein, und entwickelten ein starkes Gefühl für die gemeinsame Zielsetzung. Nach meinem Eindruck waren wir eine perfekte Mannschaft (siehe Abb. 13.1). In sentimentalen Augenblicken empfand ich Liebe für jede einzelne Person am Tisch. Dies nahm dem Gefühl, dass wir

Abb. 13.1: Die Leipziger Neandertalergenom-Arbeitsgruppe 2010. Von links nach rechts: Adrian Briggs, Hernan Burbano, Matthias Meyer, Anja Heinze, Jesse Dabney, Kay Prüfer, ich, ein rekonstruiertes Neandertalerskelett, Janet Kelso, Tomi Maričić, Qiaomei Fu, Udo Stenzel, Johannes Krause, Martin Kircher. Foto: MPI-EVA.

überhaupt keinen Fortschritt erzielten, ein wenig von seiner Bitterkeit.

Im Frühjahr 2007 zeigte sich unsere verschworene Gruppe in den Freitagsbesprechungen weiterhin von ihrer besten Seite. Die Leute warfen eine verrückte Idee nach der anderen in den Raum, um den Anteil der Neandertaler-DNA zu steigern oder in den Knochen mikroskopisch kleine Stellen zu finden, an denen die DNA besser erhalten war. Wer auf welche Idee kam, war kaum noch auszumachen, denn die Gedanken wurden während ständiger Diskussionen, zu denen alle ihre Beiträge leisteten, in Echtzeit produziert. Wir sprachen über Möglichkeiten, die Bakterien-DNA in unseren Extrakten von der eigentlichen Neandertaler-DNA zu trennen: Vielleicht unterschieden sich beide in irgendeiner Eigenschaft, die man zu diesem Zweck ausnutzen konnte – waren die Bakterien- und Neandertaler-DNA-Fragmente vielleicht unterschiedlich? Leider nein! An ihrer Größe ließen sich die bakteriellen DNA-Bruchstücke in den Knochen im Großen und Ganzen nicht von der Neandertaler-DNA unterscheiden.

Immer und immer wieder fragten wir uns, welche Unterschiede zwischen Bakterien- und Säugetier-DNA bestanden. Dann kam mir die Erleuchtung: die Methylierung! Methylgruppen sind kleine chemische Abwandlungen, die in Bakterien-DNA insbesondere an A-Nucleotiden häufig vorkommen. In der DNA von Säugetieren dagegen sind C-Nucleotide methyliert. Vielleicht konnten wir mit Antikörpern, die an methylierte As ankoppelten, die bakterielle DNA aus den Extrakten entfernen. Antikörper sind Proteine, die von Immunzellen produziert werden, wenn diese körperfremde Substanzen entdecken, beispielsweise die DNA von Bakterien oder Viren. Die Antikörper kreisen dann im Blut, binden sehr eng an die Fremdsubstanzen, wenn sie auf diese stoßen, und tragen dann zu ihrer Beseitigung bei. Weil sie sehr spezifisch an Substanzen binden, mit denen die Immunzellen in Kontakt gekommen sind, kann man Antikörper im Labor als leistungsfähiges Hilfsmittel einsetzen. Spritzt man Mäusen beispielsweise eine DNA, die methylierte A-Nucleotide enthält, erkennen die Immunzellen der Tiere das methylierte A als fremd und stellen Antikörper dagegen her. Diese kann man dann aus dem Blut der Mäuse reinigen und im Labor verwenden. Ich sprach mich dafür aus, solche Antikörper herzustellen und dann zu versuchen, mit ihrer Hilfe die bakterielle DNA aus unseren Extrakten zu binden und zu entfernen.

Eine schnelle Literaturrecherche ergab, dass die Wissenschaftler des Unternehmens New England Biolabs in der Nähe von Boston bereits solche Antikörper gegen methylierte As hergestellt hatten. Ich schrieb an Tom Evans, einen dort tätigen, hervorragenden Wissenschaftler, der sich für DNA-Reparatur interessierte, und er schickte uns einen großzügigen Vorrat. Jetzt musste jemand aus unserer Arbeitsgruppe die Antikörper an die bakterielle DNA koppeln und diese so aus den Extrakten entfernen. Nach meiner Überzeugung würden die so gewonnenen Extrakte einen viel höheren Prozentsatz an Neandertaler-DNA enthalten. Ich hielt das für einen genialen Plan. Aber als ich ihn in unserer wöchentlichen Besprechung präsentierte, schienen die Mitarbeiter skeptisch zu sein – wieder einmal, so schien mir, weil sie mit der Methode nicht vertraut waren. Dieses Mal machte mir aber die Tatsache Mut, dass ich mit der Radioaktivität recht behalten hatte, und so bestand ich mehr oder weniger darauf. Adrian Briggs nahm die Herausforderung an. Monatelang versuchte er, die Antikörper an die bakterielle DNA zu binden und diese von anderen DNA-Molekülen zu trennen. Er probierte es mit allen möglichen Abwandlungen des Verfahrens. Es funktionierte nie, und wir wussten nicht, warum. Eine ganze Zeit lang bekam ich bissige Bemerkungen über meine großartige Idee mit den Antikörpern zu hören.

Was konnten wir sonst noch ausprobieren, um die Bakterien-DNA zu beseitigen? Unter anderem kamen wir auf die Idee, Sequenzmotive zu identifizieren, die in unseren Bakteriensequenzen häufig vorkamen. Vielleicht konnten wir dann synthetische DNA-Stränge dazu verwenden, die bakterielle DNA spezifisch zu binden und zu entfernen, wie ich es mir ganz ähnlich mit den Antikörpern vorgestellt hatte. Kay Prüfer, der zurückhaltende Informatikstudent, der in unser Labor gekommen war und seitdem mehr über Genombiologie gelernt hatte als die meisten Biologiestudenten, suchte nach potenziell nützlichen Sequenzabschnitten. Nach seinen Feststellungen kamen manche Kombinationen von nur zwei bis sechs Nucleotiden wie CGCG, CCGG, CCCGGG und so weiter in der DNA der Mikroorganismen viel häufiger vor als in der Neandertaler-DNA. Als er seine Befunde in einer Besprechung präsentierte, war mir sofort klar, woran es lag. Daran hätte ich schon früher denken sollen! In jedem molekularbiologischen Lehrbuch steht, dass die Nucleotidkombination aus einem C mit einem anschließenden G in den Genomen von Säugetieren relativ selten ist. Der Grund: Die Methylierung erfolgt bei Säugetieren nur dann an C-Nucleotiden, wenn auf diese ein G-Nucleotid folgt. Solche methylierten Cs werden dann aber häufig chemisch abgewandelt und von den DNA-Polymerasen falsch abgelesen, so dass sie zu Ts mutieren. Auf diese Weise wurden CG-Motive im Laufe der Jahrmillionen in den Säugetiergenomen immer seltener. In Bakterien erfolgt selten oder nie eine Methylierung von Cs, und deshalb kommen CG-Motive dort wesentlich häufiger vor.

Wie konnten wir diese Tatsache ausnutzen? Die Antwort lag für uns sofort auf der Hand. Bakterien stellen sogenannte Restriktionsenzyme her, die innerhalb ganz bestimmter DNA-Sequenzmotive (beispielsweise CGCG oder CCCGGG) oder in ihrer Nähe schneiden. Wenn wir unsere Neandertaler-Bibliotheken mit mehreren derartigen Enzymen behandelten, würden viele Bakteriensequenzen abgebaut, so dass sie nicht mehr sequenziert werden konnten, die Zahl der abgebauten Neandertaler-Sequenzen wäre aber viel geringer. Damit würden wir das Verhältnis von Neandertaler- zu Bakterien-DNA zu unseren Gunsten verschieben. Auf der Grundlage seiner Sequenzanalysen schlug Kay verschiedene Cocktails von bis zu acht Restriktionsenzymen vor, die besonders effizient sein würden. Sofort behandelten wir eine unserer Bibliotheken mit dieser Enzymmischung und sequenzierten sie anschließend. Jetzt kamen aus unserem Sequenzierautomaten nicht mehr nur vier Prozent, sondern 20 Prozent Neandertaler-DNA. Demnach brauchten wir die Automaten in Branford nur 700-mal laufen zu lassen, um unser Ziel zu erreichen – und diese Zahl lag durchaus im Bereich des Möglichen. Wir hatten den Trick gefunden, der das Unmögliche möglich machte. Das Ganze hat nur einen Nachteil: Durch die Enzymbehandlung würden wir auch einige Neandertaler-Sequenzen verlieren – nämlich diejenigen, die ganz bestimmte Abschnitte aus C- und G-Nucleotiden beinhalteten. Aber diese Sequenzen konnten wir analysieren, wenn wir in unseren einzelnen Experimenten verschiedene Enzymmischungen verwendeten und auch einige Analysen völlig ohne Enzyme durchführten. Als wir Michael Egholm bei 454 von unserem Trick mit Restriktionsenzymen berichteten, bezeichnete er ihn als hervorragend. Zum ersten Mal wussten wir nun, dass wir unser Ziel zumindest prinzipiell erreichen konnten.

Während sich all das abspielte, erschien ein Artikel des jungen, begabten Populationsgenetikers Jeffrey Wall aus San Francisco, den ich bereits bei mehreren Gelegenheiten kennengelernt hatte. Darin verglich er die 750 000 Nucleotide aus dem Knochen Vi-33.16, die wir mit dem 454-Sequenzierungsverfahren ermittelt und in *Nature* veröffentlicht hatten, mit den 36 000 Nucleotiden von Eddy Rubin, die durch Bakterienklonierung unserer Extrakte aus demselben Knochen analysiert und in *Science* publiziert worden waren. Wall und sein Co-Autor Sung Kim machten auf mehrere Unterschiede in den Datenbeständen aufmerksam; viele davon waren auch uns bereits aufgefallen, und wir hatten eingehend darüber diskutiert, während die beiden Artikel sich im Begutachtungsverfahren befanden. Die Autoren äußerten die Vermutung, es könne mit den Daten von 454 möglicherweise mehrere Probleme geben, sie bevorzugten aber eine Interpretation, wonach unsere Bibliothek stark mit Jetztmenschen-DNA verunreinigt war. Nach ihrer Vermutung sollten 70 bis 80 Prozent der Sequenzen, die wir für Neandertaler-DNA hielten, in Wirklichkeit aus der DNA moderner Menschen stammen.[53]

Das war beunruhigend. Uns war bewusst, dass die in *Nature* und *Science* veröffentlichten Daten ein gewisses Maß an Verunreinigungen enthalten konnten, denn wir hatten die Extrakte an Labors geschickt, in denen nicht unter Reinraumbedingungen gearbeitet wurde. Und wenn das Ausmaß der Verunreinigung unterschiedlich war, würde es in den von 454 gewonnenen und in *Nature* veröffentlichten Daten größer sein; auch das war uns bewusst. Wir waren aber sicher, dass der Anteil der Verunreinigungen nicht bei 70 bis 80 Prozent liegen konnte, denn Wall war bei seiner Analyse von Voraussetzungen wie einem ähnlichen GC-Gehalt kurzer und langer Fragmente ausgegangen, von denen wir wussten, dass sie nicht stimmten.

Um die Sache zu klären, baten wir *Nature* sofort um die Veröffentlichung einer Kurzmitteilung; darin wiesen wir darauf hin, dass die mit dem 454-Verfahren und der Bakterienklonierung ermittelten Sequenzen sich in mehreren Aspekten unterschieden und dass manche dieser Unterschiede wahrscheinlich von Bedeutung für die Analyse seien. Außerdem wollten wir erwähnen, dass unsere zusätzliche Sequenzierung der Bibliothek, die sich auf die mtDNA stützte, nur auf wenige Verunreinigungen hindeutete. Uns war aber auch klar, dass Verunreinigungen in einem gewissen Umfang wahrscheinlich bei 454 in die Bibliothek gelangt waren; sie stammten möglicherweise aus einer Bibliothek der DNA von James Watson, die das Unternehmen ungefähr zur gleichen Zeit sequenziert hatte wie unsere Neandertaler-Bibliothek. In der Kurzmitteilung räumten wir deshalb ein: »Es könnten Verunreinigungen in einem höheren Ausmaß vorhanden sein, als es mit dem mtDNA-Verfahren abgeschätzt wurde.« Wie hoch das Ausmaß aber war, konnte man unmöglich sagen. Wir machten die Leser sowohl auf Walls Artikel aufmerksam als auch auf die Veröffentlichung, in der wir beschrieben, wie Verunreinigungen außerhalb des Reinraumes durch die Verwendung der Markierungen bei der Herstellung der Bibliotheken unmöglich wurden.[54] Darüber hinaus veröffentlichten wir eine Anmerkung in der öffentlich zugänglichen Datenbank für DNA-Sequenzen, so dass alle potenziellen Nutzer wussten, welche Vorbehalte im Hinblick auf diese Daten bestanden. Aber nachdem *Nature* die Kurzmitteilung an die Gutachter geschickt hatte, entschied das Blatt zu meiner Verärgerung, sie nicht zu veröffentlichen.

Wir diskutierten darüber, ob wir die Daten unserer Machbarkeitsstudie vielleicht voreilig in *Nature* publiziert hatten. Hatte uns die Konkurrenz mit Eddy zu übermäßiger Hast veranlasst? Hätten wir noch warten sollen? Einige aus unserer Gruppe waren dieser Ansicht, andere nicht. Ich selbst glaubte auch im Rückblick, dass die Analyse der mtDNA, unser einziger unmittelbarer Beleg für Verunreinigungen, auf deren geringen Umfang hingewiesen hatte. Das galt immer noch. Die mtDNA-Analyse hatte zwar ihre Grenzen, aber nach meiner Ansicht sollte man unmittelbaren Befunden immer den Vorzug gegenüber indirekten Schlussfolgerungen geben. Deshalb erklärten wir in der Notiz, die *Nature* nie veröffentlichte: »Tests auf Verunreinigungen, die sich auf Sequenzen aus dem Zellkern stützen, sind nicht bekannt, aber um zuverlässige Sequenzen von alter DNA aus Zellkernen zu gewinnen, wird man solche Tests entwickeln müssen.« Dies blieb bei unseren Freitagsbesprechungen während der folgenden Monate ein ständiges Thema.

Kapitel 14

Das Genom wird kartiert

Nun wussten wir also, dass wir die benötigten DNA-Bibliotheken herstellen konnten, und wir hofften, dass man bei 454 schon bald ausreichend schnelle Maschinen haben würde, um sie alle zu sequenzieren. Deshalb richteten wir unsere Aufmerksamkeit jetzt auf die nächste schwierige Aufgabe: die Kartierung. Das bedeutete, dass wir die kurzen DNA-Fragmente der Neandertaler in Übereinstimmung mit der Referenzsequenz des menschlichen Genoms bringen mussten. Das mag sich einfach anhören, in Wirklichkeit sollte es sich aber als ungeheuer schwieriges Vorhaben erweisen; es war, als würde man ein riesiges Puzzle zusammensetzen, in dem Teile fehlten, viele Teile beschädigt waren und außerdem zahlreiche überzählige Teile nirgendwo passten.

Im Kern setzte die Kartierung voraus, dass wir auf zwei verschiedene Probleme ausgewogene Antworten fanden. Wenn wir einerseits eine nahezu vollständige Übereinstimmung zwischen den Neandertaler-DNA-Fragmenten und dem menschlichen Genom forderten, übersahen wir unter Umständen Abschnitte, die mehr als einen oder zwei echte Unterschiede (oder Fehler) beinhalteten. Dann würde das Neandertalergenom dem der Jetztmenschen scheinbar ähnlicher sein, als es in Wirklichkeit war. Legten wir andererseits für die Übereinstimmung zu lockere Kriterien an, bezogen wir am Ende vielleicht auch bakterielle DNA-Bruchstücke mit ein, wenn diese auch nur eine entfernte

Ähnlichkeit mit dem menschlichen Genom hatten und deshalb fälschlich dem Neandertaler zugeordnet wurden. Dann sähe das Neandertalergenom dem der Jetztmenschen unähnlicher, als es der Wirklichkeit entsprach. Hier das richtige Gleichgewicht zu finden, war der wichtigste Schritt der Analyse: Er würde alle späteren Arbeiten beeinflussen, die sich um die Bewertung der Unterschiede zu heutigen Genomen drehten.

Außerdem mussten wir praktische Überlegungen im Kopf behalten. Die Computeralgorithmen zur DNA-Kartierung können nicht zu viele Parameter berücksichtigen, denn sonst wird es unmöglich, die mehr als eine Milliarde DNA-Fragmente aus jeweils 30 bis 70 Nucleotiden, die wir aus den Neandertalerknochen sequenzieren wollten, mit den drei Milliarden Nucleotiden des menschlichen Genoms zu vergleichen.

Die schwierige Aufgabe, einen Algorithmus zur Kartierung der DNA-Fragmente zu entwickeln, übernahmen Ed Green, Janet Kelso und Udo Stenzel. Janet war 2004 als Leiterin einer Arbeitsgruppe für Bioinformatik von der University of the Western Cape in ihrer südafrikanischen Heimat zu uns gekommen. Sie war eine unaufdringliche, aber leistungsfähige Führungskraft und konnte die verschrobenen Charaktere, aus denen die Gruppe für Bioinformatik bestand, zu einem verschworenen Team zusammenschweißen. Einer dieser Charaktere war Udo, der einen Hang zur Menschenfeindlichkeit hatte: Nach seiner Überzeugung waren die meisten Menschen, insbesondere solche in den höheren Positionen der akademischen Hierarchie, aufgeblasene Dummköpfe; das Informatikstudium hatte er vor dem Examen abgebrochen. Dennoch verfügte er als Programmierer und logischer Denker wahrscheinlich über größere Fähigkeiten als die meisten seiner Lehrer. Ich war glücklich, dass er das Neandertaler-Projekt seiner Aufmerksamkeit für würdig hielt, obwohl seine Überzeugung, er wisse stets alles am besten, mich manchmal in den Wahnsinn trieb. Letztlich wäre Udo mit mir vermutlich nicht zurechtgekommen, wenn Janet nicht ihren vermittelnden Einfluss ausgeübt hätte.

Ed, dessen ursprüngliches Projekt mit dem RNA-Spleißen eines stillen, unbeweinten Todes gestorben war, fungierte nun de facto als Koordinator der Arbeiten, mit denen die Neandertaler-DNA-Fragmente kartiert werden sollten. Zusammen mit Udo entwickelte er einen Kartierungsalgorithmus, der die Gesetzmäßigkeiten der Sequenzabweichungen in der Neandertaler-DNA berücksichtigte. Diese Gesetzmäßigkeiten hatte Adrian inzwischen zusammen mit Philip Johnson herausgearbeitet, einem ausgezeichneten Studenten aus der Gruppe von Monty Slatkin in Berkeley. Wie die beiden festgestellt hatten, kam es vor allem an den Enden der DNA-Stränge zu Fehlern. Der Grund: Wenn ein DNA-Molekül geschnitten wird, sind die beiden Stränge häufig unterschiedlich lang, und der längere Strang ist dann anfällig für chemische Angriffe. Wie sich in Adrians detaillierter Analyse außerdem herausgestellt hatte, waren die Fehler im Gegensatz zu unseren Erkenntnissen von vor einem Jahr ausschließlich auf die Desaminierung von Cytosinresten zurückzuführen, nicht aber auf die chemische Veränderung von Adenin. Wenn ganz am Ende eines DNA-Stranges ein C stand, bestand eine Gefahr von 20 bis 30 Prozent, dass es in unseren Sequenzen als T auftauchte.

Mit seinem Kartierungsalgorithmus setzte Ed auf kluge Weise das Modell von Adrian und Philip für die positionsabhängige Fehlerwahrscheinlichkeit in den Sequenzen um. Stand beispielsweise am Ende eines Neandertalermoleküls ein T, während in der Sequenz des Jetztmenschen dort ein C vorhanden war, wurde dies als nahezu perfekte Übereinstimmung gewertet, weil ein Austausch von C gegen T, der durch die Desaminierung verursacht wurde, an den endständigen Positionen von Neandertaler-Fragmenten so häufig vorkommt. Ein C im Neandertaler- und ein T im Jetztmenschengenom wurden dagegen als fehlende

Übereinstimmung eingestuft. Wir waren zuversichtlich, dass dies einen großen Fortschritt in unseren Bemühungen bedeuten würde, die falsche Kartierung von Fragmenten zu vermindern und die richtige zu verstärken.

Ein weiteres Problem betraf die Auswahl des Genoms, das wir als Vergleichsmaßstab für die Kartierung der Neandertaler-Fragmente heranziehen wollten. Unter anderem wollten wir mit unseren Forschungsarbeiten herausfinden, ob die Sequenz des Neandertalergenoms auf eine engere Verwandtschaft zu den Jetztmenschen in Europa als zu denen in anderen Teilen der Welt hindeutete. Wenn wir also die Neandertaler-DNA-Fragmente im Vergleich zu einem europäischen Genom kartierten (das Standard-Referenzgenom stammt ungefähr zur Hälfte von einer Person europäischer Abstammung), würden Fragmente, die zu diesem Genom passten, häufiger auftauchen als solche, die stärker nach einem afrikanischen Genom aussehen. In diesem Fall hätte man den falschen Eindruck, der Neandertaler ähnele den Europäern stärker als anderen Menschen. Wir brauchten also einen neutralen Vergleichsmaßstab, und den fanden wir im Schimpansengenom. Die Schimpansen hatten vor vier bis sieben Millionen Jahren einen gemeinsamen Vorfahren mit Jetztmenschen und Neandertalern, das heißt, das Schimpansengenom sollte sich vom Genom der Neandertaler ebenso stark unterscheiden wie von dem der Jetztmenschen. Außerdem kartierten wir die Fragmente im Vergleich zu einem imaginären Genom, das andere konstruiert hatten, indem sie Vermutungen darüber anstellten, wie das Genom des gemeinsamen Vorfahren von Menschen und Schimpansen ausgesehen haben könnte. Nach dem Vergleich mit diesen weitläufiger verwandten Genomen konnte man die Neandertaler-Fragmente dann mit den entsprechenden DNA-Sequenzen in heutigen Genomen aus verschiedenen Teilen der Welt vergleichen und die Unterschiede so bewerten, dass sich nicht von vornherein eine Verzerrung ergab.

Das alles erforderte eine beträchtliche Rechenleistung, aber als wir uns darum bemühten, hatten wir glücklicherweise erneut die unverbrüchliche Unterstützung der Max-Planck-Gesellschaft. Sie stellte ein Netzwerk von 256 leistungsfähigen Computern in ihrem Rechenzentrum in Süddeutschland ausschließlich für unser Projekt ab. Aber selbst als uns alle diese Rechner zur Verfügung standen, nahm die Kartierung der Ergebnisse aus einem einzigen Lauf der Sequenzierautomaten mehrere Tage in Anspruch. Alle unsere Daten zu verarbeiten, würde Monate dauern. Udo übernahm die entscheidende Aufgabe, die Arbeit effizienter auf die Computer zu verteilen. Da er zutiefst davon überzeugt war, dass niemand dies so gut konnte wie er, wollte er alles allein machen. Ich musste mich in Geduld üben und auf seine Fortschritte warten.

Als Ed sich ansah, was die Kartierung der ersten Chargen neuer DNA-Sequenzen aus Branford ergeben hatte, stieß er auf eine beunruhigende Gesetzmäßigkeit, die in der Arbeitsgruppe die Alarmglocken schrillen und meinen Mut sinken ließ: Die kürzeren Fragmente enthielten mehr Unterschiede zum Genom des Jetztmenschen als die längeren! Das Ganze erinnerte an ein Muster, das Graham Coop, Eddy Rubin und Jeff Wall bereits in den Daten aus unserem *Nature*-Artikel beobachtet hatten. Sie hatten dieses Verteilungsmuster als Verunreinigung interpretiert: Danach enthielten die längeren Fragmente weniger Unterschiede zum Jetztmenschen, weil es sich bei vielen von ihnen in Wirklichkeit um Jetztmenschen-DNA handelte, die unsere Bibliotheken verunreinigt hatte. Wir hatten gehofft, die Präparation der Bibliotheken in unserem Reinraum und die Verwendung unserer TGAC-Markierungen würden uns die Seuche der Verunreinigungen ersparen. Ed machte sich sofort an die Arbeit, um festzustellen, ob das stimmte.

Glücklicherweise stimmte es. Wenn Ed strengere Ausschlusskriterien für eine Übereinstimmung anlegte, unterschieden sich kurze und lange Fragmente gleich stark vom Referenzgenom. Wenn wir dagegen (wie auch Wall und die anderen) die gleichen Werte für einen Ausschluss anlegten, die von Genomforschern üblicherweise verwendet werden, zeigten kurze Fragmente von Bakterien-DNA fälschlich Übereinstimmungen mit dem Referenzgenom. Deshalb schienen die kurzen Fragmente mehr Abweichungen von der Referenz zu enthalten als die langen. Legten wir dagegen strengere Ausschlusskriterien an, verschwand das Problem; insgeheim fühlte ich mich dadurch in meinem Misstrauen gegenüber einer Einschätzung der Verunreinigungen, die sich auf Vergleiche zwischen kurzen und langen Fragmenten stützte, bestätigt.

Wenig später jedoch gingen bei uns erneut die Alarmlampen an. Dieses Mal war das Problem noch komplizierter, und ich brauchte einige Zeit, bis ich es verstand – man möge also mit mir durchhalten. Wegen der normalen genetischen Schwankungsbreite zwischen einzelnen Menschen zeigt sich in einem Vergleich zwischen zwei beliebigen Exemplaren des gleichen Chromosoms ungefähr eine Abweichung je 1000 Nucleotide; solche Unterschiede sind die Folge von Mutationen in früheren Generationen. Wenn also im Vergleich zweier Chromosomen an einer bestimmten Form zwei verschiedene Nucleotide (Genetiker sprechen von Allelen) vorkommen, kann man fragen, welches davon das ältere (das »ursprüngliche Allel«) ist und welches (als »abgeleitetes Allel«) später hinzukam. Dies kann man glücklicherweise relativ einfach herausfinden: Man muss nur überprüfen, welches Nucleotid im Genom der Schimpansen und anderer Menschenaffen vorhanden ist. Dieses Allel trug wahrscheinlich auch der Vorfahre, den wir mit den Menschenaffen gemeinsam haben, das heißt, es ist das ältere.

Wir interessierten uns für die Frage, an wie vielen Stellen die Neandertaler neuere, abgeleitete Allele trugen, die man auch bei Jetztmenschen beobachtet; auf diese Weise konnten wir abschätzen, seit wann die Vorfahren von Neandertalern und heutigen Menschen sich auseinanderentwickelten. Im Wesentlichen ist eine größere Zahl abgeleiteter Allele, die Jetztmenschen und Neandertalern gemeinsam sind, ein Hinweis auf eine Trennung der Abstammungslinien in jüngerer Zeit. Als Ed sich im Sommer 2007 die neuen, von 454 Life Sciences gelieferten Daten ansah, war er beunruhigt. Er beobachtete das Gleiche, was Wall und andere bereits an dem kleineren, 2006 veröffentlichten Datenbestand festgestellt hatten: Längere Neandertaler-DNA-Fragmente, die 50 oder mehr Nucleotide umfassten, trugen mehr abgeleitete Allele als kürzere. Dies ließ darauf schließen, dass die längeren Fragmente mit der DNA von Jetztmenschen enger verwandt waren als kürzere, ein paradoxer Befund, der wiederum eine Folge von Verunreinigungen sein konnte.

Wie viele Krisen zuvor, so war auch diese bei unseren Freitagsbesprechungen das beherrschende Thema. Wochenlang diskutierten wir endlos darüber und schlugen eine Erklärungsmöglichkeit nach der anderen vor, aber keine führte uns auch nur einen Schritt weiter. Am Ende verlor ich die Geduld und äußerte die Vermutung, wir hätten vielleicht tatsächlich Verunreinigungen, sollten deshalb einfach aufgeben und eingestehen, dass wir keine zuverlässige Sequenz eines Neandertalergenoms liefern konnten. Ich war mit meinem Latein am Ende und hätte heulen können wie ein Kind. Das tat ich zwar nicht, aber nach meinem Eindruck war vielen in der Gruppe klar, dass wir in einer echten Krise steckten. Vielleicht weckte das bei den Mitarbeitern neue Energie. Mir fiel auf, dass Ed aussah, als habe er seit Wochen nicht geschlafen. Am Ende löste er das Rätsel.

Wie bereits erwähnt, geht ein abgeleitetes Allel auf eine Mutation bei einem einzigen Individuum zurück, und deshalb sind abgeleitete Allele schon definitionsgemäß selten. In der Gesamtschau findet man im Genom eines Menschen an rund 35 Prozent der variablen Positionen abgeleitete Allele, bei 65 Prozent handelt es sich um ursprüngliche Allele. Eds Durchbruch war die Erkenntnis, was das bedeutete: Wenn ein Neandertaler-DNA-Fragment ein abgeleitetes Allel trägt, unterscheidet es sich in 65 Prozent der Fälle von der Referenzsequenz des menschlichen Genoms, und nur in 35 Prozent der Fälle stimmt es mit ihr überein. Demnach ist die Übereinstimmung eines Neandertaler-DNA-Fragments an einer Position häufiger, wenn es das ursprüngliche Allel trägt! Außerdem erkannte er, dass kurze Fragmente, die einen Unterschied zum Genom des Jetztmenschen beinhalten, den Computerprogrammen häufiger unerkannt entgehen, weil sich in den längeren Fragmenten natürlich mehr übereinstimmende Positionen finden, die eine richtige Kartierung selbst dann ermöglichen, wenn ein oder zwei Unterschiede vorhanden sind. Deshalb werden kürzere Fragmente mit abgeleiteten Allelen von dem Programm häufiger ausgeschlossen als längere, so dass kürzere Fragmente fälschlich weniger abgeleitete Allele zu tragen scheinen. Ed musste mir das Prinzip mehrmals erklären, bevor ich es begriff. Dennoch traute ich meiner Intuition nicht, sondern ich hoffte, er könnte es uns auf einem direkteren Weg beweisen.

Ich nahm an, dass Ed mich nicht während unserer Besprechung weinen sehen wollte, also dachte er sich schließlich ein kluges Experiment aus, mit dem er seine Aussage beweisen konnte. Er nahm einfach die längeren DNA-Fragmente, die er kartiert hatte, und schnitt sie im Computer jeweils einmal durch, so dass sie nun nur halb so lang waren. Dann kartierte er sie noch einmal. Und wie von Zauberhand nahm die Häufigkeit der in ihnen enthaltenen abgeleiteten Allele ab, wenn er sie mit den längeren Abschnitten verglich, aus denen er sie hergestellt hatte. Der Grund: Viele Fragmente, die abgeleitete Allele enthielten, ließen sich in der kürzeren Form nicht mehr kartieren. Endlich hatten wir eine Erklärung für die vermeintlichen Verunreinigungen in unseren Daten! Außerdem erklärte das Prinzip zumindest einen

Teil der Verunreinigungsmuster, die wir in unseren ursprünglichen, testweise gewonnenen und in *Nature* veröffentlichten Daten beobachtet hatten. Als Ed die Ergebnisse seines Experiments präsentierte, stieß ich einen heimlichen Seufzer der Erleichterung aus. Wir veröffentlichten seine Erkenntnisse 2009 in einem sehr fachspezifischen Artikel.[55]

Eds Befunde stärkten meine Überzeugung, dass Verfahren zur unmittelbaren Messung von Verunreinigungen gebraucht wurden; in unseren Freitagsdiskussionen kamen wir immer wieder auf die Frage zurück, wie wir Verunreinigungen der Zellkern-DNA messen konnten. Aber immer wenn solche Debatten aufflackerten, war ich jetzt ein wenig gelassener. Nach meiner Überzeugung waren wir auf der richtigen Spur.

Kapitel 15

Von Knochen zum Genom

Anfang 2008 hatten die Mitarbeiter bei 454 Life Sciences in Connecticut mit den neuen Bibliotheken, die wir aus dem Knochen Vi-33.16 hergestellt hatten, insgesamt 147-mal ihre Automaten laufen lassen und damit 39 Millionen Sequenzfragmente analysiert. Das war eine Menge, aber immer noch nicht so viel, wie ich mir für diesen Zeitpunkt erhofft hatte; mit Sicherheit war es viel zu wenig, als dass es sich lohnen könnte, mit der Rekonstruktion des Genoms aus dem Zellkern zu beginnen. Dennoch war ich erpicht darauf, die Kartierungsalgorithmen auszuprobieren; also machten wir uns an die weniger große Aufgabe, das Mitochondriengenom zu rekonstruieren. Bisher hatten wir und alle anderen nur rund 800 Nucleotide aus den variabelsten Teilen der Neandertaler-mtDNA sequenziert. Jetzt wollten wir die Sequenz aller 16 500 Nucleotide kennenlernen.

Ed Green musterte die 39 Millionen DNA-Fragmente durch und identifizierte diejenigen, die der mtDNA heutiger Menschen ähnelten. Dann verglich er diese Sequenzfragmente untereinander, um festzustellen, wo sie sich überlappten und ihm damit den Aufbau einer vorläufigen Neandertaler-mtDNA-Sequenz ermöglichten. Als Nächstes suchte er noch einmal unter den 39 Millionen Sequenzen und hielt dieses Mal Ausschau nach jenen, die seiner vorläufigen Neandertaler-mtDNA-Sequenz am stärksten ähnelten und ihm beim ersten Mal vielleicht entgangen waren. Insgesamt identifizierte er 8341 mtDNA-Sequenzen des Neandertalers, die durchschnittlich 69 Nucleotide lang waren. Aus ihnen setzte er die Sequenz eines vollständigen mtDNA-Moleküls von 16565 Nucleotiden zusammen; es war die längste zusammenhängende Neandertaler-mtDNA-Sequenz, die man jemals rekonstruiert hatte.

Dieses Ergebnis vermittelte mir das tröstliche Gefühl, dass wir zumindest etwas Konkretes erreicht hatten. Allerdings sagte die Analyse der Neandertaler-mtDNA nichts über die Neandertaler aus, was wir nicht bereits gewusst hätten. Die nützlichen Erkenntnisse, die wir gewannen, waren technischer Natur. So stellte sich beispielsweise heraus, dass wir aus einzelnen Regionen des Genoms unterschiedlich viele Fragmente gewinnen konnten. Wie Ed erkannte, hing dies mit dem Verhältnis zwischen G/C- und A/T-Nucleotiden in den Fragmenten zusammen. Es bedeutete, dass G- und C-reiche DNA-Moleküle im Knochen besser erhalten blieben – oder vielleicht überstanden sie auch die DNA-Extraktion aus dem Knochen besser. Positiv war dabei aber, dass kein Teil der mtDNA völlig fehlte. Allmählich wuchs in mir der Eindruck, dass wir viele technische Probleme, die sich mit der Analyse von Neandertaler-DNA-Fragmenten verbanden, mittlerweile unter Kontrolle hatten. Außerdem fanden wir 133 Positionen, an denen sich die Neandertaler-mtDNA von allen oder nahezu allen mtDNAs von Jetztmenschen unterschieden.[56] Zuvor, in dem kurzen, 1997 veröffentlichten Abschnitt der Neandertaler-mtDNA, hatten wir nur drei solche Positionen gekannt. Mithilfe der 133 Positionen konnten wir jetzt zuverlässiger abschätzen, wie stark sich Verunreinigungen mit moderner mtDNA auf unsere Daten ausgewirkt hatten. Es waren 0,5 Prozent. Außerdem gingen wir noch einmal einen Schritt zurück und schätzten die Verunreinigung der mtDNA in unseren ältesten, 2006 in *Nature* veröffentlichten Daten ab, und ebenso zogen wir zusätzliche Daten heran, die wir gewonnen hatten, als der *Nature*-Artikel bereits im

Druck war. Von 75 mtDNA-Fragmenten gehörten 67 zum Neandertaler-Typ. Die Bibliothek hatte also elf Prozent Verunreinigungen enthalten, mehr als wir uns erhofft hatten, aber viel weniger als die 70 bis 80 Prozent, von denen in dem Artikel von Kim und Wall die Rede gewesen war. Alle diese Informationen fassten wir in einem Artikel zusammen und reichten ihn bei *Cell* ein, der Fachzeitschrift, die schon 1997 unsere ersten Erkenntnisse über die Neandertaler-mtDNA veröffentlicht hatte. Auch dieses Mal wiesen wir darauf hin, dass eine direkte Methode zur spezifischen Abschätzung von Verunreinigungen des Zellkern-Genoms der bessere Weg sei. Außerdem nahmen wir in unseren Freitagsgesprächen die Diskussionen darüber wieder auf, wie man das am besten machte.

Nachdem diese Untersuchungen abgeschlossen waren, machte ich mir allerdings Sorgen darüber, dass die Veröffentlichung über die mtDNA uns möglicherweise vom langsamen Tempo der übrigen DNA-Analysen abgelenkt hatte. Das zweite Jahr unseres Projekts war bereits weit fortgeschritten, und der Termin, den wir uns öffentlich für die Analyse der drei Milliarden Neandertaler-Nucleotide gesetzt hatten, war nur noch wenige Monate entfernt. Eine kleine Zeitüberschreitung wäre nicht schlimm gewesen, aber leider hatte ich den Eindruck, dass wir auf dem Weg zu einer viel längeren Verzögerung waren. Deshalb wurden unsere Laborbesprechungen zunehmend zu angespannten Diskussionen. Manchmal ertappte ich mich dabei, wie ich laut und sarkastisch wurde (was ich später bitter bereute); der Grund waren in der Regel unlogische Argumente, oder jemand war nicht in der Lage, kurz und knapp zu beschreiben, was er oder sie im Labor getan hatte. Der tiefere Grund für meine schlechte Stimmung war aber mein Eindruck, dass es mit dem Projekt nicht vorwärtsging. Ein Grund für den langsamen Fortschritt lag darin, dass nur wenige Extrakte ausreichende Mengen an Neandertaler-DNA enthielten und eine Produktion von DNA-Bibliotheken mit der erhofften Geschwindigkeit ermöglichten, es lag aber auch auf der Hand, dass die Sequenzierung bei 454 nicht schnell voranging. Michael Egholm engagierte sich sicher nach wie vor für das Projekt, aber im März 2007 war 454 Life Sciences an den Schweizer Pharmariesen Roche verkauft worden. Deshalb verließ die Person, die in Branford den Sequenzierungsalltag organisierte, im folgenden Herbst das Unternehmen, und für Egholm und die anderen wurde es nach meinem Eindruck zunehmend schwieriger, ihre volle Aufmerksamkeit dem Neandertalergenom zu widmen. Zum ersten Mal spielte ich mit dem Gedanken, mit der Konkurrenz von 454 zusammenzuarbeiten.

Ein solcher Konkurrent war David Bentley, ein angesehener Humangenetiker, den ich im Mai 2007 auf der Tagung in Cold Spring Harbor kennengelernt hatte. Er war 2005 vom Sanger Institute des Wellcome Trust zu Solexa gewechselt, einem neuen Unternehmen, das sich von der chemischen Fakultät der Universität Cambridge abgespalten hatte. Dort beaufsichtigte er die Entwicklung eines DNA-Sequenzierautomaten, der das stärkste Konkurrenzprodukt zu Jonathan Rothbergs 454-Maschinen darstellte. Genau wie das Verfahren von 454, so nutzte auch das von Solexa besondere Adaptoren, die an die Enden der Moleküle angekoppelt wurden. Dabei entstanden DNA-Bibliotheken, die man vervielfältigen und sequenzieren konnte. Anders als beim 454-Verfahren wurden die einzelnen Bibliotheken hier aber nicht in winzigen Öltropfen vervielfältigt, sondern mithilfe von Primern, die an eine Glasoberfläche angeheftet waren. Auf diese Weise entstand aus jedem ursprünglichen DNA-Strang, der auf das Glas gelangt war, ein kleiner Fleck oder Haufen aus Millionen Kopien des ursprünglichen Bibliotheksmoleküls. Diese Haufen wurden dann durch Zusatz eines Sequenzierungsprimers, der DNA-Polymerase und der vier mit unterschiedlichen Fluoreszenzfarbstoffen markierten Basen sequenziert.

Die ersten Testversionen dieser Maschinen wurden 2006 an die Sequenzierungszentren ausgeliefert. Sie konnten nur einen Abschnitt von 25 Nucleotiden sequenzieren, und ich hatte bereits gehört, dass die Maschinen häufig defekt waren. Dafür hatte die Technologie aber potenziell einen großen Vorteil: Mit jedem Lauf des Automaten konnte man nicht nur einige Hunderttausend einzelne DNA-Fragmente sequenzieren wie mit den Maschinen von 454, sondern mehrere Millionen, eine Zahl, die sich möglicherweise mit der weiteren Verbesserung der Maschinen noch steigern ließ. Schon bald wuchs auch die Länge der einzelnen Sequenzen auf 30 Nucleotide, und es war von Verbesserungen die Rede, durch die man jedes DNA-Fragment von beiden Enden aus sequenzieren konnte, so dass insgesamt eine Sequenz von 60 Nucleotiden ermittelt wurde. Das hörte sich für jemanden, der mit alter DNA arbeitete, sehr interessant an. Auch andere waren interessiert. Im November 2006 wurde Solexa von dem US-amerikanischen Biotechnologieunternehmen Illumina gekauft. David Bentley war jetzt der neue wissenschaftliche Leiter und Vizepräsident der Firma.

Mit ihm sprach ich auf der Tagung in Cold Spring Harbor über unser Projekt. Er sagte zu, ich könne ihm einen Mammut- oder Neandertaler-Extrakt schicken, mit dem er ihre Technologie testen konnte. In Wirklichkeit hatten wir mit einem solchen Test bereits begonnen: Wir waren so erpicht darauf gewesen, das neue Verfahren auszuprobieren, dass wir schon ein paar Monate zuvor, im Februar 2007, einige unserer besten Mammut-DNA-Extrakte an das Sanger-Institut in Cambridge zu Jane Rogers geschickt hatten, die dort die Arbeit mit den Solexa-Maschinen leitete. Wir hatten seither von ihr allerdings noch nichts gehört, und deshalb kehrte ich von Cold Spring Harbor mit einem neuen Gefühl der Dringlichkeit zurück. Von nun an fiel ich unseren Kontaktpersonen am Sanger-Institut mit ständigen Fragen nach Ergebnissen auf die Nerven. Anfang Juni kamen die Daten. Wir waren ein wenig enttäuscht, erkannten wir doch an den Sequenzen, dass die Technologie fehleranfällig zu sein schien. Das Unternehmen arbeitete eifrig an Verbesserungen, aber mir wurde auch klar, dass die Fehlerquote durch die große Zahl von DNA-Fragmenten, die man in den Maschinen sequenzieren konnte, wettgemacht wurde. Im Prinzip konnten wir einfach jedes einzelne DNA-Fragment einer Bibliothek mehrmals sequenzieren, so dass Fehler leicht zu erkennen und auszumerzen waren. Leider betrieb Illumina im Gegensatz zu 454 aber kein eigenes Sequenzierungszentrum; wir würden also selbst eine Maschine brauchen, und die bekamen wir wegen der großen Nachfrage erst sechs Monate später. Sie konnte mittlerweile 70 Nucleotide lesen, machte aber nach wie vor viele Fehler, die entlang der Sequenz immer häufiger wurden. Eine technische Verbesserung der Maschine eröffnete für uns 2008 die Gelegenheit, alle DNA-Fragmente in unseren Bibliotheken von beiden Enden her zu sequenzieren. Da unsere Neandertaler-DNA-Fragmente im Durchschnitt nur 55 Nucleotide lang waren, konnten wir also jede DNA-Sequenz in beiden Richtungen lesen. Auf diese Weise erhielten wir für einen großen Teil jedes einzelnen Fragments zuverlässige Informationen über die Sequenz.

Der Herausforderung, die mit dem Illumina-Automaten gewonnenen Daten zu analysieren, stellte sich Martin Kircher, der sich im Sommer 2007 als Doktorand der von Janet geleiteten Bioinformatik-Arbeitsgruppe angeschlossen hatte. Hinter seinem jungenhaften Aussehen und seinem charmanten Lächeln verbarg sich nach meinem Eindruck ein übersteigertes Selbstbewusstsein, das an Arroganz grenzte und vielleicht durch seinen inoffiziellen Mentor Udo gefördert wurde. Anfangs irritierte mich diese Eigenschaft stark, aber allmählich wurde mir klar, dass er mit seinen Ansichten häufig recht hatte. Ich lernte seine Fähigkeit zu schätzen, technische Themen schnell zu begreifen, den Datenfluss vom Sequenzierungsautomaten zu den Computern zu organisieren und den technischen Assistentinnen, die die Maschinen bedienten, die richtigen Rückmeldungen zu geben. Außerdem war er unglaublich fleißig. Nicht nur ich, sondern auch Janet und alle anderen verließen sich nach und nach immer mehr darauf, dass Martin unsere Illumina-Sequenzierungsmaschine in Gang hielt und die Computeranalysen vorantrieb.

Anfang 2008 war klar, dass wir die 454-Technologie völlig aufgeben mussten, wenn wir noch eine Chance haben wollten, das Neandertalergenom in absehbarer Zeit vollständig zu sequenzieren. Die Stärke des Verfahrens von 454 lag in der Möglichkeit, lange DNA-Fragmente zu sequenzieren, aber da wir es mit kurzen Molekülen zu tun hatten, interessierte uns das nicht. Wir hatten das Ziel, viele kurze DNA-Fragmente so schnell wie möglich zu sequenzieren. Und was eine solche Massenproduktion anging, hatte Illumina gegenüber 454 einen echten Vorteil. Uns von dem 454-Verfahren zu verabschieden, würde allerdings nicht einfach werden: Ed Green und die anderen hatten eifrig Programme für die Verarbeitung der entsprechenden Daten entwickelt. Der Wechsel zu Illumina würde bedeuten, dass wir die Datenverarbeitung neu organisieren und die verschiedenen Versionen der Sequenzdaten zusammenführen mussten. Die Technologie war noch so neu, dass fertige Software zur Lösung solcher Probleme nicht zur Verfügung stand. Wir mussten alles selbst machen.

Als der Sommer 2008 herannahte, spitzte sich die Sache zu. Mitte Juli waren seit unserer Pressekonferenz zwei Jahre vergangen. Den Termin würden wir sicher nicht einhalten können, aber wenn Journalisten anriefen und fragten, wollte ich ihnen zumindest ein neues Datum nennen. Wir verfügten jetzt über eine ausreichende Menge an Knochen und DNA-Extrakten, um genügend Bibliotheken zur Sequenzierung von drei Milliarden Nucleotiden herzustellen, aber der einzige Weg zu dieser Sequenzierung führte über den Wechsel zu Illumina. Außerdem hatte ich von dem Geld, das wir eigentlich an 454 für die Sequenzierung zahlen wollten, einen beträchtlichen Teil abgezweigt und stattdessen vier weitere Illumina-Maschinen bestellt. Mit fünf gleichzeitig arbeitenden Automaten konnten wir es schaffen, davon war ich überzeugt; wenn die Maschinen schnell geliefert wurden, könnten wir vielleicht sogar bis zum Jahresende fertig sein. Wieder einmal musste ich eine Zusammenarbeit beenden; in Dänemark traf ich zu diesem Zweck mit Michael Egholm von 454 zusammen. Glücklicherweise verstand er meine Überlegungen, aber er prophezeite, wir würden es noch bereuen, uns mit »fehlerstrotzenden Mikroablesungen« auseinanderzusetzen, wie er die kürzeren, von den Illumina-Maschinen produzierten Sequenzen abschätzig nannte.

Inmitten des ganzen emotionalen Aufs und Abs war ich froh, mir eine private Auszeit von der Arbeit mit den Neandertalern nehmen zu können. Am 1. Juli flogen Linda und ich nach Kona auf Hawaii. Offiziell (und diesen Grund nannte ich auch im Institut) unternahmen wir die Reise, weil ich zur sogenannten Academy of Achievement eingeladen war, einer alljährlichen Tagung mit Musikern, Politikern, Wissenschaftlern und Autoren, die sich in einer abgeschiedenen, intimen Umgebung treffen sollten, um Ideen und Erfahrungen auszutauschen; außerdem nahmen daran auch 100 Doktoranden aus der ganzen Welt teil. Aber auch wenn ich es spannend fand, einige Tage mit vielen berühmten, klugen Menschen zu verbringen, war es in Wirklichkeit nicht der Hauptgrund für die Reise. Linda und ich hatten beschlossen, die Gelegenheit zu nutzen und zu heiraten. Wir hatten es lange hinausgeschoben, vor allem weil ich die Ehe für eine altmodische Formalität hielt. Dass wir jetzt heiraten wollten, hatte zum Teil pragmatische Gründe, die mit den deutschen Pensionsansprüchen für den Fall zu tun hatten, dass ich vor ihr sterben würde. Aber wir wollten es im privaten Rahmen und mit einem leicht grotesken Anstrich tun. Dazu arrangierten wir eine Zeremonie mit einer New-Age-Geistlichen am Strand – ein Umfeld, wie man es sich schöner nicht vorstellen kann. Die Geistliche, die die Zeremonie leitete, beschwor hawaiianische Geister herauf und blies auf einer Muschelschale lange Töne in die vier Windrichtungen. Wir legten gegenseitig unser Gelöbnis ab, und sie erklärte uns zu Mann und Frau. Trotz aller praktischen Überlegungen, deretwegen wir uns zum Heiraten entschlossen hatten, gab die Zeremonie nach meinem Gefühl der tiefen Verbundenheit Ausdruck, die sich zwischen uns entwickelt hatte. Mein Leben mit Linda war insbesondere seit 2005, als unser Sohn Rune geboren wurde, viel bereichernder gewesen als mein früheres, mönchsähnliches Professorendasein in München.

Nach der Zeremonie am Strand unternahmen wir eine Wanderung. Linda hatte auf Big Island ein einsames, wunderschönes Gebiet gefunden. Wir gingen mit unseren schweren Rucksäcken in der gleißenden Sonne über eine Mondlandschaft aus Lavafelsen, bis wir an die Küste kamen. Dort blieben wir vier Tage: Wir liefen nackt an urtümlichen Stränden entlang, schnorchelten mit Fischen und Schildkröten und liebten uns am Strand oder unter den Palmen. Wenn ich beim weichen Rauschen des Pazifiks und dem Rascheln der Palmenblätter über uns einschlief, schien die subarktische Steppe, in der die Neandertaler gelebt hatten, ganz weit weg zu sein. Es war für mich die ideale Unterbrechung einer äußerst angespannten Lebensphase.

Das Zwischenspiel auf Hawaii währte nur kurz. Eine Woche nachdem Linda und ich von der Insel zurückgekehrt waren, hielt ich auf dem Weltkongress für Genetik in Berlin einen Vortrag. Ich schilderte unsere technischen Fortschritte, mit denen wir der Sequenzierung des Genoms näher kamen, und unsere Arbeiten mit der mtDNA. Dass ich nicht mehr zu berichten hatte, war frustrierend. Einen anderen Vortrag auf der Tagung hielt Eric Lander, ein Vordenker und wichtiger Initiator des staatlichen

Projekts zur Sequenzierung des menschlichen Genoms. Er wirkte auf mich fast beängstigend kenntnisreich und scharfsinnig. Ich hatte Eric nicht nur in Cold Spring Harbor schon mehrfach getroffen, sondern auch in Boston, wo er das Broad Institute leitete, eine sehr erfolgreiche Forschungseinrichtung, die sich der Genomforschung widmet. Von seinen Ratschlägen hatte ich häufig profitiert. Nach der Tagung kam er nach Leipzig und besuchte unsere Arbeitsgruppe. Unsere vier neuen Illumina-Maschinen waren immer noch nicht geliefert worden, und mit dem einen Automaten, den wir besaßen, konnten wir die Daten nicht schnell genug produzieren: Jeder Lauf dauerte zwei Wochen, und dann kam noch die Rechenzeit der Computer hinzu. Glücklicherweise verfügte Eric, ein großer Befürworter der Illumina-Automaten, an seinem Broad Institute über mehrere solche Geräte und bot seine Hilfe an. Bis zu unserem selbstgesetzten Termin blieben nur noch wenige Tage, also nahm ich sein Angebot ohne Zögern an. Bis zum Termin würden wir natürlich nicht fertig werden, aber wenn wir die Daten bis Ende 2008 lieferten, hätten wir es wenigstens noch in dem angekündigten Jahr geschafft.

Als unsere Zweijahresfrist verstrichen war, umwarben uns sowohl *Nature* als auch *Science*, damit wir unseren Artikel über das Neandertalergenom bei ihnen einreichten. Ich dachte daran, das Gleiche zu tun, was ich 1996 mit den ersten mtDNA-Sequenzen des Neandertalers gemacht hatte: sie in *Cell* zu veröffentlichen, einer seriöseren molekularbiologischen Zeitschrift. Aber vieles sprach auch für eine Publikation in einem der beiden angesehenen Fachblätter: Alle rechneten damit, die Arbeiten dort zu sehen – insbesondere die Studierenden und Postdocs, die in der Regel dachten, eine Veröffentlichung dort könne ihre Karriere voranbringen. Im Juni kam die *Science*-Redakteurin Laura Zahn zu uns zu Besuch, um über den Neandertaler-Artikel zu sprechen. *Science* wird von der American Association for the Advancement of Science herausgegeben, und kurz nach Lauras Besuch lud die Organisation mich ein, bei ihrer Jahrestagung, die vom 12. bis 16. Februar 2009 in Chicago stattfinden sollte, einen Plenarvortrag über die Arbeit zu den Neandertalern zu halten. Damit war ein endgültiger Termin gesetzt, auf den es hinzuarbeiten galt, und ich war sicher, dass wir es schaffen würden. Also sagte ich den Vortrag zu, und wie mir dabei klar wurde, bedeutete das, dass wir höchstwahrscheinlich auch in *Science* veröffentlichen würden.

Aber wie so häufig dauerte alles länger als erwartet. Erst Ende Oktober verfügten wir über fünf Illumina-geeignete DNA-Bibliotheken mit unseren besonderen Neandertaler-Markierungen. Proben der einzelnen Bibliotheken sequenzierten wir auf unserem Illumina-Automaten, und dabei ermittelten wir sehr sorgfältig die Zahl der Moleküle in den Bibliotheken. Nach unseren Feststellungen enthielten sie mehr als eine Milliarde DNA-Fragmente. Damit sollten wir über alle Voraussetzungen verfügen, um die vollständige Sequenz des Genoms aufzuklären. Wir schickten die Bibliotheken zusammen mit maßgeschneiderten Primern zur Sequenzierung an das Broad Institute. Was die Illumina-Geräte ausspuckten, wollten wir mit einem Computerprogramm analysieren, das von Martin Kircher entwickelt worden war und mehr Nucleotide mit weniger Fehlern erkennen konnte als die kommerzielle, von Illumina mitgelieferte Software. Unser Programm brauchte eine so große Datenmenge aus den Sequenzierautomaten, dass es unpraktisch gewesen wäre, sie über das Internet zu übertragen; stattdessen richteten wir es so ein, dass Festplatten mit hoher Kapazität von Boston nach Leipzig geschickt wurden.

Mitte Januar 2009 erhielten wir zwei Festplatten mit den Ergebnissen der ersten Sequenzierungsläufe. Jetzt stellten die besonderen Markierungen unserer Neandertaler-Bibliotheken ihre

Nützlichkeit unter Beweis. Martin entdeckte, dass in einem der Ansätze aus dem Broad Institute überhaupt keine Sequenzen mit solchen Markierungen vorhanden waren. Offensichtlich hatte man in dem Institut etwas verwechselt. Das war erstaunlich und ein wenig beunruhigend. Ich dachte daran, die Sequenzierung wieder in unser Labor zu verlegen, wo wir mittlerweile über unsere vier neuen, betriebsbereiten Illumina-Geräte verfügten. Aber die anderen Ansätze, deren Ergebnisse auf den Festplatten aus dem Broad Institute gespeichert waren, sahen gut aus, und wir waren entschlossen, weiterhin mit Eric zusammenzuarbeiten. Am 6. Februar 2009 schließlich brachte FedEx 18 Festplatten. Sie kamen keinen Tag zu früh. In sechs Tagen, am 12. Februar, sollte die AAAS-Tagung beginnen.

Martin, Ed und Udo überprüften die Daten aus dem Broad Institute. Die Sequenzen trugen unsere Markierungen, die Verteilung der Fragmentgrößen war die gleiche wie in unseren eigenen Illumina-Sequenzierungsdurchläufen, und als Udo die Sequenzen kartierte, stimmten die Ergebnisse mit den in Leipzig gewonnenen Daten überein. Das war eine Erleichterung. Die AAAS hatte sich dafür eingesetzt, meinen Vortrag auf der Tagung in Chicago mit einer Pressekonferenz zu begleiten, und ich hatte gefürchtet, ich hätte nichts zu sagen. Jetzt konnte ich bekannt geben, dass wir über die Sequenzen verfügten, die für eine einfache Abdeckung des Genoms erforderlich waren. Aber nachdem ich mir zuvor schon gewünscht hatte, dass die erste Ankündigung des Projekts in Leipzig stattfand – einer Stadt, die immer noch dabei war, aus dem Schatten ihrer sozialistischen Vergangenheit herauszuwachsen –, so war ich auch jetzt dafür, die Pressekonferenz der AAAS in Leipzig abzuhalten. Und in Anerkennung der früheren Unterstützung unseres Projekts durch 454 Life Sciences wollte ich sie zusammen mit dem Unternehmen organisieren. Die AAAS erklärte sich einverstanden, und am 12. Februar veranstalteten wir zusammen mit 454 in Leipzig eine Pressekonferenz, die per Video nach Chicago übertragen wurde, so dass auch die Tagungsteilnehmer und die amerikanische Presse Fragen stellen konnten. Anschließend wollte ich zu meinem Vortrag, der für den 15. Februar angesetzt war, nach Chicago fliegen.

Uns blieben also nur noch sechs Tage für die Vorbereitung. Ich konzentrierte mich im größten Teil der Pressemitteilung und in meinem Vortrag in Chicago auf die technischen Hindernisse, die wir überwinden mussten, um uns einen ersten Blick auf das Genom eines ausgestorbenen Menschentyps zu verschaffen. Ich erläuterte, wie Tomi Maričić mit winzigen Mengen radioaktiv markierter DNA die Schritte erkennen und verändern konnte, in denen es zu DNA-Verlusten kam, wie wir mit den markierten, in unserem Reinraum hergestellten Bibliotheken die Verunreinigungsprobleme beseitigt hatten, die in unserer Pilotuntersuchung noch eine Rolle spielten, wie sich durch die detaillierten Untersuchungen von Adrian Briggs und Philip Johnson ganz bestimmte Fehlergesetzmäßigkeiten in den DNA-Sequenzen gezeigt hatten und wie wir mit den von Udo Stenzel und Ed Green entwickelten Computerprogrammen die Neandertaler-DNA-Fragmente identifiziert und kartiert und gleichzeitig viele Fallstricke umgangen hatten.

Ich wollte aber auch etwas über die Neandertaler sagen. Wir hatten noch nicht die Zeit gehabt, die rund eine Milliarde DNA-Sequenzen zu kartieren, von einer eingehenden Analyse ganz zu schweigen. Glücklicherweise hatten Udo und andere im Laufe des letzten halben Jahres die mehr als 100 Millionen DNA-Fragmente kartiert, die wir mit der 454-Technologie sequenziert hatten. Aus ihnen konnten wir bereits einige biologisch bedeutsame Erkenntnisse ableiten. Ed hatte sich zwei Genvarianten heutiger Menschen angesehen, die nach den Behauptungen anderer möglicherweise durch Genfluss von den Neandertalern zu den Jetztmenschen gelangt waren. Eine davon war eine große Region aus 900 000 Basen auf dem Chromosom 17, die im Erbmaterial vieler

Europäer in umgekehrter Anordnung (»invertiert«) vorliegt. Mithilfe der ausgezeichneten verwandtschaftsgeschichtlichen Aufzeichnungen aus Island hatte man zeigen können, dass die invertierte Form bei Frauen mit einer geringfügig höheren Fruchtbarkeit gekoppelt ist. Stammte diese umgekehrte Version tatsächlich von Neandertalern, wie manche Fachleute vermutet hatten? Ed überprüfte unsere Neandertaler-Sequenzen, aber keiner der drei Neandertaler, die wir im Rahmen unserer Arbeiten analysiert hatten, trug die invertierte Version. Damit war die Möglichkeit, dass andere Neandertaler sie besessen und zu den heutigen Europäern beigetragen hatten, natürlich nicht ausgeschlossen, aber es war zumindest weniger wahrscheinlich. Ähnlich verhielt es sich mit einem Gen auf dem Chromosom 8, das in mutierter Form zu einer drastischen Verringerung der Gehirngröße führt und bei normalen Menschen auf der ganzen Welt in unterschiedlichen Versionen vorliegt; die in Europa und Asien verbreitete Form sollte den Vermutungen zufolge von den Neandertalern stammen. Ed konnte jedoch zeigen, dass die fragliche Variante in unseren Sequenzen nicht vorkam. Die Untersuchung dieser Beispiele lieferte also keinen Hinweis, dass die Neandertaler einen genetischen Beitrag zu den modernen Europäern geleistet hätten. Ich fühlte mich mit dieser Schlussfolgerung wohl, passte sie doch zu dem, was wir zehn Jahre zuvor über die Mitochondrien-DNA herausgefunden hatten. Verblüfft war ich jedoch über einige andere Entdeckungen, die in letzter Minute hinzukamen.

Kapitel 16

Genfluss?

Auf dem langen Rückflug von Chicago nach Leipzig bemühte ich mich, den Stand unseres Projekts nüchtern einzuschätzen. Wir hatten zwar jetzt sämtliche erforderlichen DNA-Sequenzen aufgeklärt, es blieb aber noch viel zu tun. Als Erstes mussten wir alle mit dem Illumina-Verfahren sequenzierten DNA-Fragmente anhand des Schimpansengenoms und des rekonstruierten Vorläufergenoms von Menschen und Schimpansen kartieren. Die Gruppe in Leipzig würde sich jetzt darauf konzentrieren, die Algorithmen, die Ed und Udo für die 454-Daten entwickelt hatten, an die neuen Daten aus den Illumina-Geräten anzupassen.

Wenn das geschafft war, konnten wir mehrere Fragen nach unserer Verwandtschaft mit den Neandertalern stellen: Wann entwickelten sich die Abstammungslinien auseinander? Wie groß sind die Unterschiede zwischen ihnen? Haben sich die Abstammungslinien irgendwann einmal vermischt, und wurden irgendwelche interessanten Gene zwischen Jetztmenschen und Neandertalern ausgetauscht? Um darauf Antworten zu finden, brauchten wir nicht nur die Mitarbeiter in meiner Gruppe, sondern auch viele andere Experten aus der ganzen Welt.

Schon 2006 war mir klar geworden, dass wir nicht nur deshalb an einem historischen Projekt arbeiteten, weil wir zum ersten Mal das Genom einer ausgestorbenen Menschenform sequenzierten, sondern auch weil zum ersten Mal eine kleine Arbeitsgruppe sich an die Sequenzierung eines ganzen Säugetiergenoms gemacht hatte. Zuvor waren solche Großprojekte den großen Sequenzierungszentren vorbehalten gewesen. Und selbst diese großen Zentren arbeiteten bei der Analyse verschiedener Aspekte der Genome mit anderen Institutionen zusammen. Jetzt mussten auch wir eindeutig eine Art Konsortium zusammenstellen. Also dachte ich schon 2006 darüber nach, was für Fachkenntnisse wir brauchen würden und mit welchen Personen ich gern zusammenarbeiten wollte.

Zuallererst brauchten wir Populationsgenetiker. Solche spezialisierten Genetiker beschäftigen sich mit Variationen der DNA-Sequenzen in einer Spezies oder Population und leiten daraus Erkenntnisse über das frühere Schicksal dieser Arten oder Populationen ab. Sie können etwas darüber aussagen, wann Populationen sich getrennt haben, ob zwischen ihnen ein Genaustausch stattgefunden hat und ob sie der Selektion ausgesetzt waren. Die Populationsgenetiker in unserer Arbeitsgruppe, Michael Lachmann und Susan Ptak, konnten in einigen solchen Fragen sicher Beiträge leisten, aber wir brauchten auch den Input weiterer Wissenschaftler, und nur mit den allerbesten wollten wir zusammenarbeiten.

Sobald unser Projekt lief, nahm ich Kontakt mit verschiedenen Personen auf, die meisten davon in den Vereinigten Staaten. Fast alle, mit denen ich sprach, wollten an dem Projekt mitarbeiten – es war eindeutig eine einzigartige Gelegenheit zur Untersuchung eines Genoms, dessen Sequenzierung die meisten Wissenschaftler für unmöglich gehalten hatten; wir brauchten aber Leute, die bereit waren, einige Monate Vollzeit oder nahezu Vollzeit an dem Projekt zu arbeiten, damit wir die Analysen schnell fertigstellen konnten. Ich hatte allzu oft gesehen, wie Genomprojekte sich über Monate oder Jahre hinzogen, weil entscheidende Arbeitsgruppen mehrere Verpflichtungen hatten, die irgendwann in Konflikt gerieten. Als ich solche Gedanken aussprach, erkannten einige Personen – was ihnen hoch anzurechnen ist –, dass sie zu viele andere Dinge zu tun hatten, und zogen sich zurück.

Besonders gern wollte ich David Reich in der Gruppe haben, einen jungen Professor von der Harvard Medical School, der ein ziemlich unorthodoxer Populationsgenetiker war. Er hatte zunächst in Harvard Physik studiert und dann an der Universität Oxford in Genetik promoviert. Im September 2006 lud ich ihn nach Leipzig ein, und er hielt bei uns einen Vortrag über einen umstrittenen Artikel, den er und seine Kollegen gerade im Sommer in *Nature* veröffentlicht hatten.[57] Nach der dort geäußerten Vermutung waren die beiden Populationen, die später zu Menschen und Schimpansen wurden, mehr als eine Million Jahre nach der ursprünglichen Trennung nochmals zusammengetroffen und hatten Gene ausgetauscht, bevor sie endgültig verschiedene Wege gingen. Ich fand es sehr anregend, mich mit David zu unterhalten. Das ging fast so weit, dass er mich intellektuell einschüchterte. Er sprudelte mit einem Sturzbach von Gedanken und Ideen heraus, und das so schnell, dass es für mich häufig schwierig oder unmöglich war, ihm zu folgen. Aber der intellektuelle Angriff wurde dadurch ausgeglichen, dass David der freundlichste, sanfteste Mensch ist, den man sich nur vorstellen kann. Er kümmerte und kümmert sich bemerkenswert wenig um akademisches Prestige. Nach meinem Eindruck teilt er meine Überzeugung, dass akademische Positionen und Forschungsmittel von selbst kommen, wenn man nur gute Arbeit zu interessanten Fragestellungen leistet. Ich sprach während seines Besuches in Leipzig mit ihm über das Neandertaler-Projekt und gab ihm das Manuskript über die Pilotstudie, damit er es auf dem Rückflug nach Boston lesen konnte. Ein paar Tage später erhielt ich sechs Seiten mit detaillierten Anmerkungen zu unserem Aufsatz. Ganz offensichtlich war er der ideale Kandidat für die Mitarbeit am Neandertalergenom.

Durch Davids Mitarbeit würde das Projekt nicht nur von seinem ungeheuer klugen Kopf profitieren, sondern auch von den einzigartigen Fähigkeiten seines engen Mitarbeiters Nick Patterson. Nick hatte eine noch ungewöhnlichere Karriere hinter sich als David. Er hatte im britischen Cambridge Mathematik studiert und dann mehr als 20 Jahre lang als Verschlüsselungsexperte beim britischen Geheimdienst gearbeitet. Nach Angaben mancher Personen, mit denen ich seither gesprochen habe, stand er damals in dem Ruf, einer der besten Codeknacker der britischen und US-amerikanischen Geheimdienste zu sein. Nachdem er die Welt der Schlapphüte verlassen hatte, wandte er seine Aufmerksamkeit der Vorhersage von Finanzmarkttrends zu; im Jahr 2000 hatte er an der Wall Street so viel Geld verdient, dass er von nun an ein komfortables Leben führen konnte. Mit seiner intellektuellen Neugier ging er dann an das spätere Broad Institute in Boston, um seine Fähigkeiten in der Entschlüsselung von Codes auf die Fülle der dort analysierten Genomsequenzen anzuwenden. In Boston tat er sich schließlich mit David zusammen. Nick sieht so aus, wie ein Kind sich möglicherweise einen Spitzenwissenschaftler vorstellt. Wegen einer angeborenen Knochenkrankheit wirkt sein Kopf überproportional groß, und die Augen weisen in verschiedene Richtungen. Deshalb erweckt er den Eindruck, er sei ständig mit Problemen aus der höheren Mathematik beschäftigt. Außerdem erfuhr ich, dass er Buddhist war und mein langjähriges, leider aber nicht sehr engagiertes Interesse am Zen-Buddhismus teilte. Nick verfügt über eine geradezu gespenstische Fähigkeit, in großen Datenmengen verborgene Gesetzmäßigkeiten zu erkennen. Von der Aussicht, Nick und David in unser Projekt einzubinden, war ich so begeistert, dass ich beiden anbot, sie für die Dauer des Vorhabens einzustellen, wenn sie mindestens 75 Prozent ihrer Zeit in Leipzig verbrachten. Sie konnten zwar das Angebot nicht annehmen, versprachen aber, dem Neandertalergenom so viel Aufmerksamkeit wie möglich zu widmen;

diese Zusage hielten sie in einem Umfang ein, der meine kühnsten Erwartungen übertraf.

Ein weiterer Populationsgenetiker, den ich mit an Bord haben wollte, war Montgomery (»Monty«) Slatkin. Er war an der University of California in Berkeley tätig, und dort hatte ich ihn erstmals in den 1980er-Jahren kennengelernt, als ich Postdoc bei Allan Wilson war. Monty hatte eine lange, angesehene Karriere als mathematisch orientierter Biologe hinter sich und verfügte über den Gleichmut und die Ausgeglichenheit, die einen klugen, erfahrenen Menschen kennzeichnen. Er hatte viele hervorragende Studierende ausgebildet, die später eigene Arbeitsgruppen leiteten, und die jungen Leute, die jetzt bei ihm arbeiteten, waren ebenso vielversprechend. An erster Stelle unter ihnen stand vielleicht Philip Johnson, der zusammen mit Adrian Briggs die Verteilung der Fehler in den Neandertaler-Sequenzen analysierte (siehe Kapitel 14). Ich war begeistert, dass Monty sich an unserem Konsortium beteiligen wollte, nicht zuletzt weil seine wissenschaftliche Arbeitsweise ein Gegengewicht zu der von David und Nick darstellte. Die beiden konstruierten zwar gern kluge Algorithmen, um damit Rückschlüsse auf frühere Vorgänge in Populationen zu ziehen, Monty jedoch entwickelte explizit Populationsmodelle und überprüfte, ob sie zu der in den DNA-Sequenzen beobachteten Variation passten.

Eine der ersten Fragen, mit denen sich das Konsortium beschäftigen wollte, war vielleicht auch die am heftigsten umstrittene: Haben die Neandertaler DNA zu den heute in Europa lebenden Menschen beigetragen? Immerhin hatten sie ganz Europa besiedelt, bevor vor rund 40 000 Jahren die Jetztmenschen auf der Bildfläche erschienen, und manche Paläontologen behaupteten, sie hätten in den Skeletten der frühen europäischen Jetztmenschen bestimmte Merkmale von Neandertalern gefunden. Die Mehrzahl der Paläontologen war jedoch anderer Ansicht, und unsere 1997 veröffentlichten Analysen der Neandertaler-mtDNA hatten keine Anhaltspunkte dafür geliefert, dass sie DNA zu den heutigen Europäern beigetragen hätten. Endgültig beantworten ließ sich die Frage aber nur mit einer Analyse des Genoms im Zellkern.

Wenn man verstehen will, warum eine Analyse des Genoms im Zellkern viel mehr Erkenntnisse liefert als die Untersuchung der mtDNA, muss man daran denken, dass das Genom im Zellkern aus mehr als drei Milliarden Nucleotiden besteht, in der mtDNA dagegen sind es nur 16 500. Außerdem wird das Zellkern-Genom in jeder Generation neu gemischt, weil jedes Chromosom eines Paares einige Stücke mit seinem Partner austauscht und außerdem unabhängig von den anderen an die Nachkommen weitergegeben wird. Wegen dieses Hin und Her von DNA-Abschnitten und auch wegen seiner schieren Größe bietet das Genom im Zellkern viele Gelegenheiten, selbst eine geringfügige Vermischung zwischen zwei Gruppen zu erkennen. Ein Kind, das aus der Verbindung eines Neandertalers mit einem Jetztmenschen hervorgeht, wird von jeder der beiden Gruppen rund 50 Prozent seiner DNA übernehmen. Wenn dieses Kind dann unter Jetztmenschen aufwächst und mit ihnen wiederum Kinder zeugt, tragen diese im Durchschnitt 25 Prozent Neandertaler-DNA, bei den Enkeln sind es 12,5 Prozent, bei den Urenkeln rund sechs Prozent, und so weiter. In diesem Szenario nimmt der Anteil der Neandertaler-DNA zwar schnell ab, aber sechs Prozent des Genoms sind immer noch mehr als 100 Millionen Nucleotide. Außerdem würde sich die Neandertaler-DNA in der Population ausbreiten, so dass jedes Individuum einen gewissen Anteil davon trägt. Wenn es so weit ist und beide Eltern eines Kindes einen ähnlichen Anteil an Neandertaler-DNA besitzen, kann diese sich nicht weiter verdünnen, sondern sie bleibt in der Population unbegrenzt erhalten. Und wenn eine Vermischung stattfand, spielte sie sich wahrscheinlich nicht nur einmal ab. Wenn die Population, in der die Kinder gemischter Herkunft lebten, am Ende wuchs und jedes ihrer Mitglieder in der nächsten Generation im Durchschnitt mehr als ein Kind hatte, würde der Beitrag wahrscheinlich nicht verloren gehen. Natürlich wissen wir, dass die Population der Jetztmenschen größer wurde, nachdem sie in Europa eingewandert war und die Neandertaler verdrängt hatte; deshalb war ich ziemlich sicher, dass wir selbst einen sehr kleinen Beitrag gefunden hätten, wenn es ihn gäbe. Da aber in der mtDNA keine Anzeichen für einen solchen Beitrag zu erkennen waren, glaubte ich immer noch, dass er nicht vorhanden war.

Der Vorstellung, die Neandertaler hätten einen genetischen Beitrag geleistet, stand ich unter anderem deshalb skeptisch gegenüber, weil nach meiner Vermutung biologische Hindernisse einer erfolgreichen Paarung entgegengestanden hätten. Zwar hatten Neandertaler und Jetztmenschen mit ziemlicher Sicherheit Sex miteinander – welche Menschengruppen haben das nicht? –, ich habe mich aber manchmal gefragt, ob vielleicht irgendein Faktor dafür sorgte, dass die Nachkommen weniger fruchtbar waren. So haben Menschen beispielsweise 23 Chromosomenpaare, bei Schimpansen und Gorillas sind es 24. Der Grund: Eines unserer größten Chromosomen, das Chromosom 2, ist das Verschmelzungsprodukt zweier kleinerer Chromosomen, die bei den Menschenaffen noch getrennt vorliegen. Eine solche Umordnung von Chromosomen kommt im Laufe der Evolution gelegentlich vor und bleibt für die Funktionen des Genoms in der Regel folgenlos. Die Mischlingsnachkommen von Individuen mit unterschiedlicher Chromosomenzahl haben aber häufig Schwierigkeiten, selbst Nachkommen zu zeugen. Wenn die Verschmelzung, durch die das Chromosom 2 entstanden ist, sich nach der Abspaltung der modernen Menschen von den Neandertalern abgespielt hat, konnten unsere Vorfahren sich zwar vielleicht mit ihnen paaren, aber die Kinder gaben keine Neandertaler-DNA weiter, weil sie selbst keine Kinder bekommen konnten. Aber das waren nur leere Grübeleien; jetzt hatten wir die Hoffnung, Sicherheit zu erlangen. Und dazu war es am besten, wenn man das Neandertalergenom mit den Genomen heutiger Menschen vergleichen konnte, um dann festzustellen, ob es den Menschen in Europa, wo die Neandertaler gelebt hatten, näher stand als den Bewohnern Afrikas, wo es nie Neandertaler gab.

Im Oktober 2006 hatten David und Nick sich bereits tief in das Projekt hineingekniet. Sie arbeiteten mit Jim Mullikin zusammen, einem weiteren Mitglied unseres Konsortiums. Er leitete die DNA-Sequenzierung am National Human Genome Research Institute (NHGRI) in Bethesda. In seiner sanften Art war er ungeheuer hilfsbereit. Irgendwie erinnerte er mich sogar ein wenig an Pu den Bär, allerdings an eine sehr, sehr kompetente Version des freundlichen Bären. Jim hatte die Genome mehrerer heutiger Europäer und Afrikaner sequenziert. Um diese Sequenzen mit dem Neandertalergenom zu vergleichen, suchte er Positionen heraus, an denen ein Nucleotid sich in jeweils einem solchen Paar von dem anderen unterschied. Solche Einzelnucleotidpolymorphismen oder, wie erwähnt, nach dem englischen *single nucleotide polymorphisms* kurz SNPs genannte Stellen bilden die Grundlage nahezu aller genetischen Analysen. Ich konnte mich noch gut erinnern, wie aufgeregt ich 1999 war, als Alex Greenwood den ersten eiszeitlichen SNP entdeckte (siehe Kapitel 9); er hatte DNA-Sequenzen aus den Zellkernen eines Mammuts analysiert und eine Stelle gefunden, an der sich die beiden Chromosomen des Tieres voneinander unterschieden. Jetzt wollten wir Hunderttausende solcher SNPs analysieren, die man bei Menschen gefunden hatte, und auf diese Weise feststellen, welche Versionen die Neandertaler vor rund 40 000 Jahren getragen hatten, also lange vor der Eiszeit, in der das Mammut gelebt hatte. Auf dieses Ziel hatten wir zwar seit vielen Jahren hingearbeitet, es kam mir aber immer noch wie Science-Fiction vor.

Um mithilfe der SNPs nach Spuren einer möglichen Kreuzung zwischen Neandertalern und Jetztmenschen zu suchen, griffen wir noch einmal auf die gedanklichen Grundlagen einer Analyse zurück, die wir 1996 an der ersten Neandertaler-mtDNA vorgenommen hatten. Damals hatten wir argumentiert: Da die Neandertaler bekanntermaßen nur in Europa und Westasien gelebt haben, war damit zu rechnen, dass ihre mtDNA auch nur dort einen Beitrag geleistet hat. Wenn sich also Neandertaler und Jetztmenschen vermischt haben, würden manche Europäer mit einer mtDNA herumlaufen, die vor rund 30 000 Jahren einem Neandertaler gehört hat. Es war also damit zu rechnen, dass die Neandertaler-mtDNA den entsprechenden Molekülen mancher Europäer stärker ähnelt als denen der Menschen in Afrika. Das hatten wir aber nicht nachweisen können, und deshalb waren wir zu dem Schluss gelangt, dass es einen solchen Beitrag zur mtDNA nicht gab. Für das Genom im Zellkern würde dieselbe Argumentation gelten: Wenn die Neandertaler nirgendwo auf der Welt einen Beitrag zu den heutigen Menschen geleistet haben, sollte die Zahl der Unterschiede zwischen Neandertalern und allen heutigen Bevölkerungsgruppen gleich groß sein, wenn man den Durchschnitt vieler Individuen und vieler SNPs im Genom betrachtet. Haben sie dagegen genetisches Material zu irgendeiner Bevölkerungsgruppe beigetragen, sollten die Genome dieser Bevölkerungsgruppe im Durchschnitt dem Neandertalergenom näherstehen als die DNA anderer Gruppen. David, Nick und Jim sollten deshalb SNPs untersuchen, an denen sich eines der von Kim sequenzierten afrikanischen Genome von dem der Europäer unterschied. Dann würden sie zählen, an wie vielen Stellen das Neandertalergenom mit den Genomen von Afrikanern und Europäer übereinstimmte. Stünden die Neandertaler den Europäern näher, wäre dies ein Hinweis auf einen Genfluss von Neandertalern zu den Vorfahren der heutigen Bewohner Europas.

Im April 2007 schickten Jim und David mir zur Vorbereitung der Tagung für Genomforschung in Cold Spring Harbor ihre erste Analyse der Neandertaler-Sequenzen, die wir mit dem 454-Verfahren aufgeklärt hatten. Um die Methode zu testen, hatten sie zunächst in der Sequenz eines heutigen Europäers jene SNPs untersucht, durch die sich ein anderer Europäer und ein Afrikaner bekanntermaßen unterscheiden. Nach ihren Feststellungen stimmten die beiden europäischen Sequenzen in 62 Prozent der SNPs überein, zwischen dem von ihnen untersuchten Europäer und dem Afrikaner bestand nur eine Übereinstimmung von 38 Prozent. Erwartungsgemäß haben also Menschen aus dem gleichen Teil der Welt mehr SNP-Varianten gemeinsam als solche aus verschiedenen Kontinenten. Sie konnten die Neandertaler-Sequenz auch mit 269 Positionen vergleichen, an denen sich die Europäer und Afrikaner unterschieden; dabei stellte sich heraus, dass der Neandertaler mit dem Europäer an 134 und mit dem Afrikaner an 135 Positionen übereinstimmte. Das war dem Gleichstand so nahe, wie es die Daten überhaupt zuließen, und es passte hervorragend zu meiner vorgefassten Ansicht, dass es keine Vermischung gegeben hatte. Mir gefiel der Befund aber noch aus einem anderen Grund. Er bedeutete, dass wir die DNA eines Menschen besaßen, der mit Europäern und Afrikanern gleichermaßen eng oder weitläufig verwandt war. Demnach konnten unsere Neandertaler-Sequenzen nicht viele Verunreinigungen mit der DNA heutiger Menschen enthalten, denn jede derartige Verunreinigung wäre mit großer Wahrscheinlichkeit von einem europäischen Individuum gekommen, und dann hätte es so ausgesehen, als stünde der Neandertaler dem Europäer näher als dem Afrikaner.

Am 8. Mai 2007, einen Tag vor Beginn der Tagung, trafen sich in Cold Spring Harbor erstmals alle Mitglieder des Neanderthal Genome Analysis Consortium, wie es jetzt offiziell genannt wurde. Zu Beginn der Konferenz beschrieb ich die Markierung, die wir eingeführt hatten, um Verunreinigungen auszuschließen, die nach Verlassen unseres Reinraumes in die Bibliotheken gelangt waren. Außerdem sprach ich über die drei archäologischen Fundstätten (siehe Kapitel 12) und über die Knochen, aus denen wir jetzt die Daten gewonnen hatten. Mit unserem neuen Verfahren der markierten Bibliothek hatten wir jetzt 1,2 Millionen Nucleotide der DNA des Neandertalers aus Vindija sequenziert. Außerdem hatten wir aus dem deutschen Neandertal rund 400 000 Nucleotide von dem Typusexemplar, dem Knochen also, aus dem wir schon 1997 den Abschnitt der mtDNA analysiert hatten. Und schließlich besaßen wir 300 000 Nucleotide aus El Sidrón, der Höhle in Spanien, in der Javier Fortea und seine Leute für uns unter sterilen Bedingungen die Knochen eingesammelt hatten.

Meine Schilderung der Neandertaler-Fundstätten war eine willkommene Abwechslung von den recht verwickelten technischen Diskussionen darüber, wie wir die DNA aus den Knochen gewonnen und sequenziert hatten und wie man diese Sequenzen analysieren könnte. Dass der Neandertaler anscheinend von einem afrikanischen und einem europäischen Individuum verwandtschaftlich gleich weit entfernt war, beeindruckte alle; David Reich wies aber zu Recht darauf hin, dass wir mit der Analyse von nur 269 SNPs lediglich einen sehr großen genetischen Beitrag der Neandertaler zu den Europäern ausschließen konnten. Das Intervall einer Zuverlässigkeit von 90 Prozent für die Schätzung, wonach die SNPs zu 49,8 Prozent mit denen des Europäers übereinstimmten, lag sogar nur bei 45,0 bis 55,0 Prozent. Demnach konnten wir nur sagen, dass die Aussage, Neandertaler hätten nicht mehr als fünf Prozent zum Genom der Europäer beigetragen, mit einer Wahrscheinlichkeit von 90 Prozent richtig war. Oder anders gesagt: Es bestand eine Chance von zehn Prozent, dass die Neandertaler mehr als fünf Prozent beigesteuert hatten. Diese Unsicherheit machte für mich sehr deutlich, dass molekulargenetische Analysen gegenüber paläontologischen Untersuchungen einen entscheidenden Vorteil haben. Hätten wir über Form, Größe, Hohlräume und Vorsprünge der Neandertalerknochen gesprochen, hätten wir niemals realistisch einschätzen können, wie sicher viele unserer Befunde sein konnten. Ebenso hätten wir nicht zuverlässig davon ausgehen können, dass wir die Frage durch Sammlung weiterer Daten genauer würden beantworten können. Die DNA eröffnete uns alle diese Möglichkeiten.

David hatte die SNPs, die Jim bei Jetztmenschen nachgewiesen hatte, auch für andere Analysen verwendet. Er verglich die DNA-Sequenz jedes einzelnen SNP mit der des Schimpansen und stellte so fest, welche der beiden Varianten oder Allele der Vorläufer und welche abgeleitet war. Je weiter die Trennung von Neandertaler- und Jetztmenschen-Population in der Vergangenheit lag, desto geringer musste bei den Neandertalern der Anteil der neueren, abgeleiteten SNP-Allele sein, die man bei heutigen Menschen findet. Im Vergleich mit 951 SNPs, die man bei Afrikanern entdeckt hatte, fand David bei heutigen Europäern einen Anteil von 31,9 Prozent abgeleiteter Allele. Als er unsere Neandertaler-Sequenzen analysierte, lag der Anteil der abgeleiteten Allele nur bei 17,1 Prozent der SNPs, das heißt, er war ungefähr halb so groß wie bei heutigen Europäern. Geht man von bestimmten Annahmen wie einer im Laufe der Zeit konstanten Populationsgröße aus, kann man daraus schließen, dass die Neandertaler sich vor rund 300 000 Jahren von den Afrikanern abgespalten haben. Über diese Befunde war ich entzückt. Die von uns aufgeklärten Sequenzen stammten eindeutig von einem Lebewesen, das eine ganz andere Vergangenheit hatte als die heute lebenden Menschen. Allerdings dämpfte David meine Begeisterung, indem er noch einmal darauf hinwies, dass wir bisher nur über relativ wenige Daten verfügten. Der Bereich, der mit einer Wahrscheinlichkeit von 90 Prozent richtig war, reichte von 11 bis

26 Prozent. Dennoch waren wir eindeutig auf dem richtigen Weg.

Nachdem wir zu den Illumina-Sequenzierautomaten gewechselt hatten und DNA-Sequenzen nun viel schneller aufklären konnten, wurden unsere zweimal monatlich stattfindenden Telefonkonferenzen mit dem Konsortium immer länger, und irgendwann hielten wir sie jede Woche ab. Im Januar 2009, als die AAAS-Tagung näher rückte, bat ich David und Nick um eine schnelle Analyse der Sequenzen, die wir mit den 454-Geräten gewonnen hatten und die ungefähr 20 Prozent unserer Daten ausmachten. Ich glaubte immer noch nicht, dass es Kreuzungen zwischen Neandertalern und Jetztmenschen gegeben hatte, aber David sollte eine Schätzung darüber vorlegen, wie groß ein Beitrag der Neandertaler zu den Europäern maximal sein konnte, ohne dass wir ihn nachwiesen. Mit anderen Worten: Wie groß war ein Beitrag, den wir mit Sicherheit ausschließen konnten? Diese Zahl wollte ich auf der Pressekonferenz und der AAAS-Tagung präsentieren.

Am 6. Februar 2009 erhielt ich eine E-Mail von David. Darin stand: »Wir haben jetzt stichhaltige Anhaltspunkte dafür, dass die Sequenz des Neandertalergenoms mit der von Nichtafrikanern enger verwandt ist als der von Afrikanern.« Ich war wie vor den Kopf gestoßen. Nach Davids Feststellungen stimmten unsere Neandertaler-Sequenzen in 51,3 Prozent der SNPs mit heutigen Europäern überein. Das hörte sich nicht nach einer starken Abweichung von 50 Prozent an, aber wir hatten jetzt viel mehr Daten, und die Unsicherheit lag nur noch bei 0,22 Prozent; selbst wenn wir also diese 0,22 von 51,3 abzogen, lag das Ergebnis immer noch über 50 Prozent. Mir wurde klar, dass ich meine Ideen revidieren und einräumen musste, dass zwischen den Neandertalern und den Vorfahren der Europäer eben doch eine genetische Vermischung stattgefunden hatte. Eine andere Beobachtung warf allerdings für mich die Frage auf, ob letztlich irgendetwas mit der Analyse nicht stimmte. Als David die Genome von Chinesen und Afrikanern verglich, stimmten die Neandertaler zu 51,54 Prozent mit den Chinesen überein, und die Unsicherheit lag nur bei 0,28 Prozent – und das, obwohl es in China niemals Neandertaler gegeben hatte. David selbst war von diesen Ergebnissen gleichermaßen fasziniert und beunruhigt. Übereinstimmend waren wir beide der Ansicht, dass ein solcher Befund möglicherweise sehr spannend war, dass die Ergebnisse aber möglicherweise auch auf spektakuläre Weise falsch sein könnten. Nach einem hektischen Austausch von E-Mails kamen David, Nick und ich überein, dass wir unsere Erkenntnisse über die Vermischung bei der Pressekonferenz und der AAAS-Tagung geheim halten wollten. Hätten wir sie erwähnt, hätte die ganze Presse darüber geschrieben. Zeigte sich dann später irgendein Irrtum, hätten wir wie Idioten dagestanden. Stattdessen entschloss ich mich, in Chicago über weniger heikle Themen zu sprechen. Diskussionen über die potenzielle Vermischung mussten wir auf eine Besprechung verschieben, zu der das Konsortium unmittelbar im Anschluss an die AAAS-Tagung nach Kroatien fahren wollte.

Kapitel 17

Erste Erkenntnisse

Zwei Tage nach meiner Rückkehr aus Chicago saß ich schon wieder im Flugzeug. Dieses Mal ging es nach Zagreb, wo ich bei der Kroatischen Akademie der Wissenschaften und Künste einen Vortrag über unser Projekt halten sollte. Am nächsten Tag flog ich in südlicher Richtung nach Dubrovnik, wo unser Konsortium und unsere kroatischen Kooperationspartner sich in einem Hotel an der Küste außerhalb der Stadt treffen wollten. Wir waren nicht nur dort, um zu feiern, sondern wir wollten uns darüber einigen, wie wir das Neandertalergenom analysieren und veröffentlichen wollten.

Aber der Flug nach Dubrovnik verlief anders als geplant. Der Flughafen der Stadt im Süden Kroatiens ist zwischen Bergen und Meer eingequetscht und hat wegen seiner schwierigen Seitenwinde einen schlechten Ruf. Auf diesem Flughafen war der US-Handelsminister Ron Brown 1996 bei einem Flugunfall ums Leben gekommen. Die Ermittler der US-Luftwaffe führten den Absturz später auf einen Pilotenfehler und einen schlecht eingeleiteten Landeanflug zurück. Als wir uns dem Flughafen näherten, war es windig, und das Flugzeug wackelte. Der kroatische Pilot traf die vermutlich kluge Entscheidung, keine Landung zu versuchen. Stattdessen flog er in das rund 230 Kilometer entfernte Split. Dort kamen wir spätabends an, und dann wurden wir in einen überfüllten Bus gesteckt, der uns während der Nacht nach Dubrovnik brachte. Als um neun Uhr morgens unsere erste Sitzung begann, war ich erschöpft.

Aber trotz meiner Müdigkeit spürte ich neuen Schwung, als nahezu alle 25 Mitglieder unseres Analysekonsortiums im Besprechungszimmer waren (siehe Abb. 17.1). Gemeinsam wollten wir nun den von uns analysierten 40 000 Jahre alten DNA-Sequenzen ihre Informationen entlocken. Ich hielt den Einleitungsvortrag und gab darin einen Überblick über die Daten, die wir mittlerweile in der Hand hatten. Es folgte ein technischer Vortrag von Tomi über die Herstellung seiner Bibliothek. Ed erläuterte, wie wir das Ausmaß der Verunreinigung mit Jetztmenschen-DNA abgeschätzt hatten; das Thema hatte 2006 unseren ersten Artikel belastet. Unsere »traditionelle« mtDNA-Analyse führte zu einer Schätzung von 0,3 Prozent. Zum Zeitpunkt der Besprechung hatten wir außerdem ein weiteres Analyseverfahren entwickelt, das sich nicht auf die mtDNA stützte. Es griff stattdessen auf die große Zahl der DNA-Fragmente zurück, die wir von bestimmten Teilen des Genoms besaßen, insbesondere von den Geschlechtschromosomen X und Y. Da Frauen zwei X-Chromosomen tragen, Männer dagegen ein X- und ein Y-Chromosom, sollten wir in Knochen, die von Frauen stammten, ausschließlich Fragmente des X-Chromosoms finden, aber keine aus dem Y-Chromosom. Wenn wir also in Bibliotheken, die von den Knochen einer Frau stammten, Y-Chromosomen-Bruchstücke fanden, war dies ein Hinweis auf eine Verunreinigung durch einen heutigen Mann.

Das Analyseverfahren war bei einer unserer Freitagsbesprechungen in Leipzig vorgeschlagen worden und hörte sich auf den ersten Blick einfach an. Aber wie so viele Dinge, die Ed in Angriff nahm, war es nicht so leicht, wie es den Anschein hatte. Der Grund: Das X- und das Y-Chromosom sehen zwar unterschiedlich aus, einige ihrer Teile sind aber entwicklungsgeschichtlich eng verwandt. Die DNA-Abschnitte, die sie deshalb

Abb. 17.1: Die Teilnehmer der Konsortiumstagung im kroatischen Dubrovnik, Februar 2009. Foto: S. Pääbo, MPI-EVA.

gemeinsam haben, konnten die Analyse erschweren, wenn wir unsere kurzen DNA-Fragmente kartieren wollten. Um dieses Problem zu umgehen, identifizierte Ed auf dem Y-Chromosom insgesamt 111132 Nucleotide, die selbst dann keinem anderen Genomabschnitt ähnelten, wenn man sie in Stücke von nur noch 30 Nucleotiden zerlegte. Unter den Neandertaler-DNA-Fragmenten fand er nur vier, die diese Sequenzen aus dem Y-Chromosom trugen; hätte es sich ausschließlich um Knochen von Männern gehandelt, hätte er mit 666 solchen Sequenzen gerechnet. Deshalb zog er den Schluss, dass alle drei Knochen von weiblichen Neandertalern stammten und dass die vier DNA-Fragmente aus dem Y-Chromosom durch Verunreinigungen hinzugekommen sein mussten. Demnach konnte man annehmen, dass eine Verunreinigung mit 0,6 Prozent männlicher DNA vorlag. Die Schätzung war nicht vollkommen, denn wir konnten nur Verunreinigungen durch männliche DNA nachweisen, aber sie legte die Vermutung nahe, dass das Ausmaß der Verunreinigungen gering war und in einem ähnlichen Bereich lag wie unsere Schätzungen anhand der mtDNA.

Wir sprachen auch über andere Methoden zur Abschätzung der Verunreinigungen. Ein Verfahren, das Philip Johnson aus Montys Gruppe in Berkeley vorschlug, stützte sich auf eine Untersuchung von Nucleotidpositionen, an denen die meisten heutigen Menschen ein abgeleitetes Allel besitzen, während bei einem Neandertaler dort das ursprüngliche Allel der Menschenaffen steht. Zeigte sich in einem anderen DNA-Fragment aus demselben oder einem anderen Neandertaler nicht das ursprüngliche Allel, sollten wir nach Philips Vorstellungen mit mathematischen Methoden berechnen, mit welcher Wahrscheinlichkeit dies auf eine normale Variation unter den Neandertalern, auf Sequenzierungsfehler oder auf eine Verunreinigung mit der DNA heutiger Menschen zurückzuführen war. Als Philip seine Methode später anwandte, stellte sich wiederum heraus, dass die Verunreinigung bei unter einem Prozent lag. Endlich hatten wir für das Ausmaß der Verunreinigungen zuverlässige Schätzungen, denen ich vertrauen konnte und die zeigten, dass unsere Sequenzen von ausgezeichneter Qualität waren!

Martin sprach über die Sequenzen, die wir mit den Illumina-Geräten aufgeklärt hatten und die noch nicht kartiert waren. Sie machten über 80 Prozent aller sequenzierten Fragmente aus – insgesamt handelte es sich um fast eine Milliarde DNA-Abschnitte. Über weite Strecken drehte sich die Diskussion um die Schwierigkeiten, die Udo bei der Abwandlung des Computeralgorithmus überwinden musste, bevor wir diese Fragmente mit dem Computernetzwerk in Deutschland schnell kartieren konnten. Eine Analyse konnten wir zwar erst in Angriff nehmen, wenn Udo alle Fragmente kartiert hatte, wir diskutierten aber bereits darüber, wie wir es machen wollten. Als Erstes stellte sich die Frage, wie stark sich das Neandertalergenom von dem der

Jetztmenschen unterscheidet. Die Beantwortung dieser scheinbar einfachen Frage wurde dadurch erschwert, dass Abweichungen in den Neandertaler-Sequenzen einerseits durch andere Nucleotide in der alten DNA entstehen konnten, andererseits aber auch durch Fehler, die auf die Sequenzierungstechnik zurückzuführen waren. Die Illumina-Geräte machten ungefähr alle 100 Nucleotide einen Fehler. Zum Ausgleich hatten wir jedes alte Molekül viele Male sequenziert. Dennoch schätzten wir, dass die Fehler in den Neandertaler-Sequenzen sich ungefähr auf das Fünffache des Standardmaßstabs summierten, der Fehlerquote in der Sequenz des menschlichen Referenzgenoms. Wenn wir also einfach zählten, an wie vielen Stellen im Neandertaler- und Jetztmenschengenom unterschiedliche Nucleotide standen, würden wir vor allem die Zahl der Fehler in unserem Neandertalergenom ermitteln.

Ed hatte einen Weg zur Umgehung dieses Problems gefunden. Er ließ alle Unterschiede außer Acht, die wir nur in den Neandertaler-Fragmenten beobachtet hatten, und untersuchte stattdessen, welche Nucleotide bei den Neandertalern an Positionen standen, an denen das Genom des Menschen sich verändert hatte und sich jetzt von den Menschenaffengenomen unterschied. Zu diesem Zweck suchte er einfach nach allen Positionen, an denen im Genom des Menschen andere Nucleotide standen als bei Schimpansen und Makaken. Dann prüfte er, ob der Neandertaler dort das Nucleotid der Jetztmenschen oder der Menschenaffen trug. Handelte es sich um das Nucleotid der Jetztmenschen, hatte sich die verursachende Mutation schon vor langer Zeit ereignet, das heißt vor der Aufspaltung zwischen der Neandertaler-DNA und dem menschlichen Referenzgenom. Trugen die Neandertaler dagegen das Nucleotid der Menschenaffen, handelte es sich um eine relativ neue Mutation, die sich in der Abstammungslinie der Jetztmenschen nach ihrer Trennung von den Neandertalern ereignet hatte. Der Prozentsatz der Abweichungen, in denen der

Neandertaler »affenartig« war, berechnet als Anteil aller Abweichungen in der Abstammungslinie der Menschen, ermöglichte eine Abschätzung des Zeitraumes, seit sich die Sequenzen von Neandertaler und Jetztmenschen in der Abstammungslinie der Menschen auseinanderentwickelt hatten. Der Wert lag bei 12,8 Prozent.

Wenn wir davon ausgehen, dass der gemeinsame Vorfahre von Menschen und Schimpansen vor 6,5 Millionen Jahren lebte, wären demnach die letzten Männer und Frauen, die ihre DNA-Sequenzen sowohl an die heute lebenden Menschen als auch an die Neandertaler weitergaben, vor 830 000 Jahren auf der Welt gewesen. Nahm Ed die gleiche Berechnung für Zweiergruppen heute lebender Menschen vor, lebten ihre gemeinsamen DNA-Vorfahren vor etwa 500 000 Jahren. Die Neandertaler waren also mit den heute lebenden Menschen eindeutig entfernter verwandt als die heute lebenden Menschen untereinander, oder genauer gesagt: Die Neandertaler sind von mir, was die Verwandtschaft angeht, um rund 65 Prozent weiter entfernt als irgendein beliebiger anderer Mensch in dem Konferenzraum in Dubrovnik. Ich konnte nicht anders, als heimlich einige meiner Freunde in dem sonnendurchfluteten Raum zu betrachten und mir auszumalen, ein Neandertaler würde unter uns sitzen. Zum ersten Mal verfügte ich jetzt über eine direkte genetische Schätzung zu der Frage, wie viel enger ich mit ihnen im Vergleich zu einem Neandertaler verwandt war.

Alle hatten die eine große Frage im Kopf: Hatten Neandertaler und Jetztmenschen sich gekreuzt? Sie zu beantworten, war Davids Aufgabe; er hatte zwar nicht zu uns nach Dubrovnik kommen können, erläuterte uns aber über ein Freisprechtelefon seine Analysen, die auf eine Kreuzung schließen ließen. Wir erörterten seine Befunde nicht nur während unserer Sitzungen, sondern auch in den Kaffeepausen und bei den langen, üppigen, köstlichen mediterranen Abendessen, die unsere Gastgeber organisiert hatten. Die Frage beherrschte sogar unsere morgendlichen Laufrunden, die Johannes und ich in den Außenbezirken von Dubrovnik absolvierten; sie lenkte uns sogar von der mittelalterlichen Schönheit der Stadt und den Schäden ab, die sie während des kürzlich vergangenen kroatischen Unabhängigkeitskrieges erlitten hatte – allerdings blieben wir trotzdem auf den befestigten Wegen, um Landminen zu vermeiden. Unser Gespräch drehte sich immer wieder um die möglichen intimen Beziehungen zwischen Jetztmenschen und Neandertalern, die vor 30 000 Jahren in der Region gelebt hatten, in der wir jetzt joggten.

Eines beunruhigte uns: Alle unsere Analysen zur Frage der Vermischung basierten auf Nicks Zählung der Nucleotid-Übereinstimmungen zwischen Neandertalern und heutigen Afrikanern, Europäern oder Chinesen. Damit waren wir durch Fehler in Nicks Computercode gefährdet, und Nick selbst wies als Erster darauf hin, dass wir diesen noch einmal überprüfen mussten. Ein Fehler konnte sich aus einigen geringfügigen, aber systematischen Unterschieden in den Verfahren zur Sequenzierung der DNA moderner Menschen ergeben, aber auch aus den Methoden, mit denen Jim Mullikin sie anhand des menschlichen Referenzgenoms kartiert und auf diese Weise die SNPs gefunden hatte. Ein solcher Fehler konnte auch dann große Auswirkungen haben, wenn er selbst klein war; schließlich ging es um Unterschiede von nur einem oder zwei Prozent.

Während unserer Sitzungen stellten wir eine Liste der Prüfungen zusammen, die wir an Nicks und Davids Befunden vornehmen mussten. Jim sollte seine Jetztmenschensequenzen nicht mit dem menschlichen Genom, sondern mit dem des Schimpansen abgleichen, um so mögliche Einseitigkeiten zu beseitigen, die sich aus der Tatsache ergeben könnten, dass das menschliche Referenzgenom zum Teil von einem Europäer und zum Teil von einem Afrikaner stammte. Wir hatten aber auch den Eindruck, dass wir selbst DNA-Sequenzen von heutigen Menschen aufklären mussten. Nur dann konnten wir sicher sein, dass alle Sequenzen genau auf die gleiche Weise gewonnen und analysiert wurden. Wenn es dann in unserer Vorgehensweise systematische Probleme gab, konnten wir davon ausgehen, dass in allen Sequenzen die gleichen Fehler vorkamen. Wir entschlossen uns, die Genome von jeweils einer Person aus Europa und Papua-Neuguinea zu sequenzieren. Das mag sich nach einer seltsamen Auswahl anhören, aber ihr Anlass war die faszinierende Beobachtung, dass wir in China ebenso starke Spuren einer Vermischung gefunden hatten wie in Europa. Die Lehrmeinung besagte, Neandertaler seien nie in China gewesen, aber ich war immer bereit, Lehrmeinungen der Paläontologie infrage zu stellen. Ob es in China vielleicht »Marco-Polo-Neandertaler« gegeben hatte, wie ich sie gerne nannte? Immerhin hatte Johannes 2007 gezeigt, dass Neandertaler – oder zumindest Menschen, die Neandertaler-mtDNA trugen – im Süden Sibiriens gelebt hatten, also rund 2000 Kilometer weiter östlich, als die Paläontologen bis dahin geglaubt hatten. Vielleicht hatten ein paar von ihnen auch den Weg nach China gefunden? Dagegen waren wir sicher, dass Neandertaler nie in Papua-Neuguinea gewesen waren; wenn wir also auch dort die Spuren einer Vermischung fanden, waren Neandertalergene zu den Vorfahren der Papua-Neuguineer gelangt, bevor diese nach Neuguinea auswanderten, und damit vermutlich auch bevor die Abstammungslinien von Chinesen und Europäern sich trennten. Außerdem nahmen wir in unser Sequenzierungsprojekt jeweils eine Person aus Westafrika, Südafrika und China auf. Mit den Genomen dieser fünf Individuen wollten wir alle Analysen noch einmal wiederholen und sicherstellen, dass die Ergebnisse hieb- und stichfest waren.

Die Tagung in Dubrovnik endete mit einem Gelage, das sich über Stunden hinzog, bis wir alle mit hervorragendem Essen gesättigt und angenehm angeheitert waren. Ich hatte mich im Laufe meiner Karriere schon an vielen Gemeinschaftsprojekten beteiligt, aber keines davon war so gut gewesen wie dieses. Dennoch fühlte ich einen starken Drang, das Projekt schnell zu Ende zu bringen. Während des Abendessens schärfte ich allen ein, dass wir jetzt einen sehr engen Zeitplan hatten: Einerseits wartete die Welt nach der Ankündigung bei der AAAS-Tagung auf unsere Befunde, und andererseits wussten wir nicht, was Eddy Rubin in Berkeley mit den Neandertalerknochen machte, von denen wir wussten, dass er sie sich beschafft hatte. Ich habe zwar kaum einmal Albträume, aber in meiner improvisierten Rede bei dem Abendessen behauptete ich, in einem meiner schlimmsten Träume würde ein Artikel aus Berkeley eine Woche vor unserem Aufsatz erscheinen und die gleichen Erkenntnisse präsentieren, zu denen auch wir gelangt waren.

Am nächsten Morgen, auf dem Rückflug nach Deutschland, schlief ich im Flugzeug. Kurz nach meiner Ankunft in Leipzig bekam ich eine Erkältung, die sich zu einem Fieber mit Schmerzen im Brustkorb und Atembeschwerden ausweitete. Ich begab mich ins Krankenhaus, wo man eine Lungenentzündung diagnostizierte und mir Antibiotika verschrieb. Aber kurz nachdem ich wieder zu Hause war, erhielt ich einen Anruf: Ich solle sofort in die Klinik zurückkommen. Die Laborergebnisse deuteten darauf hin, dass ich irgendwo im Kreislauf Blutgerinnsel hatte. Wenig später starrte ich auf eine CT-Aufnahme, die zeigte, dass Blutgerinnsel große Teile meiner Lunge verstopften. Es war ein erschütterndes Erlebnis. Wären diese Gerinnsel nicht in Form mehrerer kleiner Stücke, sondern als großer Klumpen in meine Lunge gelangt, wäre ich sofort gestorben. Die Ärzte führten die Blutgerinnsel auf zu viele Flugreisen zurück, vielleicht auch auf die lange nächtliche Fahrt im überfüllten Bus von Split nach Dubrovnik. Man verschrieb mir für ein halbes Jahr gerinnungshemmende Medikamente, und ich machte mich mit einer Intensität, wie sie nur aus persönlicher Betroffenheit erwachsen kann, auf die Suche nach therapeutischen Alternativen. Zu meiner Verblüffung fand ich dabei Verweise auf Arbeiten meines Vaters aus dem Jahr 1943. Er hatte die chemische Struktur des Heparins aufgeklärt, jenes Wirkstoffs, den die Ärzte mir im Krankenhaus gegeben hatten und der mir vielleicht das Leben gerettet hatte. Das fand ich zwar amüsant, ich war aber auch ziemlich erschüttert. Es warf ein krasses Licht auf meinen familiären Hintergrund. Ich war als der heimliche uneheliche Sohn des bekannten Biochemikers Sune Bergström aufgewachsen, der 1982 zusammen mit anderen den Nobelpreis für die Entdeckung der Prostaglandine erhalten hatte, einer Gruppe natürlicher Substanzen, die in unserem Organismus viele wichtige Funktionen erfüllen. In meiner Jugend hatte ich ihn nur gelegentlich gesehen, und dass er sich mit der Struktur des Heparins beschäftigt hatte, war nur eines der unzähligen Dinge, die ich nicht über ihn wusste. Angesichts meiner Traurigkeit darüber, dass ich meinen Vater nicht gekannt hatte, wurde mir umso eindringlicher klar, dass ich dabei sein wollte, wenn mein dreijähriger Sohn groß wurde. Ich wollte, dass er mich kannte. Und ich wollte erleben, dass das Neandertaler-Projekt abgeschlossen wurde. Zum Sterben war es für mich noch zu früh.

Kapitel 18

Genfluss!

Im Mai 2009 fingen wir an, unsere fünf Jetztmenschengenome zu sequenzieren. Mit der jungfräulichen DNA ohne die bakteriellen Verunreinigungen und chemischen Schäden, die unser Neandertaler-Material beeinträchtigt hatten, erhielten wir von jedem der fünf Menschen ungefähr fünfmal so viele DNA-Sequenzen wie vom Neandertaler. Noch ein oder zwei Jahre früher wäre es unvorstellbar gewesen, diese Genome in Leipzig zu sequenzieren, aber mittlerweile machte eine Sequenzierungstechnologie, wie sie von 454 und Illumina vermarktet wurde, es auch für kleinere Arbeitsgruppen wie unsere möglich, die Sequenzen mehrerer menschlicher Genome in wenigen Wochen vollständig aufzuklären.

Mit dem Verfahren, das er in Dubrovnik erläutert hatte, schätzte Ed ab, wie lange es her war, seit die fünf Jetztmenschengenome gemeinsame Vorfahren mit dem menschlichen Referenzgenom gehabt hatten. Nach seinen Feststellungen lag dieser Zeitraum für die Personen aus Europa, Papua-Neuguinea und China bei etwas über 500 000 Jahren. Als er einen San aus Südafrika hinzunahm, rückte der Punkt der Auseinanderentwicklung fast 700 000 Jahre weit in die Vergangenheit. Die evolutionäre Entfernung zwischen den San (und verwandten Gruppen) und anderen Menschen in Afrika und anderswo gehört zu den größten, die man jemals bei heutigen Menschen beobachtet hat.

Damit rückte die Schätzung von 830 000 Jahren für den gemeinsamen Vorfahren von Neandertalern und Jetztmenschen in den richtigen Zusammenhang: Wenn die Abstammungslinie der Neandertaler sich erst 130 000 Jahre früher abgespalten hatte, waren die Neandertaler anders als wir, aber sehr groß war der Unterschied nicht.

Solche Berechnungen sind mit Vorsicht zu genießen: Sie liefern einen einzigen Wert für den Zeitraum seit einem gemeinsamen Vorfahren, als würde dieser für das gesamte Genom gelten. Genome werden aber nicht als geschlossene Einheiten weitervererbt, sondern jeder Genomteil eines Individuums hat seine eigene Geschichte und damit auch seinen eigenen gemeinsamen Vorfahren mit dem Genom eines anderen Menschen. Das liegt daran, dass jeder Mensch zwei Kopien jedes Chromosoms trägt, von denen jeweils eine unabhängig auf die Nachkommen weitergegeben wird. Demnach hat jedes Chromosom seine eigenständige Vergangenheit – oder seine eigene Abstammungsgeschichte, wenn man so will. Außerdem tauschen die beiden Chromosomen eines Paars untereinander Stücke aus – ein verwickelter molekularer Tanz, der als Rekombination bezeichnet wird und sich bei der Entstehung von Ei- und Samenzelle abspielt. Entsprechend hat nicht nur jedes Chromosom in einer Population, sondern auch jeder Chromosomenabschnitt seine eigene Stammesgeschichte. Die von Ed genannten Zeitpunkte für die gemeinsamen Vorfahren mit dem Referenzgenom – 830 000 Jahre für die Neandertaler und 700 000 Jahre für die San – stellen also nur grobe Durchschnittswerte für alle Teile des Genoms dar.

Als wir DNA-Abschnitte von jeweils zwei heutigen Menschen miteinander verglichen, fanden wir ohne Weiteres Regionen, deren letzter gemeinsame Vorfahre vor nur wenigen Zehntausend Jahren gelebt hatte, andere dagegen hatten diesen letzten gemeinsamen Vorfahren vor 1,5 Millionen Jahren. Das Gleiche fanden wir auch im Vergleich von Jetztmenschen und Neandertalern. Wenn also jemand auf meinen Chromosomen entlanglaufen und sie sowohl mit einem Neandertaler als auch mit einem Leser dieses Buches vergleichen könnte, würde dieser Chromosomenwanderer feststellen, dass ich an manchen Stellen dem Neandertaler ähnlicher bin als dem Leser; manchmal wäre auch der Leser dem Neandertaler ähnlicher, und manchmal wären die Ähnlichkeiten zwischen dem Leser und mir größer als die eines von uns beiden mit dem Neandertaler. Eds Durchschnittswerte bedeuteten also nur, dass es im Genom geringfügig mehr Regionen gibt, in denen der Leser und ich uns stärker ähneln als jeder von uns beiden dem Neandertaler.

Außerdem muss man sich klarmachen, dass 830 000 Jahre der durchschnittliche Zeitraum sind, seit die DNA-Sequenzen der heute lebenden Menschen ihren gemeinsamen Ursprung mit den DNA-Sequenzen der Neandertalerfossilien haben. Zu jener Zeit existierten diese DNA-Sequenzen in einer Population, aus deren Nachkommen später sowohl die Vorfahren der Neandertaler als auch die Urahnen der heutigen Menschen hervorgingen. Es war aber *nicht* die Zeit, zu der sich die Populationen, die zu Jetztmenschen und Neandertalern wurden, voneinander abspalteten. Das muss später geschehen sein. Verfolgt man nämlich die Geschichte der DNA-Sequenzen eines Jetztmenschen und eines Neandertalers zurück in die Vergangenheit, so treten beide Abstammungslinien in die letzte Population ein, die ein Vorläufer sowohl der Jetztmenschen als auch der Neandertaler war – also in die Population, in der sich die Aufspaltung zwischen den beiden Gruppen erstmals abspielte; dann muss man aber die Variationsbreite hinzunehmen, die in dieser Vorläuferpopulation bereits vorhanden war. Die 830 000 Jahre sind also eine Summe: Sie umfasst sowohl den Zeitraum, in dem Jetztmenschen und Neandertaler getrennte Populationen waren, als auch das Intervall, in dem die genetische Variationsbreite in ihrer gemeinsamen Vorläuferpopulation vorlag.

Diese Vorläuferpopulation ist für uns nach wie vor ein völliges Rätsel; allerdings gehen wir davon aus, dass sie in Afrika lebte, bevor einige ihrer Nachkommen irgendwann den Kontinent verließen und zu den Vorfahren der Neandertaler wurden. Aus den Zurückgebliebenen gingen die Vorfahren der heute lebenden Menschen hervor. Anhand von Unterschieden in den DNA-Sequenzen abzuschätzen, wann die beiden Gruppen sich trennten, ist schwierig, ja sogar viel schwieriger, als eine Aussage darüber zu treffen, wann die DNA-Sequenzen gemeinsame Vorfahren hatten. Gab es beispielsweise in der Vorläuferpopulation von Neandertalern und Jetztmenschen zahlreiche Variationen, hätte sich ein viel größerer Teil der heute beobachteten Sequenzunterschiede bereits in der Vorläuferpopulation angesammelt und nicht erst, seit Neandertaler und Jetztmenschen getrennte Wege gingen. Dann hätte die Aufspaltung der Populationen erst in relativ junger Vergangenheit stattgefunden. Das Ausmaß der Variationen in der Vorläuferpopulation können wir grob abschätzen, wenn wir die zeitlichen Schätzungen für die gemeinsamen Vorfahren einzelner DNA-Segmente betrachten. Um abzuschätzen, wann sich die Population aufspaltete, müssen wir auch die Generationszeit kennen, das heißt das Durchschnittsalter, in dem die Individuen ihre Nachkommen bekamen – und das wissen wir natürlich nicht. Wir stellten diese Unsicherheiten nach bestem Wissen in Rechnung und gelangten zu der Schlussfolgerung, dass die Aufspaltung der Population anscheinend irgendwann in der Zeit vor 270 000 bis 440 000 Jahren stattgefunden hat; aber auch damit unterschätzt man möglicherweise noch die Unsicherheiten. Immerhin gingen die Vorfahren von Jetztmenschen und Neandertalern vermutlich spätestens seit der Zeit vor 300 000 Jahren getrennte Wege.

Nachdem wir nun bewertet hatten, wie unterschiedlich Neandertaler und Jetztmenschen waren, kehrten wir wieder zu unserer alten Frage zurück: Was spielte sich ab, als die Vorfahren der heutigen Menschen Afrika verließen und in Europa auf ihre lange verlorenen Neandertaler-»Vettern« trafen? Um festzustellen, ob diese Jetztmenschen und die Neandertaler Gene austauschten, kartierte Ed schnell unsere fünf Menschengenome im Vergleich zum Schimpansengenom, und David und Nick wiederholten ihre Analysen. Ich war überzeugt, dass wir jetzt zu zuverlässigen Ergebnissen gelangen würden, und heimlich rechnete ich damit, dass die zusätzliche Ähnlichkeit zwischen Neandertalern, Europäern und Chinesen verschwinden würde.

Am 28. Juli erhielt ich zwei lange E-Mails von David und Nick. Es zeugt von Davids Leidenschaft für die Wissenschaft, dass er die Analysen fortsetzte, obwohl seine Frau Eugenie am 14. Juli ihr erstes Kind zur Welt brachte. Nick hatte die fünf Jetztmenschengenome in ihren zehn möglichen Zweierkombinationen verglichen. In allen Fällen wies er die SNPs an den Stellen nach, an denen das Chromosom eines Individuums sich von dem des anderen unterschied. Insgesamt fand er in jeder Zweierkombination rund 200 000 solche Unterschiede, mehr als genug, um genau festzustellen, ob der Neandertaler mit diesem oder jenem Menschen enger verwandt war.

Nach Nicks Befunden stimmten die Neandertaler in 49,9 Prozent der Fälle mit den San überein, bei den Yoruba waren es 50,1 Prozent. Damit hatte man gerechnet: Da die Neandertaler nie in Afrika gewesen waren, sollten sie mit einer Gruppe von Afrikanern nicht enger verwandt sein als mit einer anderen. Als er die SNPs betrachtete, in denen sich die Franzosen von den San unterschieden, stimmten die Neandertaler mit den Franzosen in 52,4 Prozent der Fälle überein. Wir hatten jetzt eine solche Fülle von Daten, dass diese Werte nur noch mit einem Unsicherheitsfaktor von 0,4 Prozent behaftet waren. Es war also klar, dass das französische Genom den Neandertalern ähnlicher war als das der San. Im Vergleich zwischen Franzosen und Yoruba lag der entsprechende Wert bei 52,5 Prozent. Für SNPs, an denen sich die Chinesen von San und Yoruba unterschieden, betrugen die Werte 52,6 beziehungsweise 52,7 Prozent, und bei Betrachtung der Unterschiede zwischen Papua-Neuguineern und Afrikanern lag er bei 51,9 beziehungsweise 52,1 Prozent. Als er SNPs analysierte, an denen sich Franzosen, Chinesen und Papua-Neuguineer unterschieden, schwankten die Werte zwischen 49,8 und 50,6 Prozent. In allen Vergleichen, an denen Afrikaner nicht beteiligt waren, lagen die Werte also im Bereich von 50 Prozent. Wurden aber ein Afrikaner und ein Nichtafrikaner verglichen, stimmte der Neandertaler mit dem Nichtafrikaner an ungefähr zwei Prozent mehr SNPs überein als mit dem Afrikaner. Offensichtlich hatten die Neandertaler also tatsächlich einen kleinen, aber eindeutig erkennbaren genetischen Beitrag zu den Menschen außerhalb Afrikas geleistet, ganz gleich, wo sie zu Hause waren.

Ich las die beiden E-Mails einmal. Dann studierte ich sie ein zweites Mal, dieses Mal sehr sorgfältig, und bemühte mich, irgendein Anzeichen für einen Fehler in den Analysen zu finden. Es gelang mir nicht. Ich lehnte mich auf meinem Schreibtischstuhl zurück und starrte mit leerem Blick auf meinen sehr unordentlichen Schreibtisch, auf dem sich Papiere und Notizen aus den letzten Jahren Schicht für Schicht angehäuft hatten. Davids und Nicks Ergebnisse starrten mich vom Computerbildschirm an. Hier hatte ich es nicht mit irgendeinem technischen Fehler zu tun. Die Neandertaler hatten tatsächlich DNA zu den heute lebenden Menschen beigetragen. Das war unglaublich toll. Es war das, was ich mir seit 25 Jahren erträumt hatte. Wir hatten handfeste Belege zur Beantwortung einer grundlegenden Frage, die im Zusammenhang mit den Ursprüngen des Menschen seit Jahrzehnten diskutiert wurde, und die Antwort kam unerwartet. Der Nachweis, dass nicht alle Informationen im Genom der heutigen Menschen sich auf die afrikanischen Vorfahren aus jüngerer Zeit zurückführen ließen, widersprach der strengen Out-of-Africa-Hypothese, die mein Mentor Allan Wilson entscheidend mitgestaltet hatte. Sie widersprach auch allem, was ich selbst lange Zeit geglaubt hatte. Die Neandertaler sind nicht völlig ausgestorben. Ihre DNA lebt in den heutigen Menschen weiter.

Als ich so meinen Schreibtisch anstarrte, wurde mir auch klar, dass unsere Ergebnisse nicht nur deshalb unerwartet kamen, weil sie der Out-of-Africa-Hypothese widersprachen. Sie sprachen auch nicht für die übliche Version des Multiregionalismus. Im Gegensatz zu den Voraussagen dieser Hypothese konnten wir den genetischen Beitrag der Neandertaler nicht nur in Europa beobachten, wo diese Gruppe gelebt hatte. Wir fanden ihn auch in China und Papua-Neuguinea. Wie war das möglich? Geistesabwesend fing ich an, meinen Schreibtisch aufzuräumen. Zunächst langsam, dann mit wachsender Energie warf ich die Überbleibsel viele Jahre alter Projekte weg. Aus den tieferen Schichten der Papiere auf meinem Schreibtisch wirbelte Staub auf. Ich musste ein neues Kapitel aufschlagen. Ich brauchte einen reinen Tisch.

Häusliche Tätigkeiten helfen mir manchmal beim Nachdenken, und während ich aufräumte, stellte ich mir die Jetztmenschen als Pfeile auf einer Landkarte vor, die in Afrika ihren Anfang nehmen und in Europa auf die Neandertaler treffen. Ich konnte mir vorstellen, dass sie Kinder mit den Neandertalern hatten und dass diese Kinder in die Gemeinschaft der Jetztmenschen aufgenommen wurden, aber immer noch kämpfte ich mit der Frage, wie ihre DNA nach Ostasien gelangt war. Möglicherweise brachten spätere Wanderungsbewegungen der Jetztmenschen die Neandertaler-DNA nach China, aber dann hätten wir eigentlich zwischen Chinesen und den Neandertalern im Durchschnitt weniger Ähnlichkeiten finden müssen als zwischen Europäern und Neandertalern. Schließlich kam mir der entscheidende Gedanke:

Meine imaginären Pfeile, die den Weg der Jetztmenschen aus Afrika bezeichneten, verliefen durch den Nahen Osten! Er war natürlich die erste Region, in der Jetztmenschen und Neandertaler aufeinandertrafen. Wenn diese Jetztmenschen sich mit den Neandertalern vermischten und dann zu den Vorfahren aller Menschen außerhalb Afrikas wurden, mussten alle außerhalb Afrikas ungefähr den gleichen Anteil an Neandertaler-DNA tragen (siehe Abb. 18.1). Möglich war dieses Szenario mit Sicherheit. Aber die Erfahrung hatte mich gelehrt, dass meine Intuition mich manchmal sehr in die Irre führte. Glücklicherweise wusste ich, dass Leute wie Nick, David und Monty mir mit der mathematischen Überprüfung der Ideen den Kopf zurechtrücken würden, wenn es wirklich so war.

Bei unseren Freitagsbesprechungen und während intensiver wöchentlicher Telefonkonferenzen des Konsortiums diskutierten wir über Davids und Nicks Befunde. Einige von uns waren

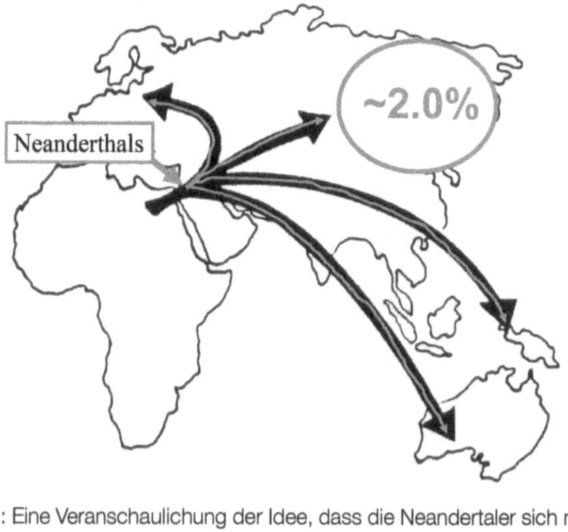

Abb. 18.1: Eine Veranschaulichung der Idee, dass die Neandertaler sich mit frühen Jetztmenschen vermischten, als diese Afrika verließen, die übrige Welt besiedelten und Neandertaler-DNA auch in Regionen trugen, in denen nie Neandertaler gelebt hatten. In China beispielsweise stammen rund zwei Prozent der DNA heutiger Menschen von Neandertalern. Foto: Pääbo, MPI-EVA.

jetzt überzeugt, dass die Neandertaler sich mit den Jetztmenschen vermischt hatten, andere mochten es immer noch nicht glauben; sie gaben sich sogar Mühe, zu erklären, in welcher Hinsicht Davids und Nicks Analysen möglicherweise falsch sein konnten. Eines wusste ich: Wenn es schon so schwierig war, alle in unserem Konsortium von der Richtigkeit der Ergebnisse zu überzeugen, würde es uns noch schwerer fallen, sie der ganzen Welt nahezubringen, insbesondere den vielen Paläontologen, die an den Fossilien keine Anhaltspunkte für eine Vermischung mit den Neandertalern gefunden hatten. Dazu gehörten einige der angesehensten Experten des Fachgebiets, beispielsweise Chris Stringer vom Natural History Museum in London und Richard Klein von der Stanford University in Kalifornien. Nach meinem Eindruck vertraten diese Paläontologen zwar zu Recht eine vorsichtige Interpretation der Fossilfunde, es schien aber immer noch denkbar, dass sie sich von früheren genetischen Befunden hatten beeinflussen lassen. Viele Arbeitsgruppen, darunter auch unsere, hatten gezeigt, wie das große Bild der genetischen Variationen in heutigen Menschen aussieht: Danach sind alle genetischen Abweichungen erst in relativ junger Zeit aus Afrika zu uns gekommen. Auch unser 1997 erschienener Artikel, in dem wir gezeigt hatten, dass keine mtDNA von Neandertalern auf Jetztmenschen übergegangen ist, hatte großen Einfluss. Manche Paläontologen, beispielsweise Milford Wolpoff von der University of Michigan und Erik Trinkaus an der Washington University in St. Louis, glaubten zwar, an den Fossilien Hinweise auf eine Vermischung zu erkennen, und manche Genetiker hatten sich auch um den Nachweis von Genvarianten bemüht, die möglicherweise von Neandertalern stammten, aber solche Argumente waren nicht so überzeugend, dass sie einen allgemeinen Meinungsumschwung herbeigeführt hätten. Oder zumindest waren sie mir nicht überzeugend vorgekommen. Man hatte zuvor einfach niemals einen Beitrag der Neandertaler unterstellen müssen, um die heutige weltweite Verteilung morphologischer oder genetischer Varianten zu erklären. Das hatte sich jetzt geändert. Wir konnten das Neandertalergenom direkt untersuchen. Und wir fanden darin einen Beitrag, wenn auch nur einen kleinen.

Dennoch vermutete ich nach wie vor, dass wir mehr brauchten, um die Welt von unseren Befunden zu überzeugen. Anders als viele Nichtwissenschaftler es sich vielleicht vorstellen, ist Wissenschaft alles andere als die objektive, unparteiische Suche nach unbestreitbaren Wahrheiten. In Wirklichkeit ist sie eine soziale Tätigkeit, bei der dominante Persönlichkeiten und die Anhänger oftmals bereits verstorbener, aber immer noch einflussreicher Gelehrter darüber bestimmen, was man unter »Allgemeinwissen« versteht. Diesen Aspekt des Allgemeinwissens konnte man unter anderem mit weiteren Analysen des Neandertalergenoms untergraben, die unabhängig von der Zählung der SNP-Allele waren, wie David und Nick sie angestellt hatten. Wenn solche zusätzlichen, unabhängigen Indizienketten ebenfalls auf einen unabhängigen Genfluss von den Neandertalern zu den Jetztmenschen schließen ließen, wäre die Welt insgesamt leichter zu überzeugen. Die Frage, was für andere Analysen wir anstellen konnten, wurde in unseren wöchentlichen Telefonkonferenzen zu einem ständigen Thema.

Ein hieb- und stichfester Vorschlag kam ein wenig unerwartet von außerhalb unseres Konsortiums. Im Mai 2009 hatte sich David auf der Tagung in Cold Spring Harbor mit Rasmus Nielsen unterhalten, einem dänischen Populationsgenetiker, der schon 1998 bei Monty Slatkin seinen Doktor gemacht hatte. Er war jetzt Professor für Populationsgenetik an der University of California in Berkeley. Rasmus teilte David mit, er habe zusammen mit seinem Postdoc Weiwei Zhei in den Genomen von Jetztmenschen nach Regionen gesucht, in denen die Variationsbreite außerhalb Afrikas größer war als innerhalb des Kontinents. Eine solche

Verteilung ist zwar durchaus möglich, sie kommt aber im Allgemeinen unerwartet, denn kleine Ableger größerer Populationen enthalten nur einen Teil der Variationen, die in der Vorläufergruppe vorhanden sind. Wurden solche Genomabschnitte gefunden, konnte es dafür viele Erklärungen geben, uns interessierte aber insbesondere eine davon. Da die Neandertaler einige Hunderttausend Jahre außerhalb Afrikas unabhängig von den Vorfahren der Jetztmenschen lebten, müssen sich bei ihnen auch andere genetische Varianten angesammelt haben. Wenn sie später einzelne Abschnitte ihres Genoms außerhalb Afrikas zu den Jetztmenschen beitrugen, könnte man mit Rasmus' Methode jene Genomabschnitte identifizieren, in denen sich so etwas abgespielt hat: Diese Abschnitte sollten dann außerhalb Afrikas mehr Variationen aufweisen als innerhalb des Kontinents. Anhand unseres Neandertalergenoms konnten wir nun prüfen, ob zumindest einige derartige Regionen von Neandertalern stammten: Dann müssten die nicht afrikanischen Versionen solcher Abschnitte der Neandertaler-DNA-Sequenz näherstehen. Im Juni 2009 fragte ich Rasmus und Weiwei, ob sie im Konsortium für die Analyse des Neandertalergenoms mitarbeiten wollten.

Rasmus konzentrierte sich auf Genomabschnitte, die besonders ungewöhnlich waren, weil sie in Europa im Vergleich zu Afrika besonders weitreichende Abweichungen aufwiesen. 17 solche Regionen gab es. Ed schickte die Neandertaler-DNA-Sequenzen, die wir von 15 dieser 17 Regionen besaßen, an Rasmus. Im Juli kam die Antwort mit erstaunlichen Befunden: In 13 der 15 Abschnitte trugen die Neandertaler tatsächlich jene Varianten, die man heute in Europa findet, in Afrika aber nicht. Später verfeinerte Rasmus seine Analysen und konzentrierte sich auf zwölf Regionen, die über 100 000 Nucleotide lang waren; dabei stellte sich heraus, dass die Neandertaler in zehn davon die Varianten trugen, die heute in Europa vorkommen. Das war in der Tat ein verblüffendes Ergebnis! Ich konnte mir dafür keine andere Erklärung vorstellen, als dass Gene von den Neandertalern in Menschen außerhalb Afrikas gelangt waren. Damit hatten wir zwar ein qualitatives Ergebnis, wie Wissenschaftler es nennen, wir konnten aber nicht berechnen, wie viel DNA die Neandertaler zu den Bewohnern Europas oder Asiens beigetragen hatten; es machte jedoch sehr eindringlich deutlich, dass ein solcher Beitrag stattgefunden hatte. Und es war als Beweislinie unabhängig von Davids und Nicks quantitativen Analysen, die zu derselben Erkenntnis gelangt waren.

Wir überlegten weiterhin, auf welchen zusätzlichen Wegen wir den Genfluss nachvollziehen konnten. Wie so oft war David derjenige, der auf die besten Ideen kam. Er erklärte, es könne einen sehr banalen Grund dafür geben, warum ein Genomabschnitt heute dem eines Neandertalers ähnelt: Vielleicht spielen sich dort einfach nur sehr wenige Mutationen ab – entweder weil der Abschnitt eine niedrige Mutationsrate hat oder weil er nicht mutieren kann, ohne dass der betreffende Mensch stirbt. Wenn einer meiner Genomabschnitte aus diesem Grund dem eines Neandertalers ähnelt, würde man damit rechnen, dass er auch anderen heutigen Menschen nahesteht, einfach weil er sich nur selten verändert. Ähnelt ein Genabschnitt in mir dagegen dem der Neandertaler, weil meine Vorfahren ihn von diesen geerbt haben, besteht kein Grund zu der Annahme, dass er bei mir und anderen Menschen besonders ähnlich ist. Möglicherweise bin ich dann sogar wegen der eigenständigen Evolutionsvergangenheit der Neandertaler den anderen Jetztmenschen unähnlicher.

David machte sich daran, diese Erkenntnisse in unseren Analysen umzusetzen. Er ging von den europäischen Teilen des Referenzgenoms aus und zerlegte sie in Abschnitte. Dann trug er die Zahl der Unterschiede dieser Segmente zum Neandertalergenom und einem anderen europäischen Genom (dem von Craig

Venter) auf. Im Allgemeinen machte er dabei immer wieder die gleiche Beobachtung: Je enger die europäischen Abschnitte der Referenzsequenz mit den Neandertalern verwandt waren, desto näher standen sie auch Craigs Genom, was darauf schließen ließ, dass sich diese Teile des Genoms nur selten verändern. Betrachtete er jedoch Abschnitte, in denen der Europäer den Neandertalern *sehr* ähnlich war, kehrte sich die Verwandtschaft um, und die Zahl der Unterschiede zu Craigs Genom wurde plötzlich *größer*. Ich war aufgrund der anderen Analysen bereits überzeugt, dass ein Genfluss stattgefunden hatte. Als David aber im Dezember 2009 während eines Besuchs in unserem Institut diese Ergebnisse präsentierte, war ich mir absolut sicher, dass wir auch die Welt davon überzeugen konnten: In den heutigen Menschen treiben sich noch DNA-Abschnitte der Neandertaler herum. Ganz gleich, in welchem Licht wir die Daten betrachteten, immer gelangten wir zu demselben Ergebnis.

Jetzt konnten wir unsere volle Aufmerksamkeit der Frage zuwenden, wie, wann und wo die Jetztmenschen in intime Beziehungen zu den Neandertalern getreten waren. Als Erstes mussten wir feststellen, in welcher Richtung der Genfluss verlaufen war: Hatten die Jetztmenschen ihre DNA zu den Neandertalern beigetragen, hatten die Neandertaler ihre DNA zu den Jetztmenschen beigetragen, oder war beides geschehen? Man könnte zwar annehmen, dass Gene gleichermaßen in beide Richtungen fließen, wenn zwei Menschengruppen zusammentreffen, in Wirklichkeit ist das aber nur selten der Fall. Häufig ist eine Gruppe gegenüber der anderen sozial dominierend. Einer verbreiteten Gesetzmäßigkeit zufolge zeugen Männer aus der dominanten Gruppe Kinder mit Frauen aus der unterlegenen Gruppe, wo die Kinder jedoch bei ihrer Mutter bleiben. Dann fließen die Gene vorwiegend von der sozial dominierenden zur niedriger stehenden Gruppe. Bekannte Beispiele sind die weißen Sklavenhalter im Süden der

Vereinigten Staaten und die britischen Kolonialherren in Afrika und Indien.

Da die Neandertaler am Ende verschwanden, glauben wir gern, die Jetztmenschen seien die dominierende Gruppe gewesen. In Wirklichkeit ließen unsere Daten aber darauf schließen, dass der Genfluss *von* den Neandertalern *zu* den Jetztmenschen verlief. Davids letztes Ergebnis zeigte beispielsweise, dass die DNA-Abschnitte, in denen manche Europäer den Neandertalern ähneln, sich stark von denen anderer Europäer unterscheiden. Man kann also annehmen, dass sich in diesen Regionen unabhängig von denen anderer Europäer eine Zeit lang Unterschiede angesammelt hatten, bevor sie in den heutigen europäischen Genpool eingingen. Das geschah vermutlich in Neandertalern. Hätte es einen Beitrag in der anderen Richtung gegeben – also von den Jetztmenschen zu den Neandertalern –, würde es sich bei diesen Abschnitten nur um durchschnittliche Genomteile mit einer durchschnittlichen Zahl von Unterschieden zu anderen Europäern handeln. Aus diesen und anderen Gründen gelangten wir zu dem Schluss, dass die Gene ausschließlich oder nahezu ausschließlich von den Neandertalern zu den modernen Menschen übergegangen waren.

Das musste nicht unbedingt bedeuten, dass Kinder aus der Verbindung zwischen Neandertalern und Jetztmenschen nie von Neandertalern großgezogen wurden. Der Schweizer Populationsgenetiker Laurent Excoffier, der sich immer für die Daten aus unserer Gruppe interessiert hatte, veröffentlichte 2008 einen Artikel über den Genfluss zwischen zwei Populationen, von denen die eine wächst, während die andere in ihrer Größe gleich bleibt oder sogar schrumpft. In einem solchen Fall bleiben die zwischen den Populationen ausgetauschten Genvarianten mit größerer Wahrscheinlichkeit in der wachsenden Population erhalten. Und wenn der Beitrag an der »vorderen Front« einer wandernden Population geleistet wird, wobei die sich ausbreitende Population auch größer wird, können die neu beigetragenen Varianten sogar eine recht hohe Häufigkeit erreichen. Dieses Phänomen bezeichnete Excoffier zutreffend als »Allelsurfen«; der Begriff machte deutlich, dass ein Allel, das von der vorwärtswandernden »Welle« einer Siedlerpopulation getragen wird, zu hohen Häufigkeiten aufsteigen kann. Demnach könnte die Kreuzung möglicherweise in beiden Richtungen stattgefunden haben, aber bei den Neandertalern können wir sie nicht nachweisen, weil ihre Population nach der Begegnung wahrscheinlich schrumpfte.

Dass wir den Genfluss von modernen Menschen zu Neandertalern nicht nachweisen können, könnte auch einen banaleren Grund haben: Die 38 000 Jahre alten Neandertaler aus der Höhle von Vindija lebten, bevor der Austausch stattfand. Im Detail werden wir vielleicht nie erfahren, wie Neandertaler und Jetztmenschen sich kreuzten, aber das macht mir keine allzu großen Sorgen. Wer mit wem im späten Pleistozän sexuell verkehrte, ist eine Frage von nachrangiger Bedeutung. Entscheidend ist, dass die Neandertaler tatsächlich Gene zu den heutigen Menschen beitrugen. Dies ist, was die genetische Herkunft der heutigen Menschen angeht, die wichtigste Erkenntnis.

Nachdem wir Davids und Nicks Befunde bestätigt hatten, gingen wir der Frage nach, welcher Anteil des Genoms heutiger Nichtafrikaner von den Neandertalern stammt. Dies lässt sich nicht unmittelbar anhand der Häufigkeit übereinstimmender SNPs abschätzen, denn die Zahl zusätzlicher Übereinstimmungen zwischen Neandertalern und den Menschen außerhalb Afrikas hängt auch von einer Reihe anderer Variablen ab. Eine davon betrifft den Zeitpunkt, zu dem der gemeinsame Vorfahre von Neandertalern und Jetztmenschen lebte; eine andere ist die Frage, wann die beiden Gruppen sich vermischten, und eine dritte ist die Populationsgröße der Neandertaler. Um den Anteil der Neandertaler-DNA in heutigen Menschen abzuschätzen, erstellte Monty Slatkin ein Modell für die Populationsgeschichte beider Gruppen. Seine Befunde legen die Vermutung nahe, dass Menschen europäischer oder asiatischer Abstammung zwischen einem und vier Prozent ihrer DNA von Neandertalern geerbt haben. In einer anderen Analyse stellten David und Nick die Frage, wie weit Europäer und Asiaten auf dem Weg sind, zu hundertprozentigen Neandertalern zu werden. Die Antwort schwankte zwischen 1,3 und 2,7 Prozent. Wir gelangten also zu dem Schluss, dass weniger als fünf Prozent der DNA in Menschen außerhalb Afrikas von Neandertalern stammen – ein kleiner, aber eindeutig nachweisbarer Anteil.

Die letzte Frage in dieser Arbeitsphase lautete: Wie ist die Neandertaler-DNA nicht nur in die Europäer, sondern auch in die Chinesen und Papua-Neuguineer gelangt? Soweit wir wissen, gab es in China niemals Neandertaler, und mit Sicherheit haben sie nie den Weg nach Papua-Neuguinea zurückgelegt; wir müssen also vermuten, dass die Neandertaler und die Vorfahren von Chinesen und Papua-Neuguineern sehr viel weiter westlich zusammengetroffen sind.

Als wir uns bei unserer wöchentlichen Telefonkonferenz in meinem Büro in Leipzig um das Freisprechtelefon drängten, behielt ich meine Gedanken über den Nahen Osten für mich, damit die scharfsinnigen Konsortiumsmitglieder alle Möglichkeiten durchdachten. Monty hatte sich zur Erklärung der beobachteten Variationsmuster ein kompliziertes Szenario ausgedacht. Darin hatten die Vorfahren der Neandertaler ihren Ursprung in irgendeiner Ecke Afrikas, und dann, nachdem sie dieses Gebiet verlassen hatten, entwickelten sie sich im Westen Eurasiens irgendwann vor 300 000 bis 400 000 Jahren zu den Neandertalern weiter. Zweitens hatte es sich demnach bei der afrikanischen Entstehungsregion der Neandertaler-Vorfahren um das gleiche Gebiet gehandelt, in dem mindestens 200 000 Jahre später auch die Vorfahren der Jetztmenschen entstanden; wenn die Populationen in Afrika während dieser Zeit getrennt geblieben waren, so dass die unterschiedlichen Allelhäufigkeiten von der Auswanderung der Neandertaler-Vorfahren bis zum Beginn der Ausbreitung der Jetztmenschen konstant blieben, und wenn die Jetztmenschen nach ihrer Entstehung nicht nur aus Afrika auswanderten, sondern sich auch quer durch Afrika ausbreiteten und dabei durch Kreuzung mit den archaischen afrikanischen Menschen neue Varianten aufnahmen, hätte dies zur Folge, dass die Neandertaler den Menschen außerhalb Afrikas stärker ähnelten als denen aus dem Kontinent selbst – und genau das beobachteten wir.

Ein solches Szenario war zwar theoretisch möglich, setzte aber eine stabile Unterteilung der Populationen in Afrika voraus, die über Hunderttausende von Jahren bestehen blieb. Wie Monty selbst zu bedenken gab, erschien so etwas unwahrscheinlich, denn Menschen neigen stark zu Wanderungsbewegungen. Das größere Problem jedoch war die Komplexität seines Szenarios. Wenn man die Vergangenheit rekonstruieren will, gilt es allgemein als die beste Lösung, die beobachteten Gesetzmäßigkeiten mit einem möglichst einfachen Szenario zu erklären, auch wenn viele andere, kompliziertere Abläufe denkbar sind. Das Prinzip, die einfachste Erklärung zu bevorzugen, bezeichnet man als Sparsamkeitsprinzip. Andere hatten beispielsweise angenommen, die Vorfahren von Jetztmenschen und Neandertalern seien in Asien entstanden und die Vorfahren der Jetztmenschen seien nach Afrika gewandert, ohne in Eurasien irgendwelche Nachkommen zu hinterlassen; später hätten sie sich demnach erneut ausgebreitet und die Neandertaler verdrängt. Ein solches Bild verträgt sich tatsächlich mit allen Beobachtungen, aber es setzt mehr Wanderungsbewegungen und ein häufigeres Erlöschen von Populationen voraus als die einfachere Annahme, dass die Neandertaler ihren Ursprung in Afrika hatten. Das Szenario vom asiatischen Ursprung ist also weniger sparsam und deshalb als Erklärung der Theorie vom afrikanischen Ursprung unterlegen. Deshalb hielten wir das Szenario von der unterteilten afrikanischen Population als mögliche Erklärung für unsere Daten fest, betrachteten es aber als unwahrscheinlich, weil es eine einfachere, näherliegende Erklärung gab; die lag in der Tat so eindeutig auf der Hand, dass mehrere von uns unabhängig voneinander darauf gekommen waren: das Nahost-Szenario.

Kapitel 19

Die Verdrängungshorde

Die ältesten Überreste von Jetztmenschen, die außerhalb Afrikas gefunden wurden, stammen aus dem Karmelgebirge in Israel. Die Knochen aus den beiden Höhlen Skhul und Qafzeh sind über 100 000 Jahre alt. In den nur wenige Kilometer entfernten Höhlen Tabun und Kebara fand man Neandertalerskelette mit einem Alter von rund 45 000 Jahren. Die Funde müssen nicht unbedingt bedeuten, dass Neandertaler und Jetztmenschen über 50 000 Jahre lang im Karmel nebeneinander lebten. Viele Paläontologen vermuten vielmehr, dass Jetztmenschen aus dem Süden in der Region lebten, als das Klima noch wärmer war, und dass in kälteren Phasen die Neandertaler aus dem Norden einwanderten, während die Jetztmenschen weiterzogen. Außerdem wurde vermutet, dass die Jetztmenschen aus Skhul und Qafzeh ausstarben, ohne Nachkommen zu hinterlassen. Aber selbst wenn sie keinen Nachwuchs hatten, gab es vermutlich Verwandte. Und selbst wenn die beiden Gruppen nicht ständig Nachbarn waren, müssen sie im Laufe der Jahrtausende in Berührung gekommen sein; das gilt selbst dann, wenn die Region des Kontakts sich je nach den Klimaveränderungen manchmal mehr nach Norden und manchmal weiter nach Süden verschob. Das ist, kurz gesagt, das Nahost-Szenario.

In Gesprächen mit Paläontologen, insbesondere mit dem französischen Wissenschaftler Jean-Jacques Hublin, der 2004 als

Leiter der Abteilung für Humanevolution an unser Institut kam, erfuhr ich viel über den Nahen Osten: Er war in der Zeit vor 50 000 bis 100 000 Jahren eine attraktive Region für die Vermischung von Jetztmenschen und Neandertalern. Das lag unter anderem daran, dass er nach heutiger Kenntnis weltweit das einzige Gebiet ist, in dem Neandertaler und Jetztmenschen zumindest potenziell über so lange Zeit in Kontakt standen. Außerdem war anscheinend keine der beiden Gruppen während dieses Zeitraumes deutlich dominant. So benutzten beispielsweise beide Gruppen die gleichen Steinwerkzeuge. Da ihre Werkzeugausstattung identisch war, kann man an einer archäologischen Fundstätte aus jener Zeit im Nahen Osten nur dann sicher feststellen, ob sie von Neandertalern oder Jetztmenschen besiedelt war, wenn man auch Skelettreste findet.

Das alles änderte sich vor etwas weniger als 50 000 Jahren. Damals ließen die Jetztmenschen sich dauerhaft außerhalb Afrikas nieder und breiteten sich schnell über die gesamte Alte Welt aus, bis sie nur wenige Jahrtausende später Australien erreicht hatten. Gleichzeitig veränderte sich offenbar auch ihr Verhältnis zu den Neandertalern. In Europa, wo man über besonders gute Fossilfunde verfügt, verschwanden die Neandertaler ganz offensichtlich schnell, als die Jetztmenschen in das Gebiet einwanderten, oder zumindest wenig später. Das Gleiche spielte sich letztlich in der ganzen Welt ab: Überall, wo Jetztmenschen auftauchten, verschwanden früher oder später ältere Menschenformen.

Um diese ausbreitungsfreudigen, ehrgeizigen modernen Menschen von den Jetztmenschen zu unterscheiden, die sich vor 100 000 bis 50 000 Jahren in Afrika und im Nahen Osten herumtrieben, bezeichne ich sie gern als »Verdrängungshorde«. Sie hatten eine verfeinerte Werkzeugkultur entwickelt, die von den Archäologen als Aurignacien bezeichnet wird; charakterisiert ist sie durch verschiedenartige Werkzeuge aus Flintstein, darunter vielfältige Messerschneiden. Ebenso stößt man an Aurignacien-

Fundstätten häufig auf Speer- und Pfeilspitzen aus Knochen, die nach Ansicht mancher Archäologen die ersten Wurfwaffen repräsentieren. Wenn das stimmt, konnten Menschen nun erstmals Tiere und Feinde aus der Entfernung töten, und damit könnte sich das Gleichgewicht zu ihren Gunsten verschoben haben, als sie auf die Neandertaler und andere Frühmenschen trafen. Die Aurignacien-Kultur brachte auch die ersten Höhlenmalereien und die ersten Tierfiguren hervor, darunter mythische Gestalten, die halb Mensch und halb Tier sind; aus ihnen kann man schließen, dass diese Menschen über ein reichhaltiges Geistesleben verfügten, über das sie sich mit anderen in ihrer Gruppe austauschen wollten. Die »Verdrängungshorde« zeigte also Verhaltensweisen, die man bei Neandertalern und den älteren Jetztmenschen aus Skhul und Qafzeh kaum oder gar nicht beobachtet.

Woher die »Verdrängungshorde« kam, wissen wir nicht. Es könnte sich um Nachkommen derselben Menschen gehandelt haben, die zuvor bereits im Nahen Osten zu Hause waren; dann hätten sich einfach die kulturellen Erfindungen und Fähigkeiten angesammelt, die an Ort und Stelle eine »Verdrängung« möglich machten. Wahrscheinlicher ist aber, dass sie aus irgendeiner Region Afrikas stammten. In jedem Fall muss die »Verdrängungshorde« jedoch eine gewisse Zeit lang im Nahen Osten zu Hause gewesen sein.

Als die Verdrängungshorde in den Nahen Osten einwanderte, könnte sie durchaus die Jetztmenschen, die dort bereits lebten, in ihre Gruppen aufgenommen haben. Diese Menschen hatten sich möglicherweise bereits mit Neandertalern gepaart, so dass die Neandertaler-DNA durch sie in die Verdrängungshorde und dann zu uns heutigen Menschen gelangte. Ein solches Modell mag komplizierter und weniger sparsam wirken, als es ideal wäre. Ein einfacheres Modell, in dem die Verdrängungshorde sich mit den Neandertalern paarte, wirft aber eine schwierige Frage auf: Angenommen, sie waren im Nahen Osten bereit, ihre Kinder zusammen mit den Neandertalern großzuziehen – warum tat die Verdrängungshorde dann später nicht das Gleiche, als sie in Mittel- und Westeuropa auf die Neandertaler traf und sie verdrängte? Wäre es geschehen, müssten die Europäer heute mehr Neandertaler-DNA tragen als die Asiaten. Das indirekte Szenario legte dagegen die Vermutung nahe, dass die Verdrängungshorde sich vielleicht nie mit den Neandertalern vermischte, sondern ihren Neandertaler-Beitrag auf dem Weg über die anderen Jetztmenschen erhielt, deren Überreste man in Skhul und Qafzeh gefunden hat. Diese sehr frühen Jetztmenschen, die eine ähnliche Kultur besaßen wie die Neandertaler und einige Zehntausend Jahre neben ihnen lebten, waren vielleicht eher geneigt, sich mit Neandertalern zu paaren, statt sie zu »verdrängen«.

Zugegeben: Dieses indirekte Modell ist reine Spekulation. Möglicherweise sehen wir einen zusätzlichen Beitrag in Europa nur deshalb nicht, weil er so klein ist, dass wir ihn nicht nachweisen können. Vielleicht folgte auf die Vermischung im Nahen Osten auch ein besonders starkes Wachstum der Population, die sich mit den Neandertalern gepaart hatte. Wenn das stimmt, können wir dieses Ereignis vielleicht wegen des von Excoffier beschriebenen »Surfens« nachweisen, während spätere Ereignisse, auf die kein vergleichbar starkes Bevölkerungswachstum folgte, nicht zu erkennen sind. Oder vielleicht kam es auch später zu einer Wanderungsbewegung von Afrika nach Europa, dort der zusätzliche Beitrag der Neandertaler »verdünnt« wurde. Ich hoffe, dass man solche Fragen in Zukunft mit direkten Befunden klären kann. Sollte es sich als möglich erweisen, die DNA der Menschen aus Skhul und Qafzeh zu analysieren, wird man feststellen können, ob sie sich – vielleicht sogar in großem Umfang – mit den Neandertalern vermischt haben. Ebenso sollte sich dann herausstellen, ob sie die gleichen Neandertaler-DNA-Fragmente in sich trugen, die heute auch bei den Menschen in Europa und Asien vorkommen.

Vorerst sieht das einfachste und sparsamste Szenario so aus: Die Verdrängungshorde traf irgendwo im Nahen Osten mit den Neandertalern zusammen, paarte sich mit ihnen und zog die Kinder groß, die aus der Verbindung hervorgingen. Diese Kinder, die zum Teil Jetztmenschen und zum Teil Neandertaler waren, wurden zu Mitgliedern der Verdrängungshorde und trugen die DNA der Neandertaler und ihrer Nachkommen als eine Art internes Fossil in sich. Bis heute haben diese internen Neandertaler-Überreste dann sogar die Südspitze Südamerikas, Feuerland und die Osterinsel mitten im Pazifik erreicht. Die Neandertaler leben noch heute in vielen von uns weiter.

Als wir mit unseren Analysen so weit gekommen waren, stellte ich mir erstmals beunruhigt die Frage, welche gesellschaftlichen Auswirkungen unsere Befunde haben könnten. Wissenschaftler müssen der Öffentlichkeit natürlich die Wahrheit mitteilen, aber nach meiner Ansicht sollten sie das so tun, dass die Chancen eines Missbrauchs so gering wie möglich bleiben. Das gilt vor allem, wenn es um die Geschichte der Menschheit und die genetischen Variationen unter den Menschen geht; dann müssen wir uns fragen: Begünstigen unsere Befunde die Vorurteile, die es in der Gesellschaft gibt? Können unsere Befunde falsch dargestellt werden und dann den Rassisten in die Hände spielen? Können sie absichtlich oder unabsichtlich auf diese oder jene Weise missbraucht werden?

Einige Szenarien konnte ich mir vorstellen. Als »Neandertaler« bezeichnet zu werden, ist in der Regel nicht gerade ein Kompliment, und ich fragte mich, ob manche Leute die Neandertaler-DNA vielleicht mit Aggressivität oder anderen Verhaltensweisen in Verbindung bringen könnten, die mit der von Europa ausgehenden Kolonialherrschaft einhergehen? Ich sah darin allerdings keine große Bedrohung, denn ein solcher »umgekehrter Rassismus« gegen Europäer würde wahrscheinlich nicht besonders ansteckend werden. Schwieriger war die Frage, was es bedeutet, dass den Afrikanern dieser Bestandteil fehlt. Gehörten sie nicht zur »Verdrängungshorde«? Sieht ihre Vergangenheit in irgendeiner Form grundlegend anders aus?

Bei näherem Nachdenken wurde mir klar, dass so etwas unwahrscheinlich wäre. Nach dem plausibelsten Szenario sind alle heutigen Menschen Nachkommen der Verdrängungshorde, ganz gleich, ob sie innerhalb oder außerhalb Afrikas leben. Viele Paläontologen und Genetiker – darunter auch ich – hatten geglaubt, sie hätten sich während ihrer Ausbreitung nicht mit den früheren Menschengruppen vermischt, auf die sie trafen, aber nachdem dies nun nachgewiesen war, gab es Gründe zu der Annahme, dass es sich viele Male abgespielt hatte. Wir besitzen keine alten Genome aus anderen Regionen der Welt und können deshalb mögliche Beiträge anderer archaischer Menschen nicht erkennen. Das gilt besonders für Afrika, wo die genetische Variationsbreite größer ist als irgendwo sonst, so dass ein Beitrag irgendeiner archaischen Gruppe kaum nachzuweisen wäre. Dennoch könnte sich die Verdrängungshorde auf ihrem Weg quer durch Afrika durchaus mit archaischen Menschen vermischt und deren DNA in deren Genpool aufgenommen haben. Ich entschloss mich, gegenüber Journalisten und in Vorträgen auf diesen Punkt hinzuweisen und deutlich zu machen, dass es kaum Gründe zu der Annahme gibt, Afrikaner trügen in ihrem Genom keine archaische DNA. Vermutlich ist sie in allen Menschen vorhanden, und tatsächlich legen neuere Analysen heutiger Afrikaner die Vermutung nahe, dass die Annahme stimmt.

Eines Abends, als ich nach einem langen Arbeitstag und einigen Widerspenstigkeiten unseres jetzt fünfjährigen Sohnes besonders müde war, fiel mir, kurz nachdem er eingeschlafen war, eine verrückte Frage ein: Angenommen, alle heutigen Menschen tragen ein bis vier Prozent des Neandertalergenoms – könnte man sich dann vorstellen, dass durch reinen Zufall – als ungewöhnliche Folge der zufälligen Umordnung von DNA-Abschnitten während der Produktion und Verschmelzung von Samen- und Eizelle – ein Kind geboren wird, das vollständig oder nahezu vollständig ein Neandertaler ist? Könnten die vielen Neandertaler-DNA-Fragmente, die in heutigen Menschen existieren, zufällig in meiner Samen- und Lindas Eizelle so zusammengefügt worden sein, dass sich daraus am Ende unser ungestümer Sohn entwickelte? Inwieweit könnte er – oder ich – ein Neandertaler sein?

Ich entschloss mich, eine einfache Berechnung anzustellen. Die Abschnitte, die Rasmus nachgewiesen hatte, waren rund 100 000 Nucleotide lang, und im Durchschnitt trugen vielleicht fünf Prozent der Menschen außerhalb Afrikas irgendeines davon. Wenn alle Neandertaler-Fragmente diese Länge hatten und wenn sie zusammen das gesamte Neandertalergenom repräsentierten, musste es ungefähr 30 000 solcher Fragmente geben. In Wirklichkeit sind aber viele Neandertaler-DNA-Fragmente kürzer, und ihre Häufigkeit liegt unter fünf Prozent; vielleicht addieren sie sich auch nicht zum gesamten Genom, aber ich wollte meine Berechnungen absichtlich so einseitig anstellen, als würde mein Sohn ausschließlich von Neandertalern abstammen – nur so konnte ich feststellen, ob es überhaupt möglich war. Unter solchen Voraussetzungen lag seine Chance, ein bestimmtes Neandertaler-DNA-Fragment zu besitzen, ebenso hoch wie ein Gewinn in einer Lotterie, die fünf Prozent Gewinnlose enthält. Die Chance, dass er das Neandertaler-Fragment auf beiden Chromosomen eines Paares trug, entsprach einem zweimaligen Gewinn in dieser Lotterie. Sie lag also bei fünf Prozent von fünf Prozent oder 0,25 Prozent. Damit die beiden Genome, die er von Linda und mir erhalten hatte, ausschließlich Neandertaler-Sequenzen enthielt, hätte er für jeden der 30 000 Abschnitte zweimal ein Gewinnlos ziehen müssen, das heißt, 60 000 Gewinnlose hintereinander! Die Wahrscheinlichkeit, dass so etwas geschieht, ist natürlich ungeheuer klein (genau gesagt eine Null, dann ein Komma, dann 76 000 Nullen und dann eine Zahl). Es ist also nicht nur sehr unwahrscheinlich, dass mein Sohn ein vollständiger Neandertaler ist, sondern selbst angesichts von acht Milliarden Menschen auf der Erde besteht keine Chance, dass ein Neandertaler-Kind geboren wird. Den Gedanken, dass mein Sohn zu einem nennenswerten Teil ein Neandertaler war, musste ich also begraben. Glücklicherweise konnte ich damit aber auch das Risiko abschreiben, dass irgendein spät geborener Neandertaler eines Tages durch unser Labor lief und mir eine Blutprobe anbot, was unsere gesamten Bemühungen zur Sequenzierung des Neandertalergenoms aus alten Knochen überflüssig gemacht hätte.

Dennoch bleiben die beiden wichtigen Ziele für die Forschung: erstens eindeutig herauszufinden, welche Abschnitte unseres Genoms von Neandertalern stammen, und zweitens festzustellen, ob alle Teile des Neandertalergenoms über die heutigen Menschen verteilt sind. Zahl und Größe dieser Segmente würden etwas darüber aussagen, wie viele Kinder mit gemischter Herkunft tatsächlich für den Beitrag der Neandertaler-DNA zur Verdrängungshorde gesorgt haben. Auch die Frage, welche Teile fehlen, könnte sehr interessant sein: In diesen Teilen könnte die genetische Ursache der entscheidenden Unterschiede zwischen den Jetztmenschen der Verdrängungshorde und den Neandertalern liegen.

Als ich mit meinen Überlegungen so weit war und die Berechnungen über meinen Sohn angestellt hatte, wurde mir klar, dass auch andere sich für die Frage interessieren würden, welche Teile ihres Genoms von Neandertalern stammten. Jedes Jahr schrieben mir Menschen und äußerten die Vermutung, sie (oder ihre Angehörigen) seien teilweise Neandertaler. Häufig legten sie

Fotos bei, die in der Regel leicht untersetzte Menschen zeigten, und sehr häufig boten sie an, freiwillig eine Blutprobe für unsere Forschungsarbeiten abzugeben. Nun, da wir tatsächlich ein Neandertalergenom kannten, konnte ich mir vorstellen, dessen Sequenz mit den DNA-Sequenzen eines beliebigen heutigen Menschen zu vergleichen und darin die Abschnitte zu identifizieren, die dem Neandertaler so ähnlich sind, dass sie von ihm ererbt sein könnten. Schließlich gab es bereits zahlreiche Unternehmen, die derartige Analysen im Zusammenhang mit der Abstammung aus verschiedenen Teilen der Welt anboten. In den Vereinigten Staaten wollen die Menschen beispielsweise häufig wissen, welcher Anteil ihrer Vorfahren aus Afrika, Europa, Asien oder von den amerikanischen Ureinwohnern stammt. In Zukunft könnte man das Gleiche auch für Neandertaler-Vorfahren machen. Der Gedanke faszinierte mich, aber wieder machte ich mir auch Sorgen. Mit der Etikettierung als »Neandertaler« könnte sich ein Stigma verbinden. Würden sich die Menschen schlecht fühlen, wenn sie wüssten, dass irgendein Teil ihres Genoms, dessen Gene an der Tätigkeit der Gehirnzellen mitwirken, auf Neandertaler zurückgeht? Würde man in Ehestreitigkeiten in Zukunft auch Argumente wie »Du bringst nie den Müll raus, weil dieses oder jenes Gen in deinem Gehirn von Neandertalern stammt« hören? Konnte man das gleiche Prinzip auf Menschengruppen anwenden, wenn in irgendeiner Bevölkerungsgruppe mit großer Häufigkeit die Neandertaler-Variante eines Gens vorkommt?

Ich war überzeugt, dass wir uns darum bemühen sollten, die Kontrolle über solche Anwendungen unserer Befunde zu behalten. Dazu konnte ich mir nur einen Weg vorstellen: Wir mussten ein Patent auf die Verwendung des Neandertalergenoms für Abstammungsuntersuchungen anmelden. Dann musste jeder, der mit Tests an Menschen Geld verdienen wollte, von uns eine Lizenz erwerben, und wir konnten bestimmen, unter welchen Bedingungen die Informationen an die Kunden weitergegeben wurden. Außerdem konnten wir für solche Lizenzen eine Gebühr verlangen, so dass unser Institut und die Max-Planck-Gesellschaft einen Teil des Geldes zurückerhielten, das sie in das Neandertaler-Projekt investiert hatten. Ich sprach darüber mit Christian Kilger, einem früheren Doktoranden, der jetzt in Berlin als Anwalt tätig war und sich auf Biotechnologie-Patente spezialisiert hatte. Wir diskutierten, wie man die mutmaßlichen Patenteinnahmen unter den Arbeitsgruppen des Konsortiums aufteilen sollte.

Mit dem Gedanken, ein solches Vorhaben werde kaum Widerspruch provozieren, präsentierte ich den Plan bei einer unserer Freitagsbesprechungen der ganzen Arbeitsgruppe. Aber schon bald stellte ich fest, dass ich die Situation völlig falsch eingeschätzt hatte. Manche Mitarbeiter sprachen sich leidenschaftlich gegen den Gedanken einer Patentierung aus. Insbesondere Martin Kircher und Udo Stenzel, vor deren beruflichen Fähigkeiten ich großen Respekt hatte, waren strikt dagegen, ein natürlich vorkommendes Gebilde wie das Neandertalergenom zu patentieren. Insgesamt war dies in der Gruppe eine Minderheitenmeinung, aber sie wurde mit religiösem Eifer vorgetragen. Andere nahmen genau den entgegengesetzten Standpunkt ein. Ed Green zum Beispiel war in Kalifornien sogar bei 23andMe, dem größten kommerziellen Unternehmen für Ahnenforschung, zu Besuch gewesen und stand einer zukünftigen Zusammenarbeit mit der Firma aufgeschlossen gegenüber. Die Diskussion tobte in unseren Besprechungen, in der Cafeteria, im Labor und an den Schreibtischen. Ich lud Christian Kilger und einen Patentanwalt der Max-Planck-Gesellschaft ein, damit sie erklärten, was Patente sind und wie sie funktionieren. Ausführlich und geduldig erklärten sie, dass ein Patent lediglich der kommerziellen Nutzung des Neandertalergenoms gewisse Beschränkungen auferlegen würde, und auch das nur, wenn damit die Abstammung getestet werden sollte; dagegen werde es für die wissenschaftliche Anwendung keinerlei Einschränkung darstellen. Dies führte aber nicht dazu, dass sich Meinungen änderten oder dass der emotionale Ton aus der Debatte verschwand.

Ich wollte nicht, dass ein langer Streit über das Thema die Gruppe spaltete. Und noch weniger wollte ich eine Entscheidung gegen den Willen einer engagierten Minderheit durchpeitschen. Wir waren noch weit davon entfernt, unseren Artikel einzureichen, und brauchten den Zusammenhalt in der Gruppe. Zwei Wochen nachdem ich das Thema aufgeworfen hatte, gab ich deshalb bei einer Freitagsbesprechung bekannt, ich hätte mich entschlossen, die Idee mit dem Patent fallen zu lassen. Daraufhin erhielt ich von Christian eine E-Mail, die mit dem Satz »Was für eine vertane Chance!« endete. Ich teilte seinen Eindruck. Es wäre eine Gelegenheit gewesen, sowohl zukünftige Forschungsarbeiten zu finanzieren als auch einen positiven Einfluss auf die Verwendung unserer Befunde durch kommerzielle Unternehmen auszuüben. Zu der Zeit, da diese Zeilen geschrieben werden, bietet 23andMe tatsächlich bereits einen Test auf Neandertaler-Abstammung an. Andere Unternehmen werden sicher bald folgen. Aber der Gruppenzusammenhalt war die Kraft, die unser Projekt vorangetrieben hatte. Er war ein zu wertvolles Gut, als dass ich riskieren konnte, ihn zu zerstören.

Kapitel 20

Das Wesen des Menschen?

Unser Institut in Leipzig ist ein faszinierender Ort. Auf diese oder jene Weise beschäftigen sich dort fast alle Wissenschaftler mit der Frage, was es bedeutet, ein Mensch zu sein, und alle nähern sich dieser recht unscharf klingenden Frage aus einer faktenorientierten, experimentellen Perspektive. Eine besonders interessante Forschungsrichtung verfolgt Mike Tomasello, der Direktor der Abteilung für Vergleichende und Entwicklungspsychologie. Seine Arbeitsgruppe interessiert sich für die Unterschiede in der kognitiven Entwicklung von Menschen und Menschenaffen.

Um diese Unterschiede zu messen, unterwerfen Mikes Mitarbeiter beide Gruppen den gleichen »Intelligenztests«. Von besonderem Interesse ist dabei die Frage, wie gut Menschenaffen- und Menschenkinder mit ihresgleichen kooperieren, um ein Ziel zu erreichen und beispielsweise herauszufinden, wie man eine komplizierte Apparatur so bedient, dass sie ein Spielzeug oder eine Süßigkeit freigibt. Aus Mikes Arbeiten erwuchs unter anderem die Erkenntnis, dass es bis zu einem Alter von ungefähr zehn Monaten kaum nachweisbare kognitive Unterschiede zwischen jungen Menschen und jungen Menschenaffen gibt. Ungefähr mit einem Jahr jedoch tun Menschen zum ersten Mal etwas, das bei Affen fehlt: Sie machen andere auf interessante Objekte aufmerksam, indem sie darauf zeigen. Und das ist noch nicht alles: Von dem gleichen Alter an finden die meisten Menschenkinder es von sich aus interessant, auf Dinge zu zeigen. Sie zeigen nicht deshalb auf eine Lampe, eine Blume oder eine Katze, weil sie das betreffende Objekt haben wollen, sondern einzig zu dem Zweck, die Aufmerksamkeit von Mama, Papa oder anderen darauf zu lenken. Der Akt, die Aufmerksamkeit eines anderen Menschen zu lenken, ist für sie als solcher faszinierend. Anscheinend haben sie nach ungefähr einem Jahr einerseits entdeckt, dass andere Menschen eine Weltsicht und Interessen haben, die ihren eigenen nicht unähnlich sind, und andererseits unternehmen sie Schritte in Richtung der Fähigkeit, die Aufmerksamkeit anderer zu lenken.

Nach Mikes Vermutung ist dieser Drang, die Aufmerksamkeit anderer zu beeinflussen, eines der ersten ausschließlich menschlichen kognitiven Merkmale, die sich in der Kindheit entwickeln.[58] Und mit Sicherheit ist es eines der ersten Anzeichen, dass bei den Kindern die Entwicklung einer Theorie des Geistes beginnt, wie Psychologen es nennen – der Erkenntnis, dass andere Menschen andere Wahrnehmungen haben als man selbst. Man kann sich leicht vorstellen, dass die ungeheure Fähigkeit der Menschen zu zwischenmenschlichen Aktivitäten, zur Manipulation anderer, zu Politik und zu gemeinschaftlichen Tätigkeiten, die zu großen, komplexen Gesellschaften führen, aus dieser Fähigkeit erwachsen: Wir versetzen uns in eine andere Person hinein und manipulieren ihre Aufmerksamkeit und Interessen. Nach meiner Überzeugung haben Mike und seine Arbeitsgruppe einen wichtigen Grund dafür gefunden, dass die Menschen einen so anderen historischen Entwicklungsweg eingeschlagen haben als die Menschenaffen und die vielen ausgestorbenen Menschenformen, darunter auch die Neandertaler.

Darüber hinaus weist Mike auch auf eine andere potenziell sehr wichtige Neigung hin, durch die sich Kinder von jungen Menschenaffen unterscheiden: Kinder neigen sehr viel stärker als Affen dazu, Tätigkeiten ihrer Eltern und anderer Menschen nachzuahmen. Mit anderen Worten: Menschenkinder »äffen nach«, Affenkinder tun das nicht. Umgekehrt korrigieren und beeinflussen menschliche Eltern und andere Erwachsene ihre Kinder viel stärker als Affeneltern. In vielen Gesellschaften haben die Menschen diese Tätigkeit sogar in einen formalen Rahmen gestellt – ihn bezeichnen wir als Unterricht. Bei einem sehr großen Teil aller Aktivitäten, die Menschen mit ihren Kindern betreiben, handelt es sich implizit oder explizit um Lehre. Häufig ist sie sogar in Form von Schulen und Universitäten institutionalisiert. Bei Menschenaffen dagegen hat man Unterricht so gut wie nie beobachtet. Für mich ist es faszinierend, dass die Neigung der Menschen, bereitwillig von anderen zu lernen, vielleicht aus der geteilten Aufmerksamkeit erwächst, die sich erstmals manifestiert, wenn ein Kleinkind auf die Lampe zeigt, nur damit der Papa ebenfalls hinsieht.

Diese Konzentration auf Lehre und Lernen hat vermutlich grundlegende Folgen für die Gesellschaften der Menschen. Während Menschenaffen jede Tätigkeit durch Herumprobieren erlernen müssen, ohne dass Eltern oder andere Gruppenmitglieder sie ihnen aktiv beibringen, können Menschen viel effizienter auf dem gesammelten Wissen früherer Generationen aufbauen. Wenn ein Ingenieur ein Auto verbessert, muss er es nicht von Grund auf neu erfinden. Vielmehr greift er auf die Erfindungen früherer Generationen zurück, bis hin zur Erfindung des Verbrennungsmotors im 20. Jahrhundert und des Rades in der Antike. Diesem gesammelten Wissen seiner Vorgänger fügt er nur noch einige konstruktive Abwandlungen hinzu, die spätere Ingenieursgenerationen wiederum für selbstverständlich halten und darauf weiter aufbauen. Mike spricht vom »Sperrklinkeneffekt«. Er ist sicher ein Schlüssel zu dem ungeheuren kulturellen und technologischen Erfolg der Menschen.

Dass Mikes Arbeit mich so fasziniert, ist eine Folge meiner Überzeugung, dass unsere Neigung zu gemeinsamer Aufmerksamkeit und die Fähigkeit, komplexe Dinge von anderen zu lernen, genetische Grundlagen haben. Tatsächlich weist eine Fülle von Belegen darauf hin, dass genetische Merkmale ein notwendiges Fundament für solche typisch menschlichen Verhaltensweisen sind. In der Vergangenheit wurden manchmal Experimente gemacht, die wir heute als unethisch beurteilen würden: Unter anderem zogen Eltern neugeborene Menschenaffen zusammen mit ihren eigenen Kindern in ihrem Haus auf. Die Affen lernten dabei zwar viele menschliche Tätigkeiten – sie konnten einfache Sätze aus zwei Wörtern bilden, Haushaltsgeräte bedienen, Fahrrad fahren und Zigaretten rauchen –, wirklich komplizierte Fähigkeiten erlernten sie aber nicht, und sie betrieben auch Kommunikation nicht im gleichen Ausmaß wie die Menschen. Kurz gesagt, wurden sie kognitiv nicht zu Menschen. Es gibt also ganz eindeutig einen biologischen Nährboden, der vorhanden sein muss, damit wir eine vollständig menschliche Kultur erwerben können.

Das heißt nicht, dass Gene allein für den Erwerb einer menschlichen Kultur ausreichen würden, aber sie sind eine notwendige Voraussetzung. In einem imaginären Experiment, in dem ein Kind ohne jeden Kontakt zu anderen Menschen aufwächst, würden sich wahrscheinlich die meisten kognitiven Merkmale, die wir mit Menschen in Verbindung bringen, darunter das Bewusstsein für die Interessen anderer, nicht entwickeln. Ein solches unglückseliges Kind würde auch niemals die am höchsten entwickelte kulturelle Fähigkeit entwickeln, die aus unserer Neigung, unsere Aufmerksamkeit mit anderen zu teilen, erwächst: die Sprache. Ich bin also überzeugt, dass sozialer Input notwendig ist, damit sich die Kognition des Menschen entwickelt. Aber ganz gleich, wie frühzeitig man Menschenaffen in die menschliche Gesellschaft integriert und wie viel Unterricht sie erhalten, mehr als rudimentäre kulturelle Fähigkeiten entwickeln sich bei ihnen nicht. Soziales Training allein ist nicht genug. Hinzukommen muss auch die genetische Bereitschaft, die Kultur der Menschen zu erwerben. Ebenso bin ich überzeugt, dass ein neugeborener Mensch, der von Schimpansen großgezogen wird, kognitiv nicht zu einem Schimpansen würde. Um sich vollständig zum Schimpansen zu entwickeln, ist sicher ebenso ein genetischer Nährboden erforderlich, der den Menschen fehlt. Aber da wir Menschen sind, interessiert uns die Frage, was Menschen zu Menschen macht, stärker als die, wodurch ein Schimpanse zum Schimpansen wird. Wir sollten uns nicht schämen, wenn wir in unserem eigenen Interesse »humanozentrisch« sind. Für eine solche Engstirnigkeit gibt es sogar einen objektiven Grund: Menschen, nicht aber Schimpansen haben heute die Vorherrschaft über unseren Planeten und die Biosphäre übernommen. Dazu waren wir durch die Kraft unserer Kultur und Technologie in der Lage; sie hat die Voraussetzungen dafür geschaffen, dass unsere Zahl ungeheuer stark ansteigen konnte, dass wir Regionen der Erde besiedeln, die ansonsten für uns nicht bewohnbar wären, und dass wir viele Aspekte der Biosphäre beeinflussen und sogar gefährden. Die Ursachen dieser einzigartigen Entwicklung zu verstehen, ist eine der faszinierendsten und vielleicht auch eine der dringendsten Aufgaben, vor denen Wissenschaftler heute stehen. Und einen Schlüssel zu den genetischen Grundlagen dieser Entwicklung könnte man finden, wenn man die Genome von Jetztmenschen und Neandertalern vergleicht. Genau dieses Gefühl hat mich in den Jahren, in denen wir uns mit den technischen Einzelheiten der Aufklärung des Neandertalergenoms beschäftigten, bei der Stange gehalten.

Den Fossilfunden zufolge erschienen die Neandertaler vor 300 000 bis 400 000 Jahren auf der Bildfläche, und es gab sie bis ungefähr vor 30 000 Jahren. Während ihres gesamten Daseins änderte sich ihre Technologie nicht nennenswert. Sie brachten während ihrer Geschichte im Wesentlichen immer die gleichen technischen Mittel hervor, obwohl diese Geschichte drei- bis viermal länger war als die bisherige Vergangenheit der Jetztmenschen. Nur ganz am Ende ihrer Geschichte, als sie wahrscheinlich schon Kontakt mit Jetztmenschen hatten, veränderte sich in manchen Regionen ihre Technologie. In ihren Siedlungsgebieten in Europa und Westasien verbreiteten sie sich im Laufe der Jahrtausende mit dem wechselnden Klima und zogen sich wieder zurück, aber sie fuhren nicht über offenes Wasser, um bis dahin unbewohnte Teile der Welt zu besiedeln. Vielmehr verbreiteten sie sich im Wesentlichen so, wie andere große Säugetiere es vor ihnen getan hatten. In dieser Hinsicht ähnelten sie den ausgestorbenen Menschenformen, die es in den letzten sechs Millionen Jahren in Asien sowie seit ungefähr zwei Millionen Jahren in Asien und Europa gab.

Das alles änderte sich ganz plötzlich, als die vollständig modernen Menschen in Afrika auftauchten und sich in Form der Verdrängungshorde über die ganze Welt verbreiteten. In den nachfolgenden 50 000 Jahren – eine Zeit, die vier- bis achtmal kürzer ist als das Dasein der Neandertaler – besiedelte die Verdrängungshorde nicht nur nahezu jeden bewohnbaren Flecken auf der Erde, sondern sie entwickelte auch eine Technologie, mit deren Hilfe sie zum Mond und darüber hinaus fliegen konnte. Wenn diese kulturelle und technische Explosion eine genetische Grundlage hat – was ich mit Sicherheit annehme –, sollten die Wissenschaftler sie eines Tages verstehen können, indem sie die Genome von Neandertalern mit denen heute lebender Menschen vergleichen.

Durch solche Träume angetrieben, suchte ich händeringend nach wichtigen Unterschieden zwischen Neandertalern und Jetztmenschen. Zuvor, im Sommer 2009, hatte Udo endlich alle Neandertaler-Fragmente kartiert. Mir wurde aber auch klar, dass ich mir realistische Vorstellungen davon machen musste, was solche

Unterschiede aussagen würden. Die Genomforschung hat ein schmutziges kleines Geheimnis: Wir wissen so gut wie nichts darüber, wie ein Genom in die Besonderheiten eines lebenden, atmenden Individuums umgesetzt wird. Würde ich mein eigenes Genom sequenzieren und einem Genetiker zeigen, könnte er ungefähre Aussagen darüber machen, aus welcher Region der Erde ich oder meine Vorfahren stammen; dazu muss man nur Varianten meines Genoms mit dem geografischen Verteilungsmuster aller Varianten in Übereinstimmung bringen. Wir würden aber nichts darüber erfahren, ob ich klug oder dumm, klein oder groß bin, und das Gleiche gilt für nahezu alle anderen Eigenschaften, die für meine Funktion als Mensch von Bedeutung sind. Und obwohl die meisten Anstrengungen zur Analyse des Genoms unternommen wurden, weil man Krankheiten bekämpfen wollte, erlauben uns unsere heutigen Erkenntnisse bei der großen Mehrzahl aller Krankheiten, darunter Alzheimer, Krebs, Diabetes oder Herzkrankheiten, nur eine vage Voraussage über die Wahrscheinlichkeit, dass sie bei einem bestimmten Menschen ausbrechen werden. In meinen realistischen Augenblicken war mir also klar, dass wir die genetischen Grundlagen der Unterschiede zwischen Neandertalern und Jetztmenschen nicht unmittelbar würden nachweisen können. In flagranti würden wir sie nicht erwischen.

Dennoch konnten wir mit dem Neandertalergenom als Hilfsmittel erstmals die Frage stellen, wodurch sich Neandertaler und Menschen unterscheiden – und dieses Werkzeug steht nicht nur uns zur Verfügung, sondern auch allen zukünftigen Biologen- und Anthropologengenerationen. In einem ersten Schritt mussten wir natürlich einen Katalog aller genetischen Veränderungen zusammenstellen, die sich in den Vorfahren der heutigen Menschen abgespielt haben, nachdem sie sich von den Vorfahren der Neandertaler getrennt hatten. Diese Veränderungen würden zahlreich sein, und die meisten von ihnen hatten sicher keine besonderen Auswirkungen, aber unter ihnen mussten sich auch die entscheidenden genetischen Ereignisse verbergen, für die wir uns interessierten.

Die wichtige Aufgabe, die erste Version eines solchen Kataloges aller ausschließlich bei Jetztmenschen vorhandenen Veränderungen zu erstellen, übernahm Martin Kircher zusammen mit seiner Vorgesetzten Janet Kelso. Im Idealfall sollte ein solcher Katalog alle genetischen Veränderungen enthalten, die heute in allen oder nahezu allen Menschen vorkommen und sich erst abgespielt haben, nachdem sich die Entwicklungswege von Jetztmenschen und Neandertalern trennten. Der Katalog sollte Positionen im Genom aufführen, an denen die Neandertaler wie Schimpansen und andere Menschenaffen aussehen, während sich alle heutigen Menschen unabhängig davon, wo sie auf der Erde leben, dort von Neandertalern und Menschenaffen unterscheiden. Was die Vollständigkeit und Richtigkeit eines solchen Kataloges anging, gab es aber 2009 viele Einschränkungen. Zunächst einmal hatten wir nur ungefähr 60 Prozent des Neandertalergenoms sequenziert, so dass der Katalog auch nur zu 60 Prozent vollständig sein konnte. Und selbst wenn wir an einer Position, an der das Neandertalergenom wie das des Schimpansen aussah, einen Unterschied zum menschlichen Referenzgenom beobachteten, musste dies nicht zwangsläufig bedeuten, dass alle heutigen Menschen dort so aussehen wie das Referenzgenom. In Wirklichkeit würden viele solche Positionen auch bei den Jetztmenschen unterschiedlich besetzt sein, aber unsere Kenntnisse über die genetischen Variationen zwischen den Menschen waren so unvollständig, dass wir zwischen echten und falsch-positiven Funden nicht unterscheiden konnten. Glücklicherweise zielten gerade mehrere große Forschungsprojekte darauf ab, das Ausmaß der genetischen Variationen unter den Menschen genauer zu beschreiben; eines davon war das 1000 Genomes Project: Mit ihm sollten alle Varianten des menschlichen Genoms nachgewiesen werden, die bei mindestens einem Prozent der Menschen vorkommen. Aber dieses Vorhaben steckte noch in den Anfängen. Eine dritte offenkundige Einschränkung bestand darin, dass unser Genom aus Sequenzen von nur drei Neandertalern zusammengesetzt war, und an den meisten Positionen kannten wir sogar nur die Sequenz eines einzigen Individuums. Dies allerdings hielt ich nicht für übermäßig problematisch. Solange ein einziger Neandertaler an einer bestimmten Position die ursprüngliche Version der Menschenaffen trug, spielte es keine Rolle, wenn andere, von uns nicht sequenzierte Neandertaler die abgeleitete, neuere Version besaßen, die wir auch bei heutigen Menschen beobachteten. Wenn die ursprüngliche Variante in mindestens einem Neandertaler vorlag, wussten wir, dass es sie noch gab, als sich die Entwicklungswege von Neandertalern und Jetztmenschen vor vielleicht 400 000 Jahren trennten. Damit war sie ein potenzieller Kandidat für die Beantwortung der Frage, was bei modernen Menschen universell verbreitet ist.

Janet und Martin verglichen das menschliche Referenzgenom zunächst mit den Genomen von Schimpansen, Orang-Utans und Makaken und listeten alle Positionen auf, an denen sie sich unterscheiden. Dann verglichen sie alle vier Genome mit unseren Neandertaler-DNA-Sequenzen, wobei sie sorgfältig darauf achteten, nur jene Neandertaler-Sequenzen einzubeziehen, von denen wir ganz sicher waren, dass sie wirklich aus dem Genom stammten. Nach ihren Feststellungen deckten wir mit den Neandertaler-Sequenzen insgesamt 3 202 190 Positionen ab, an denen sich in der Abstammungslinie der Menschen Nucleotidveränderungen abgespielt hatten. An der großen Mehrzahl dieser Stellen sahen die Neandertaler aus wie wir; das war angesichts der Tatsache, dass wir mit ihnen viel näher verwandt sind als die Neandertaler mit den Menschenaffen, nicht überraschend. An 12,1 Prozent der fraglichen Positionen jedoch sahen die Neandertaler wie Menschenaffen aus. Anschließend überprüften die beiden, ob die ursprünglichen Varianten, die man bei Menschenaffen und Neandertalern beobachtet, auch bei heutigen Menschen noch vorkommen; in den meisten Fällen fanden sie bei den Jetztmenschen sowohl die ursprünglichen als auch die neuen Varianten. Auch das war nicht verwunderlich, denn die fraglichen Mutationen haben sich erst in relativ junger Vergangenheit abgespielt. Manche neuen Varianten lagen aber, soweit wir es feststellen konnten, bei allen heutigen Menschen vor. Diese Positionen fanden wir besonders interessant.

Am meisten faszinierten uns Veränderungen, die Folgen für die Funktion haben konnten. Zuallererst waren das solche, durch die sich Aminosäuren in Proteinen verändern. Proteine werden natürlich durch »Gene« codiert, Abschnitte der DNA-Sequenz im Genom. Proteine sind die Ketten aus Aminosäuren, von denen es 20 Typen gibt, und erfüllen in unserem Organismus viele Aufgaben: Sie regulieren beispielsweise die Aktivität von Genen, dienen als Bausteine für das Gewebe und steuern unseren Stoffwechsel. Deshalb haben Veränderungen in den Proteinen mit größerer Wahrscheinlichkeit Folgen für den Organismus als Mutationen, die zufällig aus der Menge aller nachgewiesenen DNA-Veränderungen ausgewählt wurden. Solche potenziell bedeutsamen Mutationen, durch die eine Aminosäure in einem Protein durch eine andere ersetzt wird oder durch die sich die Länge eines Proteins ändert, kommen in der Evolution weniger häufig vor als ein Austausch von Nucleotiden, der keine solchen dramatischen Wandlungen verursacht. Am Ende zeigte Martin mir eine Liste von 78 Nucleotidpositionen, durch die sich Aminosäuren verändern und an denen sich nach unserer Kenntnis alle heutigen Menschen ähneln, während sie bei Neandertalern und Menschenaffen anders sind. Wir rechneten damit, dass wir in dieser Liste sowohl Mutationen hinzufügen als auch andere streichen mussten, wenn das Neandertalergenom und das 1000 Genomes Project sich der Vollendung näherten. Nach einer begründeten Vermutung konnte also die Gesamtzahl der Aminosäureveränderungen, die sich seit unserer Trennung von den Neandertalern unter allen Jetztmenschen verbreitet haben, bei weniger als 200 liegen.

In Zukunft, wenn wir umfassender verstehen, wie die einzelnen Proteine sich auf unseren Körper und Geist auswirken, werden die Biologen häufiger einer bestimmten Aminosäure in einem Protein eine Funktion zuordnen können und feststellen, ob das Protein bei uns genauso funktioniert wie bei den Neandertalern. Leider werden wir über ein so umfassendes Wissen über unser Genom und unsere Biologie wahrscheinlich erst dann verfügen, wenn ich den Neandertalern schon lange in den Tod gefolgt bin. Einen gewissen Trost beziehe ich jedoch aus dem Gedanken, dass das Neandertalergenom (und die verbesserten Versionen davon, die wir und andere in Zukunft zur Verfügung stellen werden) zu diesem Unternehmen einen Beitrag leisten wird.

Vorerst jedoch lieferten die 78 Aminosäurepositionen uns nur sehr wenige und sehr grobe Erkenntnisse. Durch Betrachten der Veränderungen allein erhielten wir kaum eine Vorstellung davon, was sich in den biologischen Eigenschaften des ersten Indi viduums, das die neue Variante trug, verändert haben könnte. Eines fiel uns aber auf: Es gab fünf Proteine, die jeweils nicht nur einen Aminosäureunterschied trugen, sondern zwei. Dass dies allein auf Zufall zurückzuführen sein sollte, wenn 78 Mutationen sich zufällig auf die 20 000 im Genom codierten Proteine verteilen, war sehr unwahrscheinlich. Diese fünf Proteine dürften also ihre Funktion erst vor relativ kurzer Zeit geändert haben. Möglicherweise verloren sie ihre Funktion oder Bedeutung sogar völlig, so dass es ihnen heute freisteht, Genveränderungen anzuhäufen, ohne dass die Funktion ihnen Beschränkungen auferlegt. In jedem Fall sahen wir uns diese fünf Proteine genauer an.

Das erste Protein mit zwei Veränderungen war von Bedeutung für die Beweglichkeit der Samenzellen. Das überraschte mich nicht allzu sehr. Gene, die an der männlichen Seite der Fortpflanzung und der Beweglichkeit von Samenzellen beteiligt sind, verändern sich bei Menschen und anderen Primaten bekanntermaßen häufig, was vermutlich auf die direkte Konkurrenz zwischen Samenzellen verschiedener Männchen zurückzuführen ist, wenn Weibchen sich mit mehreren Partnern paaren. Wegen dieser Konkurrenzsituation wird sich jede genetische Veränderung, durch die eine Samenzelle die Eizelle mit größerer Wahrscheinlichkeit befruchtet als ihre Wettbewerber – beispielsweise weil sie schneller schwimmt –, in der Population ausbreiten. Man sagt: Eine solche Veränderung unterliegt der positiven Selektion – sie steigert die Wahrscheinlichkeit, dass das Individuum mit der Mutation in der nächsten Generation Nachkommen hinterlässt. Je direkter die Konkurrenz – gewissermaßen das Kopf-an-Kopf-Rennen – der Samenzellen verschiedener Männchen in einem einzigen Weibchen ist, desto stärker kann die positive Selektion wirksam werden. Es besteht also ein Zusammenhang zwischen dem Ausmaß der Promiskuität in einer Spezies und der Stärke der nachweisbaren positiven Selektion in Genen, die mit der männlichen Fortpflanzung zu tun haben. Ein Schimpansenweibchen kopuliert während seiner fruchtbaren Tage in der Regel mit allen Männchen, die gerade verfügbar sind, und deshalb findet man bei diesen Menschenaffen mehr Anzeichen für eine positive Selektion solcher Gene als bei den Gorillas, bei denen in der Regel ein dominantes »Silberrücken«-Männchen das Monopol auf alle Weibchen seiner Gruppe hat. Die Samenzellen eines solchen Gorillapatriarchen haben stets die notwendige Zeit zur Befruchtung der Eizelle, denn die Samenzellen der jüngeren, untergeordneten Männchen können an dem Rennen nicht teilnehmen. Genauer gesagt, hat die Konkurrenz bereits in einem früheren Stadium stattgefunden: auf der sozialen Ebene bei der Entstehung der Gruppenhierarchie. Erstaunlicherweise spiegelt sich dieser Unterschied im Wettbewerb der Männchen um die Befruchtung sogar in so groben Eigenschaften wie der Größe der Hoden relativ zur Körpergröße wider. Während Schimpansen über große Hoden verfügen und die noch promiskuitiveren, aber kleineren Bonobos sogar nochmals größere Samenproduktionsstätten mit sich herumtragen, sind die Hoden des riesigen Silberrücken-Gorillas kümmerlich klein. Menschen stehen, gemessen an der Hodengröße und den Indizien für positive Selektion auf Gene, die für die männliche Fortpflanzung wichtig sind, anscheinend irgendwo zwischen den Extremen der promiskuitiven Schimpansen und der monogamen Gorillas; man kann also vermuten, dass unsere Vorfahren uns nicht unähnlich waren – sie schwankten zwischen der emotional lohnenden Treue zu einer Partnerin und verlockenden sexuellen Alternativen.

Die Funktion des zweiten Proteins auf Martins Liste ist unbekannt – worin sich unsere entsetzlich unzureichenden Kenntnisse über die Tätigkeit der Gene widerspiegeln. Ein drittes ist an der Synthese von Molekülen beteiligt, die in den Zellen für die Proteinproduktion notwendig sind. Ich hatte keine Ahnung, was das bedeuten könnte, und fragte mich, ob das Gen darüber hinaus vielleicht weitere Funktionen erfüllt, die wir noch nicht kannten – angesichts unserer begrenzten Kenntnisse über Genfunktionen kein unplausibler Gedanke. Die zwei verbliebenen Proteine mit zwei veränderten Aminosäuren kommen in der Haut vor: Eines wirkt insbesondere bei der Wundheilung mit, wenn Zellen sich aneinanderheften, das andere findet man in den obersten Hautschichten, in bestimmten Schweißdrüsen und in Haarwurzeln. Dies legt die Vermutung nahe, dass sich irgendetwas in der Haut während der jüngeren Evolutionsgeschichte der Menschen verändert hat. Vielleicht werden zukünftige Arbeiten zeigen, dass das erste Protein mit dafür verantwortlich ist, dass Wunden bei Menschenaffen schneller heilen als bei Menschen, und das zweite wird vielleicht damit zu tun haben, dass wir keinen Pelz tragen. Derzeit jedoch kann man darüber einfach nichts sagen. Wir wissen schlicht zu wenig darüber, wie unsere Gene sich auf die Funktionsweise unseres Körpers auswirken.

Eine zukünftige Version von Martins und Janets Katalog, die sich auf eine vollständige Version des Neandertalergenoms und größere Kenntnisse über die genetischen Variationen bei heutigen Menschen stützt, wird Positionen im menschlichen Genom enthalten, die sich vor vielleicht 400 000 Jahren änderten, als die Wege unserer Vorfahren und der Neandertaler sich trennten, und sich dann ausbreiteten, so dass sie vor und 50 000 Jahren, als die »Verdrängungshorde« über den Globus ausschwärmte, bei allen Menschen vorhanden waren. Danach konnten sich keine Veränderungen mehr bei *sämtlichen* Menschen durchsetzen, weil wir uns über die Kontinente ausgebreitet hatten. Auf Grundlage der Zahlen, die wir aus den bereits bekannten Teilen des Neandertalergenoms gewonnen hatten, schätzten wir die Gesamtzahl der Positionen in der DNA-Sequenz, an denen sich die Neandertaler von allen heutigen Menschen unterscheiden, auf eine Größenordnung von 100 000. Sie repräsentieren eine im Wesentlichen vollständige Antwort auf die Frage, was moderne Menschen – zumindest aus genetischer Sicht – »modern« macht. Würde man in einem imaginären Experiment jedes einzelne dieser 100 000 Nucleotide eines modernen Menschen wieder in seinen früheren Zustand zurückversetzen, entstünde ein Individuum, das in genetischer Hinsicht dem gemeinsamen Vorfahren von Neandertalern und Jetztmenschen ähnelt. In der Anthropologie der Zukunft wird es eines der wichtigsten Forschungsziele sein, den Katalog zu analysieren und jene genetischen Veränderungen zu identifizieren, die für das Denken und Verhalten der modernen Menschen von Bedeutung sind.

Kapitel 21

Das Genom wird veröffentlicht

In der Wissenschaft gibt es kaum einmal abschließende Befunde. Wenn man – häufig nach großen Mühen – zu einer Erkenntnis gelangt ist, kann man in der Regel schon absehen, durch welche weiteren Entwicklungen sie bald verbessert wird. Dennoch ist es irgendwann notwendig, einen Schlussstrich zu ziehen und zu sagen: Die Zeit zur Veröffentlichung ist gekommen. Dieser Punkt war bei uns nach meinem Eindruck im Herbst 2009 erreicht.

Der Artikel, den wir schreiben wollten, würde in mehrfacher Hinsicht zu einem Meilenstein werden. Vor allem war es das erste Mal, dass das Genom einer ausgestorbenen Menschenform sequenziert worden war. Zwar hatte die Gruppe von Eske Willerslev in Kopenhagen bereits im Frühjahr das Genom aus einem Haarbüschel eines Inuit publiziert. Aber dieses Haarbüschel war nur 4000 Jahre alt und hatte sich im Permafrost erhalten; 80 Prozent der darin enthaltenen DNA stammten von einem Menschen. Im Titel ihres Artikels sprachen die Autoren von der Sequenzierung eines »ausgestorbenen Paläo-Eskimos«, aber ich fragte mich, was die heutigen Inuit wohl von der Behauptung halten würden, sie seien ausgestorben. Die Neandertaler waren wirklich alt, wirklich ausgestorben, eine andere Menschenform und als unsere engsten Verwandte von entscheidender Bedeutung für die Evolution der heutigen Menschen, ganz gleich, wo sie auf der Erde leben. Außerdem spürte ich, dass wir die technischen Voraussetzungen für viele weitere Arbeiten geschaffen hatten; anders als Tierkadaver im Permafrost waren die Knochen, die wir benutzt hatten, nicht durch ungewöhnliche Umstände erhalten geblieben. Sie ähnelten Tausenden von Menschen- und Tierknochen, die man in Höhlen in vielen Regionen der Welt gefunden hatte. Ich hoffte, dass man die von uns entwickelten Verfahren nun nutzen konnte, um ganze Genome aus vielen solchen Überresten zu analysieren. Die größten Kontroversen würde wahrscheinlich die Erkenntnis auslösen, dass die Neandertaler Teile ihres Genoms zu den heutigen Bewohnern Eurasiens beigetragen haben. Aber da wir dreimal mit drei verschiedenen Methoden zu derselben Schlussfolgerung gelangt waren, hatten wir die Frage nach meinem Eindruck definitiv beantwortet. Wann, wo und wie es geschehen war, würde sicher durch weitere Forschungsarbeiten klar werden, aber *dass* es geschehen war, hatten wir eindeutig gezeigt. Jetzt war die Zeit gekommen, unsere Befunde der Welt zu präsentieren.

Ich hatte den Ehrgeiz, einen Artikel zu schreiben, der für ein breites Publikum so verständlich wie möglich war: Für das, was wir getan hatten, würden sich nicht nur Genetiker interessieren, sondern auch Archäologen, Paläontologen und andere. Tatsächlich wurde ich von verschiedenen Seiten unter Druck gesetzt, unsere Erkenntnisse zu veröffentlichen. Die Redakteurin von *Science* fragte an, wann wir das Manuskript einreichen würden, und Journalisten riefen nicht nur bei mir ständig an, sondern auch bei anderen Mitgliedern der Arbeitsgruppe und erkundigten sich, wann wir veröffentlichen würden. Mir selbst wurde es zunehmend peinlich, mich in meinen wissenschaftlichen Vorträgen stärker auf technische Themen zu konzentrieren als auf die Frage, was wir aus dem Genom ablesen konnten: Mittlerweile musste allen klar sein, dass wir über interessante Ergebnisse zu berichten hatten. Trotz solchen Drucks hielt ich es für entscheidend, dass wir unsere wichtigsten Erkenntnisse bis zur Veröffentlichung geheim hielten. Ich fürchtete, eine der rund 50 Personen, die Bescheid wussten, würde einem Journalisten erzählen, dass wir Belege für den Genfluss von Neandertalern zu Jetztmenschen gefunden hatten. Wenn das geschah, würde die Nachricht sich schnell in allen Medien verbreiten.

Auch eine andere Sorge kehrte immer wieder: dass eine andere Gruppe vor uns Neandertaler-Sequenzen veröffentlichen würde. Im Mittelpunkt dieser zweiten Befürchtung stand natürlich eine ganz bestimmte Person: unser früherer Partner und derzeitiger Konkurrent Eddy Rubin in Berkeley; wir wussten, dass er Zugang zu Neandertalerknochen hatte und über die Mittel verfügte, um mit ihnen zu arbeiten. Ich dachte daran, wie viel Anstrengungen alle Beteiligten in den letzten vier Jahren für unser Projekt auf sich genommen hatten, und stellte mir vor, was es für ein Gefühl sein musste, eines Morgens in der Zeitung zu lesen, die Neandertaler hätten Gene zu den heutigen Menschen beigetragen, und das vielleicht auf der Grundlage eines zehnmal geringeren, hastig analysierten Datenbestandes. Ganz anders, als es sonst meine Art ist, grübelte ich über solche Dinge sogar nach, wenn ich abends einschlafen wollte.

Auch in unseren wöchentlichen Telefonkonferenzen konnte ich meine Befürchtungen nicht verbergen. Ich wiederholte immer wieder, niemand dürfe der Presse gegenüber irgendetwas über irgendeinen Aspekt unserer Befunde sagen, sosehr ein Journalist vielleicht auch drängte. Dass kein einziges Mitglied unseres Konsortiums jemals so etwas tat, zeugt von der Loyalität des gesamten Teams. Ebenso drängte ich alle im Konsortium, Beschreibungen ihrer Beiträge zu liefern. Das war für sie weniger einfach. Manche Wissenschaftler sind so von intellektueller Neugier getrieben, dass sie zwar die Lösung für ein Problem finden, sich dann aber nur widerwillig an die mühsame Aufgabe machen, ihre Erkenntnisse zu Papier zu bringen und zu veröffentlichen. Das ist natürlich sehr misslich. Die Öffentlichkeit hat letztlich die

Forschungsarbeiten finanziert und deshalb ein Anrecht darauf, etwas über die Ergebnisse zu erfahren; außerdem müssen andere Wissenschaftler im Einzelnen wissen, wie man zu den Ergebnissen gelangt ist, damit sie sie verbessern und darauf aufbauen können. Das ist der Hauptgrund, warum man Wissenschaftler, die für Stellenbesetzungen und Beförderungen in Betracht gezogen werden, nicht nach der Zahl ihrer begonnenen, interessanten Projekte beurteilt, sondern danach, wie viele Projekte sie abgeschlossen und veröffentlicht haben. Manche Mitglieder des Konsortiums lieferten ihre Texte schnell, andere langsam und in vorläufiger Form, wieder andere überhaupt nicht. Ich dachte darüber nach, wie ich auch prominente Kollegen dazu bringen konnte, ihre Niederschriften abzuliefern, und kam schließlich auf eine Idee: Ich musste mir ihre Eitelkeit zunutze machen.

Wie die meisten Menschen, so wünschen auch Wissenschaftler sich in der Regel Anerkennung für eine gut erledigte Aufgabe. Sie blühen auf, wenn ihre Artikel häufig in anderen Publikationen zitiert werden und wenn sie viele Einladungen zu Vorträgen erhalten. In unserem Fall würde es schwierig werden, das Verdienst gerecht zuzuordnen. Mehrere Gruppen und mehr als 50 Wissenschaftler hatten zu unserem Projekt beigetragen und würden als Autoren auf dem Artikel stehen; jedem Einzelnen das Verdienst für die vielen verschiedenen, häufig kreativen und arbeitsaufwendigen Analysen zuzusprechen, war schwierig. Trotz alledem hatten alle selbstlos auf das gemeinsame Ziel hingearbeitet; dennoch erschien es nur fair, ein wenig individuelle Würdigung zu betreiben. Ich stand vor der Frage, wie ich das anfangen sollte und wie ich gleichzeitig die anderen dazu anregen konnte, schneller gute Manuskripte zu verfassen.

Wie es für viele große Fachartikel typisch ist, würden die meisten in unserem Aufsatz dargestellten Ergebnisse in Form sogenannten ergänzenden Materials präsentiert werden, das nicht in der gedruckten Zeitschrift erschien, sondern elektronisch auf der

Website des Blattes. Bei dieser beträchtlichen Informationsmenge würde es sich zum größten Teil um technische Einzelheiten handeln, die nur für Experten interessant waren. Normalerweise werden als Autoren des ergänzenden Materials dieselben Personen genannt wie auf dem Artikel, und das auch in identischer Reihenfolge. Ich entschloss mich, von dieser Regel abzuweichen, und schlug vor, jeder Abschnitt des ergänzenden Materials solle eigene Autoren haben, einschließlich eines Korrespondenzautors, an den interessierte Leser sich wenden konnten, wenn sie Fragen hatten. Ein solches System würde viel klarer herausarbeiten, wer welche Experimente und Analysen durchgeführt hatte. Ebenso würde ich jeden Einzelnen persönlich für die Qualität des jeweiligen Abschnitts verantwortlich machen, damit jeder Ruhm – oder auch jede Schande – zumindest teilweise dieser Person zukommen würde. Um die Qualität weiter zu verbessern, beauftragten wir außerdem jeweils ein Mitglied des Konsortiums, das nicht unmittelbar an dem jeweiligen Einzelaspekt der Arbeiten beteiligt war, den ergänzenden Abschnitt sorgfältig zu lesen, um Fehler und Schwächen der Darstellung aufzudecken. Das alles war sehr hilfreich. Die Leute[59] lieferten tatsächlich ihre ergänzenden Abschnitte, die sich schließlich auf 19 Kapitel mit insgesamt 174 Seiten summierten. Mir kam die Aufgabe zu, diese Abschnitte zu bearbeiten und den Haupttext zu schreiben, der in dem Fachblatt abgedruckt werden sollte. Dabei war der stets energiegeladene David Reich eine große Hilfe. Im Zusammenhang mit dem Text des eigentlichen Artikels gingen viele E-Mails hin und her, aber in den ersten Februartagen 2010 reichte Ed Green schließlich alles bei *Science* ein.

Am 1. März erhielten wir Kommentare von drei Gutachtern, die eines vierten trafen fast drei Wochen später ein. Dass Gutachter in einem Manuskript vieles beanstanden, ist nicht ungewöhnlich. In diesem Fall jedoch hatten sie kaum etwas anzumerken: In den zwei Jahren, in denen wir unsere Arbeiten untereinander auf

Schwächen abgeklopft hatten, waren uns die meisten Fallstricke bereits selbst aufgefallen. Dennoch folgte ein langes Hin und Her mit der Redaktion über den Text. Schließlich, am 7. Mai 2010, erschien der Artikel zusammen mit den 179 Seiten des ergänzenden Materials. Er war »eigentlich kein Fachartikel, sondern eher ein Buch«, wie ein Paläontologe es formulierte.

Am Erscheinungstag des Artikels machten die beiden weltweit wichtigsten Institutionen, die der Wissenschaftlergemeinde den Zugang zu Genomsequenzen verschaffen – das European Bioinformatics Institute im englischen Cambridge und der von der University of California at Santa Cruz betriebene Genome Browser in den Vereinigten Staaten – das Neandertalergenom für alle kostenlos zugänglich. Außerdem stellten wir alle DNA-Fragmente, die wir aus den Neandertalerknochen sequenziert hatten, darunter auch solche, die nach unserer Einschätzung bakteriellen Ursprungs waren, in einer öffentlichen Datenbank zur Verfügung. Ich wollte, dass jeder unsere Befunde in allen Einzelheiten nachprüfen konnte. Und ich wollte, dass andere es besser machten als wir, wenn sie konnten.

Mit Erscheinen des Artikels setzte auch der erwartete Medienrummel ein. Ich selbst war nach meinem früheren Umgang mit Journalisten ein wenig erschöpft, deshalb überließ ich es Ed, David, Johannes und den anderen aus dem Konsortium, sich mit der Presse auseinanderzusetzen. Ich selbst sollte am Erscheinungstag unseres Aufsatzes an der Vanderbilt University in Nashville (Tennessee) einen großen Vortrag halten. Die Reise, die schon seit Langem geplant war, schuf für mich auf bequeme Weise die Möglichkeit, dem Rummel zu entgehen. Aber die Aufregung übertrug sich auch auf meine sehr freundlichen Gastgeber in Nashville. Als sie erfuhren, dass sich in meinem Hotel jemand mit sehr merkwürdigen Worten nach mir erkundigt hatte, machten sie sich Sorgen um meine Sicherheit: Sie dachten an christliche Fundamentalisten, die etwas gegen die Vorstellung von der evolutionären Herkunft der Menschen hatten. Also sorgten sie dafür, dass die Polizei den Anruf zurückverfolgte. Er war vom Universitätsgelände gekommen; aus irgendeinem Grund machte sie das noch nervöser, und von nun an folgten mir zwei Polizeibeamte in Zivil überall, wo ich mich auf dem Gelände bewegte. Es war das erste Mal, dass ich bei einem Vortrag von Leibwächtern begleitet wurde. Ich wusste die Sorge um meine Sicherheit zu schätzen, und die Aufmerksamkeit verschaffte mir das Gefühl, wichtig zu sein. Aber die beiden stämmigen Männer in ihren dunklen Anzügen und mit Knöpfen im Ohr, die jeden, der sich mir näherte, argwöhnisch beäugten, verursachten mir während des geselligen Beisammenseins mit Dozenten und Studenten nach dem Vortrag ein eigenartiges Gefühl.

Zufällig erschien der Artikel über den Neandertaler 2010 eine Woche vor der Tagung für Genomforschung in Cold Spring Harbor. Also flog ich von Nashville sofort nach Long Island weiter. Ich hatte viel Spaß daran, unsere wichtigsten Befunde in demselben Hörsaal zu präsentieren, in dem ich vier Jahre zuvor bekannt gegeben hatte, wir wollten das Projekt in Angriff nehmen. Am Ende meines Vortrages gab ich meiner Hoffnung Ausdruck, dass das Neandertalergenom sich in Zukunft für die Wissenschaft als nützliches Material erweisen werde. Und dann begann diese Zukunft schon fünf Minuten nachdem ich das Podium verlassen hatte.

Den nächsten Vortrag hielt Corey McLean, ein Doktorand von der Stanford University. Als ich mich hinsetzte, kam mir der unbestimmte Gedanke, dass ich ihn nicht beneidete; unmittelbar nach einem Vortrag zu sprechen, der viel Aufmerksamkeit auf sich gezogen hat, ist niemals einfach. Aber schon wenig später bereute ich meine herablassende Haltung. Corey präsentierte sich hervorragend. Er hatte die Genome von Menschen und Menschenaffen analysiert und dabei insgesamt 583 große DNA-

Abschnitte identifiziert, die bei den Menschenaffen vorhanden und bei Menschen verloren gegangen sind. Anschließend war er der Frage nachgegangen, welche Gene sich in diesen Regionen befanden; dabei war er auf einige interessante Gene gestoßen, die es bei Menschen nicht mehr gab. Eines davon codierte ein Protein, das in den Penisstacheln produziert wird, Strukturen im Penis von Menschenaffen, die dafür sorgen, dass die Männchen sehr schnell ejakulieren. Diese Stacheln gibt es beim Menschen nicht, und deshalb können wir uns eines längeren Geschlechtsverkehrs erfreuen. Dafür könnte das Gen, das nach Coreys Befunden verloren gegangen ist, durchaus der Grund sein. Ein anderer bei Menschen fehlender Genabschnitt codiert ein Protein, das möglicherweise die Teilung von Neuronen begrenzt und etwas damit zu tun hat, dass das Gehirn bei Menschen größer wurde. Eine faszinierende Erkenntnis! Für mich aber war etwas anderes besonders befriedigend: In den wenigen Tagen, seit das Neandertalergenom öffentlich verfügbar war, hatte Corey daran bereits untersucht, welche der von ihm gefundenen Deletionen wir mit ihnen gemeinsam haben. Genau auf eine solche Anwendung unserer Arbeiten hatte ich gehofft: Sie sollten ein Hilfsmittel sein, mit dem andere ihre eigenen Forschungsarbeiten erweiterten, indem sie feststellen konnten, zu welchen Zeitpunkten sich in der Evolution des Menschen bestimmte Veränderungen abgespielt hatten. Nach Coreys Feststellungen fehlte das Gen für die Penisstacheln auch bei den Neandertalern, und damit hatten wir über die Anatomie der Geschlechtsorgane dieses Menschentyps eine Erkenntnis gewonnen, die Fossilfunde nicht liefern konnten. Auch die Deletion, die mit der Gehirngröße zusammenhängt, war bei den Neandertalern vorhanden; mit diesem Befund war zu rechnen, denn von den Fossilien wussten wir, dass ihr Gehirn ebenso groß war wie unseres. Aber einige andere Abschnitte, die er noch nicht näher untersucht hatte, waren bei den Neandertalern nicht verschwunden. Zukünftige Arbeiten würden zeigen, ob sie wirklich bei allen heutigen Menschen fehlen, und wenn ja, ob sie möglicherweise Auswirkungen auf die Unterschiede zwischen Jetztmenschen und Neandertalern hatten.

Nach der Tagungssitzung konnte ich Corey nicht finden – mit ihm wollten ebenso viele Leute reden wie mit mir. Am nächsten Tag jedoch spürte ich ihn auf und sagte ihm, wie sehr ich seine Arbeit zu schätzen wusste. Seine Befunde hatten in mir so starke Gefühle geweckt, dass ich mich beherrschen musste, um ihm nicht um den Hals zu fallen. Soweit ich wusste, war er der Erste, der unser Genom in seinen Forschungsarbeiten genutzt hatte.

Dieser Artikel über das Neandertalergenom fand in der wissenschaftlichen Welt viel mehr Aufmerksamkeit als alle meine früheren Veröffentlichungen. Fast alle Reaktionen waren positiv. Ein besonders freundlicher Kommentar kam von John Hawks von der University of Wisconsin in Madison. John ist Paläontologe und hat bei Milford Wolpoff studiert, einem der Urheber der multiregionalen Hypothese. Relativ großen Einfluss übt John in der Anthropologie durch seinen Blog aus, in dem er neue Veröffentlichungen und Gedanken aus der Anthropologie nachdenklich und kenntnisreich diskutiert. Dort schrieb er: »Diese Wissenschaftler haben der Menschheit ein ungeheures Geschenk gemacht. Das Neandertalergenom vermittelt uns ein Bild davon, wie wir selbst, von außen betrachtet, aussehen. Jetzt können wir die wesentlichen genetischen Veränderungen erkennen, die uns zu Menschen machen, und daraus lernen – die Dinge, die unseren Aufstieg als global verbreitete Spezies möglich gemacht haben … Genau so sollte Anthropologie sein.« Unsere Arbeitsgruppe war darüber natürlich sehr erfreut. Nur Ed bemühte sich, kühl die Distanz zu wahren. Er schickte an das ganze Konsortium eine E-Mail mit den Worten: »Kann irgendjemand John Hawks ein wenig Sauerstoff verschaffen?«

Nur eine einzige handfeste negative Reaktion kam mir zu Ohren. Sie stammte von dem bekannten Paläontologen Erik Trinkaus. Ich kannte seine negative Einstellung gegenüber der Frage, ob genetische Untersuchungen einen echten Beitrag zur Anthropologie leisten können, und hatte ihm unseren Artikel einige Tage vor der Veröffentlichung geschickt, damit er ein wenig Zeit hatte, um ihn zu studieren, bevor Journalisten ihn nach seiner Meinung fragten. Ich hatte gehofft, die Lektüre unseres Artikels würde ihn überzeugen, dass wir es gut gemacht hatten, und wir hatten sogar zwei E-Mails ausgetauscht – darin hatte ich mich bemüht, das auszuräumen, was er nach meinem Eindruck in unserem Aufsatz missverstanden hatte. Angesichts meiner Bemühungen, auf Erik zuzugehen, war ich enttäuscht, als ich von einer Journalistin aus Paris eine E-Mail erhielt: Darin erkundigte sie sich nach meinen Reaktionen auf Auszüge aus einem offenbar sehr umfangreichen Kommentar, den Erik Trinkaus ihr über unseren Artikel geschickt hatte. Sie zitierte ihn mit den Worten: »Kurz gesagt, hatten wir schon aufgrund der Fossilien umfangreiche anatomische Belege für einen Genfluss zwischen Neandertalern und frühen Jetztmenschen, der vermutlich die Folge war, als Neandertaler Populationen vor rund 40 000 Jahren in der wachsenden Population der Jetztmenschen aufgingen. Mit anderen Worten: Die neuen DNA-Sequenzen und ihre Analysen tragen zu der Diskussion nahezu nichts Neues bei … Die meisten Autoren des neuen Artikels kennen diese Literatur einfach nicht, oder sie verstehen weder die an den Fossilien gewonnenen Daten noch die Vielfalt der heute lebenden Menschen oder den verhaltensmäßigen/archäologischen Hintergrund der evolutionären Veränderungen der Menschen … Zusammengefasst lässt sich sagen: Der Artikel ist das Ergebnis einer sehr teuren, technisch komplizierten Analyse, die aber die Erforschung der Ursprünge von Jetztmenschen und Neandertalern kaum voranbringt und in mancherlei Hinsicht sogar einen Rückschritt darstellt.«

Ich war erstaunt, dass Erik wirklich glauben konnte, wir würden nach der Sequenzierung des Neandertalergenoms weniger wissen als zuvor. Am Ende schrieb ich: »Ich bin traurig, dass dies nach Dr. Trinkaus' Ansicht so wenig zu unseren Kenntnissen über die Neandertaler beiträgt.« Trotz seiner Reaktion war ich zuversichtlich, dass andere erkennen würden, wie Genetik und Paläontologie einander ergänzen können.

Viele andere jedoch interessierten sich sehr für das Neandertalergenom, darunter – was vielleicht am überraschendsten war – auch einige fundamentalistische Christen in den Vereinigten Staaten. Einige Monate nach Erscheinen unseres Artikels lernte ich Nicholas J. Matzke kennen, einen Doktoranden am Center for Theoretical Evolutionary Genomics der University of California in Berkeley. Ohne dass ich oder die anderen Autoren es wussten, hatte unser Artikel offenbar in der Kreationistengemeinde eine Flut von Diskussionen ausgelöst. Nick erklärte mir, es gebe zweierlei Spielarten von Kreationisten. Die »Junge-Erde-Kreationisten« glauben, die Erde, der Himmel und alle Lebewesen seien durch direktes Handeln Gottes irgendwann vor 5700 bis 10 000 Jahren erschaffen worden. Sie halten die Neandertaler für »richtige Menschen« und sagen manchmal, sie seien eine andere, heute ausgestorbene »Rasse« gewesen, die sich nach dem Einsturz des Turmes von Babel über die Erde verstreut habe. Deshalb hatten die Junge-Erde-Kreationisten kein Problem mit unserer Erkenntnis, dass Neandertaler und moderne Menschen sich vermischt haben. Die »Alte-Erde-Kreationisten« dagegen erkennen an, dass die Erde alt ist, lehnen aber die Vorstellung einer Evolution durch natürliche, nicht göttliche Vorgänge ab. Eine wichtige Institution des Alte-Erde-Kreationismus ist »Reasons to Believe« unter Leitung eines gewissen Hugh Ross. Er glaubt, die Jetztmenschen seien vor rund 50 000 Jahren gezielt erschaffen worden und die Neandertaler seien keine Menschen gewesen, sondern Tiere. Ross und anderen Alte-Erde-Kreationisten gefiel der Befund, dass Neandertaler und Jetztmenschen sich vermischt haben, überhaupt nicht. Nick schickte mir die Niederschrift einer Radiosendung, in der Ross unsere Arbeit kommentiert hatte; darin sagte er, die Vermischung sei zu erwarten gewesen, »weil die Geschichte der Genesis davon handelt, wie die Menschheit in ihrer Frühzeit in ausnehmend verderbte Verhaltensweisen verfiel«, und Gott sei vielleicht gezwungen gewesen, »die Menschheit mit Gewalt über das Antlitz der Erde zu zerstreuen«, damit diese Form der Vermischung, die er mit »animalischer Sodomie« verglich, beendet werde.

Ganz offensichtlich erreichte unser Artikel ein größeres Publikum, als wir es uns jemals vorgestellt hatten. Die meisten Menschen waren aber über den Gedanken, dass ihre Vorfahren sich mit Neandertalern gekreuzt hatten, nicht schockiert. Viele fanden die Idee sogar faszinierend, und wie zuvor erklärten einige sich freiwillig bereit, sich auf das Erbgut von Neandertalern untersuchen zu lassen. Anfang September fiel mir erstmals ein Muster auf: Vorwiegend schrieben mir Männer. Ich durchsuchte noch einmal meine E-Mails und fand 47 Personen, die mir erklärt hatten, sie seien Neandertaler – und davon waren 46 Männer! Als ich dies meinen Studierenden sagte, äußerten sie die Vermutung, Männer würden sich vielleicht stärker für Genomforschung interessieren als Frauen. Das schien aber nicht der Fall zu sein: Zwölf Frauen hatten mir nicht deshalb geschrieben, weil sie sich selbst für Neandertaler hielten, sondern weil sie glaubten, ihre Ehemänner seien Neandertaler! Interessanterweise hatte kein einziger Mann in einer Zuschrift eine solche Behauptung über seine Frau aufgestellt (später tat einer dies allerdings tatsächlich). Scherzend sagte ich, hier müsse ein interessantes genetisches Vererbungsmuster am Werk sein, das wir nun genauer untersuchen müssten. In Wirklichkeit beobachteten wir ganz offensichtlich die Auswirkungen der kulturell überlieferten Vorstellungen von Neandertalern. In der volkstümlichen Überlieferung sind Neandertaler robust, muskulös, ungehobelt und vielleicht ein wenig »einfach gestrickt«. Manche dieser Eigenschaften könnten bei Männern als annehmbar oder sogar positiv gelten, bei Frauen hält man sie aber üblicherweise nicht für attraktiv. Den gleichen Gedanken brachte mir das Magazin *Playboy* nahe, das mich um ein Interview über unsere Arbeit bat. Ich sagte zu und dachte mir dabei, dies werde vielleicht meine einzige Chance bleiben, im *Playboy* vorzukommen. Am Ende brachte das Magazin eine vierseitige Story mit dem Titel »Neandertaler-Liebe: Würden Sie mit dieser Frau schlafen?«. Die begleitende Abbildung zeigte eine untersetzte, sehr schmutzige Frau, die auf einem schneebedeckten Bergrücken stand und einen Speer schwang. Dieses eindeutig unattraktive Bild war vermutlich die Erklärung, warum kaum ein Mann freiwillig die Ansicht vertrat, er sei mit einer Neandertalerin verheiratet.

Auch eine andere Frage zog großes Interesse auf sich: Was könnte es bedeuten, dass Menschen außerhalb Afrikas einen Anteil an Neandertaler-DNA tragen? Auch hier lag auf der Hand, dass die Neandertaler offenbar einen schlechten Ruf haben. Den Ton gab die Wochenzeitschrift *Jeune Afrique* vor, die sich mit politischen und kulturellen Themen im französischsprachigen Afrika beschäftigt. Dort endete ein Bericht über unsere Befunde mit den Worten: »Aber eines ist … sicher: Wenn man bedenkt, dass Neandertaler wie Menschenaffen aussahen, haben diejenigen, die immer noch glauben, Menschen aus dem mittleren und südlichen Afrika seien weniger hoch entwickelt als hellhäutige Menschen, nichts verstanden.«

Allgemein stellte ich fest, dass die Reaktionen der Menschen auf unsere Arbeit mehr über die Weltanschauung ihrer Urheber aussagten als über alles, was wir vernünftigerweise über die Vorgänge vor 30 000 oder 40 000 Jahren wissen können. Vielfach wurde beispielsweise die Frage gestellt, welchen Nutzen die Stücke der Neandertaler-DNA, die auf die Menschen außerhalb

Afrikas übergegangen sind, gehabt haben könnten. Dies dürfte zwar eine wichtige Frage sein, sie machte mich aber misstrauisch, schien sie doch unausgesprochen zu sagen, dass diese DNA-Abschnitte etwas Positives haben müssten, weil sie bei Europäern und Asiaten vorkommen, die sich selbst häufig gegenüber anderen Bevölkerungsgruppen für überlegen halten. Die Nullhypothese, das heißt die grundlegende Idee, von der man bei der Untersuchung einer wissenschaftlichen Fragestellung ausgeht, lautet für mich immer: Eine genetische Veränderung hat auf die Funktion keinerlei Auswirkungen. Dann versucht man, die Hypothese zu widerlegen, in diesem Fall, indem man etwa der Frage nachgeht, in welcher Hinsicht sich Menschen unterscheiden. Bisher hatten wir keinen Anhaltspunkt dafür, dass die Veränderungen zu anderen Funktionen geführt haben; deshalb lautete meine Antwort auf solche Fragen: Wir haben keinen Anlass, unsere Nullhypothese zu verneinen. Vielleicht beobachteten wir einfach nur die Spuren ganz natürlicher gruppenübergreifender Beziehungen in der entfernten Vergangenheit. Zugegebenermaßen hatten wir noch nicht sehr genau hingesehen. Aber schon ein Jahr nach der Veröffentlichung des Neandertalergenoms hatten andere etwas gefunden.

Peter Parham gehört zu den weltweit führenden Experten für den Haupthistokompatibilitätskomplex (*major histocompatibility complex*, abgekürzt MHC), das vielleicht komplizierteste genetische System im Genom des Menschen und das System, mit dem ich mich vor vielen Jahren in Uppsala im Rahmen meiner Doktorarbeit beschäftigt hatte. Der MHC codiert Transplantationsantigene, Proteine, die in nahezu allen Zellen unseres Organismus vorkommen. Sie haben die Aufgabe, Proteinfragmente von Viren und Mikroorganismen zu binden, die eine Zelle infiziert haben, und sie an die Zelloberfläche zu transportieren, wo sie dann von Immunzellen erkannt werden. Diese töten die infizierte

Zelle und begrenzen damit die Infektion, bevor sie sich im Organismus ausbreiten kann. Entdeckt wurde der MHC aber nicht aufgrund seiner normalen Funktion, Infektionen zu bekämpfen, sondern weil das Immunsystem eine heftige Abwehrreaktion gegen transplantiertes Gewebe wie Haut, Nieren oder Herz in Gang setzt. Möglich wird diese Abstoßung transplantierten Gewebes, der die Transplantationsantigene ihren Namen verdanken, weil diese sehr vielgestaltige Proteine sind; sie werden von Genen des MHC codiert, die in Dutzenden oder sogar Hunderten von Varianten vorliegen. Wenn ein Mensch also ein transplantiertes Organ von jemandem erhält, mit dem er nicht verwandt ist, trägt der Spender stets andere Varianten der Transplantationsantigene; die Folge: Das Immunsystem des Empfängers erkennt das Transplantat als fremd und greift es an. Um diese Reaktion zu unterdrücken, ist eine lebenslange Behandlung mit Immunsuppressiva erforderlich; das gilt sogar dann, wenn das transplantierte Organ von einem Verwandten des Empfängers stammt und deshalb genetisch nicht ganz so unähnlich ist. Zwischen genetisch identischen eineiigen Zwillingen dagegen sind Transplantationen nahezu ohne immunologische Komplikationen möglich, weil beide genau die gleichen MHC-Gene und damit auch die gleichen Transplantationsantigene tragen. Warum die Transplantationsantigene so vielgestaltig sind, ist bis heute nicht vollständig geklärt, vermutlich liegt es aber daran, dass viele verschiedene Varianten einzelner Menschen dem Immunsystem eine bessere Möglichkeit eröffnen, zwischen infizierten und gesunden Zellen zu unterscheiden.

Peter Parham beschäftigte sich mit den Abschnitten der Neandertaler-DNA, die nach der Genkarte zu den MHC-Genen gehören und Transplantationsantigene codieren. Ed Green, der mittlerweile eine neue Stelle als Dozent an der University of California in Santa Cruz angetreten hatte, half ihm bei der Identifizierung weiterer Fragmente, die wir wegen der ungewöhnlichen

Vielgestaltigkeit dieser Gene am Anfang übersehen hatten. Ein Jahr nach Erscheinen unseres Artikels berichteten sie auf einer Tagung, eine bestimmte MHC-Genvariante, die bei heutigen Europäern und Asiaten häufig vorkommt, bei Afrikanern jedoch nicht, sei auch in unserem Neandertalergenom vorhanden. Sie behaupteten sogar, bei Europäern stamme ungefähr die Hälfte aller Kopien dieses Gens von Neandertalern, bei den Menschen in China seien es 71 Prozent. Angesichts der Tatsache, dass insgesamt nicht mehr als sechs Prozent der Genome dieser Menschen auf Neandertaler zurückgehen, ist dies ein verblüffender Befund: Die Häufigkeitszunahme der fraglichen MHC-Varianten legt die Vermutung nahe, dass zumindest einige von ihnen der neu hinzugekommenen Verdrängungshorde das Überleben erleichterten. Da die Neandertaler bereits seit 200 000 Jahren außerhalb Afrikas gelebt hatten, bevor sie erstmals mit Jetztmenschen zusammentrafen, ging Peter davon aus, dass ihr Repertoire der MHC-Varianten sich schon zuvor auf die Bekämpfung von Krankheiten eingestellt hatte, die in Eurasien vorkommen, in Afrika aber möglicherweise fehlen. Nachdem dann ein Jetztmensch die zuständigen Gene von den Neandertalern übernommen hatte, sorgte dieser Vorteil dafür, dass ihre Häufigkeit zunahm. Im August 2011 beschrieben Peter und seine Kollegen ihre Erkenntnisse in einem Artikel in *Science*.[60]

Am 3. Dezember 2010, sieben Monate nachdem unser Artikel erschienen war, erhielt ich eine E-Mail von der *Science*-Redakteurin Laura Zahn, die unser Manuskript bearbeitet hatte. Sie berichtete, man habe dem Artikel den Newcomb Cleveland Prize der AAAS verliehen. Ich hatte in meiner Karriere schon mehrere wissenschaftliche Preise erhalten, und sie hatten meinem Selbstvertrauen immer einen angenehmen Schub verliehen. Aber das hier war für mich etwas ganz Besonderes. Der Newcomb Cleveland Prize wurde 1923 gestiftet und wird alljährlich an die Autoren des besten Forschungsartikels oder Forschungsberichts verliehen, der in *Science* erschienen ist. Ursprünglich hatte man ihn als 1000-Dollar-Preis bezeichnet, mittlerweile war die Preissumme aber auf 25 000 Dollar gestiegen. Am meisten freute mich, dass er an alle Autoren des Artikels verliehen wurde, denn damit wurde anerkannt, was unser Konsortium gemeinsam erreicht hatte. An jenem Abend sagte Linda zu mir: »Schon einen Artikel in *Science* zu veröffentlichen, ist eine tolle Sache. Aber den besten Artikel eines ganzen Jahres in *Science*? Davon können die meisten nicht einmal träumen.«

Ich sprach mit David und Ed, den beiden anderen Hauptautoren. Wir einigten uns darauf, den Preis im Februar 2011 gemeinsam bei der AAAS-Tagung in Washington entgegenzunehmen. Mit dem Geld wollten wir in Kroatien eine Tagung organisieren, auf der die Mitglieder des Konsortiums sich im Herbst 2011 treffen konnten, um die Frage zu erörtern, in welcher Richtung die Analyse des Neandertalergenoms in Zukunft verlaufen sollte. Ich rechnete mit einer Wiederholung der fruchtbaren Tagung von 2009 in Dubrovnik. Als ich die E-Mail von Laura Zahn erhielt, wussten wir bereits, dass wir auf einer solchen Tagung über mehr als nur das Neandertalergenom zu sprechen hatten. Wir hatten auch das Genom eines anderen ausgestorbenen Menschen aus einem anderen Teil der Welt.

Kapitel 22

Ein sehr ungewöhnlicher Finger

Am 3. Dezember 2009 nahm ich am Cold Spring Harbor Laboratory an einer Tagung über das Rattengenom teil. Ich sollte dort über ein Projekt zur künstlichen Domestizierung von Ratten berichten, an dem meine Gruppe seit einigen Jahren arbeitete. Als ich nach dem Frühstück vom Speisesaal in den Hörsaal ging, klingelte mein Handy. Es war Johannes Krause; er rief aus Leipzig an und klang seltsam aufgeregt. Ich fragte ihn, was los sei. Daraufhin fragte er, ob ich sitze. Als ich verneinte, erklärte er, ich solle mich besser hinsetzen, bevor ich hörte, was er mir zu sagen hatte. Allmählich machte ich mir Sorgen, es sei etwas Entsetzliches passiert, und setzte mich.

Er fragte, ob ich mich noch an einen kleinen Knochen erinnerte, den wir von Anatoli Derewianko in Russland erhalten hatten (siehe Abb. 22.1). Anatoli ist Präsident des sibirischen Ablegers der Russischen Akademie der Wissenschaften und einer der führenden Archäologen des Landes. Seine Laufbahn hatte in den 1960er-Jahren begonnen; er hatte nicht nur großen Einfluss in der wissenschaftlichen Welt Russlands gehabt, sondern war auch politisch gut vernetzt. In den letzten Jahren hatten wir mit ihm zusammengearbeitet, und ich hatte ihn auch als Freund mehr und mehr schätzen gelernt. Anatoli hat ein sehr warmherziges Lächeln, und ich habe ihn stets als höflich und für die Zusammenarbeit aufgeschlossen kennengelernt. Außerdem ist er

Abb. 22.1: Anatoli Derewianko mit Kollegen. Foto: Bence Viola, MPI-EVA.

ein erfahrener Freilandarchäologe und körperlich sehr aktiv. Er war dafür bekannt, dass er in dem großen See in der Nähe seines Instituts in Nowosibirsk kilometerlange Strecken schwamm. In der äußeren Erscheinung war er zwar ganz anders als Rostislav Holthoer, mein Professor für Ägyptologie, der ebenfalls russischer Abstammung war, aber wie er, so besitzt auch Anatoli jene große Fähigkeit zu Freundschaft und Loyalität, die in meinen Augen für Russen typisch ist. Ich schätze mich sehr glücklich, mit ihm zusammenzuarbeiten.

Einige Jahre zuvor hatte Anatoli unser Institut besucht und uns ein paar kleine Knochen in Plastiktüten mitgebracht. Ausgegraben hatte man sie in der Okladnikow-Höhle, einer Fundstätte im Altaigebirge im südlichen Sibirien; in der Region grenzen Russland, Kasachstan, die Mongolei und China aneinander. Die Knochen aus der Okladnikow-Höhle waren so stark zerbrochen, dass man nicht sagen konnte, von was für einem Menschen sie stammten, aber wir hatten DNA aus ihnen gewonnen und nachgewiesen, dass sie die mtDNA von Neandertalern enthielten. Zusammen mit Anatoli hatten wir dann 2007 in *Nature* einen Artikel veröffentlicht, durch den das Verbreitungsgebiet der Neandertaler sich im Vergleich zu den bisherigen Kenntnissen um mindestens 2000 Kilometer nach Osten erweitert hatte.[61] Vor unserem Artikel hatte es östlich von Usbekistan keinen anerkannten Neandertalerfund gegeben.

Im Frühjahr 2009 erhielten wir von Anatoli ein weiteres Knochenbruchstück. Dieses hatte seine Arbeitsgruppe ein Jahr zuvor in der Denisova-Höhle entdeckt, die sich ebenfalls in der Altairegion befindet, und zwar in einem Tal, das die sibirischen Steppen im Norden mit China und der Mongolei im Süden verbindet. Der Knochen war winzig, und ich hatte ihm nicht viel Bedeutung beigemessen; ich hatte mir nur gedacht, wir würden irgendwann in Zukunft, wenn wir Zeit hatten, einmal überprüfen, ob er DNA enthielt. Vielleicht würde er sich als Neandertalerknochen entpuppen, so dass wir abschätzen konnten, wie groß die Variationsbreite in der mtDNA der östlichsten Neandertaler war.

Jetzt hatte Johannes die Zeit gefunden, DNA aus dem Knochen zu gewinnen, und Qiaomei Fu, eine begabte junge Doktorandin aus China, hatte daraus eine Bibliothek hergestellt; auf sie hatte sie eine Methode angewandt, die der britische Doktorand Adrian Briggs in unserem Labor entwickelt hatte, um damit mtDNA-Fragmente aus der Bibliothek herauszusuchen. Sie fanden eine große Menge mtDNA: Insgesamt waren es 30 443 Fragmente, aus denen sie das gesamte Mitochondriengenom mit einem hohen Maß an Genauigkeit zusammensetzen konnten. Jede Position in der mtDNA war im Durchschnitt 156-mal vertreten, was für einen alten Knochen sehr ungewöhnlich ist. Das war eine gute Nachricht, aber es war nicht der Grund, warum Johannes gesagt hatte, ich solle mich hinsetzen. Er hatte die mtDNA-Sequenz des Knochens aus der Denisova-Höhle sowohl mit den sechs vollständigen Neandertaler-mtDNA-Sequenzen, die wir zuvor bereits aufgeklärt hatten, als auch mit mtDNA-Sequenzen von heutigen

Menschen aus der ganzen Welt verglichen. Während sich die Neandertaler von den modernen Menschen an durchschnittlich 202 Nucleotidpositionen unterscheiden, wies die mtDNA des Individuums aus Denisova im Durchschnitt 385 Unterschiede auf, also fast doppelt so viele! In einer Stammbaumanalyse zweigte die Abstammungslinie der Denisova-mtDNA lange vor dem gemeinsamen Vorfahren von Jetztmenschen und Neandertalern ab. Wenn Johannes die Geschwindigkeit des Nucleotidaustausches quantitativ berechnete und hier davon ausging, dass die Abstammungslinien von Menschen und Schimpansen sich vor sechs Millionen Jahren trennten, spaltete sich die Neandertaler-mtDNA vor ungefähr einer halben Million Jahren von der Linie der Jetztmenschen ab – das hatten wir zuvor nachgewiesen –, die mtDNA des Denisova-Knochens aber bereits vor nahezu einer Million Jahren! Ich mochte kaum glauben, was Johannes mir erzählte. Das hier war weder ein Jetztmensch noch ein Neandertaler! Es war etwas völlig anderes.

In meinem Kopf rasten die Gedanken. Welche ausgestorbene Menschengruppe könnte sich vor einer Million Jahren von der Linie der Jetztmenschen abgespalten haben? *Homo erectus*? Aber die ältesten Fossilien von *H. erectus* außerhalb Afrikas wurden in Georgien gefunden und waren rund 1,9 Millionen Jahre alt. Man ging also davon aus, dass *H. erectus* vor rund zwei Millionen Jahren Afrika verließ und sich damit von der Linie abspaltete, die zu den Jetztmenschen führt. *Homo heidelbergensis*? Aber der galt als unmittelbarer Vorfahre der Neandertaler und hätte sich dann vermutlich ungefähr zur gleichen Zeit wie sie von der Linie der Jetztmenschen getrennt. Hatten wir es mit etwas Unbekanntem zu tun? Einer ganz neuen Form ausgestorbener Menschen? Ich bat Johannes, mir alles über diesen Knochen zu erzählen.

Er war wirklich winzig – ungefähr so groß wie zwei nebeneinandergelegte Reiskörner – und stammte aus dem letzten Glied des kleinen Fingers eines vermutlich jungen Individuums

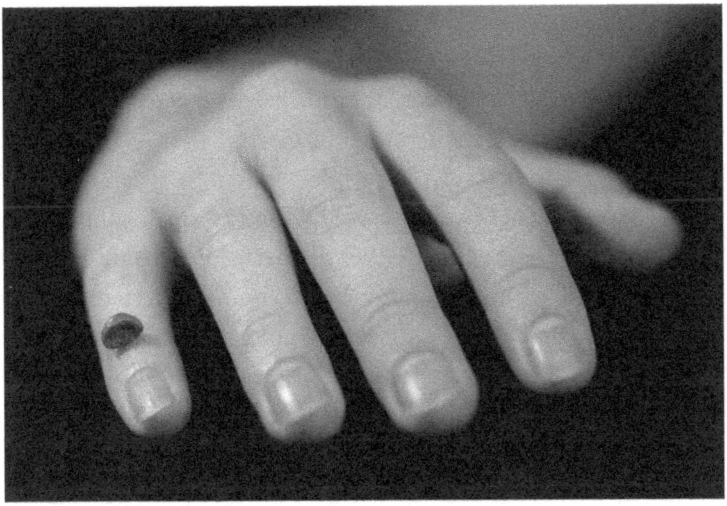

Abb. 22.2: Der kleine Fingerknochen, den Anatoli Derewianko und Michael Schunkow 2008 in der Denisova-Höhle entdeckten.

(siehe Abb. 22.2). Mit einem Zahnarztbohrer hatte Johannes daraus 30 Milligramm Knochensubstanz entnommen und aus dieser winzigen Pulvermenge die DNA extrahiert, aus der Qiaomei dann die Bibliothek hergestellt hatte. Da sie so viel mtDNA gefunden hatten, musste der Erhaltungszustand der DNA in dem Knochen außerordentlich gut gewesen sein. Ich würde in drei Tagen wieder in Leipzig sein und sagte ihm, wir würden uns dann zusammensetzen und entscheiden, wie es weitergehen solle. Nachdem ich aufgelegt hatte, konnte ich mich kaum überwinden, den Vorträgen über die Unterschiede im Genom verschiedener Rattenstämme zu folgen. Es war in der Region von New York ein sonniger Wintertag ohne Schnee. Den ganzen Vormittag ging ich an dem windigen Strand unterhalb von Cold Spring Harbor spazieren und dachte an den jungen Menschen, der vor vielen Jahrtausenden in einer weit entfernten sibirischen Höhle gestorben war. Alles, was von seinem Leben noch blieb, war ein winziges Knochenstück, aber aus ihm konnten wir ablesen, dass dieser Mensch etwas repräsentierte, was wir noch nicht kannten – eine Menschengruppe, die Afrika vor den Vorfahren der Neandertaler, aber nach *Homo erectus* verlassen hatte. Konnten wir Genaueres herausfinden?

Nach Leipzig zurückgekehrt, setzte ich mich mit Johannes und den anderen zusammen, um über die nächsten Schritte zu sprechen. Die Analysen des Neandertalergenoms näherten sich ihrem Ende, so dass meine Leute Zeit hatten, über die verblüffenden neuen Befunde nachzudenken. Als Allererstes stellte sich die Frage, ob mit der von Johannes rekonstruierten DNA-Sequenz möglicherweise etwas nicht stimmte. Qiaomei und Johannes hatten Tausende von mtDNA-Fragmenten gewonnen, und weniger als ein Prozent davon trug ausgetauschte Nucleotide, die auf eine Verunreinigung schließen ließen. Da die mtDNA ganz anders aussah als die heutiger Menschen, konnte es sich nicht um eine Verunreinigung von irgendeiner Person aus unserer Zeit handeln. In früheren Phasen meiner Laufbahn hatte ich mir oft Sorgen um mtDNA-Fragmente gemacht, die vor Tausenden oder Millionen von Jahren in die Chromosomen des Zellkerns integriert worden waren. Solche mtDNA-Fossilien kann man manchmal fälschlich für die eigentliche mtDNA-Sequenz halten. Glücklicherweise können wir aber solche mtDNA aufgrund ihrer ringförmigen Gestalt von mtDNA-Fossilien aus dem Zellkern unterscheiden. Die von Johannes rekonstruierte DNA-Sequenz musste aus einem ringförmigen Molekül stammen. Ich konnte nicht erkennen, an welcher Stelle unsere Befunde falsch sein sollten. Dennoch wollten Johannes und Qiaomei aus dem Pulver, das von dem Fingerknochen noch übrig war, unabhängig noch einmal neue DNA gewinnen und alle experimentellen Schritte wiederholen. Aber das war eigentlich nur eine Formalität. Ich war sicher, dass sie zu den gleichen Ergebnissen gelangen würden.

Als Nächstes stellte ich mir die Frage, was das für ein ungewöhnlicher Mensch gewesen sein könnte. Mehr würden wir sicher erfahren können, wenn es in der Höhle noch weitere Knochen gab. Man hatte mir gesagt, Anatoli Derewianko habe uns nur einen Teil des Knochens gegeben, ein größeres Stück musste also noch in Nowosibirsk liegen. Vielleicht gab es auch andere Knochen, die uns einen Anhaltspunkt dafür lieferten, wie dieser Mensch ausgesehen haben könnte, und vielleicht konnten wir daraus auch weitere DNA gewinnen. Eines war klar: Wir mussten nach Nowosibirsk fahren.

Sofort schrieb ich Anatoli eine E-Mail, in der ich erklärte, wir hätten einige sehr unerwartete, spannende Ergebnisse erzielt und ich wolle sie ihm so bald wie möglich persönlich erläutern. Außerdem fügte ich hinzu, wir wären sehr daran interessiert, auch den anderen Teil des Knochens zu analysieren und vielleicht zu datieren. Anatoli antwortete am nächsten Tag und fragte nach weiteren Details der Ergebnisse. Ich fasste sie für ihn kurz zusammen, und wir richteten es ein, dass ich Mitte Januar 2010 nach Nowosibirsk kommen konnte; begleiten würden mich Johannes und Bence Viola, ein fröhlicher Archäologe ungarischer Abstammung. Bence hat sich auf die Paläontologie Mittelasiens und Sibiriens spezialisiert, und wir hatten schon in der Vergangenheit häufig mit ihm zusammengearbeitet. Kurz zuvor war es mir gelungen, ihn zum Umzug von Wien nach Leipzig zu bewegen, so dass er bei uns und den Paläontologen an unserem Institut arbeiten konnte. Der Vierte in unserer Reisegruppe war Victor Wiebe. Er hatte in den 1970er-Jahren in Nowosibirsk promoviert und kannte dort aus jener Zeit neben Anatoli auch mehrere andere Leute; bei mir arbeitete er seit zwölf Jahren. Auf dieser Reise sollte er als dringend benötigter Dolmetscher tätig werden. Ich hatte 35 Jahre zuvor, während meines Militärdienstes in Schweden, auch Russisch gelernt, aber von damals erinnerte ich mich nur an grobe Fragen, die man Kriegsgefangenen stellen würde. Für wissenschaftliche Diskussionen waren meine Sprachkenntnisse nicht geeignet.

Nach einem Zwischenstopp in Moskau und einem langen Nachtflug nach Nowosibirsk landeten wir am frühen Morgen des 17. Januar. Eine Digitalanzeige im Flughafengebäude zeigte die Uhrzeit 6.35 an, dann wechselte sie zur Außentemperatur: minus 41 °C. Als unser Gepäck ankam, öffnete ich meinen Koffer und zog alle Kleidungsstücke an, die ich mitgebracht hatte. Die Luft außerhalb des Terminals war sehr trocken, und als wir uns schnell auf den Weg zum Auto machten, wirbelte der Schnee wie Puder um unsere Füße. Als ich einatmete, froren meine Nasenflügel fast an der Scheidewand fest.

Die Fahrt nach Akademgorodok dauerte eine Stunde. Wie der Name schon vermuten lässt, ist Akademgorodok eine Stadt, die in den 1950er-Jahren von der sowjetischen Akademie der Wissenschaften ausschließlich für wissenschaftliche Tätigkeiten errichtet wurde. In ihrer Blütezeit war sie die Heimat von 65 000 Wissenschaftlern und ihren Familien. Nach dem Zusammenbruch der Sowjetunion hatten viele von ihnen Akademgorodok verlassen, und die meisten Institute wurden geschlossen. Im Jahr 2010 jedoch hatten die russische Regierung und mehrere Großunternehmen schon seit fast zehn Jahren wieder Geld in die Stadt investiert, und in ihrem Umfeld wuchs ein vorläufiger, vorsichtiger Optimismus.

Wir waren im Golden Valley Hotel untergebracht, einem umgebauten, ehemals typisch sowjetischen, neunstöckigen Appartementgebäude. Ich hatte zuvor schon einmal in dem Hotel gewohnt, und eine meiner lebhaftesten Erinnerungen an damals betraf den Mangel an heißem Wasser; jeden Morgen musste ich eine gute halbe Stunde durch die Birkenwälder wandern und in einem nahe gelegenen Stausee schwimmen, dem sogenannten Ob-Meer. Das war allerdings im Sommer gewesen, und ich machte mir nicht wenig Sorgen um die Frage, ob die Heizung dieses Mal funktionieren würde. Es wäre nicht notwendig gewesen. Als Johannes und ich unser Zimmer betraten, stellten wir fest, dass nicht nur warmes Wasser aus dem Hahn kam, sondern auch die Heizkörper waren so heiß, dass es im Zimmer unerträglich warm wurde – ungefähr 40 Grad. Einen Regler zum Abstellen der Heizung gab es nicht, also öffneten wir am Ende die Fenster und ließen die Außenluft herein, die fast 80 Grad kälter war. Das Fenster ließen wir während unseres gesamten Aufenthalts geöffnet.

Wir waren an einem Sonntag angekommen, und unser Treffen mit Anatoli war erst für den nächsten Tag angesetzt. Nach einem kurzen Nickerchen entschlossen wir uns deshalb alle vier, einen Spaziergang zu machen. Zu unserem Erstaunen fanden wir eine kleine Eisdiele, die geöffnet war. In dem sicheren Gefühl, dies werde das einzige Mal in meinem Leben sein, dass ich bei minus 35 Grad Außentemperatur ein Eis aß, trat ich an den Tresen. Die Frau, die mir das Eis verkaufte, bemerkte, dass ich kein Einheimischer war, und empfahl mir dringend, das Eis schnell zu essen – wenn es erst einmal die Umgebungstemperatur erreicht hatte, würde es steinhart und ungenießbar sein. Nachdem wir schnell unser Eis verzehrt hatten, gingen wir durch den eisigen Wald zum Strand, wo ich zwei Jahre zuvor in der Wärme des Sommermorgens geschwommen war. Hier waren wir die einzigen Menschen. Der Himmel war wolkenlos, aber die blasse Sonne lieferte keine Spur von Wärme. Glücklicherweise war es windstill. Schon das kleinste Lüftchen, das den Weg in unsere Kleidung fand, ließ uns frösteln. Meine Zehen waren mittlerweile taub, und wir zogen uns schnell wieder in unsere überheizten Hotelzimmer zurück.

Am nächsten Tag trafen wir uns mit Anatoli in dem geräumigen Arbeitszimmer, dessen er sich als Leiter des Instituts für Archäologie und Ethnografie erfreute. Der Archäologe Michael Schunkow, der die Ausgrabungen in der Denisova-Höhle geleitet hatte, war ebenfalls anwesend, und auch einige ihrer Mitarbeiter waren gekommen. Johannes erläuterte seine und Qiaomeis Befunde, und alle waren verblüfft. Handelte es sich hier um eine neue Form ausgestorbener Menschen, die vielleicht nur in Sibirien oder im Altaigebirge gelebt hatte? Tatsächlich waren auch mehrere Pflanzen- und Tierarten ausschließlich in der Altairegion zu Hause, der Gedanke war also mit Sicherheit plausibel. Bei einem Mittagessen mit köstlichem russischem Aufschnitt, der mit Wodka heruntergespült wurde – alles wurde in Anatolis Arbeitszimmer serviert –, diskutierten wir angeregt darüber, was wir möglicherweise gefunden hatten. Nach einiger Zeit, als eine lebhafte und gleichzeitig entspannte Atmosphäre herrschte, wies ich darauf hin, dass die Antwort auf unsere Fragen letztlich im Genom des Zellkerns zu finden war. Wenn wir Material aus dem verbliebenen größeren Stück des Fingerknochens gewinnen könnten, wären wir in der Lage, das Genom des Zellkerns zu sequenzieren und uns ein vollständigeres Bild davon zu machen, wie dieses Individuum mit den heutigen Menschen und den Neandertalern, deren Genome wir gerade sequenziert hatten, verwandt war. Als ich Anatolis Antwort auf meine Frage anfangs nicht verstand, schob ich es auf mein schlechtes Russisch und meinen angeheiterten Zustand. Aber auch nachdem Victor übersetzt hatte, blieb sie rätselhaft. Offenbar erklärte Anatoli, er habe das andere Stück des Knochens nicht mehr, denn er habe es vor ungefähr einem Jahr meinem »Freund« gegeben. Verblüfft warf ich Victor, Bence und Johannes fragende Blicke zu. Einem Freund von mir? Besaß einer von ihnen den Knochen bereits? Aber sie blickten genauso verblüfft drein wie ich. Dann klärte Anatoli die Sache. Er habe sie meinem »Freund Eddy gegeben, Eddy Rubin in Berkeley«.

Ich habe keine Ahnung, was für ein Gesicht ich daraufhin machte oder was ich sagte. Ich wusste, dass Eddy sich bemüht hatte,

Knochen in die Hand zu bekommen und das Neandertalergenom vor uns zu sequenzieren. Jetzt aber erfuhren wir, dass er seit fast einem Jahr gerade von diesem Knochen ein viel größeres Stück besaß als wir – einem Knochen, der viel DNA enthielt, so dass man das Genom des Zellkerns in wenigen Wochen ohne technische Kunstgriffe und ohne Hunderte von Läufen der Sequenzierautomaten analysieren konnte. Und wir waren noch Wochen davon entfernt, unseren Neandertaler-Artikel auch nur bei *Science* einzureichen, von seiner Veröffentlichung ganz zu schweigen. Es schien, als wäre meine immer wiederkehrende schlimmste Befürchtung plötzlich Wirklichkeit geworden: Bevor wir veröffentlichen konnten, würde ein Artikel aus Berkeley das Genom einer anderen ausgestorbenen Menschenform beschreiben, das mit einer höheren Abdeckung sequenziert war als das Neandertalergenom. Wen würde es dann noch kümmern, dass wir jahrelang mühsam die Verfahren entwickelt hatten, um DNA zu extrahieren, endogene DNA anzureichern und die Neandertaler-DNA aus dem riesigen Überschuss an bakteriellem Material herauszupicken? Alle diese Details würden auf lange Sicht wichtig werden, weil man sie auf Hunderte von Knochen anwenden konnte, die nicht auf wundersame Weise so gut erhalten waren wie dieser hier, aber wenn es darum ging, das Genom eines ausgestorbenen Menschenverwandten aufzuklären, hätte Eddy es dann schneller und besser gemacht – einfach weil er mehr Glück hatte.

Ich bemühte mich, die Fassung wiederzugewinnen und etwas zu sagen, was meine Gefühle nicht verriet. Es gelang mir aber nur, etwas von wissenschaftlicher Zusammenarbeit zu murmeln. Wenig später verließen wir die Besprechung mit der Verabredung, unsere Gastgeber später im Haus der Wissenschaftler, dem gesellschaftlichen Mittelpunkt von Akademgorodok, zum Abendessen wieder zu treffen. Auf dem Rückweg zum Hotel spürte ich die Kälte nicht mehr. Johannes gab sich Mühe, mich zu trösten.

Er redete mir zu, wir sollten einfach weiterhin möglichst gute Arbeit leisten und die Konkurrenz vergessen. Natürlich hatte er recht. Aber natürlich sollten wir auch nicht trödeln. Mehr als je zuvor ging es jetzt darum, schnell zu arbeiten.

Wie alle Mahlzeiten, die ich zusammen mit Anatoli genießen durfte, so war auch dieses Abendessen eine überschwängliche, freundliche Angelegenheit. Das Essen war ausgezeichnet – Lachs, Hering und Kaviar, gefolgt von mehreren köstlichen Hauptgerichten. Während des ganzen Abends wurden häufig Trinksprüche mit gutem Wodka ausgebracht, und wie es in Russland üblich ist, war jeder Teilnehmer irgendwann an der Reihe, einen Toast auf ein allgemein geschätztes Thema auszubringen, so auf die Zusammenarbeit, den Frieden, unsere Lehrer, unsere Studenten, die Liebe, die Frauen und so weiter. Als ich zum ersten Mal in die Sowjetunion gereist war, hatte ich diese Sitte verabscheut, und es war mir ungeheuer peinlich, als ich eine Ansprache über ein Thema murmeln musste, über das ich vor einer großen Tischgesellschaft nicht gern sprach. Aber mit der Zeit hatte ich mich daran gewöhnt und wusste es sogar zu schätzen, dass alle am Tisch, auch jene, die wegen ihrer sozialen Stellung normalerweise nicht zu Wort kommen und erst recht das Gespräch nicht beherrschen, für eine kurze Zeit die ungeteilte Aufmerksamkeit aller beanspruchen können.

Zweifellos hatte ich diese Sitte aber auch deshalb schätzen gelernt, weil ich tief in meinem Inneren ein sehr sentimentaler Mensch bin, und oft trägt Alkohol dazu bei, diese Eigenschaft ans Licht zu bringen. Und um nichts anderes als um Sentiment geht es in solchen Trinksprüchen. Ich stieß als Erstes auf unsere sehr fruchtbare Zusammenarbeit und dann auf den Frieden an; ich betonte, ich sei im kapitalistischen Schweden aufgewachsen und darauf getrimmt worden, einen großen Krieg in Europa als wahrscheinlich und Russland als unseren natürlichen Feind zu betrachten. Da Schweden offiziell neutral war, wurde der potenzielle Feind, dem entgegenzutreten ich während meines Militärdienstes gelernt hatte, offiziell und wenig konkret als »die Supermacht« bezeichnet, aber bezeichnenderweise sprachen wir mit den »Gefangenen« bei unseren Kriegsspielen Russisch. Aber der Krieg, den alle geplant hatten, kam nie. Wir mussten einander nie als Feinde gegenüberstehen. Stattdessen saßen wir hier als Freunde, arbeiteten zusammen und entdeckten gemeinsam erstaunliche Dinge. Dank des Alkohols war ich von meinen eigenen Worten gerührt. Johannes fasste als einer der Jüngsten bei dem Essen den passenden Beschluss, auf seine Lehrer zu trinken. Wie betrunken ich war, wurde mir klar, als er mir mit der Erklärung, er habe in der Wissenschaft zwei Väter, Tränen in die Augen trieb: der eine sei ich, der ihn mit der molekularen Evolution bekannt gemacht hatte, der andere Anatoli Derewianko, der ihn bei zwei Freilandaufenthalten im Altai und in Usbekistan in die Archäologie eingeführt hatte. Eigentlich war ich in Wirklichkeit deshalb so gerührt, weil wir uns solche Wahrheiten gegenseitig normalerweise nicht mitteilten.

Nach dem Abendessen gingen wir über die Hauptstraße von Akademgorodok zu unserem Hotel. Es war eine sehr kalte, dunkle Nacht, und die Sterne leuchteten in der eiskalten Luft, die kaum Feuchtigkeit festhalten konnte, unglaublich hell. Aber das alles bemerkte ich kaum. Nach der Anspannung des vergangenen Tages hatte ich den Wodka schneller hinuntergeschüttet, als es sonst meine Art war. Ich hatte das Gefühl, als sei ich seit dem Teenageralter nicht mehr so betrunken gewesen. Aber als wir mit unsicheren Schritten die schneebedeckte Straße entlanggingen, sagte Bence etwas, das mich sofort wieder nüchtern werden ließ. Anatoli hatte ihm heute einen Zahn gegeben, den er neun Jahre zuvor in der Denisova-Höhle gefunden hatte. Es war ein Molar (siehe Abb. 22.3), der vermutlich von einem jungen Individuum stammte, aber ungeheuer groß war. Bence erklärte, er habe nie zuvor einen ähnlichen Zahn gesehen, der weder nach Neander-

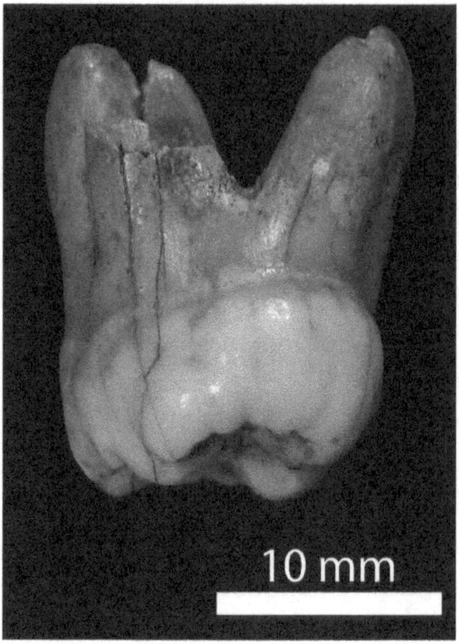

Abb. 22.3: Der Denisova-Backenzahn. Foto: B. Viola, MPI-EVA.

taler noch nach einem Jetztmenschen aussah. Wenn er nicht wüsste, wo er gefunden wurde, sagte Bence, hätte er ihn einem viel älteren Menschenvorfahren zugeordnet, vielleicht dem *Homo erectus* aus Afrika, dem *Homo habilis* oder vielleicht sogar einem *Australopithecus*. Es war der erstaunlichste Zahn, den er jemals gesehen hatte. In unserem betrunkenen Zustand waren wir sicher, dass er von demselben Individuum stammen musste wie der Fingerknochen, und ebenso waren wir überzeugt, es müsse sich um ein Wesen gehandelt haben, das wir zuvor noch nie gesehen hatten. Im Altaigebirge machten schon seit Langem Gerüchte über sogenannte Almas die Runde, Schneemenschen, die in den Bergen wohnten. Während wir in Richtung des Hotels gingen, riefen wir laut, wir hätten den Alma gefunden! Im Scherz sagten wir, wenn wir den Zahn der Radiokarbondatierung unterwarfen, würden wir feststellen, dass er nur wenige Jahre alt war.

Das würde auch erklären, warum er so viel DNA enthielt. Vielleicht lebten irgendwo an der Grenze zwischen Russland und der Mongolei tatsächlich noch Yeti-ähnliche Wesen. Wie wir an jenem Abend unser Hotelzimmer fanden und ins Bett kamen, weiß ich nicht mehr genau.

Am nächsten Morgen erreichten wir nur unter Schwierigkeiten das Taxi zum Flughafen, und keiner von uns sprach viel bis eine oder zwei Stunden vor dem Flug nach Moskau. Dann aber brach die düstere Realität, verschlimmert durch die Trostlosigkeit und den kalten Schweiß eines schweren Katers, langsam wieder über mich herein. Vielleicht schrieben sie in Berkeley tatsächlich bereits einen Artikel über den Knochen aus der Denisova-Höhle. Wir hatten über Weihnachten begonnen, unseren Bericht über die Arbeiten mit der Denisova-mtDNA zu verfassen, und den mussten wir nun so schnell wie möglich fertigstellen. Wo sollten wir ihn einreichen? Die Redakteurin bei *Science* wartete bereits ungeduldig auf unseren Artikel über das Neandertalergenom. Wenn wir uns jetzt wegen eines weiteren Artikels über ein anderes Thema an sie wandten, erweckten wir vielleicht den Eindruck, wir seien nicht in der Lage, ein Projekt zu Ende zu bringen, von zweien ganz zu schweigen. Also entschlossen wir uns, Kontakt zu *Nature* aufzunehmen. Während eines langen Aufenthalts auf dem Moskauer Flughafen schrieb ich eine E-Mail an Henry Gee, den leitenden Redakteur, der bei *Nature* für die Paläontologie zuständig ist, und an Magdalena Skipper, die Redakteurin für Genomforschung. Darin teilte ich ihnen mit, wir hätten einen nahezu fertiggestellten Artikel über etwas, »das wir auf der Grundlage einer vollständigen Mitochondrien-DNA-Sequenz, die sich von der Abstammungslinie des Menschen vor ungefähr zweimal so langer Zeit abgespalten hat wie die Neandertaler-mtDNA, als neue Homininenspezies interpretieren«. Mir war nur allzu genau bewusst, dass sich der Veröffentlichungsprozess über viele Monate hinziehen konnte. Er konnte sogar nach monatelangem Hin und Her mit Gutachtern und Redakteuren mit einer Ablehnung enden; dann mussten wir ihn anschließend bei einer anderen Zeitschrift einreichen und einen ähnlich langwierigen Prozess erdulden. Dass es so kam, wollte ich dieses Mal auf keinen Fall; also erklärte ich, wir hätten unmittelbare Konkurrenz und wären dankbar, wenn der Artikel schnell bearbeitet werden könne. Eineinviertel Stunden später antwortete Henry Gee: »Wie spannend! Voraussagen sind schwierig, insbesondere wenn sie die Zukunft betreffen. Aber wenn Sie ihn einschicken, werden wir ihm oberste Priorität einräumen.«

Sobald wir wieder zu Hause waren, stellten wir das Manuskript fertig und schickten es an *Nature*. Der Titel lautete »The complete mtDNA genome of an unknown hominin from Southern Siberia« [»Das vollständige mtDNA-Genom eines unbekannten Homininen aus Südsibirien«]. Es war ein ganz besonderer Aufsatz. Zum allerersten Mal wurde eine neue Form ausgestorbener Menschen ausschließlich aufgrund von DNA-Sequenzen und ohne jede Skelettreste beschrieben. Da diese mtDNA so ganz anders war als die der modernen Menschen und Neandertaler, waren wir sicher, dass wir eine neue Form ausgestorbener Menschen gefunden hatten. Wir waren von unserer Idee so angetan, dass wir uns nach einigen Diskussionen entschlossen, ihn als neue Spezies zu beschreiben und ihm den Namen *Homo altaiensis* zu geben.

Dennoch hatte ich ein unbestimmtes ungutes Gefühl dabei, eine neue Spezies vorzuschlagen, und wenig später dachte ich nochmals genauer darüber nach. Taxonomie, die Einteilung der Lebewesen in Arten, Gattungen, Ordnungen und so weiter, ist in meinen Augen eine sterile akademische Übung, insbesondere wenn es um ausgestorbene Menschenformen geht. Wenn meine Studierenden mir Manuskripte schicken, in denen sie die Linnéschen lateinischen Namen für Gruppen verwenden, die auch umgangssprachlich bekannt sind – wenn sie beispielsweise schreiben »um das Muster der genetischen Variationen bei *Pan troglodytes* besser zu verstehen, sequenzierten wir …« –, streiche ich immer die lateinischen Wörter durch und frage schnippisch, wen sie beeindrucken wollen, indem sie »*Pan troglodytes*« anstelle von »Schimpansen« schreiben. Ich mag die Taxonomie auch deshalb nicht, weil sie häufig zu wissenschaftlichen Diskussionen führt, für die es keine Lösung gibt. Wer beispielsweise die Neandertaler als »*Homo neanderthalensis*« bezeichnet, macht damit deutlich, dass er sie als eigene, von »*Homo sapiens*« getrennte Spezies betrachtet. Das macht regelmäßig die Multiregionalisten wütend, die eine ununterbrochene Entwicklung von den Neandertalern zu den heutigen Europäern unterstellen. Sagt man dagegen »*Homo sapiens neanderthalensis*«, zeigt man damit, dass man die Neandertaler als Unterart betrachtet, die auf einer Stufe mit »*Homo sapiens sapiens*« steht. Damit bringt man regelmäßig die Vertreter einer strengen Out-of-Africa-Hypothese gegen sich auf. Solchen Diskussionen gehe ich gerne aus dem Weg, und obwohl wir mittlerweile gezeigt (aber noch nicht veröffentlicht) hatten, dass eine Vermischung zwischen Neandertalern und Jetztmenschen stattgefunden hatte, wusste ich genau, dass die taxonomischen Auseinandersetzungen um die Klassifikation der Neandertaler sich fortsetzen würden, denn eine Definition der Spezies, die in diesem Fall genau zutrifft, gibt es nicht. Viele würden sagen, eine Spezies sei eine Gruppe von Lebewesen, die miteinander fruchtbare Nachkommen hervorbringen können, während sie mit den Mitgliedern anderer Gruppen dazu nicht in der Lage sind. So betrachtet, hatten wir nachgewiesen, dass Neandertaler und Jetztmenschen zu derselben Spezies gehören. Das Konzept hat aber seine Grenzen. So können beispielsweise Eisbären und Grizzlys miteinander fruchtbare Nachkommen zeugen (und tun es gelegentlich auch), wenn sie sich in freier Wildbahn begegnen.

Aber Eisbären und Grizzlys sehen unterschiedlich aus, verhalten sich unterschiedlich und sind an unterschiedliche Lebensweisen und Umweltbedingungen angepasst. Sie als ein und dieselbe Spezies zu bezeichnen, würde recht willkürlich oder sogar regelrecht lächerlich wirken. Die Neandertaler haben vielleicht zwei bis vier Prozent zu den Genen der heutigen Menschen beigetragen, aber ob sie demnach zu derselben oder einer anderen Spezies gehörten, wissen wir nicht. Deshalb war es eine Ironie des Schicksals, dass ausgerechnet ich, der ich immer darauf verzichtet hatte, in unseren Artikeln einen lateinischen Namen für die Neandertaler zu verwenden, nun im Begriff stand, selbst eine neue Linnésche Artbezeichnung einzuführen.

Aber trotz meiner Bedenken wegen fruchtloser taxonomischer Diskussionen hatte ich dieses Mal nach meinem eigenen Eindruck gute Gründe, von meinen Prinzipien abzuweichen. Die mtDNA des Individuums aus der Denisova-Höhle unterschied sich von den entsprechenden Molekülen der Jetztmenschen ungefähr doppelt so stark wie die der Neandertaler. Damit ähnelte es vermutlich eher *Homo heidelbergensis*, der ebenfalls einen eigenen lateinischen Artnamen trägt. Aber auch ein wenig Eitelkeit spielte mit. Nur wenige Menschen haben die Gelegenheit, eine neue Hominineнart zu benennen, und das macht die Versuchung, es zu tun, groß. Umso mehr gilt das, wenn man sich dabei zum ersten Mal ausschließlich auf DNA-Analysen stützt. Das entscheidende Argument kam aber sowohl von einigen Mitgliedern unserer Arbeitsgruppe als auch von Henry Gee bei *Nature*. Wie er deutlich machte, würde ein anderer die Initiative ergreifen und der Gruppe einen Speziesnamen geben, wenn wir es nicht taten. Und das könnte dann ein Name sein, der uns nicht gefiel. Nach längeren Beratungen mit Anatoli und dem Team, das den entscheidenden Knochen ausgegraben hatte, einigten wir uns deshalb auf den vorläufigen Namen *Homo altaiensis*.

Bei *Nature* hielt man das Versprechen, unseren Artikel schnell zu bearbeiten: Schon elf Tage nachdem wir ihn eingereicht hatten, erhielten wir Kommentare von vier anonymen Gutachtern. Alle lobten die technischen Aspekte unserer Beschreibung, waren aber in der Frage, ob man eine neue Spezies benennen sollte, geteilter Meinung. Zwei von ihnen äußerten die Befürchtung, wir hätten vielleicht in Wirklichkeit einen späten *Homo erectus* sequenziert. Wenn *H. erectus* in ständigem Kontakt mit Gruppen in Afrika stand, so ihre Vermutung, entwickelte sich bei ihm vielleicht keine so starke Abweichung der mtDNA wie nach der ersten Auswanderung aus Afrika vor rund zwei Millionen Jahren. Daran hatte ich meine Zweifel. Der vierte Gutachter jedoch rettete uns mit seinem Kommentar vor uns selbst. Er oder sie schrieb: »Wenn ein Name erst einmal in der taxonomischen Literatur steht, kann man ihn später nicht mehr zurückziehen. Eine solche provisorische Benennung ist nach meiner Überzeugung unklug.« Als ich das las, wurde mir klar, dass wir töricht gewesen waren.

In der Zwischenzeit wuchs bei uns auch eine andere Erkenntnis: Angesichts der großen Mengen an mtDNA, die Johannes aus den DNA-Bibliotheken des Denisova-Knochens gewonnen hatte, konnten wir auch einen beträchtlichen Teil des Zellkern-Genoms dieses Individuums sequenzieren. Damit wären einerseits seine Verwandtschaftsbeziehungen zu Neandertalern und Jetztmenschen eindeutig geklärt, und andererseits wäre eine mögliche Stellung als neue Spezies gesichert. Wir schrieben das Manuskript um und entfernten alle Anspielungen auf eine neue Spezies. Stattdessen erklärten wir: »Erst mit DNA-Sequenzen aus dem Zellkern wird sich die Beziehung des Denisova-Individuums zu Jetztmenschen und Neandertalern eindeutig klären lassen.« Wir schickten die neue Version an *Nature*, wo der Artikel Anfang April erschien.[62] Wie sich später herausstellen sollte, hatten wir allen Grund, dankbar zu sein, dass wir keine neue Spezies benannt hatten.

Kapitel 23

Ein Verwandter der Neandertaler

So schnell wie möglich fingen wir mit der Sequenzierung der Zellkern-DNA aus den Bibliotheken an, die Johannes aus dem Knochen hergestellt hatte. Die Ergebnisse waren erstaunlich. Als Udo die Sequenzen im Genom des Menschen kartierte, fand er Übereinstimmungen für 70 Prozent aller DNA-Fragmente. Aber nach den Analysen der mtDNA zu schließen, war die Verunreinigung mit Jetztmenschen-DNA sehr gering. Demnach stammten mehr als zwei Drittel der DNA in dem Knochen von dem Verstorbenen! Zum Vergleich: Dies traf im Fall unserer besten Neandertaler-Überreste nur auf vier Prozent der DNA zu, in der Regel lag der Anteil weit unter einem Prozent. Dieser Knochen war so gut erhalten wie das von Hendrik Poinar sequenzierte Mammut und der Eskimo, dessen Sequenz Eske Willerslev in Kopenhagen aufgeklärt hatte. Aber beide Lebewesen waren kurz nach ihrem Tod im Permafrost tiefgefroren worden. Das war eine Erklärung dafür, warum der größte Teil der DNA in diesem Material nicht bakteriellen Ursprungs war, aber warum wir aus dem Individuum aus der Denisova-Höhle so viel Material gewonnen hatten, konnte ich nicht erklären. Was der Grund auch sein mochte, es machte die Analyse des Genoms sehr viel einfacher. Nun konnten wir uns bemühen, die DNA-Fragmente der Mikroorganismen aus der Bibliothek zu entfernen, statt nach den wenigen endogenen DNA-Fragmenten zu suchen, wie wir es bei den Neandertalern getan hatten. Damit stellte sich eine willkommene Frage: Welchen Anteil des Zellkern-Genoms konnten wir analysieren? Wie immer wollten wir nicht die Außenfläche des Knochenbruchstücks verwenden. Erstens erschien es uns unverantwortlich, alles aufzubrauchen, denn wir wussten nicht, wie viel von dem größeren Stück Eddy und seine Gruppe in Berkeley bereits verbraucht hatten. Und wenn zweitens ein Teil des Knochens durch Menschen verunreinigt worden war, die ihn in der Hand gehabt hatten, würde dieses Material an der Oberfläche liegen. Also stellte Johannes aus dem inneren Teil des Knochens zwei Extrakte her. Nach Testläufen mit Bibliotheken, die wir aus diesen Extrakten hergestellt hatten, berechnete Martin Kircher, dass wir hier sogar zu einer noch größeren Abdeckung des Genoms gelangen konnten als bei den Neandertalern.

Als Johannes aus den Extrakten die Bibliotheken herstellte, wandte er eine von Adrian Briggs entwickelte neue Methode an, um mit den chemischen Veränderungen zurechtzukommen, durch die sich C-Nucleotide in der DNA in U-Nucleotide verwandeln. Wie Adrian nachgewiesen hatte, befinden sich die meisten derartigen U-Nucleotide in der Nähe der Enden alter DNA-Moleküle, und diese geschädigten Enden kann man entfernen. Damit verlor er durchschnittlich ungefähr an der Hälfte der alten Moleküle jeweils ein oder zwei endständige Nucleotide, aber er war damit gleichzeitig auch die große Mehrzahl aller Fehler in den DNA-Sequenzen los. Da es nun nicht mehr notwendig war, häufige Veränderungen von C nach T in Rechnung zu stellen, wurde die Kartierung der Fragmente auf dem menschlichen Genom vereinfacht. Nach diesem Verfahren stellte Johannes zwei große Bibliotheken her. Sie bestanden nicht nur zu 70 Prozent aus den DNA-Fragmenten des Denisova-Individuums, sondern die DNA-Fragmente enthielten auch weniger Fehler als die aus den Neandertalern. Das war ein echter Fortschritt. Dennoch war ich nervös: Ich wusste, dass Eddys Gruppe wahrscheinlich ebenfalls daran arbeitete oder sogar bereits einem hübschen Manuskript, in dem das Genom präsentiert wurde, den letzten Schliff gab. Also gab ich mir Mühe, alles so schnell wie möglich voranzubringen; ich bat die Gruppen, die an der Sequenzierung arbeiteten, andere Projekte zurückzustellen und diese Bibliotheken so schnell wie möglich zu sequenzieren.

Sehr neugierig war ich auch auf den seltsam aussehenden Zahn, den Anatoli uns gegeben hatte. Ob er von demselben Menschentypus stammte wie der Fingerknochen, konnten wir nur mit einer DNA-Analyse herausfinden. So vorsichtig wie ein Zahnarzt, der einen lebenden Patienten behandelt, bohrte Johannes ein kleines Loch in den Zahn, stellte Extrakte aus dem so gewonnenen Pulver her und präparierte aus der darin enthaltenen DNA die Bibliotheken. Aus ihnen fischte er dann die mtDNA-Fragmente heraus. Außerdem sequenzierten wir sofort zufällig ausgewählte DNA-Fragmente aus den Bibliotheken, um so festzustellen, welcher Anteil der DNA wirklich zu dem Individuum gehörte.

Es gab eine gute und eine schlechte Nachricht. Die gute lautete: Johannes konnte das gesamte mt-Genom rekonstruieren. Zwischen dem Zahn und dem Fingerknochen bestanden zwei Unterschiede: Beide stammten also von unterschiedlichen Individuen, die aber zum gleichen Menschentypus gehörten. Die schlechte Neuigkeit lautete jedoch: Der Anteil der endogenen DNA lag in dem Zahn nur bei 0,2 Prozent. Damit wurde die Tatsache, dass der Fingerknochen so viel endogene DNA enthielt, noch rätselhafter. Ich vermutete, dass der Finger nach dem Tod vielleicht schnell ausgetrocknet war; dies hätte den DNA-Abbau durch die Enzyme in den sterbenden Zellen stark eingeschränkt und das Bakterienwachstum zum Stillstand gebracht. Scherzhaft sagte ich, dieser Mensch sei vielleicht mit in die Höhe gerecktem kleinem Finger gestorben, so dass dieser mumifiziert war, bevor Bakterien eine Chance zur Vermehrung gehabt hätten.

Nachdem wir nun nachgewiesen hatten, dass der Zahn von dem gleichen Menschentypus stammte wie der Finger, widmete sich Bence mit neuer Energie der morphologischen Analyse. Ich bin zwar kein Experte für Zähne, aber auch mir erschien dieser verblüffend. Er war fast um 50 Prozent größer als meine eigenen Backenzähne. Bence machte mich darauf aufmerksam, dass er nicht nur sehr groß war, sondern sich auch in manchen anderen fehlenden oder vorhandenen Besonderheiten der Krone von den meisten Neandertaler-Molaren unterschied. Auch die Zahnwurzeln waren ungewöhnlich. Im Gegensatz zu den Wurzeln von Neandertaler-Molaren, die in der Regel eng nebeneinanderstehen oder sogar verschmolzen sind, strebten sie hier stark auseinander. Die Zahnmorphologie legte für Bence die Vermutung nahe, dass die Population von Denisova sich sowohl von den Neandertalern als auch von den Jetztmenschen unterschied. Da der Zahn aus der Denisova-Höhle sogar Neandertaler-typische Merkmale vermissen ließ, die sich vor rund 300 000 Jahren entwickelt haben, vermutete er, dass die Vorfahren der Denisova-Menschen schon seit noch früherer Zeit einen von den Neandertalern getrennten Entwicklungsweg eingeschlagen hatten. Das stand im Einklang mit unseren Erkenntnissen aus der mtDNA. Aber ich war gegenüber der Interpretation morphologischer Merkmale stets um Vorsicht bemüht, ja, manch einer sagte sogar: übermäßig skeptisch. Vielleicht hatte bei den Menschen von Denisova eine Rückentwicklung zu altertümlich aussehenden Zähnen eingesetzt, nachdem sie sich von den modernen Menschen oder den Neandertalern abgespalten hatten. Die vollständige Geschichte würden wir nur aus dem Zellkern-Genom erfahren.

Ungefähr zur gleichen Zeit, als wir uns mit den Kommentaren der Gutachter zu unserem Neandertaler-Artikel auseinandersetzten und die letzte Fassung fertigstellten, spuckten unsere Sequenzierautomaten die ersten DNA-Sequenzen aus den Zellkernen des Denisova-Menschen aus. Ich hatte nicht viel Zeit, sie mir sofort anzusehen, aber ich stellte mir vor, dass wir sie schnell analysieren konnten, wenn wir sie erst einmal hatten. In den letzten vier Jahren hatten wir Computerprogramme zur Analyse des Neandertalergenoms entwickelt, und die konnten wir nun sofort auf das Genom des Denisova-Individuums anwenden. Allerdings hatte ich immer noch Sorge, dass Eddy uns weit voraus sein könnte; deshalb entschloss ich mich, das Konsortium für die Analyse des Neandertalergenoms auf eine hoffentlich schnellere Kernmannschaft zu reduzieren, und die bat ich, ihre ganze Aufmerksamkeit dem Denisova-Genom zu widmen. Vor allem brauchten wir David Reich, Nick Patterson sowie Monty Slatkin und seine Leute (siehe Abb. 23.1). Anfangs bezeichneten wir uns selbst als »X-Man«-Gruppe, denn wir wussten nicht, wer das Individuum aus Denisova war. Bence hatte uns bereits erklärt, dass der Finger von einem jungen Exemplar stammte, das vielleicht drei bis fünf Jahre alt war, und wir hatten die mütterlich vererbte mtDNA sequenziert; deshalb erschien es uns nicht angebracht,

Abb. 23.1: Monty Slatkin, Anatoli Derewianko und David Reich bei einem Treffen an der Denisova-Höhle 2011. Foto: B. Viola, MPI-EVA.

eine Bezeichnung zu wählen, bei der jeder an eine Macho-Comicfigur gedacht hätte. Ich zog »X-Girl« in Erwägung, aber das klang für mich zu sehr nach einer japanischen Mangagestalt. Schließlich legte ich mich auf »X-Woman« fest, und der Name bürgerte sich ein. Von nun an hielt das X-Woman-Consortium seine wöchentlichen Telefonkonferenzen ab.

Udo kartierte die DNA-Fragmente im Genom von Menschen und Schimpansen. Da wir Adrians Methode zur Beseitigung der meisten Fehler angewandt hatten, war das relativ einfach, aber Udo warnte mich, die Kartierung sei nur vorläufiger Natur. Dennoch gaben wir die Daten innerhalb des X-Woman-Consortium weiter. Kurz nachdem wir die letzte Version des umgearbeiteten Artikels über die mtDNA bei *Nature* eingereicht hatten, schickte Nick Patterson mir einen Bericht über die vorläufige Analyse von Udos vorläufiger Kartierung. Als ich ihn las, war ich dem Gutachter dankbar, der uns von der Benennung einer neuen Spezies abgeraten hatte. Nick hatte zweierlei entdeckt.

Erstens stellte er fest, dass das Genom aus den Zellkernen des Fingerknochens von Denisova mit dem Neandertalergenom enger verwandt ist als mit den Genomen heute lebender Menschen. Anscheinend waren seine Unterschiede zum Neandertalergenom nur geringfügig größer als die größten Abweichungen, die man unter heute lebenden Menschen findet – beispielsweise zwischen den von uns sequenzierten Genomen eines Papua-Neuguineers und eines San aus Afrika. Das war ein ganz anderes Bild als jenes, das wir allein aufgrund der mtDNA-Analysen gezeichnet hatten, und ich hatte sofort den Verdacht, dass die Ursache in einem Genzufluss von anderen, noch älteren asiatischen Homininen zu der Denisova-Population zu suchen war. Schließlich hatten wir gerade nachgewiesen, dass die Jetztmenschen sich mit den Neandertalern gekreuzt hatten; einen solchen Genfluss zu unterstellen, erschien also durchaus plausibel. Allerdings mussten wir über das Thema sorgfältig nachdenken.

Noch unerwarteter kam Nicks zweiter Befund. Unter den fünf Jetztmenschen, deren Genome wir im Rahmen unserer Neandertaler-Analysen sequenziert hatten, hatte der aus Papua-Neuguinea mit dem Denisova-Individuum mehr abgeleitete SNP-Allele gemeinsam als mit dem Chinesen, dem Europäer und den beiden Afrikanern. Dies ließe sich möglicherweise damit erklären, dass Verwandte des Denisova-Menschen sich mit den Vorfahren des Papua-Neuguineers vermischt hatten, aber angesichts der Entfernung zwischen Sibirien und Papua-Neuguinea erschien mir das als voreiliger Schluss. Möglicherweise lag in unseren Untersuchungen ein systematischer Fehler vor, und Udo warnte mich auch noch einmal, seine Kartierung der DNA-Fragmente im Genom sei vorläufiger Natur. Vielleicht erzeugte irgendetwas in den komplizierten Computeranalysen eine zusätzliche Ähnlichkeit zwischen den Genomen von Denisova-Menschen und Neandertalern oder zwischen den Genomen aus Denisova-Menschen und Papua-Neuguineern. Dann wären Nicks Erkenntnisse beide falsch.

Eine Woche später hatte Ed seine eigene, eingehende Analyse der neuen Daten fertiggestellt. Nach seinen Erkenntnissen befanden sich unter der von uns sequenzierten DNA nur sehr wenige Bruchstücke aus dem Y-Chromosom; X-Woman war also tatsächlich eine Frau oder angesichts des winzigen Knochens eher ein Mädchen. Dass Fragmente aus dem Y-Chromosom weitgehend fehlten, war auch ein Hinweis, dass nur eine geringe Verunreinigung mit männlicher DNA aus dem Zellkern vorlag. Als Ed die Abweichungen der Denisova-DNA-Sequenzen von dem Genom der Jetztmenschen und Neandertaler genauer betrachtete, stellte er wie Nick fest, dass das Denisova-Genom mit dem Genom der Neandertaler mehr abgeleitete SNP-Allele gemeinsam hat als mit dem der Jetztmenschen. Dies ließ darauf schließen, dass der gemeinsame Vorfahre des Denisova-Mädchens und der Neandertaler sich zuerst von der Linie abspalteten, aus der die Jetztmenschen hervorgingen; erst später gingen dann die Vorfahren von Denisova-Mädchen und Neandertalern getrennte Wege. Mit anderen Worten: Das Denisova-Mädchen und die Neandertaler waren untereinander enger verwandt als mit den Jetztmenschen. Als wir in unseren Freitagsbesprechungen in Leipzig sowie in langen Telefonkonferenzen mit Nick, David, Monty und den anderen über diese Daten diskutierten, erhoben sich mehrere Fragen. Wie konnte die Denisova-mtDNA so stark abweichen, wenn das Genom im Zellkern dieser Menschen den Neandertalern näherstand als den Jetztmenschen? Hatte das Denisova-Mädchen möglicherweise vor relativ kurzer Zeit Vorfahren gehabt, zu denen sowohl Neandertaler als auch eine ältere Menschenform gehörten, vielleicht ein später *Homo erectus*? Oder war sie vielleicht eine Mischung aus Jetztmenschen und einem solchen archaischen Homininen? Alle diese Möglichkeiten zogen wir in Betracht, aber keine schien zu passen.

Für die Feinkartierung aller Fragmente in den einzelnen Vergleichsgenomen brauchte Udo einige Monate. Seine endgültigen Ergebnisse änderten nichts an dem Bild, und ich war nun überzeugt, dass das Denisova-Mädchen zu einer Population gehörte, die den gleichen Ursprung hatte wie die Neandertaler, von diesen aber mindestens ebenso lange getrennt gelebt hatte wie beispielsweise die heutigen Finnen und die heutigen San im südlichen Afrika. Die Denisova-DNA-Sequenzen standen denen der Eurasier in der Regel ein wenig näher als denen von Afrikanern, der Unterschied war aber nicht so groß wie bei den Neandertaler-Sequenzen. Dies ließ sich am besten mit einer gemeinsamen Abstammung von Denisova-Mädchen und Neandertalern erklären: Als die Neandertaler sich dann mit den Jetztmenschen vermischten, erbten die Vorfahren der heutigen Eurasier einfach deshalb auch Sequenzen, die denen aus Denisova ähnelten, weil die Neandertaler mit dem Denisova-Mädchen verwandt waren.

Demnach war klar, dass die Population, zu der das Denisova-Mädchen gehörte, sich von den Neandertalern abgespalten hatte, bevor diese auf Jetztmenschen getroffen waren. Wie würden wir diese Population nennen? Einen lateinischen Namen, mit dem wir sie zwangsläufig als Unterart oder Art etikettieren würden, wollten wir ihr sicher nicht geben. Da sie sich von den Neandertalern nur ungefähr ebenso stark unterschied wie ich von einem San, wäre so etwas lächerlich gewesen. Aber irgendeinen Namen mussten wir ihr geben. Wir brauchten das, was Taxonomen als Trivialnamen bezeichnen, wie zum Beispiel »Finne«, »San«, »Deutscher« oder »Chinese«. »Neandertaler« war ein solcher Trivialname, der an das Neandertal in Deutschland erinnern sollte. Ich schlug vor, sie nach diesem Vorbild als »*Denisovans*« zu bezeichnen. Anatoli stimmte zu, und so gaben wir unsere Entscheidung ohne viel Aufhebens in einer Telefonkonferenz bekannt. Von nun an bezeichneten wir die Population, zu der X-Woman und das Individuum mit dem ungewöhnlich großen Molaren gehörten, als *Denisovans* oder auf Deutsch als Denisova-Menschen.

Damit blieb noch eine spannende Frage: War Nicks Befund, dass das Denisova-Mädchen mit der Person aus Papua-Neuguinea mehr abgeleitete Sequenzvarianten (SNPs) gemeinsam hatte als mit den anderen vier Menschen, deren Genome wir sequenziert hatten, eine echte Entdeckung oder aber nur auf einen Fehler in einem Computerprogramm oder auf eine Eigenheit der Daten zurückzuführen? Im Laufe der nächsten Wochen erörterten wir verschiedene technische Probleme, die dazu führen könnten, dass Daten so aussehen. Aber die Sache blieb zweideutig. Es konnte beispielsweise in den Sequenzen aus Papua-Neuguinea eine Besonderheit geben, deretwegen sie den Sequenzen aus Denisova ein wenig stärker ähnelten. Mir schien es verdächtig, dass wir in China keine Spuren dieser mutmaßlichen Vermischung gefunden hatten, denn das würde bedeuten, dass die Vorfahren der Papua-Neuguineer mit den Denisova-Menschen zusammengetroffen waren, die bekanntermaßen in Sibirien lebten, ohne aber jemals auf die Vorfahren der Chinesen zu stoßen. Natürlich könnten die Denisova-Menschen außer in Sibirien auch noch in anderen Regionen beheimatet gewesen sein. Wir gelangten zu dem Schluss, dass diese Frage am besten zu klären war, wenn wir die Genome weiterer heutiger Menschen sequenzierten. Unser Ziel einer Veröffentlichung würden wir dann zwar langsamer erreichen, aber wir wollten uns nicht selbst zum Narren machen, indem wir etwas behaupteten, das sich hinterher mit einer technischen Nachlässigkeit erklären ließ. Also gingen wir daran, die Genome von sieben weiteren Menschen aus der ganzen Welt zu sequenzieren. Wir wählten einen afrikanischen Mbuti und einen Europäer aus Sardinien, zwei Menschen, bei denen man nicht damit rechnen würde, dass sie irgendetwas mit den Denisova-Menschen gemeinsam haben. Außerdem nahmen wir eine Person aus der Mongolei in Zentralasien dazu, also aus einer Region, die nicht weit vom Altaigebirge entfernt ist; weiterhin einen Kambodschaner als Bewohner des asiatischen Festlandes, der nicht weit von Papua-Neuguinea entfernt war, und einen Angehörigen der südamerikanischen Karitiana als Vertreter der amerikanischen Ureinwohner, deren Vorfahren aus Asien eingewandert waren und möglicherweise in der Vergangenheit ebenfalls Kontakt zu den Denisova-Menschen gehabt hatten. Und schließlich wollten wir die Genome von zwei Menschen aus Melanesien sequenzieren; davon wählten wir einen zweiten Papua-Neuguineer und einen Bewohner der Insel Bougainville.

Als diese Sequenzen vorlagen, nahmen Nick und die anderen noch einmal ihre Analysen vor. Die Ergebnisse bestätigten, dass das Genom des Denisova-Menschen in einer besonderen Beziehung zu den Menschen aus Papua-Neuguinea und Bougainville steht. Dagegen gibt es keine zusätzlichen Gemeinsamkeiten mit den abgeleiteten SNPs der Menschen aus Kambodscha, der Mongolei oder Südamerika.

Martin fand noch etwas Interessantes: einen Hinweis, wonach das Genom des Denisova-Menschen geringfügig mehr urtümliche (Menschenaffen-artige) Sequenzvarianten enthält als das Neandertalergenom. Das könnte darauf hinweisen, dass Gene von irgendeinem archaischen Menschen auf die Denisova-Menschen übergingen und dass dabei auch die abweichende mtDNA hinzukam. Aber sowohl Nick als auch Monty machten sich immer noch Sorgen, wir könnten einen Fehler übersehen haben. War es möglicherweise gefährlich, detaillierte Analysen parallel an den Genomen von Neandertalern und Denisova-Menschen anzustellen? Beide waren alt, hatten über Jahrtausende im Boden gelegen und konnten deshalb vielleicht die gleichen Fehler enthalten. Wir diskutierten sogar darüber, ob der vermeintliche Genfluss in Richtung der Papua-Neuguineer in Wirklichkeit auf irgendein schwer fassbares technisches Problem zurückzuführen war.

Ende Mai wuchs meine Frustration. Nach einer langen Telefonkonferenz, bei der wir in meinen Augen unnötig komplizierte Diskussionen über mögliche technische Probleme geführt hatten, schrieb ich in einem Anfall schlechter Laune eine E-Mail an das Konsortium; darin erklärte ich, nach meinem Eindruck hätten wir mit der Sequenz des Denisova Genoms selbst und mit dem morphologisch ungewöhnlichen Denisova-Zahn unseren wichtigsten Beitrag zur Wissenschaft geleistet. Die Welt allerdings kannte bisher nur die Sequenz der Denisova-mtDNA und glaubte deshalb, Jetztmenschen und Neandertaler seien die engsten Verwandten, während der Denisova-Mensch weitläufiger mit ihnen verwandt sei. Wir mussten der Welt so bald wie möglich unsere Erkenntnisse mitteilen und anderen Wissenschaftlern den Zugang zu dem von uns sequenzierten Genom ermöglichen. Wenn wir nicht genau wussten, ob eine Vermischung mit den Papua-Neuguineern stattgefunden hatte, brauchten wir dieses Thema in dem Artikel schlicht und einfach nicht anzusprechen. Damit konnten wir uns in einer späteren Veröffentlichung befassen, wenn wir ausreichend Zeit gehabt hatten, uns genauer damit zu beschäftigen.

Es war absichtlich ein provokativer Vorschlag, und viele kluge Mitglieder des Konsortiums sprachen sich dagegen aus. Adrian schrieb in einer E-Mail: »Mit einer Veröffentlichung ohne die Papua-Geschichte riskieren wir Folgendes: Irgendjemand stellt eine eigene Analyse an, findet die Vermischung mit den Papua und veröffentlicht sie schnell. Dass wir sie nicht selbst erwähnt haben, wird uns dann a) als Unfähigkeit, b) als übermäßige Eile und c) als politische Korrektheit ausgelegt werden. Ist das nicht ein Problem?« Nick stimmte zu und erklärte: »Wir müssen uns mit der Papua-Geschichte beschäftigen, sonst sehen wir wie Idioten oder Feiglinge aus.«

Also bemühten wir uns weiterhin um die Klärung der Frage, welche technischen Schwierigkeiten zu diesem unerwarteten Ergebnis geführt haben könnten. Das Blatt wendete sich schließlich, als Nick die Beziehung des Denisova-Genoms zu einem anderen öffentlich zugänglichen Datenbestand analysierte. Das Human Diversity Panel, das bei einem Forschungszentrum in Paris zur Verfügung steht, ist eine Sammlung von Zelllinien und DNA, die von 938 Menschen aus 53 Bevölkerungsgruppen der ganzen Welt stammt. Jede Probe wurde mit einer »Idealtechnologie« analysiert, die mit großer statistischer Genauigkeit zeigt, welches Nucleotid an 642 690 variablen Stellen des Genoms jeweils vorliegt. Nick überprüfte, wie oft das Neandertaler- und Denisova-Genom an Stellen, an denen es für beide alten Genome gute Daten gibt, abgeleitete SNPs enthalten. Wie er dabei feststellte, heben sich alle 17 Individuen aus Papua-Neuguinea und die zehn Personen aus Bougainville von sämtlichen anderen Menschen außerhalb Afrikas ab: Sie stehen dem Denisova-Genom näher. Das stimmte völlig mit dem überein, was wir bei der Analyse der von uns sequenzierten Genome festgestellt hatten.

Jetzt waren wir alle überzeugt, dass sich zwischen den Denisova-Menschen und den Vorfahren der Papua-Neuguineer tatsächlich etwas Besonderes abgespielt hatte.

Auf der Grundlage der Daten aus dem Denisova- und Neandertalergenom schätzten David und Nick, dass ungefähr 2,5 Prozent des Genoms der Menschen außerhalb Afrikas von Neandertalern stammen und dass ein späterer Genfluss den Papua-Neuguineern einen Anteil von etwa 4,8 Prozent Denisova-DNA beschert hat. Da die Papua-Neuguineer in ihrem Genom auch den Neandertaler-Anteil tragen, stammen bei ihnen ungefähr sieben Prozent des Gesamtgenoms von früheren Menschenformen. Das war ein erstaunlicher Befund. Wir hatten zwei Genome ausgestorbener Menschenformen studiert. In beiden Fällen hatten wir einen Genfluss zu den Jetztmenschen gefunden. Als die Jetztmenschen sich über die Welt verbreiteten, war ein geringes Maß von Vermischung mit früheren Menschenformen also anscheinend nicht die Ausnahme, sondern die Regel. Demnach sind weder die Neandertaler noch die Denisova-Menschen vollständig ausgestorben. Ein wenig von ihnen lebt in den heutigen Menschen weiter. Außerdem müssen die Denisova-Menschen in der Vergangenheit weitverbreitet gewesen sein; seltsam ist allerdings, dass sie sich offenbar in der Mongolei, in China, Kambodscha und anderen Regionen des asiatischen Festlandes nicht mit den Jetztmenschen vermischten. Eine plausible Erklärung dafür war, dass wir die Spuren einer Vermischung zwischen den ersten Jetztmenschen gefunden hatten, die aus Afrika ausgewandert und an der Südküste Asiens entlanggezogen waren, bevor das übrige Asien von Jetztmenschen besiedelt wurde. Viele Paläontologen und Anthropologen haben Spekulationen über eine solche frühe Wanderung der Jetztmenschen angestellt: Sie zogen demnach aus dem Nahen Osten nach Südindien, auf die Andamanen sowie nach Melanesien und Australien. Wenn diese Gruppen – vielleicht im heutigen Indonesien – auf die Denisova-Menschen trafen und sich mit ihnen vermischten, müssen ihre Nachkommen in Papua-Neuguinea und Bougainville, aber vermutlich auch die Ureinwohner in Australien Denisova-DNA tragen. Vielleicht erkennen wir in anderen Teilen Asiens keine Indizien für eine Vermischung mit den Denisova-Menschen, weil andere Jetztmenschengruppen, die später das asiatische Festland besiedelten, weiter landeinwärts gelegene Routen wählten und sich deshalb nie mit den Denisova-Menschen paarten. Oder vielleicht trafen sie sich auch überhaupt nicht, weil die Denisova-Menschen bereits ausgestorben waren, als diese Gruppen eintrafen.

Später, nachdem unser Artikel über das Denisova-Genom erschienen war, stellte Mark Stoneking aus unserer Abteilung zusammen mit David eine viel detailliertere genetische Übersichtsuntersuchung an südostasiatischen Bevölkerungsgruppen an. Dabei fanden sie in Melanesien, Polynesien, Australien und einigen Bevölkerungsgruppen auf den Philippinen eine Vermischung mit den Denisova-Menschen, nicht aber auf den Andamanen und auch sonst nirgendwo in der Region. Die Vorstellung, dass die ersten aus Afrika ausgewanderten Jetztmenschen auf ihrer südlichen Wanderungsroute irgendwo auf dem südostasiatischen Festland den Denisova-Menschen begegneten und sich mit ihnen vermischten, scheint also plausibel zu sein.

Monty Slatkin testete verschiedene Populationsmodelle anhand aller DNA-Sequenzen, die wir besaßen. Er fand, womit ich gerechnet hatte: In dem einfachsten Modell, mit dem sich alle Daten erklären ließen, vermischten sich die Neandertaler zunächst mit den Jetztmenschen, und später folgte die Vermischung zwischen den Denisova-Menschen und den Vorfahren der Melanesier. Damit bleibt aber immer noch die seltsame mtDNA der Denisova-Menschen zu erklären. Es gibt zwei Möglichkeiten. Vielleicht wurde die Abstammungslinie der mtDNA durch Vermischung mit einer anderen, älteren Homininengruppe zu den

Denisova-Menschen übertragen. Das war meine geheime Lieblingstheorie. Die andere führte das Phänomen auf einen Prozess namens »unvollständige Abstammungslinientrennung« zurück. Das bedeutet nichts anderes, als dass die Population, die der gemeinsame Vorfahre von Denisova-Menschen, Neandertalern und Jetztmenschen war, frühere Versionen aller drei mtDNAs trug. Dann überlebte durch Zufall in den Denisova-Menschen jene mtDNA-Variante, die viele Unterschiede zu den beiden anderen enthielt, während diese, die sich ähnlicher waren, bei Neandertalern beziehungsweise Jetztmenschen erhalten blieben. Die Wahrscheinlichkeit für einen solchen Vorgang war insbesondere dann groß, wenn die Vorläuferpopulation von Denisova-Menschen, Neandertalern und Jetztmenschen so zahlreich war, dass in ihr viele mtDNA-Abstammungslinien nebeneinander existieren konnten. Wie Montys Populationsmodelle zeigten, ließen sich die Daten entweder durch eine geringfügige Vermischung mit einer anderen, unbekannten Menschengruppe oder mit diesem Szenario der »unvollständigen Abstammungslinientrennung« erklären. Das bedeutete zwar, dass wir keiner der beiden Erklärungen den Vorzug geben konnten, mir erschien aber Vermischung dennoch die plausiblere Möglichkeit. Immerhin hatten wir bereits in zwei Fällen eine Vermischung zwischen archaischen Gruppen und Jetztmenschen entdeckt; deshalb stand ich mittlerweile dem Gedanken, dass Vermischung in der Evolution des Menschen ein häufiger Vorgang war, aufgeschlossener gegenüber. Und wenn die Denisova-Menschen zum Sex mit Jetztmenschen bereit waren, kann man sich vorstellen, dass sie sich auch mit anderen archaischen Gruppen sexuell betätigten. In dem großen Bild von der Ausbreitung der Jetztmenschen trieb zwar die Verdrängungshorde andere Gruppen zum Aussterben, aber mittlerweile bin ich überzeugt, dass es sich dabei nicht um eine vollständige Verdrängung handelte. Eine gewisse DNA-Menge ging offenbar auf die Gruppen über, die weiterlebten, und deshalb verwendete ich zur Beschreibung des Vorganges mittlerweile einen Begriff, den ich von anderer Stelle übernommen hatte: »*leaky replacement*« [»durchlässige Verdrängung«]. Vielleicht, so dachte ich, war auch die Ausbreitung der Denisova-Menschen eine »durchlässige« Angelegenheit gewesen.

Im Juli fingen wir an, den Artikel zu schreiben. Da der Denisova-Knochen 70 Prozent endogene DNA enthielt, war ihre Sequenzierung ein viel geringerer Kraftakt als die Sequenzierung des Neandertalergenoms, und es bedeutete auch, dass wir eine qualitativ bessere Genomsequenz mit einer geringfügig höheren Abdeckung (1,9-fach anstelle von 1,3-fach) liefern konnten. Wichtiger war aber, dass wir mit der Beseitigung der desaminierten Cs auch die Zahl der Fehler verringert hatten, so dass deren Zahl etwa fünfmal niedriger lag als im Neandertalergenom. Mitte August reichten wir den Artikel bei *Nature* ein. In meinen Augen war er eine erstaunliche Leistung. Aus einem Knochenstück mit einem Viertel der Größe eines Zuckerwürfels hatten wir eine Genomsequenz gewonnen und mit ihrer Hilfe gezeigt, dass der Knochen von einer zuvor unbekannten Menschengruppe stammte. Das machte deutlich, dass die Molekularbiologie grundlegend neue, überraschende Kenntnisse zur Paläontologie beitragen konnte.

Wieder schickte *Nature* unser Manuskript an vier anonyme Gutachter. Die Kommentare, die wir erhielten, waren von unterschiedlicher Qualität – von neidischem Genörgel bis zu fachkundiger Kritik. Wie zuvor unser Artikel über die mtDNA, so wurde auch dieser durch die Kommentare eines Gutachters am Ende deutlich besser. Er oder sie wies auf potenzielle Probleme bei den Analysen hin, in denen wir die Genome von Neandertalern und Denisova-Menschen gemeinsam benutzt hatten und damit zu der Vermutung gelangt waren, dass ein Zustrom archaischer Gene zur mtDNA der Denisova-Menschen beigetragen haben könnte. Ich war überzeugt, dass wir uns diesen Problemen angemessen gewidmet hatten, aber der Gutachter veranlasste uns, auf Nummer sicher zu gehen und solche Analysen völlig zu vermeiden. Das Gutachten veranlasste uns auch dazu, mit weiteren Untersuchungen nachzuweisen, dass die Anzeichen für einen Genzufluss bei den Melanesiern nicht auf Unterschiede im Erhaltungszustand der DNA, der Sequenzierungstechnologie oder andere Aspekte der Datengewinnung zurückzuführen waren. Als wir die Kommentare berücksichtigt hatten und den Artikel erneut einreichten, erkannte der betreffende Gutachter unsere Bemühungen wohlwollend an und schrieb: »Wenn man Bedenken hinsichtlich der Analysemethodik äußert, mit der jemand zu einer Schlussfolgerung gelangt ist … werden diese Bedenken häufig von den Autoren wegerklärt … Hier haben die Autoren das Gegenteil getan: Sie haben meine Kommentare sehr ernst genommen, die von mir angesprochenen Fragen untersucht und mit einer umfangreichen Revision ihrer Arbeit meine Bedenken berücksichtigt.« Ich fühlte mich wie ein Schuljunge, der von seinem Lehrer gelobt wird. Schließlich gab der Gutachter sich sogar zu erkennen: Es war Carlos Bustamante, ein Populationsgenetiker an der Stanford University, den ich immer respektiert hatte.

Ende November 2010 nahm *Nature* unseren Artikel zur Veröffentlichung an. Der Redakteur schlug vor, wir sollten die Publikation bis Mitte Januar hinausschieben, um mehr Presseberichterstattung und Aufmerksamkeit zu erzielen, als es während der Weihnachtsferien möglich gewesen wäre. Darüber diskutierten wir im Konsortium. Einige Mitglieder waren der gleichen Meinung wie der Redakteur, aber nachdem wir angesichts der potenziellen Konkurrenz so schnell wie möglich gearbeitet hatten, war ich überzeugt, dass wir den letzten Schritt nicht verzögern sollten. Vermutlich sogar gegen die Mehrheitsmeinung drängte ich auf eine möglichst schnelle Veröffentlichung, und schließlich erschien der Artikel am 23. Dezember.[63] Ich bin überzeugt, dass er aus diesem Grund weniger Aufmerksamkeit erregte, als es sonst der Fall gewesen wäre, aber ich fühlte mich wohl bei dem Gedanken, dass er noch in demselben Jahr herausgekommen war wie der über das Neandertalergenom.

Als Linda, Rune und ich zu Weihnachten in unser kleines Haus im verschneiten Schweden fuhren, hatte ich das Gefühl, dass ein echtes Ausnahmejahr hinter uns lag. Wir hatten mehr erreicht, als ich mir erträumt hatte. Aber obwohl wir das Neandertalergenom sequenziert und die Tür zu den Genomen anderer ausgestorbener Menschengruppen aufgestoßen hatten, blieben noch viele unbeantwortete Fragen. Ein solches Rätsel lautete: Wann haben die Denisova-Menschen gelebt? Sowohl das Bruchstück des Fingerknochens als auch der Zahn waren so klein, dass wir keine Radiokarbondatierung vornehmen konnten. Stattdessen hatten wir sieben andere Knochenbruchstücke datiert, die man in derselben Schicht der Denisova-Höhle gefunden hatte, die meisten davon mit Schnittspuren oder anderen Anzeichen für die Einwirkung von Menschen. Wie sich herausstellte, waren vier der sieben Knochen älter als 50 000 Jahre, drei waren zwischen 16 000 und 30 000 Jahre alt. Es hatte also den Anschein, als hätten vor 50 000 Jahren bereits Menschen in der Höhle gelebt und dann noch einmal vor 30 000 Jahren. Ich neigte zu dem Gedanken, dass es sich bei der älteren Gruppe um Denisova-Menschen und bei der jüngeren um Jetztmenschen handelte, aber mit Sicherheit konnten wir das nicht behaupten. Professor Schunkow und Anatoli hatten anscheinend in derselben Schicht, aus der auch der Fingerknochen stammte, erstaunlich hoch entwickelte Steinwerkzeuge und ein Armband aus polierten Steinen gefunden. Hatten die Denisova-Menschen diese Gegenstände hergestellt? Es war eine exotische Idee, aber nach Ansicht der Archäologen war es möglich.

Ein anderes großes Rätsel war das Verbreitungsgebiet der Denisova-Menschen. Wir wussten, dass sie im Süden Sibiriens zu

Hause waren, aber da sie mit den Vorfahren der Melanesier zusammengetroffen waren und Kinder mit ihnen gezeugt hatten, lag die Vermutung nahe, dass sie in der Vergangenheit viel weiter verbreitet waren. Vielleicht waren sie durch ganz Südostasien gestreift, von den gemäßigten oder sogar subarktischen Regionen bis in die Tropen. Mir kam der Gedanke, in Fossilien aus China nach Denisova-DNA zu suchen. Außerdem wäre es äußerst spannend, wenn Anatoli und seine Mitarbeiter im Altaigebirge vollständigere Überreste von Denisova-Menschen finden würden. Wenn manche Eigenschaften solcher Knochen für die Gruppe charakteristisch wären, könnten wir auch bei Fossilien aus anderen Regionen Asiens nach ihnen suchen.

Mittlerweile sind meine Arbeitsgruppe und andere dabei, solche Rätsel zu lösen. Andere Arbeitsgruppen haben schon jetzt begonnen, die alte DNA zur Erforschung von Krankheitsepidemien und prähistorischen Kulturen zu nutzen. In jenem Dezember empfand ich eine Befriedigung wie selten in meiner wissenschaftlichen Laufbahn. Was vor über 30 Jahren in meiner Doktorandenzeit in meiner schwedischen Heimat als heimliches Hobby begonnen hatte, war zu einem Projekt geworden, das sich noch vier Jahre zuvor, als wir es ankündigten, nach Science-Fiction angehört hatte. Und dieses Projekt hatten wir zu einem erfolgreichen Abschluss geführt. Mit meiner Familie in unserer gemütlichen kleinen Hütte in Schweden war ich während dieser Weihnachtsferien so entspannt wie schon lange nicht mehr.

Nachbemerkung

Drei Jahre später, während ich diese Zeilen schreibe, wissen wir immer noch nicht, was aus dem Teil des Fingerknochens geworden ist, den Anatoli nach Berkeley geschickt hatte. Vielleicht kann man ihn eines Tages zur Datierung verwenden; dann werden wir wissen, wann das Denisova-Mädchen gelebt hat.

Anatoli und seine Arbeitsgruppe haben in der Denisova-Höhle weiterhin erstaunliche Knochen ausgegraben. Sie haben einen weiteren großen Molaren gefunden, der Denisova-DNA enthält. Außerdem sind sie auf einen Zehenknochen gestoßen, der, wie sich herausstellte, von einem Neandertaler stammt.

David Reich und sein Postdoc Sriram Sankararaman konnten die Vermischung zwischen Neandertalern und Jetztmenschen mit genetischen Modellen auf die Zeit vor 40 000 bis 90 000 Jahren datieren.[64] Damit war gezeigt, dass die besondere Ähnlichkeit zwischen den Genomen von Neandertalern und den Menschen in Europa und Asien tatsächlich auf eine Kreuzung zwischen Neandertalern und Jetztmenschen zurückzuführen ist, nicht aber auf das kompliziertere Szenario einer ursprünglichen Unterstruktur in Afrika, das wir 2010 ebenfalls in Erwägung gezogen hatten.

Matthias Meyer, der in unserem Labor so etwas wie ein technischer Zauberer ist, hat neue, erstaunlich empfindliche Methoden zur Extraktion von DNA und zur Herstellung von Bibliotheken entwickelt. Damit konnten wir die winzigen verbliebenen Fragmente des Fingerknochens aus der Denisova-Höhle verwenden, um das Genom mit einer insgesamt 30-fachen Abdeckung zu sequenzieren.[65] In der Folge haben wir kürzlich auch das Neandertalergenom aus dem Zehenknochen, der in der Denisova-Höhle gefunden wurde, mit 50-facher Abdeckung analysiert. Damit kennen wir diese alten Genome heute genauer als die meisten Genome heutiger Menschen.

Wenn wir das Neandertalergenom mit dem Genom des Denisova-Mädchens vergleichen, erkennen wir in ihrem Genom einen Anteil von einem Homininen, der sich von der Abstammungslinie der Menschen früher abgespalten hat als Neandertaler und Denisova-Menschen. Außerdem können wir daraus ablesen, dass die Denisova-Menschen sich mit den Neandertalern vermischt haben und dass ihr genetischer Beitrag sich nicht auf die Menschen in Melanesien beschränkt, sondern dass auch die heutigen Bewohner des asiatischen Festlandes eine geringe Menge ihrer DNA tragen. Solche subtilen Anzeichen für eine Vermischung in der Vergangenheit konnten wir 2010, als wir mit Genomen von geringerer Qualität arbeiteten, noch nicht nachweisen. In dem Bild, das sich allmählich herauskristallisiert, vermischten sich im späten Pleistozän mehrere Menschentypen, meist allerdings nur in geringem Umfang.

Zusammen mit den neuen Daten aus dem 1000 Genomes Project versetzen uns die beiden hochwertigen Genome archaischer Menschenformen in die Lage, einen nahezu vollständigen Katalog aller Stellen im Genom zu konstruieren, an denen sich sämtliche heutigen Menschen von Neandertalern, Denisova-Menschen und auch den Menschenaffen unterscheiden. Dieser Katalog enthält 31 389 Einzelnucleotid-Veränderungen sowie 125 Insertionen und Deletionen von wenigen Nucleotiden. Davon führen 96 zu Veränderungen der Aminosäuren in Proteinen, und vielleicht 3000 betreffen Sequenzen, die das An- und Abschalten von Genen steuern. Manche andere Nucleotidunterschiede, insbesondere solche in repetitiven Genomabschnitten, haben wir mit Sicherheit übersehen, aber eines ist klar: Das genetische »Rezept« zur Herstellung eines Jetztmenschen ist nicht sehr lang. Die nächste große Frage lautet: Welche Folgen haben diese Veränderungen?

George Church, ein hochintelligenter technischer Neuerer an der Harvard University, hat vorgeschlagen, man solle eine menschliche Zelle mithilfe unseres Kataloges wieder in den urtümlichen Zustand zurückversetzen und aus ihr dann einen Neandertaler neu erschaffen oder »klonen«. Schon als wir 2009 auf der AAAS-Tagung bekannt gegeben hatten, dass die Sequenzierung des Neandertalergenoms abgeschlossen sei, sagte George der *New York Times*: »Mit der heutigen Technologie könnte man für ungefähr 30 Millionen Dollar einen Neandertaler lebendig machen.« Und er fügte hinzu, wenn jemand erpicht darauf sei, die Finanzmittel zur Verfügung zu stellen, werde er »damit weitermachen«. Zu seiner Ehrenrettung muss man hinzufügen, dass er dabei ethische Probleme einräumte, aber er schlug vor, um sie zu vermeiden, solle man nicht eine menschliche Zelle, sondern die Zelle eines Schimpansen verwenden!

Das und auch spätere Aussagen in dem gleichen Sinne schreibe ich Georges Hang zu Provokationen zu. Sie weisen aber auf ein Dilemma hin. Wie sollen wir ausschließlich menschliche Eigenschaften wie die Sprache oder verschiedene Aspekte der Intelligenz studieren, wenn wir Georges Vorschlag aus technischen und ethischen Gründen nicht in die Tat umsetzen können? Der weitere Weg besteht einerseits darin, dass man genetische Varianten von Menschen und Neandertalern in die Genome von Menschen und Menschenaffen einschleust, aber nicht, um diese Zellen dann zum Klonen von ganzen Organismen zu verwenden, sondern um ihre physiologischen Eigenschaften in Plastikschalen im Labor zu untersuchen; andererseits kann man solche Varianten auch in Labormäuse einschleusen. Erste Schritte in diese Richtung haben wir in Leipzig bereits unternommen.

Schon 2002 hatten wir an dem Protein, das an einem Gen namens FOXP2 gebildet wird, etwas Wichtiges beobachtet: Dieses Protein ist nach Befunden, die Tony Monacos Gruppe im englischen Oxford kurz zuvor veröffentlichte, für die Sprachfähigkeit der Menschen von Bedeutung und unterscheidet sich an zwei Aminosäurepositionen von dem gleichen Protein bei Menschenaffen und nahezu allen anderen Säugetieren.[66] Ermutigt durch den Befund, dass die FOXP2-Proteine von Mäusen und Schimpansen sich stark ähneln, entschlossen wir uns, in das Mausgenom zwei für Menschen typische Abweichungen einzuschleusen. Wolfgang Enard, der zuerst als begabter Student, dann als Postdoc und später als Arbeitsgruppenleiter in unserem Institut tätig war, musste mehrere Jahre hart arbeiten, bevor die ersten Mäuse geboren wurden, die das FOXP2-Protein in seiner menschlichen Version produzierten. Die Ergebnisse übertrafen meine Erwartungen bei Weitem. Das Piepsen, das die jungen Mäuse im Alter von ungefähr zwei Jahren von sich gaben, wenn man sie aus dem Nest nahm, unterschied sich geringfügig, aber deutlich erkennbar von dem ihrer Artgenossen ohne die menschliche Genvariante; dies spricht für den Gedanken, dass solche Veränderungen etwas mit der stimmlichen Kommunikation zu tun haben. Der Befund gab den Anlass zu vielen weiteren Arbeiten; wie sich dabei herausstellte, wirken die beiden Veränderungen sich auf Nervenzellen aus, die Fortsätze ausstrecken, mit anderen Nervenzellen Kontakt aufnehmen und Signale in den Gehirnregionen verarbeiten, die mit dem motorischen Lernen zu tun haben.[67] Derzeit sind wir in Zusammenarbeit mit George Church damit beschäftigt, diese Veränderungen auch in menschlichen Zellen vorzunehmen, die sich dann im Reagenzglas zu Neuronen differenzieren sollen.

Die beiden Veränderungen in FOXP2 haben wir zwar mit Neandertalern und Denisova-Menschen gemeinsam,[68] aber die Experimente zeigen dennoch, wie wir in Zukunft herausfinden können, welche Veränderungen für unsere besonderen Eigenschaften als Jetztmenschen verantwortlich sind. Man kann sich vorstellen, solche Veränderungen allein und in verschiedenen Kombinationen in Zelllinien und Mäuse einzuschleusen, um so bestimmte biochemische Reaktion oder Zellstrukturen zu »vermenschlichen« oder zu »verneandertalern« und dann die Auswirkungen zu untersuchen. Eines Tages werden wir vielleicht sogar verstehen, was die Verdrängungshorde von ihren archaischen Zeitgenossen unterschied und warum unter allen Primaten gerade die Jetztmenschen sich bis in die letzten Winkel der Erde ausbreiteten, wobei sie absichtlich und unabsichtlich die Umwelt im globalen Maßstab neu gestalten werden. Nach meiner Überzeugung liegen Teilantworten auf diese Frage, die vielleicht die größte der Menschheitsgeschichte ist, in den von uns sequenzierten alten Genomen verborgen.

Dank

Die Idee, dieses Buch zu schreiben, stammt ursprünglich von John Brockman. Ohne seine Initiative und Ermutigung hätte ich mir niemals die Zeit genommen und ein Manuskript verfasst, das wesentlich länger ist als die kurzen Fachartikel, die ich normalerweise schreibe. Aber nachdem ich angefangen hatte, machte mir die Arbeit Spaß. Danke, dass es dazu gekommen ist!

Viele Menschen haben den Text gelesen, Verbesserungsvorschläge gemacht und mir damit sehr geholfen. Zuallererst danke ich meiner Frau Linda Vigilant: Sie hat mir während des Projekts immer den Rücken gestärkt, selbst wenn es bedeutete, dass die Familie auf mich verzichten musste. Sarah Lippincot, Carol Rowney, Christine Arden und vor allem Tom Kelleher von Basic Books leisteten hervorragende Lektoratsarbeit. Ich hoffe, ich habe von ihnen etwas gelernt. Carl Hannestad, Kerstin Lexander, Viola Mittag und andere lasen den Text teilweise oder ganz und machten nützliche Vorschläge. Souken Danjo bot mir in Saikouji seine Gastfreundschaft für einen Teil der Zeit, in der ich mich von der Welt zurückziehen musste.

Ich berichte über die Ereignisse, wie ich sie in Erinnerung habe. Allerdings habe ich den Verdacht, dass ich hier und da ein paar Einzelheiten verwechselt oder vermischt habe – beispielsweise wenn es um Besprechungen in Berlin, bei 454 Life Sciences und so weiter sowie um die Reisen dorthin geht. Und natürlich schildere ich die Vorgänge aus meiner eigenen, subjektiven Sicht, wobei ich Verdienste (und das Gegenteil) nenne, wo es nach meiner Überzeugung angebracht ist. Mir ist bewusst, dass meine Sichtweise für die Ereignisse nicht die einzig mögliche ist. Um den Text nicht mit zu vielen Namen und Details zu belasten, habe ich auf die Erwähnung vieler Personen verzichtet, obwohl sie ebenfalls wichtig waren. Alle, die sich ungerecht übergangen fühlen, bitte ich um Entschuldigung!

Anmerkungen

1 R. L. Cann, M. Stoneking und A. C. Wilson, »Mitochondrial DNA and human evolution«, *Nature* 325, S. 31–36 (1987).
2 M. Krings et al., »Neandertal DNA sequences and the origin of modern humans«, *Cell* 90, S. 19–30 (1997).
3 S. Pääbo, »Über den Nachweis von DNA in altägyptischen Mumien«, *Das Altertum* 30, S. 213–218 (1984).
4 S. Pääbo, »Preservation of DNA in ancient Egyptian mummies«, *Journal of Archaeological Science* 12, S. 411–417 (1985).
5 S. Pääbo, »Molecular cloning of Ancient Egyptian mummy DNA«, *Nature* 314, S. 644 f. (1985).
6 S. Pääbo und A. C. Wilson, »Polymerase chain reaction reveals cloning artefacts«, *Nature* 334, S. 387 f. (1988).
7 R. L. Cann, M. Stoneking und A. C. Wilson, »Mitochondrial DNA and human evolution«, *Nature* 325, S. 31–36 (1987).
8 W. K. Thomas, S. Pääbo und F. X. Villablanca, »Spatial and temporal continuity of kangaroo rat-populations shown by sequencing mitochondrial-DNA from museum specimens«, *Journal of Molecular Evolution* 31, S. 101–112 (1990).
9 J. M. Diamond, »Old dead rats are valuable«, *Nature* 347, S. 334 f. (1990).
10 S. Pääbo, J. A. Gifford und A. C. Wilson, »Mitochondrial-DNA sequences from a 7000-year-old brain«, *Nucleic Acids Research* 16, S. 9775–9787 (1988).
11 R. H. Thomas et al., »DNA phylogeny of the extinct marsupial wolf«, *Nature* 340, S. 465 ff. (1989).
12 S. Pääbo, »Ancient DNA – Extraction, characterization, molecular-cloning, and enzymatic amplification«, *Proceedings of the National Academy of Sciences USA* 86, S. 1939–1943 (1989).
13 S. Pääbo, R. G. Higuchi und A. C. Wilson, »Ancient DNA and the polymerase chain reaction«, *Journal of Biological Chemistry* 264, S. 9709–9712 (1989).
14 G. Del Pozzo und J. Guardiola, »Mummy DNA fragment identified«, *Nature* 339, S. 431 f. (1989).
15 S. Pääbo, R. G. Higuchi und A. C. Wilson, »Ancient DNA and the polymerase chain reaction«, *Journal of Biological Chemistry* 264, S. 9709–9712 (1989).

16 T. Lindahl, »Recovery of antediluvian DNA«, *Nature* 365, S. 700 (1993).
17 E. Hagelberg und J. B. Clegg, »Isolation and characterization of DNA from Archaeological bone«, *Proceedings of the Royal Society B* 244:1309, S. 45–50 (1991).
18 M. Höss und S. Pääbo, »DNA extraction from Pleistocene bones by a silica-based purification method«, *Nucleic Acids Research* 21:16, S. 3913 f. (1993).
19 M. Höss und S. Pääbo, »Mammoth DNA sequences«, *Nature* 370, S. 333 (1994); E. Hagelberg et al., »DNA from ancient mammoth bones«, *Nature* 370, S. 333 f. (1994).
20 M. Höss et al., »Excrement analysis by PCR«, *Nature* 359, S. 199 (1992).
21 E. M. Golenberg et al., »Chloroplast DNA sequence from a Miocene Magnolia species«, *Nature* 344, S. 656 ff. (1990).
22 S. Pääbo und A. C. Wilson, »Miocene DNA sequences – a dream come true?«, *Current Biology* 1, S. 45 f. (1991).
23 A. Sidow et al., »Bacterial DNA in Clarkia fossils«, *Philosophical Transactions of the Royal Society B* 333, S. 429–433 (1991).
24 R. DeSalle et al., »DNA sequences from a fossil termite in Oligo-Miocene amber and their phylogenetic implications«, *Science* 257, S. 1933–1936 (1992).
25 R. J. Cano et al., »Enzymatic amplification and nucleotide sequencing of DNA from 120–135-million-year-old weevil«, *Nature* 363, S. 536 ff. (1993).
26 H. N. Poinar et al., »DNA from an extinct plant«, *Nature* 363, S. 677 (1993).
27 T. Lindahl, »Instability and decay of the primary structure of DNA«, *Nature* 362, S. 709–715 (1993).
28 S. R. Woodward, N. J. Weyand und M. Bunnell, »DNA sequence from Cretaceous Period bone fragments«, *Science* 266, S. 1229–1232 (1994).
29 H. Zischler et al., »Detecting dinosaur DNA«, *Science* 268, S. 1192 f. (1995).
30 H. Prichard, *Through the Heart of Patagonia*, New York 1902.
31 M. Höss et al., »Molecular phylogeny of the extinct ground sloth *Mylodon darwinii*«, *Proceedings of the National Academy of Sciences USA* 93, S. 181–185 (1996).
32 O. Handt et al., »Molecular genetic analyses of the Tyrolean Ice Man«, *Science* 264, S. 1775–1778 (1994).
33 O. Handt et al., »The retrieval of ancient human DNA sequences«, *American Journal of Human Genetics* 59:2: S. 368–376 (1996).
34 Sogar während ich diese Zeilen schreibe, analysieren mehrere Arbeitsgruppen mtDNA aus archäologischen Überresten von Menschen und nutzen dazu die PCR, ohne eindeutig zu beschreiben, wie sie Verunreinigungen von echten DNA-Sequenzen aus dem archäologischen Material unterscheiden. Manche von ihnen ermittelten Sequenzen sind mit ziemlicher Sicherheit richtig, aber ebenso sicher sind andere falsch.
35 I. V. Ovchinnikov et al., »Molecular analysis of Neanderthal DNA from the northern Caucasus«, *Nature* 404, S. 490–493 (2000).
36 M. Krings et al., »A view of Neandertal genetic diversity«, *Nature Genetics* 26, S. 144 ff. (2000).

37 H. Kaessmann et al., »DNA sequence variation in a non-coding region of low recombination on the human X chromosome«, *Nature Genetics* 22, S. 78–81 (1999); H. Kaessmann, V. Wiebe und S. Pääbo, »Extensive nuclear DNA sequence diversity among chimpanzees«, *Science* 286, S. 1159–1162 (1999); H. Kaessmann et al., »Great ape DNA sequences reveal a reduced diversity and an expansion in humans«, *Nature Genetics* 27, S. 155 f. (2001).

38 D. Serre et al., »No evidence of Neandertal mtDNA contribution to early modern humans«, *PLoS Biology* 2, S. 313–317 (2004).

39 M. Currat und L. Excoffier, »Modern humans did not admix with Neandertals during their range expansion into Europe«, *PLoS Biology* 2, S. 2264–2274 (2004).

40 A. D. Greenwood et al., »Nuclear DNA sequences from late Pleistocene megafauna«, *Molecular Biology and Evolution* 16, S. 1466–1473 (1999).

41 H. N. Poinar et al., »Molecular coproscopy: Dung and diet of the extinct ground sloth *Nothrotheriops shastensis*«, *Science* 281, S. 402–406 (1998).

42 S. Vasan et al., »An agent cleaving glucose-derived protein crosslinks in vitro and in vivo«, *Nature* 382, S. 275–278 (1996).

43 H. Poinar et al., »Nuclear Gene Sequences from a Late Pleistocene sloth coprolite«, *Current Biology* 13, S. 1150 ff. (2003).

44 J. P. Noonan et al., »Genomic sequencing of Pleistocene cave bears«, *Science* 309, S. 597–600 (2005).

45 M. Stiller et al., »Patterns of nucleotide misincorporations during enzymatic amplification and direct large-scale sequencing of ancient DNA«, *Proceedings of the National Academy of Sciences USA* 103, S. 13578–13584 (2006).

46 H. Poinar et al., »Metagenomics to paleogenomics: Large-scale sequencing of mammoth DNA«, *Science* 311, S. 392 ff. (2006).

47 Siehe Anmerkung 45.

48 J. P. Noonan et al., »Sequencing and Analysis of Neandertal genomic DNA«, *Science* 314, S. 1113–1118 (2006); R. E. Green et al., »Analysis of one million base pairs of Neanderthal DNA«, *Nature* 444, S. 330–336 (2006).

49 Nach unserer Veröffentlichung in *Nature* erfuhren wir, dass man ihn besser als Vi-33.16 bezeichnen sollte, weil dies einem moderneren Nummerierungssystem entspricht.

50 R. W. Schmitz et al., »The Neandertal type site revisited: Interdisciplinary investigations of skeletal remains from the Neander Valley, Germany«, *Proceedings of the National Academy of Sciences USA* 99, S. 13342–13347 (2002).

51 A. W. Briggs et al., »Patterns of damage in genomic DNA sequences from a Neandertal«, *Proceedings of the National Academy of Sciences USA* 104, S. 14616–14621 (2007).

52 T. Maričić und S. Pääbo, »Optimization of 454 sequencing library preparation from small amounts of DNA permits sequence determination of both DNA strands«, *BioTechniques* 46, S. 5157 (2009).

53 J. D. Wall und Sung K. Kim, »Inconsistencies in Neandertal genomic DNA sequences«, *PLoS Genetics* 10:175 (2007).

54 A. W. Briggs et al., »Patterns of damage in genomic DNA sequences from a Neandertal«, *Proceedings of the National Academy of Sciences USA* 104, S. 14616–14621 (2007).
55 R. E. Green et al., »The Neandertal genome and ancient DNA authenticity«, *EMBO Journal* 28, S. 2494–2503 (2009).
56 R. E. Green et al., »A complete Neandertal mitochondrial genome sequence determined by high-throughput sequencing«, *Cell* 134, S. 416–426 (2008).
57 N. Patterson et al., »Genetic evidence for complex speciation of humans and chimpanzees«, *Nature* 441, S. 1103–1108 (2006).
58 M. Tomasello, *Origins of Human Communication*. Cambridge, MA: MIT Press 2008. [dt. *Die Ursprünge der menschlichen Kommunikation*. Übers. v. J. Schröder. Frankfurt/M.: Suhrkamp, 2011.]
59 R. E. Green et al., »A draft sequence of the Neandertal genome«, *Science* 328, S. 710–722 (2010).
60 L. Abi-Rached et al., »The shaping of modern human immune systems by multiregional admixture with archaic humans«, *Science* 334, S. 89–94 (2011).
61 J. Krause et al., »Neandertals in central Asia and Siberia«, *Nature* 449, S. 902 ff. (2007).
62 J. Krause et al., »The complete mtDNA of an unknown hominin from Southern Siberia«, *Nature* 464, S. 894–897 (2010).
63 D. Reich et al., »Genetic history of an archaic hominin group from Denisova Cave in Siberia«, *Nature* 468, S. 1053–1060 (2010).
64 S. Sankararaman et al., »The date of interbreeding between Neandertals and modern humans«, *PLoS Genetics* 8:1002947 (2012).
65 M. Meyer et al., »A high coverage genome sequence from an archaic Denisovan individual«, *Science* 338, S. 222–226 (2012).
66 W. Enard et al., »Molecular evolution of FOXP2, a gene involved in speech and language«, *Nature* 418, S. 869–872 (2002).
67 W. Enard et al., »A humanized version of FoxP2 affects cortico-basal ganglia circuits in mice«, *Cell* 137, S. 961–971 (2009).
68 J. Krause et al., »The derived FOXP2 variant of modern humans was shared with Neandertals«, *Current Biology* 17, S. 1908–1912 (2007).

Register

E

F

G

H

I

J

K